AF317388

BIBLIOTHÈQUE DE L'UNION DU SUD-EST

C. SILVESTRE

Secrétaire de l'Union du Sud-Est
Secrétaire général du Syndicat agricole du Bois-d'Oingt

L'UNION DU SUD-EST

DES

SYNDICATS AGRICOLES

En 2 Volumes et un Album

TOME PREMIER

Les Syndicats unis. — Les Unions locales

LYON

IMPRIMERIE PAUL LEGENDRE & Cie
Ancienne Maison A. WALTENER
14, rue Bellecordière, 14

1900

L'UNION DU SUD-EST

DES
SYNDICATS AGRICOLES

TOME PREMIER

Les Syndicats unis. — Les Unions locales

BIBLIOTHÈQUE DE L'UNION DU SUD-EST

La Vente des Produits agricoles. — La Viande, par Emile DUPORT. Typographie J. Gallet, Lyon, 1 vol. in-8, broch. (1889).

Monographie de l'Union du Sud-Est des Syndicats agricoles, par Claude SILVESTRE. Imprimerie A. Waltener, P. Legendre successeur, 1 vol. in-12 (1894).

Compte rendu du premier Congrès des Syndicats agricoles, à Lyon, par Claude SILVESTRE. Imprimerie A. Waltener et Cie, Paul Legendre successeur, 1 vol. in-8 (1894).

Notes à propos de la création d'une Caisse rurale à responsabilité limitée, par Emile DUPORT. Lithographie J. Gallet, 1 brochure in-8 (1897).

L'Enseignement agricole à l'Union du Sud-Est, par A. GUINAND. Imprimerie X. Jevain, 1 brochure in-8 (1898).

Petit Manuel pratique des Syndicats agricoles, par H. de GAILHARD-BANCEL. Imprimerie Valentinoise, 6e édition, Valence ; 1 brochure petit in-8 (1898).

Manuel de l'Enseignement agricole, par le comte D'ONCIEU DE LA BATIE. Imprimerie Savoisienne, Chambéry, 1 vol. in-12 (1898).

La Prévoyance contre la Mortalité du bétail, par Léon RIBOUD. Imprimerie du *Salut Public* (2e édition), Lyon, 1 brochure in-8 (1898).

Notice sur l'emploi des Engrais chimiques, par Léon ROUSSEL. Imprimerie Jevain, Lyon, 1 brochure (1899).

Simples notes sur les Assurances contre les Accidents agricoles, par Joseph GUAS. Imprimerie Vallier Edouard et Cie (2e édition), Grenoble, 1 brochure in-12 (1900).

Les Droits et les Devoirs des Syndicats agricoles, par Joseph GAIRAL. Auguste Côte libraire éditeur, Lyon, 1 vol in-8 (1900).

Recueil pratique de Lois rurales, par Louis CHARDINY. Imprimerie Effantin successeur de Côte, éditeur, Lyon, 1 vol. in-8 (1900).

TITRE I

LES SYNDICATS UNIS

C. SILVESTRE

Secrétaire de l'Union du Sud-Est
Secrétaire général du Syndicat agricole du Bois-d'Oingt

L'UNION DU SUD-EST

DES

SYNDICATS AGRICOLES

En 2 Volumes et un Album

TOME PREMIER

Les Syndicats unis. — Les Unions locales

LYON

IMPRIMERIE Paul LEGENDRE & Cie
Ancienne Maison A. WALTENER
14, rue Bellecordière, 14

1900

PRÉFACE

1900

Alors que le siècle dernier s'est achevé sur la destruction absolue de l'esprit d'association, remplacé par l'individualisme égoïste et matérialiste, voici que la fin de ce siècle voit renaître, plus vigoureux que jamais, cet esprit d'association fait de fraternité et d'idéalisme. Déjà l'aurore du siècle prochain en est comme illuminée ; telles, au matin, les lueurs roses, succédant aux ombres de la nuit, annoncent l'astre radieux qui distribue la lumière et la vie !

Conserver l'histoire de ce mouvement naissant dans la région du Sud-Est pour tout ce qui concerne les syndicats agricoles qui en sont l'un des principaux facteurs, c'est avoir fait chose utile ; et il en faut remercier l'auteur de cette monographie. En effet, à voir d'où nous sommes partis, ceux qui nous succéderont prendront courage pour compléter l'œuvre et la conduire, avec l'aide de

Dieu, au but que nous nous sommes marqué : La Paix sociale !

Il faut prendre garde pourtant de ne pas s'égarer en route, dans les chemins de traverse d'un faux socialisme.

Si l'individu isolé n'est qu'un grain de poussière, que le moindre souffle disperse et emporte, c'est une erreur collectiviste de croire qu'il suffit d'agglomérer cette poussière pour lui donner la force agissante ; ce bloc reste inerte, il n'a que son poids, il lui manque la vie que peut, seule, donner la Mutualité.

La Mutualité, elle, groupe bien aussi les individus pour augmenter leur résistance dans la lutte, mais elle respecte la liberté individuelle ; c'est en cela qu'elle fait de l'association, une forme vivante et réfléchie qui, utilisant les énergies de chacun, les fait concourir au bien de tous, sans jamais les asservir.

Les syndicats agricoles sont des types parfaits d'associations mutualistes. Le cultivateur, jusqu'à ce jour, isolé et craintif, y vient chercher l'appui de son semblable, puis, mieux instruit, prenant courage et connaissant mieux ce prochain, il l'aide, à son tour ; et tous, suivant en cela la grande loi, apprennent à s'aider, à s'aimer en frères.

Combien cette fraternité est supérieure à la brutale doctrine du socialisme qui, brisant tout, anihilant les individus, niant le droit à la propriété, excitant les convoitises, cherche à jeter les travailleurs à l'assaut violent de ce sol, alors que celui-ci doit être, non pas volé, mais conquis par le travail dont il est le juste salaire.

La propriété n'est que le travail d'hier, comme le travail est la propriété de demain !

Les syndicats agricoles, et ce sera leur véritable titre à la reconnaissance des générations à venir, bien loin d'opposer, les uns aux autres, travailleurs et propriétaires, s'efforcent de les rapprocher et de les unir pour la défense commune ; aussi convient-il de placer en tête de cet ouvrage, à l'aube du XXe siècle, leur belle et puissante devise :

L'Union pour la Vie.

Le Président de l'Union du Sud-Est,

Émile DUPORT.

Lyon, le 14 mars 1900.

AIN

STATISTIQUE

CIRCONSCRIPTION des SYNDICATS	NOMBRE						PROPORTION DES	
	de Syndicats	de Syndiqués	Moyenne par Syndicat	Classification des Syndiqués			Rentiers du sol	Travailleurs du sol
				Propriétaires ne travaillant pas	Propriétaires travaillant eux-mêmes	Ouvriers travaillant chez les autres		
SYNDICATS de département..	»	»	»	»	»	»	»	»
d'arrondissement..	5	6.992	1.398	262	2.499	4.231	3.75	96.25
de canton......	2	378	189	71	134	173	18.78	81.22
de commune....	25	1.733	69	81	1.328	324	4.67	95.33
TOTAUX....	32	9.103	284	414	3.961	4.728	4.55	95.45

Syndicat des Agriculteurs de Bresse

A BAGÉ-LE-CHATEL

20 novembre 1897. — M. 1,060

Président : M. E. BÉVY.

Entrepôts. — Coopérative. — Bulletin. — Almanach. Assurance-accidents. — Compte bétail. — Enseignement. — Tribunal arbitral.

Fondé le 20 novembre 1887, ce syndicat embrasse les cinq cantons de Bagé-le-Châtel, Pont-de-Vaux, Pont-de-Veyle, Montrevel et Saint-Trivier-de-Courtes. Son siège social est à Bagé-le-Châtel.

De 506 membres qu'il comptait la première année, ce syndicat est monté, en 1889, à 2.000, pour retomber à 1.060, chiffre actuel de

1

ses adhérents. Il y a lieu, de suite, d'établir à quelles raisons est due cette diminution, comme aussi il y a lieu de relater les circonstances particulières dans lesquelles s'est trouvé ce syndicat, circonstances qui ont, sans doute, influé notablement sur sa marche en avant.

C'était au mois de juin 1889; désireux de contribuer à l'amélioration et à l'extension des intérêts généraux de la profession agricole, le syndicat de Bresse avait résolu d'organiser, dans sa circonscription, une série de concours spéciaux destinés à favoriser les essais, et à récompenser les plus méritants de ses adhérents. Siège social du syndicat, la ville de Bagé-le-Chatel avait été choisie, à juste titre, pour recevoir le premier concours. Se conformant à la loi, le président du syndicat et son vice-président adressaient à la mairie de Bagé une déclaration indiquant le lieu, le jour, l'heure de la réunion; pleine autorisation fut accordée par les autorités municipales, qui avaient assigné, comme siège du concours, la place publique de la ville. Tout semblait marcher à souhait ; de concert avec la municipalité, le bureau syndical arrête le programme, rédige les affiches qui sont apposées dans toutes les communes des cinq cantons intéressés. Se mettant à l'unisson, la population de Bagé fait des frais de décoration et de pavoisement ; tous étaient d'accord pour donner à la fête le plus d'éclat possible. Tout allait pour le mieux dans le meilleur des mondes, quand le vendredi, avant-veille du concours, la gendarmerie de Saint-Laurent se présenta, à 11 heures du soir, au domicile du président, avec un ordre du préfet enjoignant au syndicat de ne pas tenir son concours. En même temps, la préfecture envoyait aux maires de toutes les communes l'ordre d'annoncer sans retard la suppression du concours. Ne voulant pas être en reste avec l'administration préfectorale qui interprétait mal la loi de 1884, le bureau du syndicat faisait connaître, de son côté, que, malgré la préfecture, le concours aurait lieu dans la propriété privée du président. Ce qui fut fait, malgré les cinq brigades de gendarmerie envoyées sur place pour faire exécuter la décision préfectorale.

Comme il était à prévoir, le concours eut un immense succès. Le bureau du syndicat fut assigné en police correctionnelle au mois d'août suivant. Une sanction était nécessaire, le syndicat fut condamné à payer la somme de trois francs quatre-vingt-dix-huit centimes, pour tous frais. Ce n'était vraiment pas cher.

Nous ne voulons pas, à ce propos, discuter les raisons qui ont pu guider, en cette circonstance, la préfecture de l'Ain, ce n'est ni la place ni le moment ; mais au point de vue purement légal et syndical, nous n'hésitons pas à dire qu'elle a eu tort d'empêcher, sur la place publique, la tenue de ce concours autorisé par la municipalité. Tous les légistes sont, en effet, d'accord. MM. Boullaire et Georges Gain, qui ont l'un et l'autre étudié tous les détours de la loi de 1884, se prononcent pour l'affirmative et pour le droit absolu du syndicat d'organiser, après autorisation des maires, des concours et exposi- tions sur les places publiques. Les exemples en sont du reste extrê- mement nombreux et jamais ailleurs ce droit n'a été contesté.

Neuf ans après, ce syndicat subissait un nouvel assaut qui, sans être non plus mortel, n'en était pas moins préjudiciable à son bon fonc- tionnement. Depuis longtemps son président, M. de Balorre, mani- festait l'intention de prendre sa retraite; quelques membres du Bureau saisirent l'occasion de faire une critique non justifiée de la marche du syndicat. En janvier 1898, à l'expiration des pouvoirs du bureau, une discussion des plus vives s'engagea dans le sein de la chambre syndicale et il ne fallut rien moins que la sage intervention de M. Prével, trésorier, pour empêcher la dis- location du syndicat. Les élections furent plus calmes qu'on ne le pensait ; tous les éléments de discorde furent remplacés et M. Bévy fut nommé président. Depuis, tout marche à souhait et, d'ici peu, ce syndicat sera l'un des plus prospères après avoir été l'un des plus résistants.

Actuellement il compte 1060 membres dont 90 °/₀ de petits cultivateurs, et 10 °/₀ de grands propriétaires ; ceux-ci payant annuellement 10 francs, les autres 2 francs seulement.

Le syndicat de Bresse rend à ses membres deux genres de ser- vices: des services matériels et des services professionnels.

Les services matériels comprennent les fournitures de toutes les marchandises utiles à l'agriculteur dans l'exercice de sa profession ; ils sont assurés par des entrepositaires placés dans les principales communes de la circonscription syndicale ; le chiffre annuel varie de 50 à 60,000 francs, dont la Coopérative du Sud-Est fournit la plus grosse part.

L'installation récente, à St-Laurent-lès-Mâcon, d'un dépôt de la Coopérative, plus spécialement destiné à ce syndicat, développera, sans aucun doute, son chiffre d'affaires en diminuant les prix de revient et en augmentant pour les syndiqués les facilités d'appro- visionnement.

Comme complément, le syndicat a pris l'heureuse initiative, pour encourager l'amélioration de la race bovine locale, d'acheter, dans les meilleurs centres d'élevage, quelques reproducteurs de choix qu'il a cédés à perte à ses membres.

Comme services professionnels, c'est surtout sur l'enseignement agricole qu'ont porté les efforts du bureau et, le 25 mai dernier, eut lieu, à Feillens, sous la présidence de M. Duport, un examen auquel prenaient part l'école de garçons et l'école de filles. Tous les élèves, sauf deux ou trois exceptions, furent reçus avec la mention bien ou très bien et le Bulletin de l'Union rendait ainsi compte de ce premier concours de filles :

« C'est avec une grande satisfaction que nous mentionnons les brillants examens passés, le 25 mai, par 32 jeunes filles très bien préparées par les Sœurs Saint-Charles et Saint-Joseph, qui dirigent les écoles de Manziat, Bagé, Replonge et Feillens, sur le territoire du Syndicat agricole de la Bresse, au nord du département de l'Ain. Le jury, sous la direction de M. E. Duport, l'éminent président de l'Union du Sud-Est, remplaçant le délégué départemental, M. Ducurtyl, empêché par un deuil récent, comprenait, en outre, M. Bévy, président du Syndicat de Bresse, M. Prevel, trésorier et M. le Secrétaire du Syndicat; un autre jury était formé de quelques dames spécialement chargées d'apprécier le savoir-faire des candidates dans les épreuves d'économie domestique. L'école libre de Feillens avait été choisie comme centre d'examen.

« L'examen pratique de couture, qui a porté sur les travaux d'aiguille, surtout sur l'entretien du linge, reprises, pose de pièces, etc., a été des plus satisfaisants. On a pu constater enfin que ces jeunes filles avaient appris à coudre avant d'apprendre à broder, et qu'elles connaissaient à fond l'art de réparer le linge, mille fois plus utile que ces petits travaux de fantaisie qu'on se plaît parfois à leur enseigner.

« M. E. Duport nous a exprimé avec quelle joie il avait entendu les réponses de ces petites filles, bien instruites des choses de la ferme, du jardin, du ménage et même de l'hygiène. Plusieurs avaient déjà leur certificat d'études.

« Le résultat a été absolument remarquable, puisque six élèves ont obtenu la note bien. Les maîtresses, dont les élèves ont remporté de si beaux succès, méritent assurément les plus grands éloges et nous espérons que beaucoup de ces jeunes élèves concourront, l'an prochain, pour le diplôme du deuxième degré.

« L'enseignement agricole des filles peut donc donner de bons résultats et préparer d'excellentes compagnes à nos agriculteurs. Bien plus, il est permis de penser que ce sera par l'instruction des femmes qu'il sera possible de faire pénétrer dans nos campagnes les méthodes nouvelles de culture ; en effet, les petites filles peuvent rester plus longtemps à l'école, leur enseignement peut donc être plus complet. Loin de négliger l'instruction professionnelle des filles, il faut donc lui donner des soins attentifs, ce sera compléter celle des garçons trop souvent insuffisante, ce sera préparer dans nos campagnes la défaite définitive de la routine ».

Nous ne pouvons que féliciter le Syndicat de Bresse de ce premier résultat, en l'encourageant à continuer et à favoriser de son mieux cet enseignement qui va certainement au devant du secret désir de ses associés. En cherchant à retenir à la campagne les gaillards robustes et les actives et modestes jeunes filles qui risqueraient un jour de se perdre à la ville, il fait œuvre utile et patriotique.

A l'enseignement nous devons ajouter, comme services professionnels, le crédit fourni largement, sous forme de délais accordés à bon escient pour le paiement des achats, et les assurances.

Contre les accidents agricoles le syndicat utilise les conditions de la Coopérative du Sud-Est et il vient d'organiser, actuellement, trois Comptes communaux de prévoyance contre la mortalité du bétail.

Dans l'ordre social proprement dit, le Syndicat de Bresse est peu avancé, il n'a encore organisé qu'une commission de conseils et de conciliation, et un tribunal arbitral. L'un et l'autre sont des plus utiles, car le paysan, dans cette région, n'est pas rebelle aux procès.

Malgré toutes les entraves apportées à sa direction, le Syndicat de Bresse progresse rapidement depuis deux ans ; le dévouement de son bureau nous permet d'espérer qu'il n'est point à l'apogée de sa prospérité.

Syndicat agricole de la Basse-Michaille

A CRAZ

20 février 1895. — M. 98

Président : M. Louis SERMET.

Coopérative. — Bulletin. — Almanach. — Instruments en commun. — Commission d'arbitrage.

Ce petit syndicat de 98 membres, tous petits cultivateurs, a été constitué en février 1895 ; sa cotisation est de 1 fr. 50, ses services sont surtout matériels.

Affilié à la Coopérative du Sud-Est, il achète pour le compte de ses membres de 8 à 10,000 francs de marchandises ; il prête gratuitement aux syndiqués divers instruments agricoles, tels que : rouleau, pressoir portatif, pulvérisateurs et soufreuses.

Opérant dans un pays peu avancé au point de vue cultural, le syndicat a envoyé deux de ses membres dans le Beaujolais où ils ont appris à greffer et à soigner les vignes pour devenir les moniteurs de leurs collègues.

Il eût voulu faciliter, dans la mesure de ses modestes ressources, l'enseignement agricole, mais il semble que les écoles du pays s'y sont mal prêtées puisque aucune n'a voulu accepter les engrais mis gratuitement à leur disposition ; il a donc dû se contenter de servir à ses membres le Bulletin et l'Almanach de l'Union.

A signaler l'institution d'une commission arbitrale de trois membres à laquelle les syndiqués doivent, sous peine d'exclusion, recourir avant d'entrer en procès.

En supprimant entre ses membres tous germes de discussion et de procès, il a bien travaillé pour la paix sociale ; que ses fondateurs trouvent dans la satisfaction du devoir accompli un nouveau courage pour compléter leur œuvre et pour poursuivre leur marche en avant.

Syndicat agricole de Béligneux.

16 avril 1886. — M. 62

Président : M. Joseph WIES

Prix Chambrun : 1,000 fr.

Immeuble. — Entrepôt. — Coopérative. — Bulletin. Almanach. — Instruments. — Matériel de battage. Pompe à incendie. — Assurance-Accidents. — Bibliothèque. — Enseignement.

C'est le plus ancien syndicat de l'Ain et si nous avons, dès 1894, regretté la modestie de son bureau qui voulait envers et contre tout rester dans l'ombre, nous sommes heureux de pouvoir constater que, piqué au vif par notre reproche amical, il est aujourd'hui un des syndicats les plus glorieux de notre circonscription.

Lauréat d'un des prix de 1.000 francs au concours Chambrun, il a droit à quelques pages que nous lui consacrons avec autant de générosité que de plaisir.

Fondé définitivement, après de nombreux préliminaires, le 16 avril 1886, le Syndicat établit tout d'abord son siège social dans une petite maison dont il devint le locataire et qui comprenait une remise au rez-de-chaussée et une pièce au premier étage.

Une des premières créations fut celle d'une bibliothèque qui était promptement dotée d'un certain nombre de volumes, grâce à la générosité de bienveillants donateurs.

Bientôt après, le Syndicat, voulant offrir à ses membres des avantages matériels, décidait de procéder à l'achat de certains instruments agricoles pratiques, pour être mis à la disposition des adhérents au Syndicat.

Dès la fin de 1886, le Syndicat organisait un service privé de secours contre l'incendie : une pompe à bras, manœuvrée par une équipe de membres du Syndicat, au nombre de douze, choisis parmi les plus jeunes, constituait un service dont le mérite fut bientôt apprécié de tous ; lors des divers sinistres dans la commune et les pays environnants, l'empressement et le dévouement de ces jeunes gens furent partout admirés et la Société des Agriculteurs de France décernait, en 1889, une médaille de bronze à l'équipe des pompiers du Syndicat agricole de Béligneux.

En 1887, le Syndicat prit une part importante à la cavalcade de bienfaisance de Montluel : il avait organisé le char de l'Agriculture qui eut un succès considérable.

Quelque temps après, une question grave était mise à l'étude : il s'agissait de l'achat d'un matériel de battage à vapeur ; bientôt, grâce à un ingénieux système d'engagement que prirent tous les membres du Syndicat, la machine à battre et la locomobile étaient achetées et, au bout de trois années, la dépense était amortie. Aujourd'hui, la batteuse, propriété du Syndicat, est mise chaque année à la disposition des membres qui n'ont, pour tous frais à payer, qu'à rembourser leur part proportionnelle dans les frais du battage. En 1899, la contribution à payer a été de 2 fr. 50 par heure.

Il est juste de remarquer ici que cette acquisition date du 3 août 1887 et que ce Syndicat a eu probablement, pour ne pas dire certainement, la première batteuse syndicale.

Dans sa séance du 22 novembre 1894, la Chambre décide de s'affilier à la Coopérative agricole du Sud-Est, pour répondre au vœu d'un grand nombre de membres qui demandaient à pouvoir s'approvisionner par le Syndicat d'un certain nombre de produits, dont le prix est souvent trop élevé dans le commerce.

Dès le commencement de 1895, toutes les formalités ayant été remplies, un dépôt de la Coopérative du Sud-Est était ouvert et les membres du Syndicat y trouvaient tous articles de consommation et autres dont leurs ménages pouvaient avoir besoin.

Le Syndicat agricole de Béligneux ayant toujours refusé de dépasser les limites de la commune, le nombre de ses membres ne pouvait donc que rester à peu près stationnaire, une soixantaine environ ; il croit toujours qu'il y a tout avantage à ce qu'un Syndicat ne soit pas trop étendu, et que c'est la meilleure manière de faire œuvre pratique et utile que de ne pas trop étendre sa circonscription.

Mais l'importance des services du Syndicat augmentant chaque jour, il fallait penser à se loger plus au large.

Dans sa séance du 9 avril 1895, la Chambre vote à l'unanimité la résolution suivante :

« La Chambre syndicale, après avoir entendu le rapport des Commissaires nommés à l'effet de rechercher un terrain propice à la construction d'un bâtiment destiné à installer les différents services du Syndicat ;

« Conformément à l'article 17 des statuts du Syndicat ;

« Autorise son président, M. Joseph Wies, à procéder à l'acquisition, en passant tous actes, traités ou compromis qui seraient nécessaires, du terrain qui a été désigné par les Commissaires et même de tout autre qui lui paraîtrait préférable ;

« La dite acquisition étant faite au nom du Syndicat dans le but d'y construire un bâtiment : ses différents services, salles de réunions, bibliothèque, réclamant impérieusement des locaux plus grands que ceux occupés actuellement. »

Les travaux de construction commencèrent immédiatement et sur les plans dressés par MM. Huguet et Delorme, architectes à Lyon, un bâtiment spacieux et commode s'élevait bientôt, fruit de la coopération la plus enthousiaste et de prestations volontaires de la part de tous les membres du Syndicat qui y travaillèrent à l'envi avec le plus grand empressement. Le bâtiment fut terminé en février 1896. Le 2 mars suivant, Mgr Luçon, évêque de Belley, en tournée pastorale à Béligneux, l'honorait de sa visite.

Les membres de la Chambre, réunis en séance extraordinaire, reçurent Monseigneur et lui offrirent un parchemin enluminé en souvenir de l'honneur que Sa Grandeur avait bien voulu leur faire.

M. Wies, président, au nom du Syndicat, prit la parole en ces termes :

« Monseigneur, c'était assurément de la présomption de la part du Syndicat agricole de Béligneux, le plus petit, je crois, des Syndicats, que d'aspirer au grand honneur de recevoir Votre Grandeur.

« Il avait cependant caressé ce rêve depuis le premier jour où votre visite pastorale fut annoncée à Béligneux, et aujourd'hui que, grâce à votre bienveillance, son rêve se réalise, le premier et du reste le plus agréable devoir de son président est de remercier du fond du cœur Votre Grandeur de la haute marque de sympathie et d'intérêt qu'elle veut bien lui donner aujourd'hui, de vous remercier, Monseigneur, au nom de tous mes Sociétaires dont je suis certain de traduire ainsi fidèlement et les sentiments et la reconnaissance.

« Permettez-moi donc, Monseigneur, de vous présenter notre Association qui date exactement de dix ans et qui peut revendiquer hautement l'honneur d'avoir été le premier Syndicat agricole créé dans l'Ain. Nous ne voulons assurément pas nous donner comme des modèles, c'est seulement un droit de priorité dont nous sommes fiers de nous targuer. Nous sommes simplement un groupe d'hommes de bonne volonté qui cherchent à faire régner la paix parmi eux.

« Une réunion d'habitants du même pays qui pensent que l'on peut faire le bien ensemble, sans distinction de parti ou d'opinion, de drapeau ou de couleur ; une union où tous les Sociétaires sont bien décidés à s'entr'aider les uns les autres et qui croient que, malgré les théories nouvelles et les sophismes du jour, toute association libre et véritablement digne de ce nom doit être basée tout d'abord sur les grands principes du christianisme.

« Parmi nos premiers devoirs, nous avons inscrit le respect de l'autorité sous toutes ses formes, pourvu qu'elle ne soit ni oppressive, ni contraire à nos croyances. C'est pour cela, Monseigneur, que nous avons tenu à vous recevoir et à vous présenter nos hommages.

« N'êtes-vous pas, en effet, le représentant le plus direct du principe même d'autorité, puisque la délégation que vous avez reçue est d'essence divine ?

« C'était donc notre devoir de venir vous saluer et nous vous sommes très profondément reconnaissants de nous avoir facilité ce devoir !

« Voilà, Monseigneur, ce que nous sommes. Ce que nous avons fait serait bien vite énuméré ; cependant, nous croyons avoir prouvé, pour notre part, ce que peuvent l'Association et la Coopération. Nous pensons avoir montré que par elles on vient à bout de bien des difficultés, qu'avec peu de chose on peut faire beaucoup et même construire un bâtiment avec une caisse vide.

« C'est dans ce bâtiment que nous avons l'honneur de vous recevoir aujourd'hui, Monseigneur ; que Votre Grandeur nous excuse de ne pouvoir le faire plus dignement, mais notre œuvre n'est même pas terminée.

« Il y a en effet à peine un mois, le vénéré pasteur qui, depuis bientôt trente ans, est à la tête de cette paroisse, a répandu les bénédictions du Ciel sur cette maison, sur ces salles que nous vous demanderons de visiter tout à l'heure. Pourrons-nous, Monseigneur, vous prier de compléter son œuvre en donnant votre bénédiction épiscopale aux membres du Syndicat ici réunis pour vous présenter leurs hommages et accourus en nombre pour la recevoir ?

« Vous demanderez à Dieu de faire régner parmi nous l'union et la concorde, la bonté et la douceur : l'union qui donne la force, la bonté qui la modère et empêche d'en abuser. Que jamais la division n'entre dans nos rangs, que se répandent autour de nous ces rayons de la douceur qui réchauffent toutes les indifférences, qui viennent à bout de toutes les résistances !

« Et à qui pourrions-nous mieux demander de nous inspirer la bonté qu'à l'illustre prélat qui a inscrit sur sa devise : *In fide et lenitate ?*

« Dieu vous exaucera, Monseigneur, et nous pourrons inscrire votre nom en lettres d'or sur le livre de nos donateurs : vous nous aurez, en effet, donné le plus précieux de tous les présents et la date de ce jour restera gravée dans nos cœurs.

« Mais de votre côté, Monseigneur, pourrions-nous espérer qu'il en sera de même ? Au milieu des préoccupations de votre ministère et des charges de vos fonctions, le petit Syndicat agricole de Béligneux pourra peut-être être oublié. Pour vous le rappeler quelquefois, permettez-nous donc de vous offrir ce petit souvenir de votre visite ici. Il n'a d'autre mérite que de rappeler, de bien loin, un art qui fut en grand honneur dans les cloîtres et monastères des XIIIe et XIVe siècles, il vous dira en tout cas, Monseigneur, qu'il est dans un coin de votre diocèse une petite association qui vous est profondément reconnaissante du grand honneur que vous lui avez fait aujourd'hui. »

Monseigneur, dans une improvisation pleine de cœur et de bienveillance, répondit qu'il était surpris autant que touché d'une pareille réception, à laquelle il ne s'attendait pas. Il dit qu'il en conserverait longtemps le souvenir que, du reste, lui rappellerait souvent « la charmante miniature qui lui était offerte et à laquelle il allait donner une place d'honneur dans le salon de l'évêché de Belley ».

On fit ensuite la visite des diverses salles du Syndicat.

Le bâtiment a 18 mètres de longueur sur 12 mètres de largeur.

Il comprend : au centre, une salle des séances qui, au moyen d'une cloison mobile, se réunit au vestibule et forme une splendide salle de fêtes, de réunions ou de conférences.

A droite, la bibliothèque et le secrétariat général, puis un vaste magasin réservé au dépôt de la Coopérative agricole du Sud-Est.

A gauche, le cabinet du président et la boîte de secours ; à côté, un immense hall pour les machines, la pompe à incendie et les instruments divers appartenant au Syndicat.

Dans sa séance du 10 mars 1896, la Chambre du Syndicat agricole de Béligneux avait décidé de donner une fête à l'occasion de l'inauguration de ses nouveaux bâtiments.

La date de cette fête fut fixée au dimanche 21 juin.

Immédiatement le Bureau se mit à l'œuvre pour arrêter le programme et les détails de la cérémonie et son président fut chargé de faire les invitations.

Bientôt une nouvelle se répandait : on disait tout bas que M. le Ministre de l'Agriculture devait se faire représenter à la fête et que M. le Gouverneur militaire de Lyon, pressenti, avait promis de donner une marque de bienveillance à la commune sur le territoire de laquelle se trouve le camp de la Valbonne.

Il n'en fallait pas davantage pour mettre l'enthousiasme à son comble et chacun se mit à rivaliser de zèle pour préparer une réception digne des hôtes du Syndicat.

Le dimanche, 21 juin, des salves joyeuses annoncent la fête dès le matin ; la gare de la Valbonne, par une attention délicate de la Compagnie P.-L.-M., est splendidement décorée, des faisceaux de drapeax flottent sur son toit, la salle d'attente a été transformée en un salon de réception très bien orné, des massifs de plantes vertes en garnissent l'entrée.

A 10 heures du matin, la musique du 96e de ligne, sur un ordre de M. le Gouverneur militaire de Lyon, vient se masser devant la gare et, au moment où stoppe le train de 10 heures 1/2, elle attaque la *Marseillaise*, sous la direction de son habile chef M. Séga.

M. J. Wies, président du Syndicat, est sur le quai de la gare ; il reçoit ses invités qu'il conduit immédiatement dans le salon de réception pour les présentations d'usage.

Successivement il souhaite la bienvenue à :

M. CHAMBELLAN, conseiller de préfecture de l'Ain, représentant M. le Ministre de l'Agriculture, président du Conseil, et M. le préfet de l'Ain ;

M. LE GÉNÉRAL LALLEMENT, représentant le Gouverneur militaire de Lyon, commandant le 14e corps d'armée ;

M. ALEXANDRE BÉRARD, député de l'Ain ;

M. EMILE DUPORT, président de l'Union du Sud-Est des Syndicats agricoles ;

Et aux nombreuses notabilités du Rhône et de l'Ain qui avaient répondu à l'appel du Syndicat.

On sort de la gare et la musique militaire joue encore l'hymne national que tout le monde écoute tête découverte.

Un mail-coach à cinq chevaux attend les invités qu'il emporte bientôt sur les pentes qui conduisent à Béligneux. A peine arrivés, les boîtes partent et c'est aux acclamations des membres du Syndicat, massés devant le bâtiment, que les invités descendent de voiture.

On se rend d'abord dans la propriété de M. Wies, où des rafraîchis-

sements sont préparés sous une tente formant salon de réception
sur la terrasse du parc ; la fanfare de La Boisse, qui est venue gracieusement prêter son concours à la fête, joue diverses fantaisies ;
elle est dissimulée dans un bosquet de verdure et les mélodies qui
en sortent semblent provenir d'un concert aérien.

A midi le cortège se forme pour se rendre dans les bâtiments que
l'on doit inaugurer et dans lesquels a lieu le banquet ; à l'entrée un
arc de triomphe, formé des principaux instruments d'agriculture,
décoré de guirlandes et de drapeaux, porte cette devise :

Honneur à l'Agriculture et à ses défenseurs.

On avance et tous les membres du Syndicat agitent leurs chapeaux
aux cris de : *Vive la République ! Vive l'Armée !* La fanfare joue
la *Marseillaise.*

Le bâtiment est paré pour la fête : des écussons et des drapeaux
ornent toute la façade, une immense oriflamme flotte à la hampe
d'honneur, une marquise garnie de feuillage abrite la porte
d'entrée.

Le plus jeune des membres de la Chambre syndicale se présente
alors au-devant du cortège, suivi de tous les membres du Bureau et
souhaite la bienvenue aux invités en ces termes :

« Monsieur le représentant du Gouvernement, mon Général, Messieurs les Députés, Messieurs,

« Le Syndicat agricole de Béligneux est heureux et fier de vous
recevoir. Permettez au plus jeune membre de la Chambre de vous
présenter, au seuil de cette maison, les hommages les plus respectueux de ses collègues, qui l'ont chargé de vous les exprimer.

« Je laisse à une parole plus autorisée que la mienne le soin de
vous remercier comme il convient.

« Je veux vous dire seulement, Messieurs, que, lorsque nous avons
commencé cette construction, nous ne nous doutions pas qu'elle
serait ainsi inaugurée ; nous ne savions pas que pareil honneur nous
était réservé, car nous aurions mieux fait encore.

« Soyez donc indulgents pour nous et pour notre œuvre. Nous
pouvons vous assurer que vous trouverez réunis sous ce toit, en
votre honneur, de vrais cœurs français, des républicains sincères,
amis de l'ordre et de la liberté.

« *Vive la République !* »

On entre dans la salle des réunions qui a été transformée, pour la circonstance, en salle de banquet. La décoration en est fort remarquée : au fond, un trophée de drapeaux tricolores au-dessus d'un bosquet de palmiers et de plantes vertes ; en haut, tout le tour, une draperie bleue, aux franges d'or, où s'étalent en cartouches ces devises :

Honneur — Patience — Travail — Prospérité.

Des guirlandes de mousse et de feuillage courent le long des murs et retombent en baldaquins encadrant des écussons aux initiales R. F. et des gerbes de blé parsemées de bleuets et de coquelicots ; un immense trophée composé de la bannière du Syndicat et de divers instruments agricoles, garnit le centre de la salle, tandis que pendent du plafond de gracieuses suspensions formées de pampres et de grappes de raisins blancs et noirs.

La table d'honneur est dressée au fond en forme de fer à cheval et celle des Sociétaires lui fait suite ; elles sont toutes garnies de surtouts de fleurs des champs, d'épis de blé et de grappes de raisins.

M. Wies préside, ayant à sa droite : M. Chambellan, délégué de M. le Ministre de l'Agriculture, et M. Alexandre Bérard, député de l'Ain ; à sa gauche M. le général Lallement, délégué de M. le Gouverneur militaire de Lyon, et M. Ernest Bérard, député du Rhône.

Avant le dîner, M. le président donne lecture de nombreuses lettres d'excuses de notabilités du Rhône et de l'Ain ; toutes avec des regrets, apportent des vœux sincères pour la prospérité du petit syndicat de Béligneux.

Le Banquet commence : chaque invité trouve à sa place un menu à son nom, dont le dessin original est dû à l'amabilité d'un artiste lyonnais, M. J. Balouzet, qui a bien voulu le composer pour le Syndicat.

Il porte au bas une petite photographie représentant la vue du village de Béligneux, avec le bâtiment que l'on inaugure.

La fanfare de la Boisse joue une brillante fantaisie, puis M. Arsène Pouillé, lauréat du Conservatoire de Lyon, fait entendre le *Credo du Paysan* qu'il chante d'une façon magistrale : il est applaudi frénétiquement, car le refrain de cette chanson de circonstance, dit avec beaucoup d'âme, est allé droit au cœur de toute l'assistance.

Le banquet continue au milieu de la gaîté et de l'entrain des convives ; à ce moment, un exprès de la Valbonne se présente, il apporte un télégramme officiel à M. le président.

M. Wies en prend connaissance et, se levant immédiatement :

« Messieurs, je ne puis résister au plaisir de vous lire, séance tenante, la dépêche que je viens de recevoir :

« *Ministre de l'Agriculture à M. Wies, président du Syndicat* « *Agricole de Béligneux. Exprès La Valbonne.*

« *Je vous félicite de votre initiative et de l'excellent exemple* « *que vous donnez.*   « J. Méline »

La lecture de ce télégramme est saluée par un tonnerre d'applaudissements.

La dépêche circule de mains en mains tout le tour des tables, chacun veut la voir, la lire, pour bien s'assurer qu'elle est authentique.

Les braves syndicataires de Béligneux ne peuvent croire à un pareil honneur et les applaudissements continuent de plus belle, en témoignage de reconnaissance, pour l'honneur que M. le président du Conseil des Ministres vient de faire au Syndicat Agricole de Béligneux.

L'émotion a peine à se calmer et toutes les conversations roulent sur cette surprise si flatteuse. Mais le moment des toasts est arrivé. En excellents termes, M. Wies laisse échapper de son cœur la joie qui déborde et adresse à tous les invités ses plus cordiaux remerciements.

Tour à tour les représentants du Ministre, du Gouverneur de Lyon, MM. Bérard, député, M. Duport, président de l'Union, M. Chavent, portent la santé du Syndicat, des syndicataires, de leur distingué président.

« Les syndicats agricoles, s'écrie M. Duport, la meilleure culture des terres, la défense des intérêts, ce n'est pas le but, ce n'est que le moyen. Le but, c'est de faire la nation plus grande et plus riche pour la faire plus forte. Oh ! ce n'est pas chez les ruraux qu'il se trouvera des hommes comme il s'en est trouvé, naguère, à Paris, pour fêter un député allemand et nier la patrie.

« Quoi qu'ils fassent, je les défie bien, ces rhéteurs socialistes, de faire sortir de la poitrine de l'un de nos paysans de France, un autre cri que cé cri de confiance, mais aussi d'espérance, en l'honneur de la patrie une et entière : « Vive la France ! »

L'éminent président de l'Union remet alors à chacun des commissaires qui ont dirigé la construction du bâtiment, Dominique Briançon, Michel Dupras, Joseph Truchon, une médaille d'argent que le

Syndicat agricole de Béligneux a fait frapper à la Monnaie de Paris à leur intention.

Cette médaille, de 50 millimètres, présente au recto : le Génie, de H. Dubois, supportant, enlacé d'une couronne de laurier, un cartouche au nom du titulaire ; au bas le millésime : 1896.

Au verso : la couronne agricole de Lagrange, entourant cette inscription :

SYNDICAT AGRICOLE

DE

BÉLIGNEUX

AIN

C'est au milieu des applaudissement unanimes de l'assistance que ces médailles sont remises à leurs titulaires qui n'ont ménagé ni leur temps, ni leur dévouement pour mener à bien l'œuvre qu'ils avaient entreprise ; l'ovation qui leur est faite montre bien qu'ils ne reçoivent que la juste récompense de leurs peines.

La série des toasts est terminée et le banquet s'achève au milieu de la plus cordiale animation. M. Pouillé entonne de sa belle voix un chant d'allégresse : *Hosanna !* de Granier, et les convives se lèvent de table pour aller prendre le café sur le monticule de Grammont.

En traversant la salle du banquet, les vivats et les acclamations retentissent de toutes parts ; chacun veut serrer la main de ceux qui ont bien voulu venir rehausser de leur présence l'éclat de la fête du Syndicat agricole de Béligneux.

On visite les différentes salles du bâtiment : le hall des machines avec sa batteuse et sa locomobile, puis le dépôt de la Coopérative du Sud-Est, avec ses marchandises bien alignées, attirent tout spécialement l'attention des visiteurs.

On arrive à Grammont, où le café est servi sous une tente ornée de drapeaux tricolores ; tout le monde fraternise ici en plein air et le panorama le plus charmant se déroule aux pieds des invités du Syndicat, étonnés de la grandeur du spectacle : en avant, l'immense plaine de la Valbonne et les montagnes du Bugey ; au nord, Meximieux, la rivière d'Ain et Ambérieu ; au midi, le Rhône serpentant au pied des collines qui le conduisent à Lyon, avec les montagnes du Lyonnais en arrière ; au couchant, c'est le petit village de Béligneux avec son coquet clocher, ses gracieuses vallées, ses beaux bois et la Bresse.

La fanfare de la Boisse a fait entendre ses airs les plus entraînants.

On redescend : sur la place du village le mail-coach est attelé et c'est au milieu des acclamations les plus vives qu'il reconduit à la gare de la Valbonne les invités du Syndicat, qui emportent tous le meilleur souvenir de la fête d'inauguration des nouveaux bâtiments du Syndicat agricole de Béligneux.

Après une pareille apothéose, beaucoup de syndicats seraient morts d'orgueil ou se seraient endormis sous le flot odorant des fleurs recueillies ; le syndicat de Béligneux y trouva, lui, un nouveau stimulant et poursuivant son idéal, il complète de son mieux l'œuvre si noble à laquelle il s'est voué.

Pour compléter la distribution régulière faite à ses membres de l'Almanach de l'Union et en attendant, ce qui ne saurait tarder, l'abonnement au Bulletin, le syndicat a pris une large part à la propagation de l'enseignement agricole et son président est délégué régional de l'Union pour l'arrondissement de Trévoux,

Après avoir assuré les deux tiers de ses membres contre les accidents agricoles, il s'est occupé de les assurer contre la mortalité du bétail, mais il nous semble, sur ce point, avoir eu tort de ne pas aller jusqu'au compte complet de prévoyance et de s'être contenté d'une entente avec le vétérinaire. C'est très beau tant qu'il n'y a pas de mortalité, mais le jour où une vache périt!.....

Sur le terrain de la Société de secours mutuels il a agi de même et s'est borné à obtenir des médecins du canton des prix spéciaux pour ses adhérents ; cela ne saurait suffire et un syndicat comme celui qui nous occupe doit faire mieux. Que son prix de 1000 francs soit la base d'une caisse de retraites, il remplira ainsi le vœu le plus cher du généreux philanthrope auquel il le doit.

Le Syndicat de Béligneux a aujourd'hui une bien lourde réputation à soutenir ; il se doit à lui-même de faire honneur à son passé, et son président si dévoué et si sympathique est très qualifié pour le conduire heureusement à de nouveaux succès.

Syndicat agricole et viticole de Beynost.

31 mai 1891. — M. 22

Président : M. Claude BRIGUET.

Entrepôt. — Coopérative. — Bulletin. — Almanach. Assurance-accidents.

Ce petit Syndicat, qui ne compte aujourd'hui que 22 membres, tous, ou à peu près tous, petits agriculteurs (80 0/0), remonte, comme fondation, au 31 mai 1891.

Ses opérations portent sur tous les produits professionnels et sur les denrées principales de consommation ; elles atteignent 200 francs par membre, soit environ 4.000 par an. Les livraisons sont assurées par un entrepôt qui est lui-même approvisionné à peu près exclusivement par la Coopérative du Sud-Est.

En retour d'une cotisation de 3 francs, il fournit à tous ses membres le Bulletin et l'Almanach de l'Union et il les fait profiter de l'assurance contre les accidents agricoles que 13 de ses associés ont déjà contractées pour se garantir, eux et leurs ouvriers, contre tous les risques professionnels.

C'est un commencement qui promet pour l'avenir et nul doute que cet excellent Syndicat ne réussisse sur le terrain économique et social aussi brillamment que sur le terrain des achats.

Syndicat agricole de Bourg

20 mars 1889. — M. 4,200

Président : M. GRANT DE VAUX.

Prix Chambrun : Médaille d'argent

Entrepôt. — Coopérative. — Bulletin. — Almanach. — Concours. — Commission de Contentieux.

Un voyageur avait une longue course à faire à travers des chemins abrupts et rocailleux, couverts de ronces et de broussailles. Arrivé au sommet d'une colline, il sentit le besoin de se reposer et de reprendre de nouvelles forces pour continuer sa marche en avant. Ainsi

ferons-nous aujourd'hui au Syndicat de Bourg. Il y a juste onze ans
que notre association débutait modestement, à travers mille difficultés, et beaucoup prétendaient que nous n'arriverions jamais à les
surmonter. Heureusement, le courage ne nous a pas fait défaut et,
malgré quelques égratignures produites par les ronces du chemin,
le Ciel aidant, nous voilà arrivés sains et saufs à la fin d'une période
où il devient intéressant de jeter un coup-d'œil en arrière, sur un
passé mouvementé et difficile. Au fait, rien n'est plus propre à stimuler
le zèle de nos adhérents que cette étude rétrospective de notre syndicat qui a débuté avec moins de cent membres et qui en compte
aujourd'hui plus de quatre mille.

1re Année, 1889. — C'était le 13 mars 1889. Quelques propriétaires
et cultivateurs du canton de Bourg étaient réunis pour organiser un
syndicat agricole. Tout d'abord, l'association ne devait pas dépasser
les limites du canton. M. Grant de Vaux, qui avait pris l'initiative de
cette création, ouvrit la séance par ces paroles :

« Je vous remercie d'être venus nous aider à former le syndicat
agricole de Bourg. Cette création s'imposait et était désirée. C'est
qu'en effet les syndicats agricoles sont appelés à rendre d'immenses
services aux cultivateurs. Les résultats obtenus ailleurs sont déjà
remarquables, mais ils seront bien autrement sérieux quand les
syndicats auront groupé tous les agriculteurs.

« Il est absolument nécessaire que les syndicats soient largement
ouverts et que leurs membres se recrutent dans toutes les catégories
de la classe agricole, car il importe au plus haut point de réunir
tous les membres de la grande famille agricole, afin de leur apprendre à se connaître, puis à s'aider.

« Certes, il ne faut point introduire la politique dans ces associations ; on doit l'en bannir avec soin. Mais enfin, on ne nous persua
dera pas qu'un syndicat fasse de la politique lorsqu'il dit à ses membres : « L'agriculture doit être défendue à la Chambre, au Sénat et
partout. Nous nous plaignons d'être écrasés d'impôts, de plier sous
le faix de la concurrence étrangère. Il faut donc s'occuper de diminuer les dépenses, d'augmenter les recettes des cultivateurs. Agir
ainsi, c'est rester dans le cadre absolu fixé aux syndicats par la loi ».

Le bureau du syndicat a été élu immédiatement. Puis on arrêta le
texte des statuts. La cotisation fut fixée à 2 francs par an pour les

membres ordinaires et à 5 francs pour les membres fondateurs. Devaient être considérés comme membres fondateurs tous les rentiers et propriétaires ne travaillant pas de leurs mains en agriculture.

A la réunion du 10 avril, tenue dans la salle du Bastion, près de 300 cultivateurs étaient présents. La Chambre syndicale fut nommée, en grande partie du moins. M. Guinand, président du syndicat de Saint-Genis-Laval, fit une conférence sur les syndicats, leur fonctionnement, leurs avantages. Cette thèse fut vivement applaudie par l'Assemblée. A la fin de la séance, environ cent membres se firent inscrire. Notre association était constituée, bien faiblement encore, mais enfin elle pouvait fonctionner. Le dépôt légal des statuts fut fait à la mairie de Bourg. Plusieurs membres firent immédiatement des commandes.

Peu à peu, on nomma des correspondants spéciaux dans tous les groupes ou ils étaient nécessaires.

Comme il fallait au syndicat un organe de publicité, M. Girod, secrétaire-trésorier, fit, à la date du 3 juin 1889, auprès de M. le Procureur de la République, la déclaration prescrite par la loi de 1881, sur la presse, à titre de gérant du *Bulletin du Syndicat agricole de Bourg*, qui commença à paraître. Trois numéros seulement furent publiés sous ce titre. En raison du faible tirage, le prix de notre Bulletin était relativement trop élevé et nous ne pouvions lui donner que huit pages, ce qui était insuffisant.

Sur ces entrefaites, le syndicat de Bresse, siégeant à Bagé, demanda à s'unir au nôtre, pour ne publier qu'un seul Bulletin, dont les frais seraient payés par chaque syndicat, dans la proportion du nombre de leurs membres. Après entente entre le gérant du Bulletin de Bourg et le bureau du syndicat de Bresse, il fut décidé, courant d'août 1889, qu'un seul Bulletin serait servi aux membres des deux syndicats. En conséquence, à la date du 3 septembre, M. Girod fit au parquet une nouvelle déclaration de publication d'un journal mensuel sous le titre de *Bulletin des Syndicats agricoles de l'arrondissement de Bourg*. Le tirage de notre publication ainsi transformée atteignit bientôt 2,500 exemplaires. Cette combinaison, avantageuse pour tous, n'augmenta pas nos frais, quoique le Bulletin fût de 16 pages, au lieu de 8 qu'avait l'ancien.

A la même époque, nous avons demandé et obtenu l'affiliation du syndicat de Bourg à l'Union des Syndicats des Agriculteurs de France, à Paris, et à l'Union du Sud-Est, à Lyon, dont les Bulletins nous sont envoyés. Ces Unions ont des Offices, par l'entremise desquels nous pouvons réaliser quelques achats pour nos adhérents et parfois aussi des ventes.

Nous échangeons aussi, dès cette époque, notre Bulletin avec ceux de plusieurs autres syndicats de la région, et aussi avec ceux du Calvados et de la Charente-Inférieure, qui sont des modèles par leur vaste et puissante organisation.

Des réunions de tous les membres ont lieu à Bourg, le troisième mercredi de chaque mois, d'abord dans la salle de la Société des Courses, puis dans le manège de M. Berthet et, en dernier lieu, dans la salle du Bastion.

A la fin de cette première année, le syndicat comprend environ 500 membres, très inégalement répartis dans les cinq cantons de Bourg, Ceyzériat, Coligny, Pont-d'Ain et Treffort.

2º année, 1890. — Au printemps de 1890, le syndicat a fait venir de Saint-Just-la-Pendue (Loire), 12,000 kilos de semences choisies de pommes de terre livrées par notre collègue, M. Philibert Vignon, habile producteur du dit lieu. Ces semences furent livrées au prix de revient aux membres qui les avaient retenues, et chacun vint recevoir à la gare de Bourg, les sacs qui lui étaient destinés. On se rappelle que ces semences produisirent d'abondantes récoltes. Les rendements furent bien supérieurs à ceux des variétés abâtardies du pays. Impossible de compter les tombereaux récoltés en plus chez ceux qui reçurent nos semences. Aussi, on vanta partout les pommes de terre du syndicat.

Le 16 juillet 1890, le syndicat inaugura, dans sa réunion du Bastion, une exposition de céréales en paille et épis. Les membres apportèrent des spécimens fort beaux de blé, de seigle, d'orge et d'avoine. La simple vue de ces produits, vraiment remarquables, décida beaucoup de cultivateurs à s'approvisionner de ces bonnes semences, et on reconnut qu'il y a avantage à les renouveler de temps en temps.

Cette exposition se reproduit tous les ans avec plein succès. Elle fournit aux producteurs de belles céréales, l'occasion de les vendre pour en faire des semences, et les acheteurs en obtiennent généralement les meilleurs résultats.

Nombre des membres en 1890 : 800.

3e année, 1891. — Sur la proposition de M. Grant de Vaux, le syndicat provoque des pétitions en faveur des fruitières de l'Ain, pour demander que les fromages étrangers, et notamment ceux de Suisse, payent un droit équivalent à l'impôt que supportent les cultivateurs français. Cette pétition, couverte de plusieurs milliers de signatures, présentée à nos députés et sénateurs, est bien accueillie par les pouvoirs publics et il y est fait droit par une loi en conséquence.

Nouvelles commandes de pommes de terre à Saint-Just-la-Pendue, et aussi à Grièges-Feillens. Un wagon de Ritchter-Imperator nous est envoyé du département de l'Oise, au prix de revient de 10 fr. 50 les 100 kilos, quand, à la même époque, le commerce vendait cette même variété 30 fr. et plus les 100 kilos.

En février 1891, un comité de consultations gratuites est organisé. Il comprend MM. de Quérézieux, ancien magistrat : Dareste de la Chavanne, avocat, et Thiévon Antoine, aussi avocat. A cette liste, il a été ajouté le nom de M. Ebrard, avoué. Ce comité règle gratuitement les difficultés qui lui sont présentées par les membres du syndicat. Il a rendu déjà de grands services aux syndicataires qui ont eu à l'employer.

M. Chossat de Montburon fait don au syndicat des principaux ouvrages de M. Puvis sur la marne, la chaux, etc.

Dans un but de vulgarisation agricole, nous avons acheté à la même époque, 400 exemplaires du livre de M. Monnier sur l'agriculture de notre pays ; puis 1.000 exemplaires d'un opuscule très bien fait sur les engrais chimiques, signé : *Un petit cultivateur*. Ces deux derniers ouvrages ont été distribués aux membres, tant dans les réunions de Bourg que dans les communes.

Le 10 mai 1891, Assemblée générale du syndicat et, à cette occasion, belle et très instructive conférence de M. Emile Duport, aujourd'hui président de l'Union du Sud-Est. Un concours régional tenait alors ses assises à Bourg. Nos membres s'empressent de profiter des enseignements qu'il comporte et assistent aux diverses conférences faites dans le champ du concours et aussi par la Société des Agriculteurs de France.

A la fin de la saison, le bureau reçoit de nombreuses lettres annonçant que les pommes de terre livrées par le syndicat ont bien réussi à peu près partout.

Nombre des membres du syndicat : 900.

4e année, 1892. — Les réunions mensuelles se tiennent rue Notre-Dame, nᵒ 13, à Bourg, dans une salle louée par le syndicat.

Pour encourager l'élevage du bétail et en améliorer la race,le syndicat décide de donner des primes sur le champ de foire de Bourg.

Le 2 juillet, une délégation du syndicat est admise à Versailleux chez M. de Monicault, pour visiter ses cultures. Un rapport de cette visite est publié au Bulletin.

Au concours du Comice agricole de Bourg, en août 1892, notre syndicat ayant présenté une exposition collective de produits agricoles, obtient pour récompense une médaille de vermeil, grand module, que le secrétaire-trésorier reçoit des mains de M. le Préfet, avec ses félicitations au sujet du syndicat dont les services sont très appréciés.

Le 21 septembre, M. de Monicault assiste à notre réunion mensuelle et y fait une conférence très pratique sur les engrais chimiques. Le Bulletin s'en est fait l'écho et les enseignements de cet agronome ont été répandus au loin au grand profit de notre agriculture.

Le 19 octobre, M. le curé de Nantua nous fait une conférence sur l'apiculture, en montrant les appareils de son invention. Le Bulletin a reproduit cette conférence, en quatre articles très intéressants, qui ont été lus avec profit par nos agriculteurs.

Le 13 novembre, à la suite d'une réunion syndicale tenue à Coligny, l'ancien syndicat viticole de cette région demande à se réunir à celui de Bourg, M. le docteur Gauthier, son fondateur et président, ne pouvant plus s'en occuper en raison de ses devoirs professionnels.

Nombre des membres du syndicat : 1.000.

5e année, 1893. — Le syndicat continue sa marche en avant. Les commandes se multiplient. La rigueur de l'hiver précédent et la sécheresse de 1893 créent des besoins nouveaux auxquels nous nous efforçons de donner satisfaction. Beaucoup de cultivateurs ayant laissé geler leurs porte-graines de raves et de betteraves, on nous a demandé ces sortes de semences, que nous avons eu l'avantage de faire livrer à bon marché et en tout premier choix. Sous ce rapport quantité de cultivateurs étrangers au syndicat ont éprouvé de grandes déceptions. Tels et tels, qui croyaient avoir semé des raves, ont vu pousser de la navette ou d'autres crucifères. Tout à côté, les raves d'Auvergne et du Limousin, semées par nos membres, ont donné des rendements énormes et de bonne qualité. Cette simple constatation nous a amené bon nombre d'adhérents nouveaux. Les plus réfractaires aux idées de progrès avouent que le syndicat a du bon et qu'il est avantageux d'en faire partie.

Tout le canton de Montrevel demande à recevoir notre Bulletin et adhère à notre syndicat. Les communes de Saint-Martin-le-Châtel et de Curtafond, qui avaient pris les devants, furent bientôt suivies par celles de Malafretaz, Etrez, Saint-Didier-d'Aussiat, Cras, Cuet, Foissat, Bereyziat. Attignat, l'une des dernières arrivées, est entrée encore plus franchement que les autres dans le mouvement syndical. C'est le groupe qui travaille le plus ; il comprend près de cent membres bien unis et faisant d'excellentes opérations. Ce développement rapide est dû à l'initiative intelligente de l'un des plus dévoués de nos correspondants, qui était des nôtres à l'origine même du syndicat.

A l'Assemblée générale du 8 octobre, M. Victor Cambon, ingénieur des Arts et Manufactures, à Lyon, a fait une conférence sur l'alimentation du bétail.

Des réunions sont organisées dans les villages ; elles amènent de nombreuses adhésions et le syndicat s'accroît rapidement.

A la fin de 1893, nous comptons 1.800 membres.

6e année, 1894. — Révision des statuts du Syndicat, réélection du bureau pour cinq ans. Nous organisons notre premier concours de volailles de Bresse, à la Grenette, et obtenons un succès complet. Ces concours sont faits quatre ans de suite à la satisfaction générale.

A la fin de 1894 nous comptons 2.525 membres.

7e année, 1895. — Le Syndicat décide l'acquisition de reproducteurs Charollais et de Montbéliard. Aidé de M. Chambaud, du Saix, qui veut bien nous accompagner en Charollais et nous aider de son expérience, nous ramenons aux syndiqués 33 animaux de premier choix. Nous venons d'en avoir une preuve par les primes accordées au Comice de Ceyzériat où les animaux primés provenaient presque tous d'un taureau que nous avions amené à M. Journel, notre vice-président.

De son côté, notre excellent ami et regretté collaborateur, M. Renard, ramenait de Montbéliard des animaux qui ont rendu à notre élevage les plus grands services.

Nous comptons à la fin de 1895, 3.000 membres.

8e année, 1896. — Les réunions et conférences dans les groupes se poursuivent et donnent les meilleurs résultats ; conférence viticole à

Saint-Amour par M. le docteur Gauthier, dont le dévouement est au-dessus de tout éloge.

Nous avons l'honneur de réclamer auprès de l'administration de l'hôpital de Bourg contre la mesure qui fait payer 2 fr. par jour pour les hospitalisés de la campagne. Nous publions au Bulletin la liste complète des fondateurs et bienfaiteurs des hospices, établissant que, tous les biens des hospices provenant des campagnes, les malades des communes rurales ont au moins les mêmes droits que ceux de Bourg à la gratuité de l'hospitalisation. Cette étude, très documentée, a produit le plus grand effet et une vive sensation. La commune d'Attignat, grâce à nos recherches, a pu établir ses droits à la gratuité de deux lits créés par Mme d'Attignat.

Espérons que l'administration des hospices pourra, dans quelque temps, réduire le prix de 2 fr. qui est par trop exagéré et que, grâce à sa sage administration, elle pourra, le plus tôt possible, procurer ce que nous attendons.

9e année, 1897. — Cette année a été plus productive et plus intéressante que tout autre et, je ne dois pas le cacher, tout en étant plus laborieuse, elle a donné au bureau beaucoup plus de satisfaction. En effet, à cette belle fête du 31 octobre, chez M. le comte de Chambrun, qui recevait ce jour-là tous les syndicats agricoles de France, nous avons eu l'honneur de voir remettre à notre président une médaille d'argent des mains de M. Méline, témoignant toute son admiration pour une œuvre éminemment sociale telle qu'est la nôtre.

Un quatrième concours de volailles a lieu, à la suite duquel il est décidé que ce concours serait interrompu, afin de donner aux éleveurs le temps de produire des sujets nouveaux, conformes aux meilleures races de Bresse.

Un concours de tenue des vignes se tient dans le canton de Ceyzériat. M. Bondet, de Verjon, publie au Bulletin, sur ce concours, une étude viticole très complète qui est remarquée et suscite l'émulation, parmi les vignerons. M. Perret, de Salignat, de son côté, se dévoue et se multiplie en se mettant à notre disposition comme conférencier viticole. Je ne saurais trop remercier cet homme de bien qui, après une carrière bien remplie, sait encore se rendre utile et agréable à tous.

Nombre des membres, à la fin de 1897, 3.800.

En présence des attaques réitérées et de mauvaise foi, dirigées contre le syndicat et son bureau, nous devions songer à laisser créer à côté de notre syndicat une coopérative agricole destinée à nous être utile et à nous débarrasser de la question marchande. C'est ce que nous avons fait et nous avons lieu d'en être satisfaits.

La coopérative sera pour nos syndiqués une facilité de plus et nous adressons nos compliments bien sincères aux personnes qui ont la gestion de cette œuvre importante.

Le syndicat conservera d'autant plus sa grande indépendance et sa pleine liberté d'action pour le bien de tous.

10° année, 1898. — Nos concours sont continués et améliorés. Nous avons eu notre premier concours de tenue des fermes qui a parfaitement réussi, ainsi que notre concours d'instruction agricole.

M. Chanel, Claude, de Viriat, notre vétéran agricole, obtient une pension de 200 fr. accordée par M. le comte de Chambrun.

A la fin de 1898, nous comptons près de 4,000 adhérents.

A cet historique, dû à M. Grant de Vaux, qui, nos lecteurs ne s'en plaindront pas, tranché quelque peu avec les monographies suivantes, il est bon d'ajouter quelques considérations qui résumeront la situation actuelle de ce grand syndicat à la fin de 1899.

Suivant une marche de plus en plus ascendante, l'effectif du syndicat atteint actuellement 4.200 membres dont 1 0/0 à peine de propriétaires ne travaillant pas eux-mêmes.

Son chiffre d'affaires, des plus importants et qui tend de plus en plus à s'accroître, est actuellement de 500.000 francs de marchandises diverses fournies par la Coopérative agricole de l'Ain. S'il nous était permis de faire ici une légère critique, la seule, au reste, que nous puissions faire, nous demanderions si la création d'une nouvelle Coopérative à côté de notre grande Coopérative du Sud-Est s'imposait. Les fondateurs de la Coopérative de l'Ain sont trop honorablement connus par leur dévouement à la cause des syndicats pour que nous puissions attribuer leur initiative à des sentiments de défiance ou de jalousie; en créant chez eux, et pour eux, une Coopérative spéciale, ils ont certainement cru bien faire et mieux aider les agriculteurs de la région. C'est évidemment une erreur ; car, outre qu'en apportant, à la Coopérative du Sud-Est, un chiffre annuel d'affaires de 5 à 600.000 francs, ils auraient facilité celle-ci dans ses achats dont ils eussent été les premiers à profiter

il est certain qu'ils donnent à nos adversaires une excellente occasion
de dire que si nous nous réclamons du vieil adage : « L'Union fait la
force », nous ne savons pas toujours mettre nos actes en rapport
avec nos principes.

L'un des caractères distinctifs du syndicat de Bourg est, sans
conteste, son Bulletin qui, sous la plume si alerte et si gauloise de son
dévoué secrétaire, M. Girod, est certainement l'un des meilleurs
organes de la presse syndicale. Le Bulletin parle tantôt en français, tantôt en patois, mais toujours le langage du bon sens
et de la raison et c'est avec justice qu'au concours entre les
syndicats, le rapporteur, M. le comte de Rocquigny, l'a signalé comme
l'un des titres les plus méritoires qui ont valu à ce Syndicat une
grande médaille d'argent du Musée social.

Seconde caractéristique intéressante : les nombreux concours de culture de vigne, de volailles, organisés par le syndicat méritent une
mention toute particulière. Ils ont été, pour l'association, un élément
important de succès ; ils ont été, pour les syndiqués, le meilleur enseignement professionnel. En excitant l'émulation, en propageant les
bonnes méthodes, en développant l'élevage de ces savoureuses
volailles de Bresse, qui sont le régal des gourmets, le Syndicat a
apporté sa pierre à la rénovation de l'agriculture bressanne.

Et, maintenant, il lui reste à parachever son œuvre déjà belle,
mais encore incomplète, par la mise à la disposition de ses membres des services professionnels et sociaux, qui sont le digne couronnement de tout édifice syndical. Il est temps pour lui d'y songer.

Son chiffre d'affaires important lui donne la possibilité d'organiser
à peu de frais la prévoyance et l'assistance ; ce sera là son œuvre de
l'avenir !

Que les hommes de dévouement qui ont la lourde tâche de conduire cette grande association puisent dans le passé les enseignements et le courage que demande l'avenir. Ils ont, depuis longtemps,
travaillé avec succès à la défense des intérêts matériels de leurs
membres ; qu'ils songent aujourd'hui à leurs intérêts professionnels
et sociaux.

C'est là qu'ils trouveront une légitime récompense de leurs efforts,
c'est par là vraiment qu'ils rehausseront la grande œuvre syndicale
en répandant autour d'eux cette grande désirée du temps présent :
la paix sociale !

Et, maintenant, quel sera l'avenir ? Assurément, il est à Dieu, mais
il est permis d'espérer que le Syndicat agricole de Bourg prospé-

rera et s'étendra de plus en plus, parce qu'il satisfait à un besoin réel.

L'individu, s'il s'isole, s'il n'unit pas ses forces pour en former un faisceau résistant, si ses efforts ne sont point en harmonie puissante et large avec d'autres efforts, l'individu est impuissant, son action devient nulle, il s'abandonne, sa force de volonté diminue progressivement pour disparaître.

Si, au contraire, l'on sait toute la puissance bienfaisante que renferme en soi l'idéal d'association, si les individus, sortant de leur torpeur, se prennent à vouloir et à travailler à leur bonheur, on peut espérer. Et alors, au lieu de la révolution que l'on craignait comme le pire de tous les maux, c'est l'évolution ardemment souhaitée, lente, progressive, mais irrésistible qui commence, et c'est la floraison admirable, merveilleuse, sur notre terre de France plus grande et plus prospère, plus consciente d'elle-même et de sa puissance!...

Syndicat agricole de Bourg-St-Christophe.

28 janvier 1898. — M. 36

Président : M. Jules FORAY.

Coopérative. — Almanach. — Champ d'expériences.

Ce syndicat communal a été fondé à la fin de janvier 1898; il compte 36 membres, tous petits cultivateurs, travaillant par eux-mêmes, mais tous aisés. C'est donc forcément un syndicat dans lequel les services sociaux sont restés nuls, aucun des membres n'en ayant eu besoin.

Malgré qu'il ne demande aucune cotisation à ses adhérents, le syndicat a pu vivre et prospérer, grâce à l'intervention de son président qui a fait les avances nécessaires.

Tous les achats d'engrais, semences, outils sont faits, soit à la Coopérative, soit ailleurs; leur total atteint 7,000 fr., soit environ 250 fr. par membre.

Comprenant que c'est par les expériences de chacun que l'instruction de tous se pouvait le mieux réaliser, le Syndicat organise chaque année, après avoir abonné tous ses membres à l'Almanach de l'Union, un champ d'expériences d'engrais et de semences ; les résultats en sont ensuite discutés en conférence, le progrès en découle naturellement, chacun ayant à cœur de faire aussi bien sinon mieux que ses voisins.

La supériorité que ce syndicat a conquise de haute main sur tous ses voisins pour les services matériels lui impose de nouveaux devoirs; il doit à son honneur de poursuivre son œuvre initiatrice et de rendre à ses membres les services d'un autre ordre qu'ils sont en droit d'attendre de lui. Que ses fondateurs n'oublient pas que « vouloir c'est pouvoir », et qu'ils n'ont pas le droit de se dérober à ce nouvel appel fait à leur dévouement.

Syndicat agricole du Bugey

A BELLEY

21 août 1899. — M. 1,400

Président : M. RÉCAMIER.

Dépôts. — Coopérative. — Bulletin. — Almanach.

Voici un des derniers nés de la grande famille du Sud-Est, et déjà nous devons consacrer plusieurs pages à écrire son histoire.

C'est que peu de naissances furent plus tourmentées, plus entourées d'orages, mais aussi d'espérances.

Le Syndicat du Bugey naquit, le 21 août 1899, de l'union, longtemps attendue, de deux associations puissantes : le *Syndicat agricole et viticole de Belley* présidé par M. du Vachat et le *Syndicat des agriculteurs de l'arrondissement de Belley*, présidé par M. le comte Paul Cottin.

Ces deux syndicats, qui avaient près de dix ans d'existence et comptaient chacun deux ou trois mille adhérents, s'étaient trouvés acculés à une situation difficile par le fait même de leur succès.

Leurs fondateurs, n'écoutant que leur dévouement, s'étaient abandonnés aux entraînements d'une émulation généreuse, mais forcément imprudente, et s'étaient engagés peu à peu, sans s'en apercevoir, dans une voie périlleuse. Ils avaient voulu satisfaire à toutes les demandes et quand, sur ce terrain, on n'a pas le courage de se fixer des limites, on glisse, de concessions en concessions, sur une pente qui peut mener à l'abîme.

C'est ainsi que ces syndicats étaient arrivés à faire des ventes au plus petit détail et à livrer les articles les plus variés. Ils avaient bien créé à leurs côtés des coopératives, mais celles-ci étaient plutôt des épiceries colossales, des grands magasins fournis d'une foule de marchandises.

Ces coopératives elles-mêmes avaient dû bientôt augmenter leur capital initial, déjà considérable, et, malgré tout, il leur fallait néanmoins recourir aux opérations de banque d'une manière continue, parce qu'elles vendaient le plus souvent à crédit et surtout parce qu'elles avaient un stock trop considérable de marchandises.

On avait, en outre, multiplié les dépôts sur tous les points de l'arrondissement, si bien qu'on pouvait voir dans telle commune de 600 habitants jusqu'à quatre dépôts, dont deux de coopératives et deux de syndicats.

On luttait de part et d'autre à qui ferait le plus gros chiffre d'affaires, comme on luttait à qui aurait le plus de marchandises et les vendrait à meilleur marché.

On en était venu ainsi tout naturellement à ouvrir ses portes à tous les acheteurs, acceptant même de payer patente ; dès lors, plus de cotisations payées, plus de liens d'association ; le mécontentement était partout, chez les cultivateurs qui avaient entrevu un autre idéal, chez les commerçants exaspérés par une lutte inégale et ruineuse.

On comprit enfin la nécessité de fusionner les deux syndicats, ou du moins de les dissoudre pour former avec leurs éléments un syndicat nouveau. Il fallut procéder à leur liquidation et, chose étrange, alors que tous les inventaires, du moins pour l'une des coopératives, n'avaient accusé jusque-là que des bénéfices, on se trouva en présence d'un gouffre tel que le capital actions ne suffira peut-être pas à le combler.

Voilà jusqu'où peut mener la concurrence, qui est peut-être l'âme du commerce mais assurément l'antithèse même de l'idée syndicale !

Nous devons ajouter, toutefois, que l'un des syndicats, celui présidé par M. Paul Cottin, grâce à une administration plus sage et à un contrôle plus sévère, put, ainsi que sa coopérative, échapper au désastre et procéder à sa liquidation sans causer aucune perte.

Le nouveau syndicat du Bugey allait avoir une tâche assez ingrate. Composé d'éléments qui avaient contracté, non pas, à vrai dire, un mariage d'inclination, mais un mariage de raison, il aurait à ménager bien des susceptibilités ; il aurait à faire renaître le véritable esprit syndical chez des agriculteurs qui s'étaient habitués à n'attendre d'un syndicat que des services matériels ; il lui faudrait enfin exiger rigoureusement les cotisations, tout en restreignant la vente des marchandises aux seuls syndiqués et cela tout en réduisant le nombre des dépôts.

On ne triompherait de ces difficultés, on ne reconquerrait la confiance des populations agricoles du Bugey qu'en entrant hardiment, sans tarder, dans la voie de l'organisation sociale.

C'est ce que comprit M. Emile Duport qui, avec sa haute compétence et son dévouement ordinaires, avait présidé à la fusion, avait donné à la nouvelle administration l'appui de ses conseils et avait accepté pour la Coopérative du Sud-Est la lourde charge d'assurer les services matériels du Syndicat du Bugey.

C'est ce que comprit aussi le président de ce syndicat, M. Laurent Récamier, qui était bien préparé à cette tâche par l'expérience qu'il avait acquise en fondant un certain nombre d'œuvres sociales dans le département de l'Ain, et notamment dans sa commune de Cressin-Rochefort.

Il fut suivi avec empressement, nous aimons à le dire, par son Conseil syndical, composé de tous les anciens administrateurs des syndicats dissous, qui n'avaient renoncé à cette partie si essentielle de leur programme, uniquement parce que leur activité avait été complètement absorbée par l'extension démesurée de leurs affaires commerciales.

Totalement dégagé de ce côté matériel, le bureau du Syndicat du Bugey pouvait se consacrer sans relâche à la réalisation de son programme social. Aussi son premier soin fut-il de nommer des commissions, l'une pour favoriser l'enseignement agricole, l'autre pour créer des caisses de prévoyance contre la mortalité du bétail, d'autres encore pour organiser les diverses institutions de mutualité.

Immédiatement ces commissions se sont mises à l'œuvre et l'on est en droit d'espérer qu'elles tiendront toutes leurs promesses.

Déjà les petites mutuelles contre la mortalité du bétail éclosent de toutes parts et le syndicat ne tardera pas à doter de cette précieuse institution la plupart des communes de l'arrondissement de Belley.

Il n'est pas sans intérêt de signaler que le syndicat prend avec raison la circonscription communale comme base fondamentale de son action économique et sociale.

Il s'efforce d'organiser, dans chaque commune, une section syndicale fortement constituée, ayant sa vie propre et presque son autonomie, sous la haute direction du Conseil syndical de Belley.

Chaque section a son bureau composé d'un président, d'un vice-président et d'un secrétaire, avec mission de recueillir les adhésions et les cotisations, de grouper et de transmettre les commandes, d'organiser et de faire fonctionner les œuvres sociales.

C'est la cellule vivante, d'où sortiront toutes les ingénieuses applications de la mutualité, toutes les merveilleuses créations de l'association libre.

Cette section ne diffère guère du syndicat communal sur lequel elle est calquée. Elle en offre à peu près tous les avantages, elle trouve en outre, dans l'impulsion supérieure qu'elle reçoit, des principes de vie et des garanties de durée qui lui permettent de réussir partout, tandis qu'on ne trouve qu'assez rarement les éléments d'un bon syndicat communal.

Nous avons saisi au vol quelques traits caractéristiques du syndicat qui nous occupe. On voit que son organisation est des plus rationnelles et, si nous ajoutons que ses administrateurs sont animés, au plus haut degré, de cet esprit de fraternité sociale et de charité chrétienne, qui est la grande source des généreux dévouements, on reconnaîtra avec nous que ce jeune rejeton de l'Union du Sud-Est, promet d'être bientôt un syndicat modèle.

Syndicat agricole de la Cotière

A BUBLANNE

14 décembre 1892. — M. 32

Président : M. POULIN

Coopérative.

C'est sur la commune de Bublanne qu'a été fondé, en décembre 1892, le Syndicat de la Cotière, dont les membres fondateurs se séparèrent du Syndicat de Bourg, pour créer un syndicat indépendant.

Admis à la Coopérative agricole en 1894, il compte actuellement 32 membres.

Il s'occupe surtout de denrées alimentaires et, malheureusement, après avoir, pendant quelques années, fait les plus louables efforts pour propager l'emploi des engrais chimiques, il semble avoir perdu sa vigueur première.

A quoi attribuer ce recul dans la bonne voie où il était entré? Nous l'ignorons, mais nous voulons espérer qu'après les mauvais jours, le soleil reparaîtra plus brillant que par le passé et que le Syndicat de la Colière reprendra le rang que lui attribuent son âge et son ancienneté.

Syndicat agricole de Cressin-Rochefort.

15 mars 1894. — M. 80

Président : M. Laurent Récamier.

Coopérative. — Bulletin. — Almanach. — Instruments en commun. — Fromagerie. — Compte bétail. — Caisse crédit.

Constitué le 15 mars 1894, il se compose de 80 membres dont 76 petits cultivateurs ou fermiers ; grands et petits paient une cotisation uniforme de 0 fr. 50 au reçu de laquelle ils reçoivent l'Almanach de l'Union.

Ses efforts ont surtout porté sur les services matériels et son président, non sans raison, a pensé que c'était par là surtout qu'il arriverait le plus aisément à faire pénétrer dans le pays l'esprit syndical sans lequel l'œuvre économique et sociale aboutirait à un échec certain.

Portant sur tout ce qui intéresse une exploitation et un ménage agricoles, les achats atteignent en moyenne 8,000 francs, soit 100 francs par membre. Après les achats, il a assuré la vente et organisé une fromagerie qui, en plein succès, permet aux syndiqués de tirer le meilleur parti du lait de leurs vaches.

Dès la promulgation de la loi sur le crédit, il a créé une caisse rurale dont il a le premier bénéficié en lui empruntant la somme nécessaire pour acheter, à l'usage de ses membres, quelques instruments d'un usage courant, mais d'un prix élevé.

Cette année, il a organisé un compte de prévoyance contre la

3

mortalité du bétail qui ne peut qu'accroître la juste influence dont jouit dans son pays ce petit syndical.

Avec peu de ressources, grâce à l'intelligente initiative de son dévoué président, ce syndical a bien rempli sa tâche, il ne manquera pas de compléter son œuvre en lui donnant comme conclusion natu-rèlle l'organisation de l'assistance.

C'est là le couronnement indispensable de tout édifice syndical bien construit.

Syndicat agricole d'Etrez

23 janvier 1896. — M. 160

Président : M. ACHARLES Denis

Entrepôt. — Bulletin. — Almanach.

Depuis l'année 1896, qui l'a vu naître, ce syndicat a recruté 160 membres, tous petits cultivateurs ou fermiers travaillant de leurs mains.

Il reconnaît qu'il a porté tous ses efforts sur le rôle matériel qui lui incombe ; on ne saurait lui en faire un grief puisque le dernier inventaire accuse 32,000 fr. d'achats professionnels à la Coopérative de Bourg. C'est 200 fr. par membre ! Quand les Bressans s'y mettent...

Le Bulletin et l'Almanach sont régulièrement servis à tous les membres qui y trouvent de précieux enseignements dont l'influence, pour les engrais notamment, s'est utilement fait sentir sur le chiffre d'affaires.

Voilà donc le premier étage construit : avant que la truelle ne se rouille entre les mains des maçons, il faut très vite bâtir le second pour y loger les services professionnels, puis couvrir le tout de cette toiture chaude et large qui s'appelle la fraternité et dont les tuiles sont l'assistance et la mutualité.

Courage, braves amis d'Etrez, et que 1900 voit planté au sommet de l'édifice achevé le drapeau tricolore !

Syndicat agricole de Guéreins

17 mai 1897. — M. 346

Président : M. Pierre FRÈREJEAN.

**Entrepôts. — Coopérative. — Bulletin. — Almanach.
— Assurance-accidents. — Compte bétail. — Enseignement. — Tribunal arbitral.**

Sa création remonte au 17 mai 1897 ; il compte, à ce jour, 346 membres, tous petits cultivateurs ou ouvriers agricoles, exception faite de 34 propriétaires. La cotisation est de 6 fr. pour ceux-ci et de 3 fr. ou 1 fr. selon que les autres sont propriétaires ou ouvriers.

Emanant du Syndicat de Belleville, de ce syndicat modèle présidé par M. Duport, ce petit syndicat ne pouvait, avec un tel exemple pour guide, que réussir. Nous allons voir qu'il a utilement occupé ses deux premières années et qu'il est aujourd'hui bien placé pour suivre les traces de son précurseur.

Affilié à la Coopérative agricole, son fournisseur exclusif, il facilite les achats à ses membres par les deux entrepôts qu'il a créés à Guéreins et à Montmerle, faisant ensemble un chiffre d'affaires de 8.000 fr., chiffre qui ne peut être que provisoire en raison de l'importance des besoins de la population agricole très progressive de cette région.

Soit par des expériences faites dans le jardin de l'école primaire, soit par les conférences fréquentes de M. Grandvoinnet, le dévoué professeur d'agriculture, soit par l'inspection des vignes, le Syndicat a singulièrement aidé à l'instruction professionnelle de ses membres il ne saurait tarder d'en recueillir les heureux résultats.

Le Bulletin et l'Almanach de l'Union complètent cet enseignement et viennent inspirer à chacun l'idée de faire mieux et le désir de produire davantage.

En 1899, par les soins de son secrétaire, viticulteur distingué, une école de greffage a été organisée dans la commune et clôturée, après deux mois de séances régulières, par un concours public présidé par le professeur d'agriculture qui a conféré 16 diplômes de greffeur.

Après s'être occupé des agriculteurs, le syndicat a songé aux jeunes gens et, pendant que l'école libre suivait le programme agricole de l'Union, le secrétaire du syndicat organisait, à l'école primaire publique, des cours d'adultes du soir. Depuis 3 ans, ces petites causeries amicales ont été faites très régulièrement, et elles ont donné, au point de vue professionnel, les meilleurs résultats. L'auditoire est, en majorité, composé de jeunes domestiques qui y trouvent, pendant les soirées d'hiver, un délassement instructif auquel ils prennent le plus grand plaisir. Avec le produit d'une souscription communale, l'école a pu établir un petit laboratoire de chimie et d'expériences agricoles, qui est mis à la disposition de tous ceux qui suivent les cours.

Le dimanche, des conférences avec projections, spécialement faites pour les femmes et jeunes filles, vulgarisent tous les sujets de nature à intéresser ou à instruire l'auditoire spécial qui y assiste.

Sur le terrain de la prévoyance, le syndicat a fait beaucoup plus que la grande majorité des autres syndicats, et cela grâce à d'anciennes institutions créées avant lui et dont les membres ont profité largement avant et depuis sa fondation. C'est ainsi que tous ses adhérents, ou à peu près, font partie de l'Assurance mutuelle-incendie de Chaleins présidée par le secrétaire du syndicat et dont la valeur assurée représente déjà 20.000.000 de francs ; une assurance mutuelle-bétail a déjà été organisée pour la section sud du syndicat et, en attendant qu'elle profite de la réassurance à la Coopérative, elle a obtenu des pharmaciens et vétérinaires d'importantes réductions de tarif. Sous peu, un nouveau compte sera créé pour la section nord. L'assurance-accident a trouvé de nombreux adhérents et un accident mortel, qui a donné lieu à une indemnité de 3,000 fr. ; a singulièrement aidé à populariser, dans le syndicat, cette utile garantie.

La création récente du syndicat ne lui a pas permis encore de s'occuper activement des questions d'assistance. Il existe, du reste, dans les communes de sa circonscription, plusieurs sociétés de secours mutuels très florissantes dont la grande majorité des syndiqués font partie. « D'autre part, nous écrit le président, il est à remarquer que nos populations de la rive gauche de la Saône reçoivent en grande majorité une éducation chrétienne, grâce à laquelle les idées de protection mutuelle, de secours réciproques en cas de maladies, d'accidents, de chômage sont mises en pratique, depuis un temps immémorial, sous forme de charité et cela dans une large mesure; suivant en cela les recommandations de son bureau, le syndicat, en toute occasion, encourage le développement de cette éducation première d'où découlent les principes de toute œuvre sociale durable ».

Enfin un tribunal arbitral de trois membres prévient tous les différends et règle toutes les contestations survenant entre ses membres.
Tel est ce jeune syndicat; comme son père nourricier, le Syndicat
de Belleville, il a de grandes idées, de grandes ambitions et, certes,
ses premiers pas sur le terrain syndical semblent prouver qu'il n'a
pas été trop présomptueux. Il lui reste, évidemment, un vaste
champ à exploiter, mais son président et son secrétaire sont d'excellents laboureurs, et ce serait mal les connaître que douter que le
champ bien préparé ne donne une abondante moisson.

Syndicat viticole de Jujurieux

23 juillet 1893. — M. 120

Président : M. Cyrille COTTIN.

Coopérative. — Pépinières. — Bulletin. — Instruments en commun. — Enseignement.

L'Association syndicale viticole et agricole de Jujurieux a été
fondée à la date du 23 juillet 1893, jour où les fondateurs du syndicat
se sont réunis en Assemblée générale pour adopter les statuts,
nommer le Conseil d'administration, remplir, en un mot, toutes les
formalités de la loi du 21 mars 1884; les signataires des statuts étaient
au nombre de 97.

Depuis le mois de septembre 1892 les dits quatre-vingt-dix-sept
cultivaient en commun un terrain complanté en vignes américaines
pour la reconstitution de leurs vignes. Ils ont voulu s'organiser en
syndicat régulier pour profiter de tous les avantages de cette forme
de société.

Peu après sa création, le Syndicat s'est affilié à l'Union du Sud-
Est, puis à la Coopérative agricole. Aussi, le mois de son affiliation à
cette dernière, 23 nouveaux membres sont venus s'adjoindre aux
quatre-vingt-dix-sept premiers adhérents. Depuis lors, l'effectif n'a
pas changé.

L'objet principal du syndicat est toujours la culture de la pépinière de bois américains qui alimente toutes les plantations de vignes
greffées.

Le greffage est fait sur les lieux par des greffeurs de profession, qui forment en même temps les vignerons du pays, spécialement les jeunes gens, à ce travail. Depuis sa fondation il a greffé environ 200,000 plants, qui ont été distribués aux syndicataires.

Le syndicat a, à Jujurieux, un agent dépositaire, qui livre à ses membres les engrais, sulfures, semences, etc., qui peuvent leur être utiles; deux charrues vigneronnes sont à leur disposition pour les défoncements et pour les labourages.

Depuis 1898, il a organisé, avec l'Union, l'enseignement agricole dans l'école libre de la commune, enseignement qui est complété par des cours pratiques faits par des viticulteurs dans le jardin de l'école.

Ce Syndicat, fondé surtout en vue de favoriser la reconstitution du vignoble, semble avoir rempli sa tâche première; il appartient à ses fondateurs de ne pas laisser se rouiller l'instrument et d'orienter son action sur un autre terrain où il peut trouver, avec de nouveaux services à rendre, de précieux éléments de vitalité.

Syndicat agricole de Léaz-Credo

30 mai 1898. — M. 10

Président : M. DÉLÉARD.

Bulletin.

Fondé le 30 mai 1898, ce syndicat ne compte que 10 membres.

Le succès n'a pas répondu jusqu'à ce jour aux désirs et à la généreuse ambition de ses fondateurs. L'avenir sera-t-il meilleur, et les cultivateurs de cette commune comprendront-ils tout l'intérêt matériel, économique et moral qu'on leur offre ? Nous voulons l'espérer et nous le souhaitons de tout notre cœur, mais encore faut-il faire pour cela le nécessaire, par exemple s'affilier à la Coopérative, distribuer l'Almanach ; « qui veut la fin veut les moyens ».

Syndicat viticole de Loyes, Mollon et Villieu

A LOYES

1er janvier 1888. — M. 25

Président : M. A. BABOIN

Pépinière.

Constitué le 1er janvier 1888, ce Syndicat est surtout né du phylloxéra ; le seul but de ses fondateurs a été d'aider à la reconstitution des vignobles. Le succès a répondu à leur attente, puisque, grâce à la pépinière syndicale, tout le vignoble est aujourd'hui renouvelé et en pleine prospérité.

Son président, homme modeste, estime que le fait seul, pour ce syndicat, d'avoir été l'un des fondateurs de l'Union du Sud-Est, suffit à sa gloire et que, personnellement, il trouve dans le succès de celle-ci la meilleure des récompenses.

Syndicat agricole du Mas-Rillier.

A MIRIBEL

2 mars 1890. — M. 58

Président : M. Jean-Antoine MEYET.

Coopérative. — Bulletin. — Almanach. — Instruments en commun. — Assurance-Accidents

Fondé le 2 mars 1890, par un petit nombre de cultivateurs d'un hameau de Miribel, ce Syndicat compte aujourd'hui 58 membres, dont la cotisation annuelle est de 4 francs.

Son premier soin, en se créant, a été de faire faire l'analyse des terrains par un chimiste, analyse complète embrassant tout le territoire et servant de base à l'emploi des engrais.

Dès la première année, un trieur perfectionné a été acheté par le Syndicat pour le nettoyage des blés de semence ; mais, comme la caisse, ne possédant que les ressources des cotisations des membres, n'avait pas de fonds, il a été payé par tous les propriétaires adhérents au syndicat, proportionnellement à l'étendue de leur culture en céréales.

L'objectif du syndicat est l'achat d'engrais chimiques, semences, instruments d'agriculture, marchandises nécessaires à la consommation et l'étude des mesures propres à sauvegarder les intérêts agricoles.

La Coopérative du Sud-Est est son. principal, pour ne pas dire exclusif fournisseur ; ses achats se montent à 11.000 francs environ, soit 200 francs par membre.

Opérant dans un rayon des plus restreints où tout le monde se connaît, le Syndicat a pu jusqu'ici, sans créer d'organe spécial, faire largement crédit à ceux de ses membres qui le demandaient et il n'a jamais éprouvé la plus petite perte.

Depuis deux ans il a contracté 29 polices assurances accidents au profit de ses membres à la Coopérative ; c'est donc 50 0/0 de ses membres qui ont profité de cette heureuse institution.

Enfin, pour bien affirmer l'esprit de solidarité qui unit tous les sociétaires, le Syndicat assiste en corps aux funérailles de ses membres et dépose sur leur tombe une couronne qui est le symbole de l'union intime qui unit, même après la mort, les membres de cet excellent petit Syndicat.

Syndicat des Agriculteurs de Nantua.

7 janvier 1888. — M. 33

Président : M. A. PICQUET.

Entrepôt. — Almanach. — Tribunal arbitral.

Syndicat d'arrondissement, il a été constitué le 7 janvier 1888, avec 25 membres.

Cette association présente cette particularité qu'elle n'est constituée que pour une période de six années, à l'expiration de laquelle les membres du syndicat, réunis en Assemblée générale, révisent les statuts et procèdent à l'élection d'un nouveau conseil.

C'est en vertu de cette règlementation qu'il a été renouvelé le 17 mars 1894, avec 40 membres et que sa cotisation de 5 fr. a été réduite à 3 fr.

Depuis cette époque, ce syndicat a vu augmenter sa vitalité et son chiffre d'affaires annuel passe de 4 à 10,000 fr.

En mars 1900, une Assemblée générale de tous les sociétaires aura lieu pour proroger de six années le bail du syndicat et nous croyons savoir qu'aussitôt cette reconstitution votée, le syndicat portera tous ses efforts sur les services économiques qui, dans cette région, peuvent si utilement favoriser l'action syndicale.

Ne serait-ce pas l'occasion pour le syndicat d'affilier tous ses membres à la Coopérative du Sud-Est pour les faire profiter des avantages considérables qu'offre cette grande société? Il y trouverait pour ses services matériels avantages et profit et ses adhérents ne seraient pas les derniers à se réjouir de payer moins cher des produits meilleurs et sévèrement garantis.

Par la Coopérative, il pourrait faire bénéficier ses adhérents de l'assurance-accident, chez elle il pourrait trouver un appui sérieux pour l'organisation de ses comptes bétail. La Coopérative demande peu, elle donne largement, nos amis auraient tort de refuser son concours.

De concert avec le Comice agricole, il a propagé de son mieux l'enseignement agricole par des cours et des conférences, mais il ne doit pas se déclarer satisfait et, après avoir enseigné les grands, il doit s'occuper des petits et préparer, dès l'école primaire, les jeunes générations qui doivent fournir les paysans de l'avenir.

Un comité de conseils fonctionne à l'usage de tous les associés, il est complété par un tribunal arbitral et un comité d'experts qui ont la charge de régler en dernier ressort toutes les questions litigieuses survenant entre ses membres.

Enfin, et comme don de joyeuse année, le syndicat distribue l'Almanach de l'Union, donnant ainsi à tous ses adhérents l'occasion de s'instruire en riant et d'apprendre ce que sont vraiment nos associations et ce que veulent ceux qui les dirigent.

Nous faisons des vœux pour que le Syndicat de Nantua trouve dans le nouveau baptême qu'il va recevoir une ardeur nouvelle et que, marchant résolument de l'avant, les hommes dévoués qui sont à sa tête ne restent pas en arrière, lorsque, tout à côté d'eux, les plus petits syndicats leur crient à tue-tête : Courage, en avant !

Syndicat agricole de Neyron.

14 janvier 1891. — M. 25

Président : M. MARTIGNAT.

Coopérative. — Bulletin. — Almanach. — Assurance-accidents. — Aide mutuelle.

Ce syndicat, après une réunion préparatoire tenue, le 14 janvier 1891, par un groupe de 15 agriculteurs, a été légalement constitué en association syndicale le 14 janvier, jour du dépôt de ses statuts.

Les membres fondateurs, trouvant qu'ils étaient trop peu nombreux, n'ont pas cru devoir nommer une Chambre syndicale ; mais, pour compenser, le mieux possible, cet inconvénient, ils ont cru bon d'adjoindre aux membres du Bureau quatre assesseurs ou conseillers qui sont convoqués à toutes les réunions, pour donner leurs avis dans les délibérations, prendre part aux discussions, veiller, en un mot, à la bonne gestion du syndicat.

L'idée principale qui a présidé à la formation de ce syndicat a eu pour objet général l'étude et la défense des intérêts économiques agricoles, l'achat des semences, plants, engrais, instruments agricoles et tous objets ou produits utiles à la profession de ses membres. Son but spécial a été de resserrer les liens de confraternité entre tous ses membres ; propager l'enseignement spécial et les notions tendant au développement moral, intellectuel et professionnel de l'agriculteur ; aider, dans la mesure du possible, ceux de ses adhérents qui ne pourraient faire leurs travaux agricoles par suite d'accidents graves ou de maladie, et enfin d'étudier et de prendre des mesures utiles à combattre les maladies de la vigne.

Depuis 1891, le chiffre des adhérents n'a pas varié et s'est maintenu à 25 payant une cotisation mensuelle de 0,25.

La configuration géographique de Neyron est, pour beaucoup, dans le maintien de ce nombre, car, quoique communal, le syndicat est surtout fait pour le hameau de Saint-Didier, distant d'un kilomètre environ du chef-lieu de la commune. C'est alors, à proprement parler, un syndicat de hameau, et c'est à Saint-Didier et non à Neyron que se trouve le siège social.

Depuis sa fondation, la plus parfaite harmonie n'a cessé de régner entre tous ses membres ; d'ailleurs, n'est-ce pas là un lien et le but du syndicat n'est-il pas de rapprocher des agriculteurs de différentes fortunes dans une confraternité véritable ?

Les réunions ordinaires du syndicat se font tous les premiers dimanches du mois, par convocation spéciale portant l'ordre du jour, soit pour paiement des factures, soit pour faire les commandes, soit pour discuter en commun la ou les questions portées à l'ordre du jour, ou entendre quelques communications intéressant l'Association.

Le chiffre annuel des affaires oscille entre 4 et 5,000 fr.

Abonné pour tous ses membres au Bulletin et à l'Almanach de l'Union, le syndicat fait le service gratuit de ces deux publications aux instituteurs de la commune auxquels, à titre d'encouragement, il remet, en fin d'année, quelques ouvrages pour leurs meilleurs élèves agricoles. Il n'est pas intervenu autrement, jusque-là, dans les examens agricoles.

Par son intermédiaire, cinq polices ont été souscrites contre les accidents agricoles et, d'ici peu, il aura organisé un compte de prévoyance contre la mortalité du bétail.

Enfin, et c'est bien là ce qui montre les avantages des petits groupements, le syndicat a pu, sans aucun débours, créer l'aide mutuelle qui est obligatoire pour tous les syndiqués au profit de leur collègue malade ou infirme.

Tout en faisant connaître les engrais, en propageant les bonnes semences, le syndicat a fait disparaître les haines ou les jalousies de famille, il a resserré entre tous ses adhérents les liens étroits de l'amitié ; peut-on lui demander davantage ?

Syndicat agricole de Niévroz

16 mai 1891. — M. 54

Président : M. Cl. DRUJON.

Entrepôt. — Bulletin.

Remontant déjà au 16 mai 1891, ce syndicat est l'un des plus anciens du département de l'Ain, et, si l'on considère seulement le chiffre des affaires, il n'est pas le moins prospère.

Composé de 54 petits cultivateurs, il achète, chaque année, pour leurs besoins les plus immédiats, 8.500 francs de marchandises, soit environ 175 francs par tête. Nous pensons que, dans ces conditions, il aurait un intérêt réel à s'affilier à la Coopérative avec qui il réaliserait une économie notable sur ses achats, ce qui lui est aujourd'hui indispensable pour le fonctionnement du compte-bétail qu'il est en train de créer. L'exemple de ses voisins est là pour lui en démontrer l'utilité.

En échange de leur cotisation annuelle, les membres du Syndicat reçoivent le Bulletin de l'Union, dont ne peut que profiter leur éducation agricole. L'Almanach viendra bientôt jeter un peu de gaieté dans cet ensemble ; plaise à Dieu qu'il donne à ce petit noyau de braves paysans bressans un peu d'ardeur à continuer leur marche en avant.

Syndicat agricole de Parcieux et Massieux

A PARCIEUX

28 février 1898. — M. 83

Président : M. CHALANDON.

Coopérative. — Bulletin. — Almanach. — Assurance-accidents.

Encore bien jeune, puisqu'il ne remonte qu'au 28 février 1898, ce syndicat comprend 83 membres, dont 75 petits cultivateurs ou ouvriers.

Moyennant une cotisation de 2 francs, il leur fournit gratuitement le Bulletin et l'Almanach de l'Union en même temps que les services de la Coopérative du Sud-Est à laquelle il achète tous les produits professionnels ou alimentaires dont ses membres ont besoin. Le chiffre total des affaires est de 3 à 4.000 francs, non compris le service des assurances-accident qui compte déjà une dizaine de polices.

A ses débuts, ce petit syndicat ne peut pas avoir encore d'histoire, mais il est permis d'espérer que, grâce à son initiative, les avantages résultant de l'association se feront jour de plus en plus et qu'à l'avenir cette union deviendra une petite force avec laquelle il faudra compter.

Syndicat agricole de Rigneux-le-Désert

A CHAZEY-SUR-AIN

5 mars 1896. — M. 40

Président : M. JOSEPH CAGNIN

Coopérative. — Bulletin. — Almanach.

Petit syndicat de hameau, fondé en 1896, il compte aujourd'hui quarante membres faisant par la Coopérative du Sud-Est, 17 à 1.800 fr. d'achats annuels.

La cotisation minime de 0.50 donne droit au service régulier du Bulletin et de l'Almanach de l'Union.

Cette petite fourmi syndicale donne un bon exemple à bien de grandes cigales qui, avec des cotisations de 3 et 5 fr. n'ont encore pu donner à leurs membres qu'un bel entrepôt et beaucoup d'employés !

Syndicat agricole de Rignieux-le-Franc

1er janvier 1899. — M. 19

Président : M. Jean-Pierre GEORGES

Coopérative. — Almanach.

Composé de 19 membres tous propriétaires cultivant eux-mêmes leurs biens, ce syndicat a été fondé en janvier 1899 et son premier soin a été d'affilier tous ses membres à la Coopérative agricole.

Il procure à ses adhérents les engrais, outils agricoles, et les denrées de consommation et il leur envoie comme carte de visite l'Almanach de l'Union.

Il est encore trop récent pour avoir fait autre chose, mais le dévouement de ses fondateurs, ajouté à la parfaite entente qui existe entre tous les membres de cette petite famille agricole, nous permet de croire qu'il ne sera pas long à atteindre ses aînés.

Syndicat de la Société de St-Antoine

A BELLEY

12 mars 1890. — M. 20

Président : M. DU VACHAT.

La société de St-Antoine de Belley est une ancienne confrérie dont les origines passent pour être des plus reculées et qui aurait franchi, sans disparaître complètement, la période révolutionnaire.

Réduite à quelques membres à peu près tous domiciliés dans la banlieue et les hameaux de Belley, cette ancienne corporation survivait, il y a quelques années, sans faire beaucoup parler d'elle, mais en maintenant, entre certains agriculteurs très attachés à la tradition qui était leur seul lien, une confraternité touchante et du meilleur aloi.

On raconte qu'à la perte d'une tête de bétail, ils se cotisaient entre eux pour secourir celui des leurs qui avait été frappé, curieuse analogie avec les vieilles cotises Landaises ; en outre, chaque année, et très régulièrement, ils commandaient une messe le jour de la fête de St-Antoine (usage perpétué jusqu'à nos jours) et y faisaient offrir un pain bénit. A cette messe, les cultivateurs de Belley et des environs affluent encore en grand nombre et, certaines années, la cathédrale est, à cette occasion, absolument remplie, malgré ses vastes dimensions.

Après la loi de 1884 sur les syndicats et alors que le mouvement syndical se produisait avec le plus de force, la vieille confrérie fut amenée à se transformer pour bénéficier, elle aussi, dans une plus large mesure, des avantages de l'association. Elle se donna des statuts, et élut président M. du Vachat, juge au tribunal civil de Belley.

Une des particularités des statuts est de se rencontrer, avec de nombreux syndicats ouvriers des grandes villes, pour l'adoption, comme principe économique, du repos du dimanche.

Cette société qui débuta par un chiffre de dix membres ne tarda pas à voir ce nombre s'élever. Elle subit, à cette heure, comme un arrêt dans sa marche en avant. Il est question, toutefois, de donner plus de développement à ses statuts, de fixer à cinq ou six francs la cotisation qui n'était que d'un franc et d'organiser, pour les associés et leurs familles, l'assistance du médecin et la fourniture des médicaments ; pour le bétail, les soins du vétérinaire.

En somme, cette association est plutôt une confrérie agricole qu'un syndicat proprement dit.

Syndicat agricole de Sainte-Croix.

28 avril 1889. — M. 64.

Président : M. FAURE

Aide mutuelle.

Ce syndicat, qui date du 28 avril 1889, est essentiellement démocratique, puisque, sur 64 membres, il compte 55 petits fermiers ou ouvriers agricoles.

Rien d'étonnant que la cotisation de 6 fr. soit en partie absorbée par les frais de médecin, de pharmacien, d'enterrement, fournis gratuitement aux syndiqués.

C'est le but principal de ce petit syndicat communal qui fait à peine 1.200 fr. d'affaires par année.

Né d'une pensée généreuse et fraternelle d'assistance, ce syndicat doit tendre de plus en plus à développer ses services matériels qui seront, pour sa caisse, un puissant élément de prospérité.

Syndicat agricole de Saint-Martin-du-Mont

9 janvier 1898. — M. 168

Président : M. FRUCTUS.

Coopérative. — Bulletin

Datant du 9 janvier 1898, ce syndicat a jusqu'ici borné son rôle à être, par la Coopérative du Sud-Est, le fournisseur en engrais de ses membres. Son chiffre d'affaires annuel atteint, en moyenne, 5.000 francs.

Prochainement il compte organiser une caisse de crédit agricole et un compte de prévoyance contre la mortalité du bétail; mais ces deux utiles créations ne sont encore qu'à l'état de projet.

Nous espérons qu'il n'y aura pas loin « de la coupe aux lèvres » et que bientôt ce syndicat nous annoncera le succès final de sa double tentative.

Syndicat agricole de Saint-Maurice-de-Beynost

14 avril 1898. — M. 20

Président : M. Louis GUYOT.

Coopérative.

Créé le 14 avril 1898, 20 membres adhérents, tous petits cultivateurs, achetant à la Coopérative leurs engrais et leur charbon, pour une somme annuelle de 2.000 francs : telle est, en quatre lignes, l'histoire de ce petit Syndicat.

C'est probablement à sa jeunesse que nous devons une histoire aussi courte, et il n'est pas téméraire d'espérer qu'entraîné par l'exemple de ses voisins, il lui donnera prochainement une suite plus ample et plus variée. Tout autour de lui il a des aînés prospères, qu'il ait à cœur de les imiter : il sera le premier à s'en féliciter.

Syndicat agricole de St-Paul-de-Varax

5 juin 1898. — M. 55

Président : M. A. BOUCHET, de Fareins.

Entrepôt. — Coopérative. — Almanach. — Crédit.

Constitué le 5 juin 1898, il compte actuellement 55 membres tous fermiers, à l'exception du président et du secrétaire; tous payent une cotisation uniforme de 3 fr.

Placé dans une contrée fortement divisée par les questions politiques, il n'en a pas moins pris, dès la première année, une grande extension.

Le premier et le plus important service qu'il a rendu à ses membres a été de leur faire réaliser de sérieuses économies pour l'achat en commun de toutes les matières professionnelles ; le caractère méfiant et peu entreprenant des cultivateurs de ce pays rend très difficile et parfois même dangereuse, pour la vie même du Syndicat, l'organisation des services sociaux et souvent même des services économiques et professionnels.

C'est donc au point de vue matériel que l'action syndicale s'est surtout exercée et le chiffre des marchandises qui sont fournies à son entrepôt par la Coopérative du Sud-Est atteint annuellement 15.000 fr. soit 300 fr. par membre.

Dans les services professionnels, nous pouvons signaler une tentative de caisse de crédit qui, après avoir échoué en 1898, vient d'aboutir heureusement et le service gratuit de l'Almanach de l'Union : dans l'ordre social, nous ne trouvons que les consultations juridiques gratuites données à tous les membres par le président ou le secrétaire, tous deux compétents en la matière.

Nous aimons à espérer que nos deux collègues auront à cœur de perfectionner, dans un avenir prochain, l'institution à laquelle ils consacrent leurs loisirs et, ce faisant, ils prouveront que les classes dirigeantes ne sont pas faites d'égoïsme et d'indifférence et que les braves cœurs se trouvent aussi chauds et aussi bons sous la jaquette du bourgeois que sous la blouse du paysan.

Syndicat agricole de Sathonay.

31 décembre 1893. — M. 31

Président : M. B. ESTERLE.

Coopérative. — Bulletin. — Almanach. — Assurance-accidents.

Petit syndicat d'une petite commune, fondé le 31 décembre 1893, il comprend 31 membres qui, tous, sauf un, sont de petits cultivateurs exploitant eux-mêmes.

Moyennant une cotisation de 2 fr., chaque associé reçoit gratuitement le Bulletin et l'Almanach de l'Union, achète toutes ses marchandises à la Coopérative du Sud-Est et s'assure contre les risques agricoles.

Dans une circonstance importante, l'association s'est montrée efficace pour la défense de l'intérêt particulier de ses adhérents. Le champ de tir du camp de Sathonay était utilisé journellement à différentes heures et pendant la plus grande partie du jour pour l'exercice du tir au fusil ; les cultivateurs ayant des terres dans cette direction et ce voisinage ne pouvaient plus séjourner dans leurs terres sans un réel danger, augmenté par l'énorme portée actuelle des armes de guerre.

Une protestation sous forme de pétition fut adressée au général gouverneur de Lyon et remise par les soins du président de l'Union du Sud-Est. Le résultat ne s'est pas fait attendre ; des ordres furent donnés pour que les exercices n'eussent lieu qu'à certains jours et à certaines heures, toujours les mêmes, ce qui permet aux cultivateurs de travailler leurs terres sans s'exposer à quelqu'accident provoqué par une balle perdue.

Le rôle du syndicat s'est borné à faciliter à ses membres ces divers services dont, tous, sans exception, ont profité avec le plus grand empressement.

Souhaitons que l'avenir voie ce rôle s'agrandir et s'étendre aux multiples questions qui font de l'Association syndicale le pivot de la rénovation agricole et sociale.

Syndicat agricole de Thoissey.

10 janvier 1898. — M. 340

Président : M. G. BILLIOUD.

Entrepôt. — Coopérative. — Bulletin. — Almanach. — Compte bétail.

Syndicat de canton, fondé le 10 janvier 1898, il compte 340 membres se répartissant en 20 0/0 grands propriétaires payant 10 fr.; 30 0/0 petits cultivateurs payant 5 fr. et 50 0/0 fermiers ou ouvriers agricoles, payant 1 fr. C'est donc bien près de 1500 fr. de cotisations annuelles qu'il peut avoir à sa disposition.

Jusqu'à ce jour, il a fallu toute cette somme pour payer les frais généraux d'employés, d'entrepôts et le service du Bulletin et de l'Almanach de l'Union; on comprend donc qu'il se soit borné à remplir la partie matérielle de sa tâche en fournissant annuellement pour 10,000 francs de matières agricoles provenant en grande partie de la Coopérative du Sud-Est.

C'est à peine 30 francs par membre! Et cependant nous avons vu des syndicats de petits cultivateurs arriver à 300 francs par membre! La raison doit venir de ce que dans une ville comme Thoissey, dans un pays comme la Bresse, les marchands d'engrais bien achalandés sont arrivés à vendre au même prix que le syndicat et comme, à prix égal, le cultivateur donne toujours la préférence au commerce, sans assez regarder à la qualité, il ne faut pas trop s'étonner du peu de résultats obtenus.

Ce syndicat a eu raison, néanmoins, d'essayer d'aller au-devant des cultivateurs plutôt que de les attendre chez lui; en créant des comptes de prévoyance contre la mortalité du bétail dans toutes ses communes sur le modèle de ceux qu'il a installés à St-Didier ou Mogneneins, il prend le véritable moyen de se rendre sympathique.

Quand un syndicat a la bonne fortune d'avoir un président aussi bienveillant, aussi dévoué, aussi charitable que celui de Thoissey, il ne saurait douter du succès final.

———

Syndicat des agriculteurs de l'Arrondissement de Trévoux

A VILLARS-LES-DOMBES

15 avril 1886. — M. 299

Président : M. DUCURTYL.

Coopérative.— Bulletin.— Almanach.— Enseignement

Bien avant la loi de 1884 sur les syndicats, le Comice de Trévoux, devançant les bienfaits de cette loi, avait déjà organisé entre ses membres, en outre de la vente au rabais d'animaux reproducteurs et d'instruments perfectionnés, l'achat en commun de matières utiles à l'agriculture, semences diverses, graines fourragères, tourteaux, etc.

En 1886, le Comice, voulant profiter plus largement des bénéfices de la loi libérale du 21 mars 1884, décida de former entre ses membres un syndicat professionnel.

Les statuts, élaborés par le Bureau du Comice, furent définitivement arrêtés et, le 15 avril 1886, le dépôt, conformément à la loi, en était fait à la mairie de Villars-les-Dombes, centre et siège du syndicat, qui prit, à ce moment, le titre de Syndicat du Comice agricole de Trévoux.

Le Bureau provisoire fut le même que celui du Comice. Une chambre syndicale, composée de seize membres, soit deux par canton, lui fut adjointe et le syndicat entra de suite en fonctions.

Pour faciliter aux membres du Comice l'entrée au syndicat, une faveur spéciale leur fut concédée, et l'article 3 des statuts établit un droit d'entrée de trois francs pour les membres du Comice et un de cinq francs pour les étrangers à cette association.

Dès cette année 1886, le syndicat procura à ses membres des engrais, des semences à des conditions avantageuses et plus de 100 000 kilos de matières furent achetées.

En juin de la même année et comprenant que son rôle n'a pas seument pour but la défense des intérêts maériels, le syndicat envoie à tous ses membres un *Manuel pour l'emploi des engrais chimiques.*

Il le présente à ses adhérents en ces termes :

« En cherchant à vulgariser l'emploi des engrais chimiques, le Comice et le Syndicat du Comice de Trévoux ont le devoir d'éclairer les cultivateurs sur le maniement délicat de ce nouvel et puissant élément de fertilité.

« Il importe de bien faire connaître à tous le rôle que jouent ces engrais au point de vue du sol, au point de vue des plantes ; de bien faire comprendre qu'ici il ne s'agit pas, comme avec le fumier, d'appliquer, suivant les exigences des récoltes, une plus ou moins grande quantité d'un engrais uniforme pour toutes les plantes.

« L'engrais chimique doit être de composition très variable. L'examen attentif de la constitution du sol, donnée par l'analyse et l'étude des exigences spéciales de chaque plante, permettront de décider, après mûr examen, la composition de l'engrais qui doit être appliqué à chaque récolte.

« Employer un engrais chimique mal composé ou insuffisant, c'est s'exposer à une perte sèche.

« Employer un engrais chimique plus riche qu'il n'est nécessaire, c'est encore une perte inutile, mais c'est aussi s'exposer souvent à des accidents de récolte tels que la verse.

« Enfin répandre des engrais chimiques dans des terres qui ne seraient pas bien assainies et parfaitement propres, c'est s'exposer à un échec certain.

« Il faut marcher avec prudence dans cette voie nouvelle, mais aussi ne pas perdre un jour pour se faire la main dans l'emploi de ces précieux engrais.

« L'expérience acquise de ceux qui emploient depuis longtemps des engrais chimiques dans notre circonscription, facilitera et abrègera la tâche de nos confrères en agriculture ; mais comme, pour se bien comprendre, il faut parler la même langue, il nous a paru indispensable de publier un petit manuel qui pût familiariser les cultivateurs avec une nomenclature nouvelle et résumer les notions les plus indispensables ».

Le 8 mars 1887, dans une réunion générale à Villars-les-Dombes, le Bureau provisoire, qui était le Bureau du Comice, et la Chambre syndicale, furent maintenus pour trois ans dans leurs fonctions et le syndicat fut définitivement organisé.

Dans cette même séance, quelques légères modifications furent apportées aux statuts pour en mettre les termes en rapport avec le fonctionnement régulier qui devait suivre, la période d'organisation étant close. Le syndicat prit alors le nom de Syndicat des Agriculteurs de l'arrondissement de Trévoux.

Cette modification paraissait devoir être faite, car l'ancienne rédaction semblait indiquer que le syndicat ne devait être formé qu'entre les membres du comice de Trévoux, ce qui était une erreur, les agriculteurs pouvant faire partie du syndicat sans, pour cela, appartenir à l'autre association.

A ce moment, le syndicat comptait seulement 70 membres.

Pour faciliter l'utilisation des bénéfices de l'Association au plus grand nombre possible d'agriculteurs, le syndicat accepta du Comice un abonnement annuel de 200 francs, moyennant lequel tous les membres du Comice, non membres du syndicat, pouvaient transmettre leurs commandes et profiter ainsi de tous les avantages du syndicat.

Cette disposition, absolument transitoire, a été supprimée depuis et le syndicat fonctionne actuellement entre ses membres inscrits seulement.

Son effectif est aujourd'hui de 299 membres (94 grands propriétaires, 105 petits cultivateurs, 100 fermiers ou journaliers). Aucune cotisation n'est exigée, mais un simple droit d'entrée de 3 francs.

Le Syndicat de Trévoux, pour les fournitures à faire à ses membres, n'a pas eu recours ni à des adjudications ni à des entrepôts.

Il s'adressait directement à plusieurs maisons sérieuses, comparait leurs prix, obtenait d'elles des conditions avantageuses et transmettait simplement les commandes de chacun de ses membres ; la livraison était faite par les maisons désignées, à leurs risques et périls et sous le contrôle du syndicat, auquel ces maisons remettaient directement une remise de 2 %, dont elles majoraient le prix de vente.

L'administration du syndicat était absolument simplifiée et il n'y a jamais eu à regretter ce fonctionnement, bien facilité du reste par l'importance de chaque commande, le Syndicat de Trévoux exerçant son action sur une assez vaste circonscription comprenant de grands domaines.

Les choses marchèrent ainsi jusqu'en 1892, époque à laquelle il fut décidé que, pour simplifier encore l'administration du syndicat en ce qui concerne les commandes diverses, tous les ordres seraient transmis au courtier de l'Union des Syndicats du Sud-Est, qui se chargeait de faire exécuter les commandes au mieux des intérêts des syndiqués et toujours sous le contrôle du syndicat qui faisait vérifier les commandes, analyser les engrais, en un mot veillait à la bonne exécution des ordres.

Enfin, en 1893, lorsque le dévouement des administrateurs de l'Union du Sud-Est, dont le Syndicat de Trévoux fut un des premiers adhérents, leur inspira l'excellente pensée de créer une Société coopérative ayant son siège à Lyon, le Syndicat de Trévoux voulut profiter de cet intermédiaire si utile aux intérêts agricoles.

Le syndicat fait actuellement passer tous ses ordres par le courtier du Sud-Est et par la Coopérative, continuant ainsi à employer le système le plus simple et le plus économique pour toutes ses opérations en faveur des membres du syndicat. Les livraisons sont faites directement et individuellement aux intéressés.

Le Syndicat de Trévoux achète annuellement de 5 à 600.000 kilogs d'engrais de toute nature; le principal tonnage porte sur les scories dont les effets, en Dombes, sont si remarquables et tout à fait en rapport avec les exigences du sol, pauvre en calcaire et en acide phosphorique. Le chiffre d'affaires oscille entre 25 et 30.000 fr.

Le syndicat procure à ses membres des semences, des graines fourragères, des instruments agricoles, etc.

Sa réserve, relativement importante, autant que les petites commissions sur les achats faits par ses adhérents lui ont permis d'abonner tous ses membres au Bulletin de l'Union complété quelquefois par la distribution de l'Almanach.

Il a laissé jusqu'ici au comice le soin de développer l'enseignement professionnel par des conférences, champs d'expériences et concours, mais, depuis deux ans, il a coopéré largement à l'organisation de l'enseignement agricole dans les écoles suivant le programme adopté par l'Union.

Enfin il a mis à la portée de tous l'assurance contre les accidents agricoles et, dans ce pays de grande culture, on ne peut que s'étonner qu'il reste encore des agriculteurs assez confiants dans leur bonne étoile pour ne pas se garantir si économiquement contre les risques si nombreux de leur profession.

Fondé par M. Edouard de Monicault alors président du comice, ce syndicat, grâce au concours intelligent et toujours dévoué de M. Aug. Pichat, a puissamment contribué, dans l'arrondissement, à la vulgarisation des engrais chimiques et des semences de choix que les cultivateurs de la région ont pu se procurer, par son intermédiaire, sous les meilleures garanties de sécurité et de bon marché. Il a contribué, dans une large mesure, à la propagation de l'idée syndicale et des idées de mutualité et de prévoyance et c'est sur son initiative que les syndicats agricoles de l'arrondissement se sont groupés dans l'Union des Dombes.

C'est là le passé, mais aujourd'hui que ce grand syndicat s'est vivifié par l'adjonction de membres jeunes et dévoués, il doit songer à l'avenir et essayer, lui aussi, ce qu'autour de lui tant de petits syndicats ont si bien réussi. Son président est l'un des plus distingués collaborateurs de l'Union du Sud-Est et s'il trouve chaque jour de nombreux exemples à imiter il puisera aussi, au contact de ses vaillants collègues, cette foi, cette confiance dans la grandeur de l'œuvre entreprise.

Le sol sur lequel a été planté son syndicat est fertile autant que bien préparé, il lui appartient d'y faire produire l'abondante moisson que ses prédécesseurs ont si soigneusement semée.

Syndicat viticole et agricole de Villebois

1er avril 1899. — M. 35

Président : M. GIGODOT.

Entrepôt. — Coopérative. — Almanach.

Le Syndicat viticole et agricole de Villebois a été créé le 1er avril 1899. Il est donc tout à fait à son début.

On l'a dénommé viticole et agricole, faisant passer la vigne au premier rang puisque la vigne est à peu près la seule culture intéressante de cette région, la seule en tous cas qui exporte ses produits en dehors de la commune.

Ce syndicat embrasse uniquement le territoire de Villebois ; son siège est au bourg même.

A ce jour, il compte en tout trente-cinq membres, tous propriétaires résidant à Villebois. La cotisation est de 4 fr. pour la première année, 1 fr. pour les années suivantes.

Après avoir procédé par achats directs, — la livraison aux membres du syndicat se faisant dans un entrepôt ouvert à Villebois, — son bureau a jugé plus simple et plus conforme aux intérêts généraux de l'association de demander à la Coopérative agricole du Sud-Est la création d'un dépôt qui est à la disposition, non seulement des membres du Syndicat de Villebois, mais de tous les syndicats unis à la Coopérative. La Coopérative y a très aimablement consenti et a bien voulu prendre en charge toutes les marchandises. Dès à présent ce dépôt, fourni des principaux articles consommés à Villebois, est appelé, croyons-nous, à atteindre rapidement un chiffre de vente très important.

Si nous considérons, en effet, les résultats obtenus pendant le premier semestre de la création, qui a donné un chiffre de ventes de 5.000 fr., il est bien permis d'espérer que, grâce aux excellents produits et à la sage direction de la Coopérative du Sud-Est, cette somme sera facilement doublée au cours de la présente année.

En aussi peu de temps, le Syndicat de Villebois n'a pu organiser encore aucun des services qu'il a en vue.

Cependant il étudie sérieusement, en ce moment-ci, l'assurance contre la mortalité du bétail et nous espérons qu'avant peu ce service sera en plein fonctionnement. Aussitôt ce premier pas fait, il s'occupera de l'assurance contre les accidents agricoles.

Ses modestes ressources ne lui permettent pas de créer des champs d'expérience, mais cette lacune est en partie comblée par quelques membres du syndicat, par le président notamment, qui se livrent à des essais suivis et méthodiques sur les semences, les engrais, d'une part, sur l'adaptation dans les divers terrains de plus de cent variétés de porte-greffes et hybrides producteurs directs nouveaux, d'autre part. La marche de ces expériences est expliquée aux cours des réunions et tous les intéressés peuvent sur place se rendre compte des résultats obtenus.

Au point de vue du bétail bovin, le président essaie, en ce moment, dans un domaine situé sur la commune, l'acclimatation de deux races bien différentes : la race de Montbéliard et la race de Jersey,

La première comme laitière, la deuxième comme beurrière.

Le syndicat sera le premier à connaître les résultats, bons ou mauvais, et les taureaux sont à la disposition de tous les propriétaires moyennant une légère rétribution.

Le Syndicat de Villebois ne publie pas de Bulletin, cela va sans dire. Il se contente de prendre l'Almanach de l'Union qui donne satisfaction à tous ses membres.

Tels sont, sommairement exposés, les heureux débuts de cette association.

Ils sont de nature à faire envie à pas mal de syndicats qui, créés depuis 10 ans, n'ont pu trouver encore le moyen de faire quelque chose; ils sont pour nous la garantie du succès prochain qui viendra, nous en sommes sûrs, récompenser de leurs efforts et de leur dévouement le président et les administrateurs de cette jeune association.

Syndicat agricole de Villieu.

17 décembre 1897. — M, 70

Président : M. Cl. NESME

Coopérative. — Almanach.

Petit syndicat de commune, fondé le 17 décembre 1897, il compte 70 membres, dont 64 petits agriculteurs, fermiers ou ouvriers.

La cotisation de 1 franc lui permet d'offrir l'Almanach de l'Union à ses membres et de les faire profiter des avantages de la Coopérative du Sud-Est qui lui vend annuellement 1.850 fr. de produits divers dans lesquels il ne nous semble pas que les marchandises agricoles tiennent la tête. C'est là, évidemment, une lacune, car s'ils trouvent intérêt à acheter leurs denrées non agricoles à la Coopérative, les syndiqués auraient plus de profit encore à y prendre tout ce dont ils ont besoin pour leur exploitation. C'est un conseil d'ami que nous leurs donnons, avec l'espoir de les en voir profiter.

Syndicat agricole et viticole de Virieu-le-Grand

27 juillet 1890. — M. 38

Président : M. A. PEYSSON.

Entrepôt. — Coopérative. — Bulletin. — Almanach.

Le Syndicat agricole de Virieu-le-Grand a été fondé le 27 juillet 1890 et porte la dénomination de « Syndicat agricole et viticole de Virieu-le-Grand ». Sa circonscription n'embrasse que la commune de Virieu-le-Grand où est établi son siège social. C'est un petit syndicat local.

Dès que le syndicat fut constitué, le Bureau demanda à l'Union Centrale des Agriculteurs de France à Paris et à l'Union Régionale du Sud-Est à Lyon l'affiliation.

L'Union Centrale accueillit immédiatement la demande, mais les choses ne marchèrent pas si bien avec l'Union du Sud-Est. Celle-ci, en effet, après un avis favorable, ajourna son admission, et ce n'est qu'après neuf ans d'attente, que le syndicat indépendant de Virieu-le-Grand a été enfin admis dans l'Union au mois de novembre 1899.

A l'origine, la cotisation des membres du Syndicat fut fixée, pour parer aux frais d'organisation et de premier établissement, à 5 francs par an ; un peu plus tard, elle fut abaissée à 3 fr. En réalité, cette cotisation n'était pas trop élevée puisque les syndiqués recevaient chaque mois le Bulletin de l'Union et au jour de l'an l'Almanach des Agriculteurs de France, ce qui la ramenait à 2 francs. Maintenant, depuis 1900, elle est de 1 franc, chiffre trop faible assurément, mais imposé par les circonstances.

Le nombre des membres du syndicat n'a jamais été considérable. Il a subi des variations diverses. Il fut d'abord de 45, puis descendit à 30 ; de 30, il remonta à 38 en 1899. A la non-augmentation et ensuite à la diminution des membres du syndicat, on peut trouver deux causes que nous expliquerons plus loin.

Jusqu'à cette année, le Syndicat agricole de Virieu opérait pour ses achats de la manière suivante. Les syndiqués remettaient leurs commandes le jour de réunion au trésorier ou au secrétaire. Une fois les demandes centralisées, le secrétaire passait au Syndicat central à Paris l'ordre d'acheter à tel cours, ou bien écrivait directement à des maisons de production ou d'importation, leur demandait leurs prix et selon les prix et les garanties offertes, traitait directement avec ces maisons, évitant toujours les intermédiaires. Lorsque les marchandises étaient arrivées, on les remisait dans un local appartenant au syndicat et servant d'entrepôt et de lieu de réunion. Au jour fixé, on déterminait le prix de livraison et chacun prenait sa part de pétrole, de sulfate de cuivre, de riz, de café, etc ; l'un surveillait la distribution, l'autre pesait, le troisième percevait l'argent. Tout se passait en famille. On faisait venir le pétrole à l'entrée de l'hiver, le sulfate au mois de janvier, les articles de ménage, les graines, semences, etc. aux mois de février et mars, les engrais chimiques, au mois d'avril, etc.

Les arrivages de marchandises se succédaient de quinzaine en quinzaine de façon à échelonner les traites et à donner aux syndiqués qui n'étaient pas en mesure, des facilités pour les paiements. Les commandes avaient lieu une fois par an et chacun devait faire ses provisions pour l'année. La distribution terminée, il ne restait rien à l'entrepôt sauf quelques bottes de fils de fer et quelques sacs de sels pour le ménage et pour le bétail.

Ce système lui permettait d'avoir des marchandises de première qualité à un prix très modéré ; il avait encore cet avantage de ne pas assujettir son bureau à une tâche quotidienne qui eût été fort gênante pour lui. Mais il avait l'inconvénient de n'être pas accessible à toutes les bourses. Peu à peu les petits propriétaires dont le phylloxéra avait tari l'unique revenu se retirèrent, trouvant, sans doute, que les achats par grosse quantité exigeaient une trop forte somme d'un seul coup. Un autre fait se produisit qui contribua encore à diminuer le nombre des syndiqués. Les deux syndicats d'arrondissement de Belley fixèrent leur cotisation à 1 franc et ouvrirent dans un grand nombre de communes, entre autres à Virieu-le-Grand, des dépôts de marchandises où l'on pouvait acheter au détail. A partir de ce moment, l'effectif déclina rapidement.

Chaque année, avec les légers bonis réalisés sur le prix de livraison des marchandises, le syndicat a acheté des tables, des bancs, un poêle, une lampe, etc, pour meubler son lieu de réunion, une bascule, des balances, un calcimètre, un concasseur à grains, un tendeur, des ouvrages agricoles. Il a procuré à ses adhérents les variétés nouvelles de porte-greffes indiquées comme les plus résistantes au phylloxéra et s'adaptant le mieux aux sols calcaires. Il les a encouragés à créer dans leurs jardins de petites pépinières de greffes afin de s'affranchir des marchands de plants qui, souvent, les trompaient sur le porte-greffe et sur le greffon. Deux fois par semaine, durant l'hiver, réunions au local du syndicat et, pendant la veillée, analyses avec le calcimètre du calcaire des terrains, afin d'indiquer aux syndiqués et même aux non syndiqués les plants qu'il convenait d'employer. Il a ainsi contribué à la reconstitution des vignobles qui font la richesse de ce pays.

Son admission, après neuf ans d'attente, dans l'Union du Sud-Est, va probablement rendre la vie à ce petit syndicat condamné à disparaître. L'abaissement de la cotisation à 1 franc et la création d'un dépôt de la puissante Coopérative du Sud-Est à Virieu-le-Grand amèneront, sans doute, de nombreux adhérents au Syndicat agricole et viticole de Virieu. Celui-ci pourra revivre des jours prospères et entreprendre des œuvres utiles comme les assurances contre les accidents, la mortalité du bétail et les caisses de crédit agricole, etc.

Telle est l'histoire du Syndicat communal indépendant de Virieu-le-Grand qui a rendu déja beaucoup de services et qui ne demande qu'à continuer en l'élargissant l'œuvre de rénovation agricole et sociale pour laquelle il a été fondé.

ARDÈCHE

STATISTIQUE

CIRCONSCRIPTION des SYNDICATS	NOMBRE						PROPORTION DES	
				Classification des Syndiqués				
	de Syndicats	de Syndiqués	Moyenne par Syndicat	Propriétaires ne travaillant pas	Propriétaires travaillant eux-mêmes	Ouvriers travaillant chez les autres	Rentiers du sol	Travailleurs du sol
SYNDICATS de département..	»	»	»	»	»	»	»	»
d'arrondissement..	»	»	»	»	»	»	»	»
de canton......	5	1.515	303	181	1.001	333	11.95	88.05
de commune....	4	401	100	47	304	50	11.72	88.28
Totaux....	9	1.916	213	228	1.305	383	11.90	88.10

Syndicat agricole d'Annonay et du Haut-Vivarais

Annonay, 31 janvier 1889. — M. 1,000

Président : M. C. BÉCHETOILLÉ

**Entrepôts. — Coopérative — Bulletin. — Almanach.
Assurances-accidents. — Champs d'expériences. —
Enseignement.**

Vers la fin de 1888, M. Léon Rostaing et M. Régis Rouveure prirent l'initiative de réunir un certain nombre d'agriculteurs de la région dans le but de fonder un syndicat professionnel entre les propriétaires, fermiers, métayers et ouvriers d'agriculture des quatre cantons d'Annonay, de Serrières, Satillieu et Saint-Félicien.

Après plusieurs délibérations, les statuts furent arrêtés et le dépôt en fut fait, conformément à la loi de 1884, à la date du 31 janvier 1889.

Une Chambre syndicale provisoire, uniquement composée de membres fondateurs, fut nommée et appelée à élire son bureau.

M. Régis Rouveure, lauréat de la prime d'honneur, fut désigné comme président, à l'unanimité.

Environ un mois après, vers le 1er mars, le syndicat commençait à fonctionner. Un entrepôt avait été ouvert à Annonay pour la vente au détail des marchandises, et M. Grimaud, le secrétaire-gérant, se trouvait exactement deux jours par semaine dans les bureaux, pour recevoir les commandes des membres du syndicat.

Outre ce travail, M. Grimaud s'est chargé, à peu près seul, de la rédaction du Bulletin, publication qu'il a eu le talent de rendre intéressante et instructive et pour laquelle la Société des Agriculteurs de France lui a décerné une médaille d'argent, lors du dernier concours régional de Privas en septembre 1893.

Dès la première année, le syndicat comptait 109 membres fondateurs payant une cotisation annuelle de 10 francs et 274 membres associés dont la cotisation est de 3 francs.

C'est grâce au chiffre élevé de la cotisation des membres fondateurs que le syndicat a pu faire face, dès le début, aux frais des premières installations et aux frais de bureau qui ont été soldés à peu près intégralement dès la fin du premier exercice.

Au mois d'octobre de cette année, M. Rouveure, le président, qui avait contribué si puissamment à la formation du syndicat, fut enlevé par une maladie aiguë, au moment où le syndicat avait le plus grand besoin de son expérience et de son habile direction.

En février 1890, l'Assemblée générale compléta la Chambre syndicale conformément à l'article 11 des statuts ; le Bureau définitif fut nommé et M. le Dr Giraud fut élu président en remplacement de M. Rouveure.

Au mois d'août 1890, eut lieu, à Annonay, le concours départemental de la Société d'Agriculture de l'Ardèche. Le syndicat prit une part très active à ce concours. Il contribua puissamment à son succès par les nombreuses et importantes souscriptions des syndicataires et par les médailles qu'il fit remettre au comité d'organisation pour y être distribuées.

Un grand nombre de sociétaires reçurent des récompenses ; sur 32 prix culturaux, 21 leur étaient décernés et, sur 39 prix pour les animaux exposés, ils en obtenaient 29.

En 1891, deux nouveaux entrepôts ont été fondés, un à Serrières et un à St-Désirat, tous deux dans le canton de Serrières, celui qui fournissait le plus de membres et où les ventes étaient les plus importantes.

En février 1892, l'Assemblée générale a voté l'extension du syndicat à tout l'arrondissement de Tournon, les statuts ont été modifiés et déposés, à nouveau, le 1er mars.

Enfin, en 1893, le Bureau a ouvert deux nouveaux entrepôts, l'un à St-Jeure, pour les cantons de St-Félicien et de Satillieu, et un autre à Sarras qui dessert les bords du Rhône jusqu'à Tournon.

Les entrepôts du syndicat sont toujours largement approvisionnés de toutes les marchandises servant à l'agriculture : engrais chimiques, tourteaux, sel, sulfate de cuivre, soufre, fils de fer, échalas, instruments aratoires, etc.

Comme fonds de roulement pour l'entretien des entrepôts ou pour les crédits qui sont à peu près impossibles à éviter dans la pratique, le syndicat a besoin d'une somme de 1.200 francs environ. Au début, un emprunt avait fourni les fonds nécessaires, mais, aujourd'hui, le syndicat est possesseur de ce capital.

Pour les marchés que le syndicat a avec ses fournisseurs, ils sont traités de gré à gré, ou bien il fait des marchés à livrer au fur et à mesure des besoins ; jamais il n'a fait d'adjudication.

Depuis quelques années, il est un client fidèle de plus en plus assidu de la Coopérative du Sud-Est.

Après avoir dépassé, en 1893, année de la sécheresse, le chiffre de 225.000 fr., le total des transactions se tient, depuis nombre d'années, entre 125 et 150.000 fr. Le syndicat ne cherche pas à faire des affaires, et il lui suffit que la présence dans ses entrepôts des matières utiles à l'agriculture, à des prix aussi réduits que possible, oblige le commerce local à livrer ces marchandises aux mêmes prix, très avantageux pour les agriculteurs. Tous les cultivateurs du pays profitent ainsi de l'heureuse influence de l'association dont le rôle régulateur est un bienfait pour tous. Surpris au début, les commerçants ont vite compris que la lutte était impossible, et ils vendent aujourd'hui, au même prix que le syndicat, tous les produits agricoles de consommation courante. Il en résulte une diminution notable des affaires pour le syndicat, mais, comme il obtient ainsi le seul résultat auquel il tende, il s'en déclare très satisfait.

En 1897, le syndicat se trouvant à la tête du capital nécessaire à son fonctionnement, et voulant se rendre accessible aux plus petits paysans, abaissa à 2 francs la cotisation des membres ordinaires.

En 1898, un deuil cruel décide M. le Dr Giraud à donner sa démission de président, malgré les instances réitérées de la Chambre syndicale qui voyait partir avec peine l'homme de bien et de cœur dont la sage et prévoyante administration avait assuré l'avenir de l'association.

Le distingué président partait après avoir assis son syndicat sur des bases solides, au moment où, sorti de la période difficile des débuts, il allait entrer dans la période de succès. Pendant 10 ans à la peine, M. le Dr Giraud laissait à un autre le soin d'être à l'honneur, mais il emportait dans sa retraite le respect et la sympathie de tous ceux qui l'ont connu et apprécié.

La maison avait été solidement construite en moellons de première qualité; elle pouvait résister aux tempêtes les plus violentes, mais il fallait maintenant la meubler d'un mobilier coquet, en harmonie avec nos modes actuelles.

C'est dans les jeunes que le syndicat choisit son nouvel architecte et, malgré que nous ne voulions pas paraître ici un complimenteur de profession, il nous est bien permis de reconnaître que son choix ne pouvait être plus heureux. M. C. Béchetoille était, par sa famille, de vieille race Annonéenne, il était, par ses aptitudes et ses goûts, un ami des agriculteurs, il était, avant tout et pour tous, un sympathique. Il a, bien près de lui, un homme qui a fait l'un des plus beaux domaines agricoles de la haute Ardèche; il pourra, chez lui, trouver, à côté de sages conseils, d'utiles enseignements ; qu'il puise largement à cette source alimentée non pas seulement par un homme d'initiative et d'intelligence, mais encore par un de ces cœurs généreux et vaillants comme on en trouve quelques-uns dans cette belle région du haut Vivarais.

En acceptant la lourde succession de M. le Dr Giraud, M. C. Béchetoille comprit de suite tous les devoirs de ses nouvelles fonctions et il se mit résolument à l'œuvre ; les honneurs lui arrivèrent en foule et quelques mois après, il devenait successivement administrateur de l'Union et vice-président de la Coopérative du Sud-Est. Au contact de ses collègues de l'Union, il puisa bientôt une foi ardente dans l'œuvre syndicale, et nous pouvons, dès aujourd'hui, le signaler comme l'un des plus brillants officiers de notre corps d'armée agricole.

Ses prédécesseurs ayant organisé, au mieux des intérêts de tous, les services matériels, le jeune président avait à appliquer la seconde partie du programme syndical : la défense des intérêts économiques et sociaux.

Sur l'initiative du syndicat et avec son concours pécuniaire, une Société d'élevage a été constituée pour l'amélioration du bétail entre les agriculteurs de l'arrondissement de Tournon ; elle a déjà amené d'heureuses transformations en faisant connaître et en acclimatant de nouvelles races bovine et porcine, et son œuvre de progrès finira par avoir raison de la routine séculaire des braves paysans ardéchois.

Dans un but d'intérêt général, le syndicat favorisa, en 1898, l'organisation du hannetonnage et, après avoir envoyé à toutes les municipalités et aux instituteurs, les instructions nécessaires, il répartit une somme de 500 fr. entre toutes les communes qui avaient répondu à son appel.

La même année, une somme de 1000 fr. était affectée à la distribution de semences sélectionnées aux agriculteurs les plus progressistes de chaque commune de la circonscription.

Sur ce terrain, nous devons encore signaler la toute récente création d'un champ d'expériences viticoles pour l'étude des nouveaux hybrides à production directe et pour les essais, au point de vue de l'adaptation au sol, de ceux de ces nouveaux cépages qui paraîtront les plus à même d'être acclimatés dans la région.

L'un des premiers, il a compris l'utilité de l'enseignement agricole et non content de servir à ses membres un Bulletin des plus instructifs, qui est assurément l'un des modèles du genre, non content de leur donner, chaque année, l'Almanach de l'Union, il a porté tous ses efforts sur les écoles primaires. Grâce au dévouement de son délégué, M. de Mars, qui s'est fait, dans toute l'Ardèche, l'un des propagateurs les plus zélés de l'enseignement, le syndicat a pu présenter de nombreux candidats aux certificats de l'Union et il a distribué largement des prix et des médailles aux lauréats les plus méritants. Son initiative a été, en effet, d'autant plus heureuse qu'elle a obligé les écoles laïques à suivre le mouvement et à poursuivre parallèlement une œuvre qu'il dépend de l'Université seule de rendre commune.

Sur le terrain de la prévoyance, le syndicat s'est borné jusqu'ici à faciliter les assurances agricoles par l'entremise de la Coopérative, mais la réussite de l'assurance-bétail en Beaujolais l'a décidé à entrer dans cette voie et à poursuivre dans chacune de ses communes, l'organisation d'un compte de prévoyance. Le premier sera ouvert dans peu de jours et, dans ce pays où le bétail est si abondant, le succès forcera bientôt nos amis à en développer la création. Ils seront par là des plus utiles à la classe si intéressante des petits cultivateurs, et ils trouveront, dans ces organisations communales, un accroissement d'effectif et d'influence dont le syndicat sera le premier à tirer profit.

Ils formeront ainsi les cadres de ces caisses d'assistance et de retraites qui, dans le Haut-Vivarais plus qu'ailleurs, sont appelées à être un puissant instrument de rénovation sociale et qui sont, nous le savons, le but final de nos amis d'Annonay.

Telle est, à ce jour, la situation prospère du syndicat d'Annonay.

Si l'on veut bien considérer que ces résultats ont été obtenus dans un département où le syndicat indépendant se trouve en présence d'une société officielle, riche en subventions, qui couvre tout le pays, on reconnaîtra qu'ils sont plus que satisfaisants et que les hommes dévoués qui les ont obtenus méritent, à bon droit, la reconnaissance et l'estime de leurs concitoyens.

Syndicat agricole de Beaulieu.

2 Décembre 1894. — M. 90

Président : M. L'Abbé CROZIER.

Dépôt. — Crédit.

Ce Syndicat communal a été fondé, le 2 décembre 1894, par le curé de la commune, M. l'abbé Crozier, qui en a toujours, à peu près seul, assumé la charge. Ses membres sont aujourd'hui 90, et malgré que, depuis un an, ils aient renoncé à l'achat des denrées de consommation, le chiffre total des affaires dépasse 12.000 francs. C'est donc 120 fr. environ par tête.

Malgré ce résultat très encourageant, ce Syndicat n'a pas développé les œuvres annexes et il s'est contenté jusqu'à ce jour de créer une caisse rurale, système Raiffeisen-Durand, qui est en pleine activité et donne pleine satisfaction. Pourquoi, puisque tout lui réussit, n'organiserait-il pas la prévoyance-bétail ? Il serait, assurément, obligé de s'affilier à la Coopérative, mais croit-il qu'il ne gagnerait pas rapidement le versement qu'il aurait à faire par les avantages du compte de garantie ?

Il y a bien là de quoi tenter les plus incrédules, et nous connaissons trop le dévouement du président fondateur de ce petit Syndicat, pour ne pas espérer que, sous peu, il nous aura écouté et donné raison.

Syndicat agricole de Bourg Saint-Andéol.

4 Février 1888. — M. 122

Président : M. BERTRAND.

Bulletin. — Almanach.

Ce Syndicat, dont la création remonte au 4 février 1888, compte seulement 122 membres, ce qui n'a rien d'étonnant, un autre syndicat concurrent se partageant avec lui la faveur des agriculteurs.

Disposant de peu de ressources, puisque les cotisations annuelles produisent à peine 200 fr., ce petit syndicat s'est borné jusqu'ici à rendre des services matériels à ses membres ; il semble que ceux-ci y trouvent avantage puisque le chiffre d'affaires dépasse 15.000 fr., soit 125 fr. environ par tête, d'achats purement agricoles.

Abonné au Bulletin et à l'Almanach de l'Union, il dépense de ce chef, en y ajoutant ses trois cotisations aux diverses Unions auxquelles il est affilié, la totalité des cotisations ; il ne lui reste donc que le prélèvement opéré sur la vente pour organiser les services sociaux, c'est trop peu pour qu'il y puisse songer.

Souhaitons à son distingué président, qui brûle d'envie de faire quelque chose, de meilleurs jours, et espérons que, l'effectif augmentant, il pourra arriver, comme ses voisins, à faire, avec l'œuvre utile déjà commencée, l'œuvre morale et sociale à laquelle il aspire depuis 12 ans.

Syndicat agricole de Chassiers.

22 Mars 1899. — M. 41

Président : M. P. SOULERIN

Sa création récente, 22 mars 1899, ne lui a pas permis d'organiser autre chose que ses cadres, mais déjà le seul fait de sa constitution a, paraît-il, produit une diminution sensible du prix des diverses denrées dans la commune où il est situé.

Grand producteur de primeurs, ce syndicat pourra servir utilement les intérêts de ses adhérents en cherchant un écoulement rémunérateur sur les marchés de Paris et de Lyon, et c'est de ce côté là, croyons-nous, qu'il doit porter ses premiers efforts pour grossir son effectif et son influence.

41 membres payant une cotisation de 2 francs, c'est, pour l'instant, le seul point intéressant à noter dans la vie bien courte de cette association.

Fils issu du syndicat de Laurac, il a devant lui l'exemple de son père qui lui prouve qu'on arrive à tout avec de la patience et du dévouement.

Syndicat agricole du Cheylard.

28 Novembre 1898. — M. 75

Président M. Fr. SALÉON

Bulletin. — Almanach.

Encore bien jeune, puisqu'il date à peine d'un an, 28 novembre 1898, ce syndicat doit devenir, dans un avenir rapproché, un des plus prospères de sa région.

Situé dans un canton très agricole de l'Ardèche, ayant la bonne fortune d'avoir à sa tête un homme dont le dévouement n'a d'égale que l'intelligente initiative, il doit donner l'exemple de ce que peut produire l'association libre.

Le nombre de ses membres, 75, autant que son chiffres d'affaires, 4000 fr. ne sont que provisoires ; le Syndicat peut et doit faire mieux.

Par le Bulletin et l'Almanach de l'Union il fait peu à peu entrer dans les esprits le désir des bienfaits de l'association, mais il doit maintenant faire de la propagande en dehors et montrer, par d'utiles créations, qu'il est lui-même un bienfait pour le pays dans lequel il rayonne.

Le crédit, l'assurance-bétail, l'assistance, la retraite, il y a là de quoi utiliser les plus grands dévouements, il y a là surtout la régénération agricole et sociale de ces vaillants paysans ardèchois qui dans leur lutte journalière avec le plus ingrat des terrains, font, depuis si longtemps, l'admiration de tous ceux qui les ont vus à l'œuvre.

Syndicat agricole de Saint-Sébastien.

(COMMUNE DE LABEAUME.)

25 Février 1895. — M. 60

Président : M. Ovide LAURIOL.

Coopérative. — Bulletin. — Almanach. — Assurance-accidents. — Aide mutuelle.

Syndicat de commune, composé de 60 membres, en très grande majorité petits cultivateurs, il a été fondé le 25 février 1895 et, malgré le peu de revenus dont il dispose, il a bien compris et heureusement rempli bien des points de son programme.

Les achats sont aisés à réaliser et il est arrivé facilement à faire profiter ses adhérents, grâce à la Coopérative du Sud-Est, d'économies notables ; son chiffre d'affaires s'élève en moyenne à 2,500 francs. Plus épineuse, la vente des produits de ses membres ne l'a pas effrayé et les résultats premiers ayant été satisfaisants, il cherche à faire développer la culture des raisins de table comme primeur.

Depuis sa fondation, le vigneron a appris à connaître le pulvérisateur et la soufreuse et il a compris qu'on pouvait utilement défendre les vignes contre tous les ennemis qui l'accablent.

C'est par des essais publics d'instruments, par des conférences, par l'envoi régulier et gratuit du Bulletin et de l'Almanach, qu'il est arrivé à ce précieux résultat dont il y a lieu, étant donné la nature des vignerons ardéchois, de le féliciter sincèrement.

Le crédit est trop nécessaire dans cette région pour que le Syndicat ne l'ait pas essayé, mais la forme adoptée (Caisse Raiffeisen) ayant été frappée par une récente législation, il l'a dissoute au lieu de la réorganiser sur les bases de la loi nouvelle. C'est évidemment une erreur qui, nous l'espérons, pourra être rapidement réparée.

En voie d'organiser un compte de prévoyance contre la mortalité du bétail, le Syndicat a déjà fait profiter 25 pour 100 de ses membres de l'assurance contre les accidents mise à sa disposition par la Coopérative.

Enfin il a créé entre ses membres de véritables liens de solidarité et établi l'aide mutuelle par le travail au profit de tous ceux qu'un accident ou une maladie mettent dans l'impossibilité de faire leur travail.

Ce petit Syndicat communal est pour beaucoup de grands syndicats un exemple, il est la preuve qu'en association comme ailleurs, « Vouloir c'est pouvoir » ; il est la démonstration que ce ne sont pas toujours les plus riches qui font le plus.

Syndicat agricole de Laurac.

2 Octobre 1897. — M. 210

Président : M. HENRI BABOIS.

Coopérative. — Bulletin. — Almanach. — Champs d'expériences.

Fondé le 2 octobre 1897, sur l'initiative du curé de la paroisse et du Frère directeur de l'Ecole pratique agricole de Laurac, ce syndicat a eu des débuts quelque peu mouvementés ; les autorités locales et le parquet ne se décidèrent qu'après mille tracasseries à donner aux fondateurs les récépissés de constitution.

Contrairement à l'esprit de la loi de 1884 et du commentaire magistral de M. Waldeck-Rousseau, procureur et maire voulurent s'arroger le droit de discuter les statuts, alors qu'ils n'avaient qu'à prendre acte de leur dépôt. L'énergique résistance du syndicat eut raison de leur mauvaise volonté : pour une fois, le droit primait la force.

Comme il arrive toujours, ces persécutions mesquines grandirent ceux qui en étaient l'objet : en moins de deux ans, le Syndicat a réuni 210 membres sur 350 électeurs.

Affilié à la Coopérative du Sud-Est, c'est par elle qu'il procure à ses membres tout ce dont ils ont besoin pour leur exploitation et leur ménage, le tout atteignant une somme annuelle de 15.000 fr. environ. C'est un résultat d'autant plus intéressant que le chiffre principal est fourni par les engrais chimiques dont, avant le syndicat, aucun cultivateur ne connaissait l'emploi.

C'est par des conférences fréquemment répétées (8 à 9 fois par an), c'est par la distribution d'un petit guide pratique fait à l'usage des syndiqués, c'est enfin par les champs d'expériences faits sur les terres de l'Ecole d'agriculture tenue par les Frères des Ecoles chrétiennes, que le Syndicat est arrivé à faire connaître et à répandre l'emploi des engrais ; les premiers résultats obtenus ont été et seront dans la suite leurs meilleurs propagateurs.

En échange de la cotisation de 2 fr., l'Almanach de l'Union est distribué gratuitement chaque année à tous les syndiqués, en attendant, ce qui ne saurait tarder, que le Bulletin vienne compléter heureusement l'enseignement pratique du Syndicat.

Dans quelques semaines une caisse de crédit agricole sera en plein fonctionnement, elle sera bientôt suivie d'un compte de prévoyance contre la mortalité du bétail.

C'est tout ce qu'on peut demander à ce Syndicat qui n'a pas encore deux ans et demi, et, comme il a déjà, par les services passés, grandement contribué à l'union des esprits, au rapprochement des partis, il serait injuste de ne pas féliciter ses fondateurs du passé, il serait injuste de ne pas les encourager pour l'avenir.

Leur dévouement est à la hauteur de l'œuvre qu'ils ont entreprise ; le succès sera, nous en sommes sûrs, leur juste et légitime récompense.

Syndicat agricole de Rochemaure.

18 Novembre 1896. — M. 90

Président : M. Prosper AUDOUARD

Instruments en commun.

Fondé le 18 novembre 1896, pour les seuls habitants de la commune, ce Syndicat compte actuellement 90 membres tous, sauf trois, petits cultivateurs ou vignerons.

Avec une modeste cotisation de 1 franc et un chiffre annuel d'affaires de 13.000 francs, il a constitué un patrimoine de 1.600 francs qui lui permet de mettre à la disposition de tous ses adhérents une faucheuse et une moissonneuse, instruments précieux, mais dont le prix élevé n'en permet l'achat qu'aux grands propriétaires.

Par l'association, les syndiqués de Rochemaure sont arrivés à bénéficier de l'économie considérable qui résulte de l'emploi de ces instruments perfectionnés, c'est un résultat qui en vaut la peine et qui suffit à rendre intéressante cette petite association.

Nous conseillons à son bureau de profiter de ses succès pour abonner tous les membres du syndicat au Bulletin de l'Union, puis de distribuer l'Almanach ; ce sera aider puissamment à la diffusion des bonnes méthodes de culture, ce sera remplir l'un des rôles les plus importants de l'association.

Syndicat agricole de Tournon.

10 Août 1896. — M. 228

Président : M. Louis PRAL.

Dépôt. — Coopérative. — Bulletin. — Almanach. — Asssurance-accidents.

C'est le 10 août 1896 que ce syndicat a été constitué ; il a réuni, depuis, 228 membres, dont 206 petits cultivateurs travaillant par eux-mêmes.

Jusqu'à ce jour il ne s'est pas occupé d'autre chose que de rendre plus facile et plus économique à ses adhérents l'achat des matières utiles à leur profession. Par ses entrepôts et une cotisation de 3 fr. qui lui permet de fournir gratuitement le Bulletin et l'Almanach de l'Union, le Syndicat fait environ 10.000 francs d'affaires. C'est peu, dira-t-on, mais n'oublions pas que le Syndicat siège dans une petite ville où les prix du commerce se rapprochent avec plus de facilité que dans la campagne de ses prix de vente.

D'ici peu de mois, il fera bénéficier ses adhérents de l'assu-rance-bétail et, en attendant, il a mis à leur disposition les services de la Coopérative pour les prémunir contre les risques des accidents agricoles.

C'est en développant son rôle professionnel et social que ce Syndicat peut le mieux réussir à secouer la torpeur des agriculteurs de la région et nous ne saurions trop l'engager à diriger dans ce sens tous ses efforts.

Si peu que puissent l'encourager les résultats jusqu'ici obtenus, son bureau doit trouver plus de force et plus d'ardeur dans la résistance qu'il rencontre et nous lui rappelons, en lui envoyant nos encoura-gements, qu' « A vaincre sans péril, on triomphe sans gloire. »

DROME

STATISTIQUE

CIRCONSCRIPTION des SYNDICATS	NOMBRE			Classification des Syndiqués			PROPORTION DES	
	de Syndicats	de Syndiqués	Moyenne par Syndicat	Propriétaires ne travaillant pas	Propriétaires travaillant eux-mêmes	Ouvriers travaillant chez les autres	Rentiers du sol	Travailleurs du sol
SYNDICATS de département...	»	»	»	»	»	»	»	»
d'arrondissement..	2	2.546	1.273	162	2.109	275	6.36	93.64
de canton......	9	2.802	311	293	1.687	822	10.46	89.54
de commune....	23	2.767	120	197	2.186	384	7.12	92.88
Totaux....	34	8.115	238	652	5.982	1.481	8.03	91.97

Syndicat agricole d'Allex

6 décembre 1884. — M. 232.

Président : M. de GAILHARD-BANCEL, député

1ᵉ grand Prix Chambrun : 2,000 fr., partagés avec le syndicat de Crest

Entrepôts. — Coopérative. — Bulletin. — Almanach. — Instruments. — Buvette. — Crédit. — Assurances-Accidents. — Enseignement. — Tribunal arbitral. — Aide mutuelle.

Le Syndicat agricole d'Allex a été fondé définitivement en décembre 1884; mais, aussitôt la loi du 21 mars 1884 votée, ses fondateurs avaient songé à l'appliquer.

Dès le mois de juin, ils avaient demandé de divers côtés des renseignements pour la préparation des statuts, dont il n'existait pas alors de modèles.

Les statuts furent rédigés au mois de juillet et immédiatement communiqués à des jurisconsultes et agriculteurs compétents.

En octobre et novembre, quand les gros travaux des champs furent avancés, plusieurs réunions de cultivateurs eurent lieu à Allex.

Enfin, le 6 décembre 1884, les statuts furent déposés à la mairie d'Allex.

La durée un peu longue de cette période préparatoire, si elle a retardé la fondation définitive du Syndicat d'Allex et permis à quelques autres de le devancer, a eu de sérieux avantages ; les statuts, longuement étudiés, n'ont pas eu besoin de modifications importantes ; ils avaient prévu les institutions d'assistance et de prévoyance et les diverses fondations qui ont été successivement établies.

Strictement limité à la commune d'Allex, qui compte entre 14 et 1.500 habitants, il a aujourd'hui 232 adhérents (18 grands propriétaires, 130 travaillant eux-mêmes, 84 ouvriers, journaliers, domestiques).

La cotisation annuelle est de 3 fr. Une dizaine de personnes, dont la plupart n'habitent pas la commune, mais y ont des intérêts, paient une cotisation de 6 fr. Par contre, les fils dont les parents font partie du syndicat, ne paient pas de cotisation. C'est avec la modique somme provenant des cotisations et une légère majoration sur les marchandises, que le syndicat est parvenu à organiser les divers services dont il sera fait mention ci-après, entr'autres, le cercle ou buvette, la caisse de secours, l'abonnement gratuit au Bulletin, l'Almanach, etc.

Le syndicat comprend des ouvriers et des domestiques et, pour donner à ceux-ci plus facilement accès, il les admet sans cotisations, lorsque leurs patrons font partie du syndicat. Il admet même, à titre de membres temporaires, ceux qui ne sont loués que pour la belle saison. C'est un moyen de les attirer au syndicat le dimanche et de les éloigner du cabaret.

La plupart des ouvriers possèdent quelque chose, maison ou lopin de terre.

Dès la fin de l'année 1886, le Syndicat s'est entendu avec le Syndicat des cantons de Crest pour la publication d'un modeste Bulletin qui paraissait tous les deux mois. Le premier numéro de ce bulletin porte comme date, novembre-décembre 1886.

Ce Bulletin était rédigé par le président du syndicat, et c'est à certains articles très simples, mais très clairs et très locaux, qu'a été due, en partie, la rapide extension des engrais chimiques dans la région.

Aussitôt que l'Union du Sud-Est a publié son Bulletin, le Syndicat y a abonné ses membres, et supprimé le sien. Il leur fournit également l'Almanach de l'Union du Sud-Est après leur avoir, pendant deux ans, offert l'Almanach de l'Union de la Drôme.

Le Syndicat d'Allex a pris, avec celui de Die, l'initiative de la fondation de l'Union de la Drôme. Il s'est affilié, en outre, et des premiers, aux Unions des Agriculteurs de France, du Sud-Est, de la Drôme.

Malgré qu'il n'ait reçu que 150 francs de dons, il a constitué un patrimoine d'une valeur d'environ 4.000 francs en matériels divers, instruments agricoles, espèces, marchandises, etc.

C'est par des majorations sur les marchandises, à un moment où les prix du commerce permettaient de les établir plus fortes, par les cotisations, et surtout, grâce au dévouement de l'agent du syndicat et du directeur de la buvette qui, pendant quatre ans, ont fait leur service gratuitement, que ce modeste patrimoine a pû être constitué. Aujourd'hui et depuis quelque temps, les budgets s'équilibrent avec plus de peine.

Il n'a jamais acheté d'engrais complets: les engrais composés ont toujours été et sont encore préparés par lui, suivant l'époque de l'année et les récoltes à obtenir. Souvent aussi les cultivateurs prennent au syndicat les matières premières et font eux-mêmes leurs mélanges.

Le poids de ces diverses marchandises s'est élevé, depuis la fondation du syndicat, à un total d'environ 2.000.000 kilos, parmi lesquels les engrais chimiques entrent pour une proportion de plus des 9/10; de 6 000 kilos en 1885, ils se sont élevés à une moyenne annuelle de 130 à 140.000 kilos.

Ces diverses matières représentent annuellement une somme de 20 à 21.000 francs suivant les cours.

Si ces chiffres paraissent peu importants, il ne faut pas perdre de vue que le Syndicat d'Allex ne s'étend guère au-delà de la commune, et qu'un certain nombre de sociétaires, ouvriers ou domestiques, achètent peu et souvent rien du tout

Le magasin du syndicat est ouvert deux jours par semaine, pendant la matinée.

Dès sa fondation, le Syndicat avait acheté un pal à sulfurer. En 1887, il a acheté ensuite une charrue défonceuse à deux socs et un trieur; plus tard, plusieurs pulvérisateurs. Un règlement a été fait pour fixer les conditions de location ou de prêt de ces instruments; il est rédigé surtout dans l'intérêt de la petite culture.

Il semble que ce soit le moment de signaler les progrès agricoles réalisés dans la commune, grâce au syndicat.

Les cultures ont été considérablement améliorées et la production augmentée. Dans la plaine d'Allex, on ne pouvait pas obtenir des fourrages artificiels, luzerne, trèfle, sainfoin; depuis l'emploi des engrais chimiques, ils sont devenus l'un des principaux produits, et, en 1893, année de la grande sécheresse, la gare d'Allex a expédié des quantités de wagons de fourrage pour tous les pays, même pour l'Anjou et le Nivernais. Le cheptel des domaines a été beaucoup augmenté.

Le rendement des céréales, du blé surtout, s'est également accru dans de grandes proportions, d'un tiers environ et, dans certains domaines bien cultivés, il a doublé.

On peut dire sans exagération que c'est grâce au syndicat que la commune d'Allex, très éprouvée par le phylloxéra et la baisse du prix des cocons et autres produits, a pu traverser sans trop de peine la crise agricole.

Au second banquet du syndicat, le 9 mai 1886, le président constatait les progrès réalisés dès cette époque et annonçait les progrès à venir :

« M. de Gailhard-Bancel trace le véritable caractère de l'œuvre des syndicats agricoles. Ce n'est pas une œuvre politique; c'est une œuvre patriotique à laquelle sont conviés tous ceux qui ont véritablement souci du relèvement de notre agriculture et de la patrie.

« Sans doute notre syndicat agricole n'a pas encore donné tout ce que nous attendons de lui. Mais il en est à ses débuts et il serait injuste de méconnaître les services qu'il a déjà rendus.

« Il a puissamment secondé la reconstitution de nos vignobles, en procurant, à ses membres, dans d'excellentes conditions, des milliers de plants américains.

« Il a favorisé, dans une large mesure, l'emploi des engrais chimiques et des superphosphates si utiles à l'agriculture. Grâce aux relations nombreuses qu'il possède déjà au Nord et au Midi, il a pu fournir à ses membres, à des prix avantageux, le moyen de renou-

veler leurs semences de pommes de terre dans de grandes propor
tions. Enfin il a développé entre les agriculteurs cet esprit de fraternité chrétienne, d'aide réciproque, d'expérience mutuelle, dont nous
attendons les meilleurs résultats sous le double rapport moral et
matériel.

Le syndicat a aidé à la reconstitution des vignes en faisant, au
début, donner quelques leçons de greffage et de taille; en distribuant
à ses membres gratuitement quelques plants américains à l'époque
où ils étaient une grande nouveauté; en leur procurant ensuite des
plants producteurs directs et greffés. Il aide au traitement des maladies de la vigne en prêtant des pulvérisateurs, en fournissant du
sulfate de cuivre, de la poudre cuprique, du soufre.

Le syndicat a distribué gratuitement à ses membres, en 1886, des
semences de blé Shireff, Square Head et Dattel.

A plusieurs reprises, il a délégué deux de ses membres pour acheter des semences de blé dans les pays d'où l'on a l'habitude de les
faire venir.

Il a fourni également des semences de pommes de terre et introduit des variétés nouvelles, notamment la Magnum Bonum.

Le syndicat a plusieurs fois utilisé, pour la vente des produits de
ses sociétaires, les services organisés par l'Union du Sud-Est et par
le Syndicat central des agriculteurs de France. Il a vendu ainsi des
bœufs, des moutons, des fourrages, des pommes de terre, des blés
de semence.

Les résultats obtenus ont été assez satisfaisants; mais, soit en
raison de la distance, soit à cause de l'incertitude des cours des marchés, les sociétaires se sont montrés peu empressés à utiliser ces
services de vente des Unions. Le syndicat n'a rien organisé lui-même.

De fréquentes conférences ont été faites, pendant les premières
années du syndicat, sur les engrais chimiques, la reconstitution des
vignobles, etc. En même temps, des articles simples, à la portée de
tous, étaient publiés dans le Bulletin sur les mêmes sujets.

De plus, dans les réunions, très fréquentes au début, chacun était
interrogé sur les expériences qu'il avait faites, les résultats qu'il
avait obtenus; et ces questions et réponses, faites simplement, en
famille, constituaient un véritable enseignement mutuel, grâce
auquel on a pu se rendre compte promptement des engrais qui réus-
sissaient bien dans tel sol, moins bien ou mal dans tel autre. Ces conférences, ces articles, ces conseils, ces réunions où presque tous

disaient leur mot, ont puissamment contribué à la diffusion des engrais chimiques, entrés aujourd'hui dans la pratique agricole et dans les habitudes des plus petits cultivateurs qui, suivant les circonstances, les emploient seuls ou concurremment avec le fumier de ferme et n'ont plus contre eux aucune des préventions d'autrefois. C'est à leur emploi judicieux et raisonné qu'ils doivent l'accroissement considérable de leurs récoltes.

En 1896, le syndicat a obtenu que des leçons d'agriculture fussent données à l'école libre des Frères de la commune d'Allex. A la fin de l'année, deux membres du syndicat ont interrogé les enfants et deux certificats d'étude agricole ont été délivrés.

En 1897, un changement de directeur, survenu dans le courant de l'année, n'a pas permis que ces leçons fussent continuées ; mais elles ont été reprises dès 1897 et, depuis cette époque, adoptant les programmes de l'Union, il marche de concert avec elle, présentant chaque année 2 à 3 candidats à l'examen du 1er degré.

A la suite d'une conférence donnée le 28 juillet 1894, une caisse Raiffeisen, à responsabilité illimitée, a été fondée dans le syndicat. Elle compte 40 membres. Les prêts varient de 50 à 1.200 fr. Ils sont remboursables par fractions de 10 fr. et s'élèvent, à ce jour, à la somme de 10.000 francs. La caisse emprunte à 3 0/0 et prête à 4 0/0. Elle a un compte ouvert à la Caisse d'épargne. Après l'établissement de la caisse, pendant les premiers mois, personne ne se décidant à emprunter, le président du syndicat prit le parti de donner l'exemple : il emprunta 500 fr. et l'on ne tarda pas à l'imiter.

Le syndicat a toujours fait et fait encore des crédits de un et plusieurs mois. Le jour où l'utilisation de la caisse rurale sera bien entrée dans les habitudes, le paiement comptant pourra être exigé.

La caisse, au fur et à mesure de ses besoins, emprunte aux membres du syndicat qui ont de l'argent disponible. On se dispute l'honneur de lui prêter ; l'argent ne manque jamais. Elle fait un peu ainsi l'office de caisse d'épargne.

Dès sa fondation, le syndicat s'était préoccupé de la question assurance-incendie. En 1886 et 1887, il faisait de nombreuses démarches et en 1889, il traitait avec l'agent général de la Mutuelle de Seine-et-Oise dans la Drôme, aux conditions recommandées, en 1894, par la Société des Agriculteurs de France. Actuellement, il a souscrit 94 polices, pour lesquelles il est payé actuellement 800 fr. de primes. La compagnie abandonne au syndicat 90 0/0 de la première prime et

7 0/0 sur les primes annuelles. Cinq sinistres ont été réglés sans difficultés.

Dans toutes les réunions, le président recommande chaudement l'assurance, si avantageuse, contre les accidents, obtenue par l'Union du Sud-Est. 46 polices d'assurances ont été souscrites.

Le syndical a assuré ses employés.

Cette assurance a de la peine à entrer dans les habitudes. Il a été décidé cependant que, pour inciter les syndiqués à s'assurer, la caisse de secours n'allouerait aucun secours en cas d'accidents agricoles.

Dès 1886, le syndicat a fondé une caisse de secours, alimentée par une somme votée chaque année par l'assemblée générale. Le règlement de cette caisse a subi plusieurs vicissitudes. Le syndicat s'était chargé d'abord de payer médecins et pharmaciens et avait obtenu d'eux des rabais ; mais, deux années de suite, la somme votée fut insuffisante ; le syndicat dut prendre sur ses réserves et il fallut aviser. De plus, certains propriétaires se voyaient avec peine obligés de recourir aux soins d'un médecin qui n'était pas le leur.

Après bien des tâtonnements, le règlement actuel a été accepté.

Les sociétaires, laissés libres de s'adresser aux médecins et pharmaciens de leur choix, remettent, après leur guérison, les notes acquittées au trésorier qui en fait le total et les soumet au conseil. Si le total des factures ne dépasse pas la somme votée par le syndicat, elles sont intégralement remboursées ; dans le cas contraire, elles subissent une réduction proportionnelle, toutes étant préalablement ramenées à 30 fr.

Cette caisse a rendu et rend encore des services ; son fonctionnement est des plus simples et les sociétaires y tiennent beaucoup.

A maintes reprises, d'ailleurs, le président leur a dit que cette caisse n'était qu'une pierre d'attente, une œuvre provisoire ; que, lorsque le syndicat serait plus riche, ce ne serait pas seulement les sociétaires, mais leurs familles entières, leurs femmes et leurs enfants, qui devraient être secourus ; que ce secours à toute la famille devait être l'objectif qu'il fallait sans cesse avoir devant les yeux, car le syndicat doit être une œuvre essentiellement familiale.

Depuis sa fondation, en 1886, cette caisse a réparti entre les sociétaires malades une somme de 4.500 francs.

C'est peu de chose, peut-être, mais il ne faut pas perdre de vue, qu'il n'y a pas, pour l'alimenter, de cotisation spéciale, et que le syndicat d'Allex ne compte presque que des petits cultivateurs, des paysans.

Mais, fidèle à ses principes, le syndicat est en voie d'organiser une société de secours mutuels et une caisse de retraites sur les bases de la loi de 1898. Sur un terrain aussi bien préparé, la bonne semence ne peut moins faire que germer.

Quant à la protection des vieillards et orphelins, le Syndicat n'a pas eu les ressources suffisantes pour s'en occuper. D'ailleurs, à Allex, les pauvres sont très secourus. L'aide mutuelle proprement dite n'est pas organisée, mais on s'entr'aide volontiers, entre voisins, pour les travaux des champs, et plus d'un sociétaire malade a été aidé, pour la levée de ses récoltes, par ses voisins et amis.

Aux termes de l'article 7 des statuts, § 7, une commission arbitrale est nommée par le conseil syndical « pour apaiser par ses conseils « ou régler par son arbitrage les différends qui peuvent s'élever « entre membres du syndicat; cet arbitrage est obligatoire avant « tout recours aux tribunaux ».

A vrai dire, cette commission n'a jamais eu à fonctionner; on est peu processif à Allex, et l'intervention du président seul a suffi pour régler deux ou trois litiges. Mais cet article des statuts est connu des sociétaires, et a été utilement rappelé en quelques circonstances où il n'y a pas eu lieu, d'ailleurs, de l'appliquer.

Le président du syndicat est souvent consulté pour des questions d'intérêts et d'affaires, et recourt aux bons offices de jurisconsultes, ses amis, lorsque sa science est en défaut.

Récemment, il a eu l'occasion de défendre un membre du syndicat contre les menaces d'un employé du chemin de fer, qui réclamait indûment une petite somme.

Le Syndicat d'Allex a eu à se défendre lui-même, en 1886, à l'occasion des prétentions de l'administration des contributions directes d'exiger la communication de ses livres et registres de comptabilité et de l'imposer à la patente. Il correspondit alors activement avec le président de l'Union centrale, qui l'approuva d'avoir refusé de communiquer ses livres.

En 1889 et 1890, le Syndicat d'Allex a apporté son petit appoint à la résistance aux tentatives de l'Administration pour empêcher les syndicats de fournir dans leurs locaux des consommations à leurs membres.

Enfin sa défense la plus énergique a été sa résistance à l'Administion à propos de la vérification des poids et mesures, résistance qui n'est pas terminée encore, puisque, le 28 août dernier, procès verbal a été de nouveau dressé contre le président du syndicat.

Seuls, peut-être, parmi les syndicats de France, les syndicats d'Allex et Crest pouvaient et devaient résister. En effet, le jugement du Tribunal de simple police de Crest, rendu en leur faveur, subsiste encore. Il a bien été déféré à la Cour de cassation, mais la Cour, qui s'est prononcée pour d'autres syndicats, n'a pas encore cassé le jugement de Crest.

Le président d'Allex a cru devoir se retrancher derrière le jugement et a protesté contre la façon de procéder de l'Administration, d'abord en se laissant dresser procès verbal, et ensuite en signalant au préfet de la Drôme, dans une lettre énergique, la violation, par l'un de ses subordonnés, d'un jugement existant encore.

Jusqu'en 1891 le syndicat a tenu régulièrement deux assemblées générales annuelles, dans lesquelles le secrétaire rendait compte, dans un rapport écrit, des opérations du syndicat pendant le semestre précédent.

Depuis 1891, il n'est plus tenu qu'une seule assemblée générale par an. Tous les sociétaires sont tenus d'y assister et de répondre à l'appel. Un rapport écrit est toujours présenté.

Le président profite de ces Assemblées pour exposer les avantages du syndicat, la force de l'association, pour donner des avis de toute nature, des conseils agricoles, etc., pour traiter les questions à l'ordre du jour de l'agriculture.

Les sociétaires sont invités à prendre la parole, même en patois, à faire toutes leurs observations, présenter leurs desiderata, et on peut voir, par les comptes rendus de ces réunions, qu'ils savent répondre à cette invitation.

Ces réunions sont toujours très suivies et intéressantes. En dehors des assemblées générales, il est tenu d'autres réunions, dans le courant de l'année, toutes les fois qu'une occasion se présente ou que c'est utile, sans parler des réunions pour la fête du syndicat.

Depuis sa fondation, le syndicat n'a pas manqué une seule fois de célébrer sa fête patronale avec beaucoup de solennité.

C'est un véritable jour de fête pour le pays ; les sociétaires se réunissent dans le local et, musique et bannière en tête, l'insigne à la boutonnière (car le syndicat a une très belle bannière et un insigne) ils se rendent à l'église. Après la messe, on fait en corps un tour de ville, et on se retrouve dans la salle du banquet, où il y a toujours 180 ou 200 couverts dressés. Il y en a eu parfois 250.

Le syndicat fait lui-même tout préparer : tables, fourchettes, assiettes, verres, etc., lui appartiennent; les sociétaires peuvent redire le vers de Musset :

Mon verre est bien petit, mais je bois dans mon verre !

Ces banquets, toujours cordiaux et pleins d'entrain, sont de bonnes occasions pour faire entendre, à des esprits bien disposés, de bons conseils, d'utiles enseignements, des paroles de paix, d'union et d'amitié.

Mais ce n'est pas seulement dans ces circonstances solennelles que les membres du syndicat peuvent se retrouver. Dès sa fondation, le syndicat a eu un local ouvert le dimanche; au début, il était des plus modestes; mais, dès 1887, il s'en procurait un autre beaucoup mieux aménagé, et qui n'a pas cessé d'être très fréquenté.

Dans le local, les sociétaires trouvent des consommations à bon prix, des jeux, du feu l'hiver, de l'ombre l'été, des journaux, quelques livres et brochures. C'est un véritable cercle rural, ouvert le samedi soir, le dimanche, les jours de foires et de fêtes.

C'est là qu'on se donne rendez-vous, qu'on trouve affiché le prix des marchandises, qu'on s'inscrit pour les instruments agricoles, qu'on règle ses comptes avec le trésorier, qu'on prépare les polices d'assurance, qu'on paie les primes, etc.

C'est un vrai foyer de famille où propriétaires, grands et petits, métayers, ouvriers, domestiques se reposent en fraternisant et en se distrayant honnêtement.

Aussi, entre tous, les rapports sont bons et cordiaux, on est heureux de se retrouver, on ne songe pas à se jalouser ni à se quereller.

Et en même temps que le syndicat contribue ainsi à entretenir de bonnes relations entre ses membres, il en bénéficie lui-même, parce qu'on se rend bien compte que c'est à lui que tout cela est dû, et on ne lui en est que plus attaché et plus fidèle. Ces occasions fréquentes de rencontrer les sociétaires facilitent aussi singulièrement la besogne de l'agent du syndicat et le règlement de ses nombreux comptes avec les uns et les autres.

Les recettes et dépenses de la buvette oscillent entre 2 et 3.000 fr. par an.

On pouvait, au début, hésiter sur les droits du syndicat à avoir un cercle et une buvette ; le président du syndicat étudia la question et, dans une courte étude, que la *Démocratie rurale* voulut bien insérer, établit le droit des Syndicats. Dès 1885, le secrétaire avait écrit au directeur des contributions indirectes de la Drôme une lettre à laquelle fut faite une réponse des plus intéressantes et qui fixait la situation des syndicats vis-à-vis de la régie.

Pour tout ce qui touche à la défense des intérêts professionnels, le président n'a jamais manqué une occasion de faire pénétrer dans l'esprit des sociétaires l'idée de la solidarité, de leur montrer que si, en apparence, entre les divers facteurs du travail il y a opposition, en réalité, propriétaires et métayers, patrons et ouvriers sont solidaires et ne peuvent trouver la prospérité que dans le sentiment et la pratique de la solidarité ; qu'entre eux les intérêts communs sont singulièrement plus nombreux et plus importants que les intérêts contradictoires.

Aussi **y** a-t-il toujours eu unanimité dans le syndicat pour demander, en faveur des produits agricoles, une protection efficace et pour réclamer toutes les mesures nécessaires pour la réaliser.

Dans plusieurs circonstances des vœux ont été émis, des pétitions ont été signées, notamment en faveur de la sériciculture, du relèvement du tarif des douanes, de la suppression de l'impôt foncier, contre l'impôt sur le revenu. Dans une assemblée, des remerciements furent votés à M. Kergall, le promoteur de l'idée de la suppression de l'impôt foncier.

Le syndicat a envoyé des délégués aux assemblées des États libres du Dauphiné, et s'est associé aux revendications et aux vœux, relatifs à l'agriculture, émis dans ces assemblées. Il a été représenté aussi dans la plupart des assemblées générales des Unions auxquelles il est affilié.

Cet esprit de solidarité, que le président s'est efforcé de développer dans le syndicat, se manifeste par l'exactitude avec laquelle les sociétaires assistent aux funérailles de leurs collègues défunts et se mettent à la disposition de la famille pour porter le cercueil. Une seule fois, aux obsèques d'un sociétaire, les absences furent nombreuses : il a suffi d'un avis inséré au Bulletin et d'une modification apportée au mode de convocation, pour que cela ne se reproduisît plus.

Cette coutume date de la fondation du syndicat et, dans son rapport à l'assemblée générale du 10 février 1889, le secrétaire du syndicat constatait combien fidèlement elle était observée. « Par l'empressement que nous avons mis à accompagner au cimetière nos collègues défunts, disait-il, nous avons montré que nous considérons le syndicat comme une véritable famille, et nous avons affirmé l'esprit de solidarité, les sentiments de cordiale et chrétienne confraternité qui doivent régner dans notre famille syndicale comme dans toutes les familles ».

Ajoutons que, dès la première cérémonie des funérailles, l'usage s'est établi que le président prononçât sur la tombe quelques mots d'adieu au défunt, et en son absence, l'un des vice-présidents le supplée.

De plus, chaque année, le syndicat fait célébrer un service funèbre pour les membres défunts. Tous les sociétaires y assistent, et, à la suite de ce service, une aumône est distribuée aux pauvres au nom du syndicat.

Nous avons vu précédemment qu'à plusieurs reprises, l'idée que les services du syndicat doivent tendre à s'adresser non seulement aux sociétaires, mais à leurs familles, avait été exprimée.

En attendant la réalisation de cette extension souhaitée, le syndicat a cherché comment il pourrait faire quelque chose en ce sens, et il a décidé de mettre à la disposition des sociétaires, pour leurs réunions de famille, à l'occasion des mariages ou autres circonstances, tout son matériel de tables et de vaisselle.

Le syndicat a organisé également des représentations, des concerts, auxquels les familles entières de ses membres ont été invitées.

C'est ainsi que, chaque année, il les associe à la fête du syndicat, qui est suivie de la représentation d'une pièce, en dialecte local, auquel le syndicat s'applique à donner un regain de vie.

Le *parler local*, en effet, a une influence plus considérable qu'on ne le croit généralement, pour maintenir à la campagne les jeunes générations trop enclines, hélas ! à l'abandonner.

Et c'est pour cela que, depuis deux ans, plusieurs syndicats de la vallée de la Drôme, et celui d'Allex l'un des premiers, ont voulu tenter un effort pour le remettre en honneur.

C'est dans une section du syndicat des cantons de Crest qu'est né ce mouvement en faveur du parler local ; mais le Syndicat d'Allex a eu le mérite de le lancer. La représentation qu'il a fait donner, le 16 février 1896, d'une pièce de M. G. Almoric, a été suivie d'un grand nombre d'autres dans la région, notamment à Crest et à Valence.

Nous allions oublier de mentionner une réunion d'un genre tout particulier, qui a été tenue dans le courant de l'année 1899, au Syndicat d'Allex.

Le juge de paix du canton de Crest-Sud, estimant qu'il était utile de codifier les usages locaux, avait envoyé un long questionnaire relatif à ces usages, au président du syndicat. Celui-ci convoqua une cinquantaine de propriétaires et de métayers et put adresser à M. le juge de paix la réponse à son questionnaire, faite par les divers intéressés, et pour ainsi dire contradictoirement.

L'attrait des plaisirs entre pour beaucoup dans la tendance malheureuse qui entraîne à la ville les jeunes paysans. La jeunesse a besoin de mouvement, de gaieté, de distractions, de plaisir.

C'est à ce besoin que le syndicat a voulu donner satisfaction par ses fêtes annuelles et ses représentations. C'est ce même désir qui, dès 1887, lui avait inspiré la pensée de fonder un orphéon, lequel fonctionna très bien pendant quelques années et donna plusieurs représentations et concerts. Cet orphéon, faute d'un directeur, dut se dissoudre en 1891.

Après trois années d'interruption, il s'est reconstitué sous une autre forme, non pas dans le syndicat, mais à côté de lui et sous son patronage. Une fanfare s'est constituée dans les mêmes conditions.

Quand le Syndicat d'Allex a eu fait son possible pour servir les intérêts professionnels, agricoles, économiques, moraux et intellectuels de ses membres, il a pensé que sa tâche n'était pas finie ; que si, dans chacun de ses membres, il y avait le cultivateur, le syndiqué, le père de famille, le jeune homme, il y avait encore le citoyen, qui avait besoin d'être préparé, formé à l'accomplissement de ses devoirs civiques , et il a paru qu'il pouvait l'aider dans cette préparation.

Et comment ? — D'abord en développant, ainsi qu'il a été dit déjà, l'esprit de solidarité, l'esprit d'association et d'initiative parmi ses membres ; ensuite en les accoutumant à s'intéresser aux affaires de l'association, à y prendre une certaine part, à les étudier, les discuter, à ne pas se dérober devant une décision à prendre, une responsabilité à accepter.

C'est cette idée que le président indiquait dans l'assemblée générale du 26 février 1893, en répondant à un membre qui, à propos d'une décision importante à prendre, avait demandé que le Conseil syndical prît lui-même cette décision. « C'est, au contraire, dit le président, une excellente occasion pour les membres du syndicat de témoigner l'intérêt qu'ils portent à leurs propres affaires. C'est une mauvaise habitude qu'on a prise, en France de se contenter de voter deux ou trois fois tous les quatre ans et de se désintéresser durant le reste du temps des affaires publiques, etc... »

L'avis du président fut bien accueilli et, à la suite de cette discussion, eut lieu une sorte de *referendum* syndical sur une question importante, qui comportait plusieurs solutions également admissibles.

La même façon de procéder a été suivie, en 1897, pour une question délicate, dont la solution proposée pouvait soulever de sérieuses objections. Dans ces deux circonstances, le temps de la réflexion fut laissé aux membres du syndicat, après l'exposé et la discussion à l'assemblée générale, et avant qu'ils fussent appelés à se prononcer.

Car on discute dans les réunions du syndicat; y prend la parole qui veut; on peut s'y exprimer en patois; le président provoque, au besoin, les objections et, le plus souvent, ces réunions sont très animées et intéressantes.

Elles sont l'exemple de ce que devraient être, sous un régime de décentralisation et de véritable action populaire, les assemblées communales, et rappellent les délibérations d'autrefois, sous le grand tilleul — le *Sully* — le dimanche, à la porte de l'église.

Ajoutons que, pour compléter ce rôle de formation que le syndicat s'applique à remplir, dans les fêtes patronales les toasts sont portés non seulement par le président, mais par les vice-présidents, secrétaire et même par de simples membres qui s'accoutument ainsi à la parole publique.

Si l'on veut bien se rappeler que le Syndicat d'Allex a été fondé en 1884, qu'un bon nombre des services qu'il a rendus datent de ses premières années, alors que les syndicats étaient peu nombreux et peu connus, on se rendra compte de la raison qui lui a permis de rayonner au dehors, et qui a valu à son président l'honneur d'être appelé dans plusieurs communes de la Drôme d'abord, et ensuite des départements voisins, pour aider à la fondation de syndicats, d'après le type de celui d'Allex, dont on trouvait dans les journaux le compte-rendu des fêtes et des réunions.

Il n'est pas exagéré de dire que peu de syndicats ont eu une expansion aussi grande que ce petit syndicat communal, puisque son président a aidé à la fondation d'une bonne partie des syndicats de la Drôme, a été appelé dans près de 50 communes de ce département, dans onze départements et plusieurs fois dans quelques-uns d'entr'eux.

On peut dire enfin que c'est le Syndicat d'Allex qui a fait le *Petit Manuel pratique des Syndicats agricoles*, dont la 6e édition vient de paraître, honoré d'une grande médaille d'or de la Société des Agriculteurs de France. C'est le président du syndicat qui a tenu la plume, mais il n'a fait en somme que relater ce qui avait été fait par le syndicat.

Le Syndicat d'Allex a continué à rayonner autour de lui. Nous ne parlerons pas des nombreuses conférences, faites par son président ici ou là, presque chaque dimanche, ni de la campagne électorale dans l'Ardèche, campagne syndicale et agricole bien plus que politique, et dans laquelle son plus fidèle et vaillant auxiliaire a été un membre du Syndicat de Crest, son disciple, C. Fraud, un paysan, petit propriétaire, qui a tenu plus de 30 réunions publiques et a victorieusement répondu au concurrent de son président et ami, professeur agrégé à la Faculté de Droit de Paris.

En 1898, M. de Gailhard échoua pour quelques centaines de voix, mais au moment où nous écrivons ces lignes, il remporte, dans des circonstances particulièrement intéressantes, qui n'ont pas leur place ici, une éclatante victoire, et, si nous y faisons allusion, c'est qu'en réalité c'est au président de syndicat, à l'homme de cœur, à l'homme des paysans que les électeurs de l'Ardèche ont confié le mandat de député. Nous ne saurions trop le féliciter de ce succès qui fait le plus grand honneur aux électeurs et à leur élu.

En terminant ce long exposé — s'il a été long, c'est qu'il a été fait beaucoup et qu'il y avait beaucoup à dire — nous nous permettrons de rappeler que le syndicat ne comprend, à l'exception de son président, que des paysans comme membres actifs, et que c'est à ces modestes paysans que revient, pour la plus grande part, le mérite de ce qui a été fait et de la bonne marche du syndicat.

Le président a semé les idées, a indiqué les œuvres à faire ; les membres du syndicat les ont réalisées et, pour y parvenir, ils n'ont eu que les modiques ressources provenant de la cotisation de 3 francs par an, de la cotisation de 6 francs de dix membres honoraires et de la légère majoration sur les marchandises livrées par le syndicat.

Mais, à ces ressources pécuniaires modestes, ils ont ajouté celles, beaucoup plus efficaces, de leur cœur et leur dévouement. Ils n'ont pas craint de payer de leurs personnes, d'affirmer leur fidélité au syndicat dans des moments difficiles, de prêter leur concours pour les préparatifs des fêtes, de faire, au besoin sans rémunération, des charrois quand il y a eu à transporter certaines marchandises ou des matériaux pour les aménagements du local et, pendant 4 ans, le service du magasin et de la buvette a été fait gratuitement par deux d'entre eux.

Le dévouement des syndiqués ne se lasse pas ; leur attachement au syndicat s'accroît ; les membres du conseil syndical, tous paysans, remplissent toujours avec un grand zèle leurs fonctions, et c'est pour cela que le syndicat continue à prospérer et à voir grandir son influence.

C'est donc aux applaudissements de tous les syndicats de France que nous voyons le Syndicat modèle d'Allex remporter le 4e grand prix du concours Chambrun. Unis dans la peine, les deux Syndicats de Crest et d'Allex étaient unis dans la gloire, et le jury, en partageant entre eux ce grand prix, avait voulu honorer l'œuvre remarquable et personnelle de l'un des plus vaillants apôtres de l'idée syndicale dans le Sud-Est. Ainsi que l'ajoutait le rapporteur, M. de Gailhard-Bancel, qui donne tout son temps et tout son cœur pour l'amélioration matérielle et morale des conditions d'existence de ses chers paysans dauphinois, qui a publié les ouvrages de propagande les plus utiles au développement des syndicats, a droit à une large part dans la haute récompense que le jury attribue aux deux syndicats qu'il préside.

Plus heureux que bien d'autres, notre ami M. de Gailhard a connu les joies de la popularité et de la reconnaissance et ce nous semble une belle conclusion à cet historique de consigner ici l'extrait du procès verbal de l'Assemblée générale qui a suivi l'apothéose du syndicat :

Le 23 janvier 1898, le syndicat réuni au grand complet, offre à son cher président un objet d'art qui marque la reconnaissance de tous par un souvenir affectueux.

« Acceptez-le, cher président, il est fait de l'obole de tous les membres du syndicat qui sont heureux de vous l'offrir avec son inscription :

Hommage des membres du syndicat agricole d'Allex à leur cher président, M. H. de Gailhard ».

Cette allocution est accueillie par de chaleureux applaudissements et les cris répétés de :

« Vive de Gailhard ! »

Très surpris et très ému, M. de Gailhard répond que les paroles lui manquent pour dire combien il est touché du témoignage d'affection que lui donnent les membres du syndicat.

« Vous ne me devez rien, dit-il, et je vous dois tant ! Quand le bon Dieu, dans un pays, donne à un homme de l'influence, de la fortune, de la vigueur, des loisirs, ce n'est pas uniquement pour son profit personnel qu'il les lui donne, c'est pour qu'il les mette au service de ses concitoyens et y fasse participer les autres en même temps qu'il en jouit lui-même.

« Je n'ai fait que mon devoir, et je n'attendais pas d'autre récompense que celle de la satisfaction du devoir accompli. Il vous a plu de m'en donner une autre, j'en suis profondément touché et vous en remercie de tout mon cœur. Dans ce bronze, dans ces deux chevaux qui tirent sur la charrue à plein collier, permettez-moi de trouver un enseignement et un symbole. C'est que notre œuvre n'est pas terminée, que notre tâche n'est pas finie, qu'il y a beaucoup à défricher encore dans le vaste champ du syndicat et des institutions qui s'y rattachent. Eh, bien ! je vous le promets, je m'attellerai à cette besogne avec toute mon énergie et toute ma force et, s'il plaît à Dieu, nous ferons encore de bon ouvrage ».

Et maintenant que le vaillant président d'Allex se trouve, abstraction faite de toute politique, laquelle n'a rien à voir ici, le véritable réprésentant de nos syndicats à la Chambre, nous lui demandons de faire mieux connaître et mieux apprécier, dans ce milieu si sceptique, le véritable but de nos associations.

Qu'il montre à ses collègues que les syndicats agricoles ne sont pas des affaires, mais des œuvres de concorde et de paix sociale ; qu'aux haines qu'engendre la politique il oppose l'union des classes réalisée par nos associations ; qu'aux clameurs des sans-patrie il réponde par cette devise, qui est la nôtre : « le sol, c'est la Patrie ».

Syndicat agricole de Bourg-de-Péage

17 Février 1887. — M. 451

Président : M. X. FIÈRE

Entrepôt. — Coopérative. — Bulletin. — Almanach. — Assurance-accidents.

Fondé le 17 février 1887, ce syndicat fut d'abord dénommé : Syndicat agricole d'Alixan, ce n'est qu'en janvier 1889 que son siège social fut transporté à Bourg-de-Péage, et sa dénomination actuelle arrêtée.

Dans la pensée de venir en aide aux producteurs de bétail, qui sont nombreux dans la région, le syndicat avait songé à contribuer à la fondation d'une société pour l'exploitation d'une boucherie coopérative, à Bourg-de-Péage, avec succursale à Romans. Pour arriver à ce but, sans léser les intérêts des bouchers de ces localités, le Bureau eut plusieurs entrevues avec eux, mais, leurs prétentions ayant été jugées inacceptables, toute idée de traiter avec eux fut abandonnée. La boucherie fut donc créée sans eux et en dehors du syndicat, le 1er octobre 1888, au capital de 50.000 fr. divisé en actions de 50 fr. Après paiement de l'intérêt légal aux actionnaires, les bénéfices devaient être également répartis aux vendeurs et acheteurs au prorata des transactions de chacun.

Par suite de l'hostilité qu'elle rencontra dans le public, qui était mal disposé contre une organisation qu'on lui représentait comme un piège politique, par suite de la guerre qui lui avait été déclarée par les bouchers de la localité dont les intérêts se trouvaient gravement lésés, cette institution, qui ne peut vivre qu'autant qu'elle est dirigée par un homme du métier, a vu son capital disparaître peu à peu. Sa liquidation fut prononcée le 30 novembre 1889.

Cet échec a porté un coup au syndicat, dont l'effectif tomba brusquement de 630 à 360 membres.

Depuis, grâce à la bonne gestion de son bureau, le syndicat a regagné le terrain perdu et le nombre de ses membres est remonté à 451.

Le chiffre des affaires qui avait, jusqu'en 1894, suivi une marche régulièrement ascendante, semble aujourd'hui ne pas vouloir s'éloigner d'une moyenne annuelle de 30.000 francs. C'est la Coopérative du Sud-Est qui exécute la plus grande partie de ses ordres ; il s'en montre de plus en plus satisfait.

Jusqu'en juin 1891, le syndicat a eu un Bulletin, spécial d'abord, commun ensuite avec les Syndicats de Romans et de Clérieux ; il est aujourd'hui abonné au Bulletin de l'Union, complété chaque année par la distribution gratuite de l'Almanach.

Le syndicat a servi tous les intérêts des agriculteurs de la région qui, syndiqués ou non, en ont tous profité, puisque les marchands ont été dans l'obligation de baisser tous les prix de vente, de manière à ne laisser subsister qu'une légère différence entre leurs prix et ceux du syndicat. C'est ce que ne semblent pas comprendre bon nombre de propriétaires, mais, le jour où cette vérité sera reconnue, ce syndicat verra rapidement doubler le chiffre de ses membres et de ses transactions.

Beaucoup de syndiqués sont venus à lui dernièrement pour profiter de l'assurance-accidents qui a trouvé auprès d'eux un accueil des plus sympathiques; mais, comprenant mal leurs intérêts, ils se laissent séduire souvent par les bas prix faits par les courtiers en engrais qui pullulent dans la région, oubliant que, le jour où leur infidélité amènerait la ruine du syndicat, les tendresses des intermédiaires deviendraient rapidement des fourches caudines auxquelles il serait trop tard de vouloir se soustraire.

Le syndicat a, jusqu'à présent, résisté avec succès, et il n'est pas douteux que, tôt ou tard, les infidèles reviendront à « leurs premières amours ».

En attendant, ses fondateurs doivent, le plus possible, développer leur rôle professionnel et social, ils attireront par là de nombreux adhérents, et ils prouveront à tous que, pour un syndicat, les affaires ne sont qu'un moyen de faire du bien, et sur ce terrain ils n'auront pas à craindre la concurrence des intermédiaires.

Syndicat de Buis-les-Baronnies.

28 août 1888. — M. 300

Président : M. LE COMTE D'AULAN, député

Dépôt — Almanach.

Créé le 28 août 1888, comptant aujourd'hui 300 membres travaillant tous, sauf une dizaine, de leurs propres mains, ce syndicat se borne exclusivement à fournir à ses adhérents les engrais chimiques dont ils ont besoin.

Un droit unique d'entrée de 3 fr., pas de cotisation annuelle, service gratuit de l'Almanach de l'Union, telles sont les seules particularités à noter.

Rayonnant dans tout le canton, ce syndicat pourrait utilement, croyons-nous, étendre ses services dans l'ordre économique et social; il y trouverait un élément nouveau de vitalité et de progrès dont il ne pourrait que très heureusement bénéficier.

Syndicat agricole de Champ-de-Granges.

A SAVASSE

2 juin 1897. - M. 26

Président : M. FORTUNÉ DUMAS

Coopérative.

Fondé en juin 1897, comprenant 26 membres, tous propriétaires moyens et payant 1 franc de cotisation, ce syndicat s'est borné jusqu'à ce jour à livrer à ses membres pour 2,800 fr. de produits agricoles.

C'est une moyenne relativement bonne, mais elle ne doit pas suffire aux hommes qui ont pris l'initiative du mouvement.

Ce syndicat a été fondé par les administrateurs dissidents du syndicat de Savasse ; ne vaudrait-il pas mieux que ces deux associations se réunissent et concentrent leurs efforts pour le plus grand bien des agriculteurs ? « L'union fait la force », c'est la première devise d'un bon syndicat : il appartient, dans chaque pays, aux promoteurs du mouvement d'en donner l'exemple.

Syndicat agricole de Chantemerle.

11 décembre 1898. — M. 38

Président : M. FRANÇOIS HÉRAUD

Bulletin. — Almanach. — Coopérative

Créé seulement le 11 décembre 1898, ce syndicat est de date trop récente pour avoir pu faire autre chose que s'organiser.

A ce jour, il compte 38 membres pour lesquels, par l'intermédiaire de la Coopérative agricole du Sud-Est, il a acheté, cette année déjà, tous les produits et outils nécessaires et auxquels il a distribué l'Almanach de l'Union. C'est, pour le moment, tout ce qu'il a fait; il entend bien ne pas s'arrêter là.

Syndicat des Agriculteurs de Châteaudouble, Combovin et Peyrus

A CHATEAUDOUBLE

12 décembre 1887. — M. 53

Président : M. G. DU BOURG.

Coopérative. — Instruments en commun. — Almanach

C'est à l'automne de l'année 1887, que M. du Bourg prit l'initiative de grouper en association les principaux cultivateurs de trois villages, dans la pensée de les amener à l'emploi des engrais artificiels. D'autres associations venaient d'être créées dans le voisinage, sous l'heureuse influence de la loi de 1884, les syndicats de Chabeuil, de Montvendre, d'Alixan, de Bourg-de-Péage. On aurait pu simplement former une section d'un de ceux-ci ou s'affilier à eux. Le résultat ne devait pas être le même, à moins d'une organisation spéciale, telle, par exemple, que celle du syndicat agricole de la Charente-Inférieure, dont les sections sont comme autant d'unités sous une même administration.

La nouveauté du fait attira un certain nombre d'adhésions. Toutefois les sociétaires ne comprirent pas, tout d'abord, l'importance de la création. Leur remettant des engrais à des prix plus élevés que le commerce, à cause d'un titre supérieur, le syndicat eut à lutter contre les marchands peu scrupuleux vendant, à vil prix, des marchandises sans valeur. Ils ne risquaient pas grand chose en faisant de longs crédits et ils enlevaient au syndicat le moyen d'accroître ses ventes. Il en résulta une défaveur marquée pour l'emploi des engrais chimiques, défaveur qui subsiste toujours et entrave tout développement. Beaucoup de cultivateurs nient encore leur efficacité, d'autres prétendent qu'ils dépendent tellement

7

des accidents atmosphériques que leur réussite est aléatoire, au point qu'il devient impossible de récupérer les frais d'achat.

La constitution du syndicat date du jour du dépôt, à la mairie de Châteaudouble, des statuts imprimés, soit le 12 décembre 1887.

Le syndicat fait partie de l'Union de la Drôme, de l'Union des Syndicats des Agriculteurs de France, de l'Union du Sud-Est et depuis sa fondation il est affilié à la Coopérative du Sud-Est, à laquelle il passe ses ordres à peu près exclusivement.

Après avoir tenu des instruments d'agriculture pour ses membres, il y a renoncé ; il en a été de même de quelques produits alimentaires. Il s'est renfermé dans la fourniture des engrais chimiques, dont le plus demandé est sans contredit le superphosphate de chaux. Chaque saison, il est fait au moins une analyse des engrais remis aux sociétaires. Tout fournisseur, ayant livré un engrais d'une teneur inférieure à la garantie inscrite sur l'étiquette, a été impitoyablement abandonné, et il lui a été fait un rabais proportionnel. Le cas ne s'est produit que deux fois, parce que le syndicat a recours à des maisons de toute confiance et des plus connues.

Parmi les instruments qu'il a acquis pour en faire jouir gratuitement les sociétaires, il y a lieu de citer le trieur Marot.

Au début de chaque année, tous les membres reçoivent gracieusement un exemplaire de l'Almanach de l'Union. Le syndicat ne publie pas de Bulletin.

L'enseignement de l'agriculteur doit se faire par les yeux. Avec le temps et les exemples, il se convaincra de la supériorité des procédés de culture.

Outre les engrais les plus usuels, le syndicat met des semences de premier choix à la disposition des membres qui consentent à les payer un peu plus cher que chez les marchands de cette spécialité dans le pays. Il est bien avéré que la fraude s'exerce dans une large mesure dans le commerce des graines. Un lot de graines n'en contient pas quelquefois plus de 1/10° possédant la faculté germinative. Pourvu qu'une petite quantité vienne à germer, le cultivateur n'accusera pas son vendeur et celui-ci en profite. Il est d'usage, dans la pratique agricole, de ne pas épargner la semence, avec cette idée que, fatalement, les graines ne sauraient toutes réussir.

Son chiffre d'affaires atteint 5.000 fr.

Le syndicat s'est associé à toutes les revendications intéressant la profession agricole, et sa voix s'est jointe à celle des autres syndicats de France, apportant l'influence d'une unité de plus dans le concert général.

Il est resté, quant au chiffre de ses adhérents, ce qu'il était au début. Il ne saurait augmenter beaucoup, la population de la circonscription étant d'environ 1,400 âmes, dont le dixième seulement a intérêt à en faire partie.

La vente des produits a bien été essayée, mais elle n'a pas réussi.

En somme, bien que l'un des plus anciens, ce syndicat semble piétiner sur place et les résultats obtenus ne permettent pas d'espérer qu'il puisse de longtemps développer ses services. Ne serait-ce pas que la confiance manque à sa direction ?

Syndicat agricole de Châteauneuf-de-Mazenc.

15 janvier 1897. — M. 82

Président : M. Régis ROUVIER.

Entrepôt. — Coopérative. — Bulletin. — Almanach. Instruments

Fondé le 15 janvier 1897, ce syndicat se compose aujourd'hui de 82 membres dont 90 °/o de petits cultivateurs, vignerons ou journaliers. La cotisation de 2 fr. sert à payer le Bulletin et l'Almanach de l'Union, régulièrement servis à tous les syndiqués ; elle a été, la première année, entièrement absorbée par l'affiliation à la Coopérative du Sud-Est. Cette petite avance n'a pas été regrettée puisque le chiffre d'affaires, toujours en progression, témoigne que les adhérents sont satisfaits et comme prix et comme qualité. La moyenne des achats annuels est de 11.000 fr., non compris le service des locations d'instruments, très utilement pratiqué dans ce milieu de petits vignerons.

Le fonds de réserve est trop peu important pour que le syndicat ait encore pu aborder l'œuvre sociale, mais son Bureau y songe et, dès que ses ressources le lui permettront, il n'aura garde de négliger cette question qui est l'un des plus sérieux éléments de succès de l'association communale.

Syndicat agricole de Châteauneuf-sur-Rhône.

11 mars 1897. — M. 90

Président M. LE VICOMTE R. DE LA MURE.

Entrepôt. — Coopérative. — Bulletin. — Almanach. Instruments.

Ce syndicat de 90 petits cultivateurs ou ouvriers agricoles — le président seul ne travaille pas de ses mains — a été créé le 1er mars 1897.

Affilié, dès sa fondation, à la Coopérative du Sud-Est, c'est à elle qu'il passe tous les ordres d'achats de ses membres, faisant ensuite lui-même la répartition dans l'entrepôt annexé au siège social. Les achats portent surtout sur les engrais phosphatés; ils sont complétés par la location à prix réduit des instruments de première utilité, notamment du trieur.

En échange d'une cotisation de 2 fr. il assure à ses membres le Bulletin et l'Almanach de l'Union dont l'enseignement est complétée par de fréquentes conférences à l'occasion de réunions.

Un cercle-bibliothèque, avec buvette, sert, tous les dimanches, de lieu de réunion à tous les syndiqués et, sous peu de jours, une société de secours mutuels viendra compléter l'œuvre sociale de ce petit syndicat qui semble avoir bien compris que son rôle n'était pas seulement de faire des affaires, mais qu'il était surtout de fortifier, par l'union et la solidarité, tous les agriculteurs de la région.

Syndicat agricole de Claveyson

2 octobre 1887. — M. 122

Président : M. Victor REVOL

Aide mutuelle. — Almanach. — Coopérative.

Fondé le 2 octobre 1887, ce syndicat compte aujourd'hui 122 membres tous propriétaires, exploitant par eux-mêmes, ou fermiers. La cotisation annuelle est de 2 fr. en retour de laquelle chaque adhérent reçoit l'Almanach de l'Union et profite des avantages de la Coopérative du Sud-Est.

Le montant des achats atteint annuellement 15,000 fr.

Sans organisation spéciale, le syndicat pratique largement l'aide mutuelle par le travail, et, quand un sociétaire peu aisé est malade, ses collègues, à tour de rôle, le suppléent sans aucune rémunération.

C'est un premier pas qui montre combien ce syndicat est désireux de sortir de son rôle exclusivement matériel ; espérons que les agriculteurs du canton lui en sauront gré et viendront, par leur affiliation, lui donner les ressources nécessaires pour développer, au mieux des intérêts de tous, la mission à laquelle son bureau se dévoue depuis douze ans avec le plus actif désintéressement.

Syndicat agricole des Cantons de Crest

Crest, 13 Janvier 1886. — M. 1128

Président : M. DE GAILHARD-BANCEL, député

4ᵉ Grand prix Chambrun : 2,000 fr. partagés avec le syndicat d'Allex

Immeuble. — Entrepôt. — Bulletin. — Almanach. — Coopérative. — Instruments en commun. — Assurance-accidents. — Buvette. — Crédit. — Tribunal arbitral. — Enseignement.

Ce syndicat a été créé, au mois de janvier 1886, sous la dénomination de Syndicat agricole des cantons de Crest.

Sa circonscription embrasse les communes des deux cantons (Crest-Nord et Crest-Sud), dont Crest est le chef-lieu, sauf trois communes qui ont formé des syndicats séparés. Il reste, par conséquent, dans la sphère du syndicat, vingt-six communes et une population agricole d'environ 14,000 habitants.

Le syndicat est divisé en sections, chaque commune formant une section. La section n'est point un syndicat à part, elle fait partie intégrante du Syndicat des cantons de Crest et est placée sous l'administration de la chambre syndicale. Mais elle a une certaine autonomie morale, peut posséder une caisse séparée, un bureau particulier et certains services. Cette organisation offre les avantages d'une décentralisation favorable pour le développement des services économiques et sociaux.

Le siège social est établi à Crest, dans une maison appartenant au syndicat, comprenant un magasin, une salle de réunion, un logement pour l'agent et divers locaux accessoires. Cet immeuble a été acquis, il y a quelques années, au moyen d'un emprunt hypothécaire contracté entre les membres du syndicat, et remboursable en vingt ans par voie de tirages annuels. Cet emprunt a été largement et rapidement couvert par les petites souscriptions.

Le nombre des membres du syndicat est actuellement de 1228, après avoir débuté par une centaine.

Dans ce nombre, les trois quarts des associés sont des chefs de famille. D'après les statuts, l'admission d'un chef de famille entraîne celle de tous les membres de la famille qui habitent avec lui, sans qu'ils aient à payer de cotisation supplémentaire, le nombre des personnes qui profitent des avantages du syndicat est donc beaucoup plus considérable.

Les membres fondateurs, c'est-à-dire les personnes notables ayant concouru à la fondation du syndicat, ou y ayant adhéré dans la suite, paient une cotisation annuelle de 6 francs. Tous les autres membres, dits associés, paient une cotisation de 1 franc et, en outre, un droit d'entrée.

Il comprend environ 10 0/0 d'ouvriers agricoles; ils sont d'ailleurs, pour la plupart, également possesseurs d'un lopin de terre. La majeure partie des associés se compose donc de petits propriétaires; il y a aussi quelques grands et moyens propriétaires et un certain nombre de métayers.

Le syndicat a publié un Bulletin paraissant tous les deux mois, dès la fin de sa première année (novembre 1886). C'est, croyons-nous, un des premiers syndicats qui en aient publié un. Il était rédigé par les membres du bureau. Ce bulletin a été remplacé, en juin 1891, par celui de l'Union du Sud-Est que complète, chaque année, l'Almanach.

Le patrimoine est constitué au moyen des cotisations et d'une légère majoration sur les marchandises. Quelques sections ont aussi une petite caisse. L'ensemble de ce capital s'élève à environ 15,000 francs sur lesquels 6,000 francs ont été employés à apporter des améliorations à l'immeuble acheté par le syndicat. Nous devons ajouter que la majoration sur les marchandises est des plus minimes et ne laisse, tous frais payés, que bien peu de marge. Plusieurs fois, même, le syndicat s'est vu dans la nécessité de livrer des engrais minéraux à prix coûtant et même à perte, afin de tenir tête à la concurrence acharnée que lui font les marchands d'engrais.

Le syndicat a fourni à ses membres des engrais chimiques, des plants de vigne, des matières premières de toutes sortes, des semences, des grains et tourteaux pour l'engraissement du bétail, des sels dénaturés, du fil de fer, des échalas, et des outils divers.

Il livre environ 700.000 kilogs d'engrais et de grains divers. Le chiffre d'affaires du dernier exercice a dépassé 60.000 francs.

Le syndicat s'est mis en mesure de fournir à ses membres, moyennant une faible redevance, quelques instruments agricoles, tels que presse à fourrage, charrue défonceuse, trieurs Marot, fouloirs à vendanges, pulvérisateurs, soufreuses, etc. Quelques-uns de ces instruments se trouvent aussi dans certaines sections éloignées, pour être mis à la disposition des sociétaires.

Les vignobles de la vallée de la Drôme ont eu beaucoup à souffrir du phylloxéra. Une des principales préoccupations du syndicat a été d'aider à la conservation ou à la reconstitution des vignes. Les mesures qu'il a prises à cet effet peuvent se ramener aux trois points suivants :

a) Conférences sur le traitement de la vigne faites au siège du syndicat et dans les sections. Articles du Bulletin. Leçons gratuites de greffage.

b) Livraison à prix réduits de cépages américains, plants directs et porte-greffes.

c) Fourniture de sulfure de carbone, de matières cupriques et d'instruments pour les utiliser.

Ces efforts ont été couronnés de succès. Depuis une douzaine d'années, la culture de la vigne a repris dans le pays l'importance qu'elle avait autrefois, et c'est en grande partie à l'influence du syndicat qu'on le doit.

Le syndicat s'est occupé du renouvellement des semences de blé et de pommes de terre. Il a, à maintes reprises, délégué quelques-uns de ses membres pour faire, dans les meilleures conditions possible, des achats de blés de semence.

Il a propagé, avec succès, quelques nouvelles variétés de pommes de terre.

Les membres du syndicat ont plusieurs fois utilisé les services de vente de l'Union du Sud-Est, pour des envois de bétail, de fourrage et de pommes de terre, soit à Lyon, soit dans le Midi. Les résultats ont été satisfaisants. Néanmoins ces essais ont été plutôt rares. Crest est un centre de transactions agricoles ; le marché y est très large et très actif. Ce n'est que dans des circonstances parti-culières que le besoin s'est fait sentir de recourir à d'autres marchés.

Le syndicat s'est très vivement intéressé à l'enseignement agri-cole, et quelques-uns de ses membres s'y sont dévoués d'une façon particulière. Néanmoins les résultats n'ont pas marché aussi vite qu'on pouvait l'espérer. On a à lutter contre une routine invétérée. Mais les jalons sont posés, et il y a lieu d'espérer que l'avenir répon-dra aux efforts qui ont été tentés. Voici ce qui a été fait :

De nombreuses conférences ont été données, soit à Crest, soit dans les sections, sur les principales cultures de la région et l'emploi judicieux des engrais chimiques.

Les assemblées générales du syndicat, les réunions spéciales des sections sont aussi l'occasion d'une causerie agricole.

Le syndicat a souvent fait appel à ses amis du dehors. MM. Guinand, Riboud, de Fontgalland, Kergall, St-Marc-Girardin, Louis Durand, etc., sont venus, à différentes reprises, faire des conférences sur les questions les plus actuelles.

Un cours de greffage gratuit a été organisé à Crest, dès les premières années de la fondation du syndicat.

Le trésorier du syndicat, M. Brun, a pris, il y a cinq ans, l'initiative d'un cours d'agriculture à l'école primaire libre de Crest. Ce cours a été imprimé et sert de manuel aux élèves.

Cet enseignement a été suivi avec succès. A la fin de l'année scolaire, des membres du syndicat font subir aux enfants un examen, à la suite duquel il est délivré aux plus méritants des diplômes d'instruction agricole. En outre, le syndicat vote, chaque année, une somme de 50 francs, destinée à donner des livrets de caisse d'épargne aux trois premiers élèves.

L'école libre de Crest a obtenu des médailles d'argent aux concours agricoles de Vienne en 1896 et de Valence en 1897, pour les travaux exposés par ses élèves.

Un cours d'adultes a été organisé, il y a un an, à Roche-sur-Grâne, petite commune de 250 habitants, dépendant du syndicat de Crest, par un de ses sociétaires, simple cultivateur, aussi intelligent que dévoué, M. Célestin Fraud. Une vingtaine d'élèves l'ont suivi régulièrement. Un examen et une distribution solennelle de prix en ont été la clôture. Sur 10 élèves qui se sont présentés, six ont été jugés dignes de recevoir le certificat d'études agricoles, délivré au nom de l'Union du Sud-Est.

M. Fraud a reçu, cette année, pour son dévouement à la cause agricole, une médaille d'argent de la Société des Agriculteurs de France.

Il y a lieu d'espérer que ces exemples se généraliseront et que l'enseignement agricole finira par tenir dans nos campagnes la place qui lui appartient.

Quelques sections ont organisé l'achat en commun de certains produits d'épicerie : savon, sucre, pâtes alimentaires, alcool, etc. Quelques-unes ont assez bien réussi dans ces opérations. D'autres ont eu des déboires. C'est un service délicat, qui demande de l'ordre, de la prudence et une certaine entente des opérations commerciales, qualités que tous n'ont pas au même degré. Le syndicat, pris dans son ensemble, a voulu y rester étranger, pour plusieurs motifs trop longs à énumérer ici.

A la suite d'une conférence donnée au siège du Syndicat, en juillet 1894, par M. Louis Durand, deux seulement des sections du syndicat ont fondé des caisses Raiffeisen. L'une d'elles, la moins importante, fonctionne avec succès. L'autre, établie dans un centre de population très aisée, a eu rarement encore l'occasion de s'exercer. Elle persiste néanmoins, espérant que l'avenir démontrera son utilité. Une troisième caisse est en préparation.

Ces résultats sont, en somme, peu importants et n'intéressent qu'une partie très minime des membres du syndicat, au moins jusqu'à présent.

Les sociétaires ont recours, pour s'assurer contre l'incendie, à la Société d'Assurance Mutuelle Seine et Seine-et-Oise, et pour s'assurer contre les accidents à la Coopérative du Sud-Est. Un très grand nombre de polices ont été souscrites. Maintenant le mouvement est donné ; il est permis de croire que le plus grand nombre des associés profiteront des avantages offerts par ces deux Sociétés.

Aux termes de l'art. VII des statuts, la chambre syndicale désigne, chaque année, trois personnes, qui pourront être prises en dehors de son sein, pour former une commission arbitrale à laquelle les membres de l'association sont invités à soumettre les différends qui surviendraient entre eux, avant d'en appeler aux tribunaux. Cette commission a eu peu d'occasions de fonctionner. Elle a réussi cependant à apaiser quelques différends sans importance.

Depuis sa fondation, le syndicat a tenu régulièrement une assemblée générale annuelle, dans laquelle le secrétaire et le trésorier rendent compte, dans des rapports écrits, des opérations du syndicat et de sa situation financière. Tous les associés sont instamment priés d'y assister ; il y en a généralement le tiers et quelquefois la moitié, qui répondent à cet appel. Le plus souvent, cette réunion est l'occasion d'une conférence sur un sujet agricole d'actualité. Habituellement aussi un banquet accompagne la réunion.

Mais c'est ordinairement dans les sections, c'est-à-dire dans les petites communes rurales, que ces réunions, peut-être moins solennelles, ont le plus d'entrain et de cordialité. On commence par se rendre à l'église, bannière et musique en tête ; après la messe et le tour du village on entre dans la salle du banquet où les chansons succèdent aux toasts. Parfois la journée se termine par quelques monologues ou quelques pièces dans le dialecte du pays.

Ces réunions sont toujours fort goûtées et très nombreuses. Il y en a eu une quarantaine dans les différentes sections, depuis la fondation du syndicat. Quelques membres du bureau et de la chambre syndicale se font toujours un devoir d'y assister, persuadés que c'est un excellent moyen d'entretenir entre les sociétaires ces sentiments de concorde, de dévouement, de solidarité qui sont, au moins à autant de titres que les services matériels, la base la plus solide de l'association.

Depuis que le syndicat a fait l'acquisition d'un immeuble, il a organisé une vaste salle où les associés peuvent se réunir les jours de foire et de marché. On n'y vend pas de consommations, mais les sociétaires peuvent y apporter leurs provisions et y attirer leurs familles.

Quelques sections, quatre ou cinq au plus, ont établi de véritables buvettes syndicales.

Le syndicat n'a jamais manqué l'occasion d'adresser aux pouvoirs publics des vœux et des pétitions pour réclamer les mesures propres à assurer la protection des intérêts agricoles et protester contre les mesures défavorables.

Un grand nombre de vœux ont été émis dans ce sens, notamment en faveur de la sériciculture, du relèvement des tarifs douaniers, de la suppression de l'impôt foncier, et contre l'impôt sur le revenu.

Le syndicat s'est aussi préoccupé de la représentation à donner aux agriculteurs dans les conseils du pays. Il a envoyé des délégués aux assemblées des États libres du Dauphiné et à la plupart des assemblées générales des Unions auxquelles il s'est affilié.

En dehors des avantages matériels et économiques que nous venons d'énumérer, nous devons rappeler les idées morales qui ont présidé à la fondation du syndicat et qui sont destinées à rendre de précieux services, non seulement à ses membres, mais à toute la population agricole de la région. Rattacher le paysan au sol, le lui faire aimer, lui faire mieux apprécier la noblesse et les avantages de sa profession, ranimer chez lui les sentiments d'union et de solidarité, le rendre fidèle à ces traditions de famille, à ces vieilles coutumes locales, à ces mœurs simples et honnêtes qui ont été de tout temps son honneur et sa sauvegarde, c'est à cette tâche que les organisateurs du syndicat, sous la vive impulsion de leur dévoué président, se sont particulièrement attachés.

La sollicitude du syndicat qui s'étend sur ses membres durant leur vie, les suit jusqu'à leur dernière demeure. Tous les sociétaires de même commune sont conviés à assister aux funérailles de l'associé défunt et un dernier adieu est adressé au nom de tous à celui qui s'en va.

Ces idées généreuses ont été bien comprises. Le paysan de cette région ne se livre pas volontiers ; il est souvent un peu méfiant, mais il a un bon cœur et une intelligence éveillée ; et, quand il voit qu'on cherche à lui rendre service, sans souci d'ambition personnelle ou de préoccupation électorale, il se donne de toute son âme.

Nos syndicats ont déjà suscité parmi les populations rurales un certain nombre d'initiatives fécondes et donné essor à bien des dévouements. Ces exemples ont porté leurs fruits: les amis s'attachent de plus en plus au syndicat, les indifférents se rapprochent, les adversaires même deviennent moins défiants et moins agressifs. Ces symptômes sont rassurants et il est permis d'y voir, pour l'avenir, un gage très sérieux de pacification sociale.

En considération de ces services, le Syndicat de Crest a obtenu, au concours institué par M. le comte de Chambrun, le quatrième grand prix, à partager avec le Syndicat d'Allex. De plus dans le concours ouvert par ce généreux philanthrope entre les vieux ouvriers agricoles les plus méritants, quatre membres du Syndicat de Crest ont eu des récompenses dont une pension de retraite de 200 francs et une médaille d'argent. Ces récompenses ont été solennellement distribuées dans l'assemblée générale de décembre 1898 et ont été l'occasion d'une belle fête dont les sociétaires garderont longtemps le souvenir.

Bien que d'une circonscription plus étendue, ce syndicat s'est montré le digne frère du syndicat d'Allex, et grâce à l'incessant dévouement du Président et du Bureau, il représente aujourd'hui l'une des formes les plus parfaites du Syndicat cantonal.

Syndicat des Agriculteurs de Die.

31 août 1884. — M. 2.246

Président : M. A. DE FONTGALLAND

Prix Chambrun : 1,000 fr.

**Immeubles. — Entrepôts. — Coopérative. — Bulletin.
Almanach. — Instruments. — Champs d'expériences.
Assurance-accidents. — Enseignement. — Retraites.**

L'un des premiers syndicats de France, le syndicat de Die est, avec celui d'Allex, le plus ancien dans notre région du Sud-Est, et quand, le 31 août 1884, il fut fondé dans la salle de l'ancien hôpital, à Die, c'est à peine si, tout autour de lui, on savait ce qu'était la loi de 1884. Pour le bonheur des agriculteurs de sa région, M. Anatole de Fontgalland eut l'intuition des services qu'elle pouvait rendre aux agriculteurs et ce sera pour lui un titre de gloire que d'avoir eu l'audace d'essayer, la bonne fortune de réussir. Partant l'un des tout premiers, n'ayant encore aucun exemple à suivre, aucune expérience à s'approprier, M. de Fontgalland avait une tâche difficile à remplir, il n'en a que plus de mérite d'avoir su mener son œuvre à bien.

On répète chaque jour que l'agriculture est dans un état lamentable, que la main d'œuvre devient de plus en plus onéreuse, que les récoltes diminuent en même temps que leur valeur, tout cela n'est que trop vrai ; il en est résulté un profond découragement parmi beaucoup d'agriculteurs, et il n'en manque pas qui ont laissé leurs terres en friche, tandis que d'autres ont émigré vers les grands centres, à la recherche d'une profession plus lucrative.

Et, cependant, c'est vers la terre qu'il faut revenir puisque c'est elle seule qui nous procure la nourriture et les matières premières. Comment les ramener ? Par l'association, par le syndicat agricole. C'est là le but que se proposait M. de Fontgalland, il avait compris que le seul moyen de rattacher au sol les agriculteurs était de leur permettre de vivre en travaillant.

Pays à céréales, à fourrages et à vins, le département de la Drôme avait besoin, pour lutter contre la concurrence étrangère qui avilissait alors le prix de ses produits, de diminuer son prix de revient, c'est-à-dire de produire davantage à condition que les frais nécessaires à l'augmentation des récoltes soient moindres que la valeur du supplément obtenu. C'est là qu'intervenait l'addition au fumier de ferme des engrais chimiques, alors peu connus, mais entrés depuis dans la pratique courante de l'agriculture progressiste.

Le rôle du syndicat était donc tracé : achat en commun des engrais avec toutes garanties de pureté, d'authenticité de dosage, et achat de ces engrais à des prix suffisamment réduits pour les mettre à la portée de tous, grands et petits.

Acheter des engrais c'était bien, mais il fallait, avant tout, apprendre aux agriculteurs à s'en servir et leur donner les indications nécessaires pour que les premiers essais fussent fructueux et encourageants pour l'avenir. Ce fut la raison d'être de la première circulaire syndicale dans laquelle le président s'exprimait en ces termes :

« Pour lutter contre la concurrence étrangère qui avilit le prix de vente de nos produits agricoles, il faut diminuer nos prix de revient, c'est-à-dire produire davantage, à la condition que les frais nécessaires à l'augmentation des récoltes soient moindres que la valeur du supplément de récolte obtenu. Il est aujourd'hui reconnu qu'on peut arriver à produire davantage et à meilleur compte par l'emploi d'engrais complémentaires du fumier de ferme, à condition que ces engrais ne soient pas falsifiés et qu'ils soient judicieusement employés. Il est donc nécessaire, pour arriver à ce but, de créer entre nous une espèce d'enseignement mutuel de la part de ceux qui ont quelques notions envers ceux qui sont moins instruits. Afin de faciliter l'usage des engrais, le comité indiquera aux agriculteurs la quantité et l'emploi raisonné des matières fertilisantes. Les sociétaires voudront bien remplir le tableau ci-annexé où toutes les indications sont prévues. Le président répondra, au nom du Comité, quelle nature et quelle quantité d'engrais il faut employer. Les membres du syndicat n'auront plus à craindre d'être trompés sur la quantité et le prix de l'engrais, le comité ayant soin de le faire analyser et de s'entourer de toutes les garanties, en passant son traité avec le vendeur ».

QUESTIONNAIRE ANNEXÉ

1º Nature du sol, argile, marne, grès ou alluvions.
2º Nature de la récolte (si c'est de la vigne, indiquer l'état de végétation).
3º Nature de la récolte précédente. A-t-elle été fumée ?
4º Depuis combien de temps la terre a-t-elle été défrichée de luzerne ou de sainfoin, de prés ou de bois ?
5º Poids du fumier que l'on veut employer avec l'engrais chimique.
5º Désire-t-on fumer avec l'engrais chimique seul ?
7º Superficie des champs à fumer.

Huit jours après, M. de Fontgalland répond à chacun individuellement en lui indiquant la qualité, la quantité, le prix de l'engrais à employer.

Les résultats ont répondu au travail colossal que s'était imposé le président et, aujourd'hui, il serait impossible de trouver dans le syndicat de Die un agriculteur récalcitrant à l'emploi des engrais chimiques.

Ce but essentiellement et exclusivement agricole du syndicat, fut vite compris, vite apprécié ; deux mois après sa constitution légale, à la veille de l'adjudication d'automne, le syndicat comptait déjà 101 adhérents. Le syndicat sortait des langes, il était déjà quelqu'un. Pour une fois, Die, simple sous-préfecture, marchait à la tête du progrès agricole dans le Sud-Est ; elle devançait Valence et Lyon, elle sonnait la charge, préparant la victoire qu'allait remporter, quelques années après, le mouvement syndical dans la région lyonnaise.

Variant de 101 à 133 membres, le syndicat de Die, pendant l'exercice 1884-85, achète pour ses membres 200.000 Kil. de marchandises, représentant une somme totale de 19,266 fr 90.

Malgré la solidarité établie entre tous les associés par les articles 31, 32, 33, pas la moindre somme à recouvrer ne figurait à l'actif. Il y a lieu, à ce propos, d'ouvrir une parenthèse et de voir en quoi consiste cette solidarité.

Et d'abord que disent les statuts ?

Art. 31. — Le président fait les achats en son nom, pour le compte du syndicat, dont tous les membres sont solidaires proportionnellement au montant de leurs souscriptions annuelles.

Art. 32. — Les traites des marchands sont faites au nom du président du syndicat et payables chez le banquier de la Société, après acceptation du président.

Art. 33. — Chaque sociétaire paie ses achats au comptant, en prenant livraison au magasin du syndicat le jour qui lui est indiqué.

Dans le cas où il serait nécessaire d'expédier, le montant de la commande devra être adressé au président et les frais de port seront supportés par ceux à qui les engrais sont destinés.

Donc, statutairement, tous les membres sont et demeurent solidairement responsables du paiement des marchandises achetées, proportionnellement au montant de leurs commandes dans l'année ; un tel système implique nécessairement des relations de confiance entre les syndiqués, une sélection sévère de la part du bureau ; il augmente singulièrement le travail de celui-ci et engage la responsabilité du président ; mais la solidarité avec la vente au comptant n'offre guère de danger, puisque chaque souscripteur doit prendre ses marchandises le jour de leur arrivée et les payer comptant. Elle présente, en retour, de puissants avantages.

Grâce à elle, le président groupe toutes les commandes de même nature, s'adresse personnellement aux fournisseurs qui, n'ayant désor-désormais qu'un seul client très solide, n'hésitent pas à faire de grandes concessions, puisqu'ils n'ont plus besoin d'ouvrir un compte avec chacun des 5 ou 600 acheteurs, de prendre des informations sur leur solvabilité, de correspondre à l'infini. Le bureau du syndicat dresse, pour chaque saison, un cahier des charges qu'il envoie aux maisons de vente jugées dignes de sa confiance ; sur leurs soumissions, reçues cachetées et ouvertes en réunion de Comité, il adjuge aux mieux offrantes, passant avec elles des contrats rigoureusement stipulés.

Les marchandises étiquetées, chacune selon sa nature et son dosage, sont expédiées dans les magasins où le président, assisté de deux délégués, prélève les échantillons qu'il soumet à l'analyse du Laboratoire de la Société des Agriculteurs de France ; les traites en paiement sont faites en son nom, à 30 jours et, sur son acceptation, payables chez le banquier du syndicat. Les adhérents reçoivent les formules des produits mis en adjudication, le tableau des engrais propres à chaque culture, avec la dose à l'hectare suivant la nature du terrain, et une note détaillée sur leur valeur, l'époque et le mode d'emploi.

Cette solidarité était une entreprise audacieuse, elle fut vivement combattue par les promoteurs du mouvement syndical en France ; aussi, à l'assemblée générale du 19 septembre 1885, M. A. de Fontgalland leur répondait victorieusement :

« Vous le savez, disait-il, en toutes choses, le succès dépend du premier début. Il s'agissait donc de réussir à tout prix. Il fallait vous donner de bons engrais pour vous montrer que, malgré les calomnies et les racontars de certains marchands, il était possible de fabriquer et de vendre à bon marché. Il fallait aussi gérer vos finances avec la plus grande prudence, afin de rassurer les gens timides que notre solidarité effrayait. Vous pouvez leur dire que notre exercice se solde avec un gros bénéfice en caisse qui représente la totalité de vos cotisations.

« Cette solidarité a soulevé bien des objections et, chose curieuse, l'une des personnes qui l'avaient le plus critiquée, vient de fonder un syndicat absolument semblable au nôtre, après avoir reconnu que le mode le plus rationnel de l'achat en commun des engrais, c'était d'acheter au nom du syndicat. La solidarité, avec notre système de vente au comptant, n'offre aucun danger, puisque chaque souscripteur est obligé de prendre immédiatement livraison. En admettant même que l'un des membres du syndicat ne prenne pas livraison de sa commande, la marchandise resterait en magasin et serait vendue la saison suivante. Donc, aucune perte à prévoir, si ce n'est l'intérêt de l'engrais laissé pour compte, si nous n'avions pu le céder à d'autres sociétaires. Mais, si j'en crois l'expérience de l'hiver dernier, il ne nous restera jamais rien en magasin, car on nous a demandé une quantité énorme de suppléments que nous n'avons pu donner.

« A l'égard des marchands, notre solidarité est toute puissante. Contrairement à ce qui se passe dans d'autres syndicats, le vendeur ne connaît qu'un seul acheteur : votre président. Il a pour garantie votre solidarité. Aussi avons-nous le droit d'exiger le prix le plus réduit et les meilleures conditions ».

Dans la même réunion, qui était en réalité la première, le Bureau fait voter de nouveaux statuts, élargissant le cadre de l'association et réduisant à 5 fr. le droit d'entrée primitivement fixé à 10 fr. et abaissant de 3 à 2 fr. la cotisation annuelle. L'organisation d'un banquet annuel, le dimanche après la Saint-Vincent, est voté et le président clôt la réunion par cette réponse aux attaques nombreuses dirigées contre le syndicat : « Votre Comité ne se dissimule pas que quelques négociants ont eu à souffrir de la création des syndicats, en voyant diminuer la vente de certains produits que nous vous livrons. Il en est ainsi de toutes choses, lorsque l'intérêt général prime l'intérêt particulier. Les chemins de fer ont détruit le roulage et les auberges situées le long des routes, mais le plus grand nombre a profité de cette révolution dans le mode de transport et personne aujourd'hui ne se plaint. Il doit en être de même des syndicats et, du reste, nos détracteurs ne sont pas autant à plaindre qu'ils veulent bien le dire. Pour la plupart, ils vendent ou achètent des produits de tous genres. Si donc nos sociétaires, grâce à la culture intensive, font produire davantage à leur terre, ils auront plus d'argent à dépenser chez les négociants de notre vallée qui, d'autre part, pourront leur acheter, en plus grande quantité, les produits du sol tels que noix, graines de luzerne ou de sainfoin, dont ils font le commerce. Les pertes apparentes, subies par ces négociants, seront donc largement compensées par les affaires qu'ils pourront faire avec nos sociétaires. Notre syndicat vous a montré, dès la première année, quelle force donne l'association, quels résultats féconds on en peut attendre. Je ne crois pas trop m'aventurer en disant qu'il ramènera l'aisance dans notre arrondissement ».

Le premier de la région, le cinquième en France, M. de Fontgalland avait utilisé la loi de 1884; c'est aux applaudissements unanimes de ses amis et de ses syndiqués qu'il reçoit, lors du concours régional de Valence, en mai 1885, la grande médaille d'or des Agriculteurs de France.

C'est le 1er septembre 1885 que le syndicat entre dans sa deuxième année et, comme il prend chaque jour plus d'importance, le Bureau, pour resserrer les liens entre les syndiqués et lui, crée dans chaque commune un délégué qui, élu par les associés de ladite commune, est le représentant officiel du syndicat, le porte parole du comité et des syndiqués.

Recruter des adhérents, faire ressortir, dans les communes, les avantages de l'association, donner des renseignements sur son fonctionnement, recouvrer les cotisations et les sommes dues, indiquer à chacun les engrais qui conviennent à son terrain, à sa culture; c'est là le rôle général des délégués qui, rouage merveilleux, ont été pour beaucoup dans la prospérité si rapide du syndicat. C'est là le côté professionnel de leurs fonctions. Ce n'est pas le seul, car l'organisation des réunions est aussi de leur ressort; ils y apportent tout leur dévouement et toute leur activité, comprenant bien que toutes ces réunions, dans lesquelles les sociétaires se coudoient et apprennent à se connaître, sont les meilleures sources de la solidarité et de la fraternité qui doivent exister entre eux. Aussi ne faut-il point nous étonner de l'empressement mis par les sociétaires à se rendre au banquet de la Saint-Vincent. Du reste, le banquet du syndicat de Die nous représente bien la vraie réunion de famille et, malgré la chaleur pétillante de la clairette de Die, les cerveaux ne s'égarent pas, les conversations roulent toutes sur le terrain syndical. Chacun y parle de ses essais, de ses résultats, tous se félicitent mutuellement des services considérables que leur rend leur syndicat. En guise de toast, le président donne des conseils : « Nous avons vendu des engrais qui nous ont permis d'avoir du fourrage et du blé, leur disait-il, mais ces deux produits ne forment que la moitié de la récolte que vos terrains devraient vous donner. Autrefois, notre région était riche par ses vignobles, aujourd'hui disparus. La gêne a remplacé l'aisance. Le découragement s'est emparé de vous et vous n'avez rien fait pour combattre cet insecte minuscule, qui a semé la ruine et la désolation partout où il a passé. Contrairement à ce qui s'est fait et à ce qui se fait encore dans d'autres régions, vous vous êtes obstinés à ne croire ni au phylloxéra, prétendant qu'il passerait, ni aux insecticides, ni aux vignes américaines. La masse des propriétaires est incrédule, je dirai plus, elle est incrédule volontairement, parce qu'elle refuse de s'instruire et de croire aux faits. Permettez moi de vous dire que vous avez tort et que vous n'avez pas bien compris l'importance de la lutte à engager contre le phylloxéra. Il est encore temps de commencer la reconstitution du vignoble célèbre du Diois, mais, de grâce, ne restez pas inactifs, vous avez déjà trop perdu de temps. En agriculture, comme ailleurs, le temps c'est de l'argent ».

Prenons pour nous-mêmes cette maxime et arrivons de suite à la deuxième assemblée générale du syndicat, 5 septembre 1886, dont le bilan se peut résumer en quelques chiffres: 638 membres, 392,000 kilogs de marchandises livrées, représentant 54.000 francs d'affaires ; actif du syndicat, 4.746 francs. Ces chiffres se passent de commentaires; ils ont, comme conséquence, la suppression totale de la cotisation annuelle, le droit d'entrée étant maintenu, et l'élévation à 4 0/0 des prélèvements destinés à payer les frais généraux et les employés.

Mais le syndicat n'est pas fait pour thésauriser, et les réserves prenant chaque jour plus d'importance, le Bureau, sur l'avis de son président et la décision de l'assemblée générale, décide d'affecter une partie des fonds en caisse à des essais de semences et d'engrais qui auront lieu, dans chaque commune, par les soins du délégué.

L'idée était heureuse, le capital placé à gros intérêt, car ces champs de démonstration constituent pour l'agriculteur, auquel les notions théoriques sont peu familières et pour celui qui se défie des procédés dont il n'a pas l'usage, des leçons de choses qui le portent, mieux que rien autre, à entrer dans la voie du progrès. On sait combien il est difficile de faire entrer dans la pratique agricole, et surtout chez le petit cultivateur, les perfectionnements qui peuvent résulter des conquêtes de la science ; nulle démonstration n'a sur lui autant d'action que celle qui frappe ses yeux, sous la forme d'une belle récolte. Puisque, dans le Syndicat de Die, la démonstration a été aussi éclatante que les résultats ont été exceptionnels, voyons sommairement comment il a procédé.

Les champs de démonstration ont été établis dans un terrain de bonne qualité, près d'un chemin, pour que les résultats soient plus palpables ; ils ont été divisés en deux parcelles de 300 mètres carrés chacune et chacune des parcelles a été à son tour partagée en trois portions égales de 100 mètres carrés :

1re parcelle	*2e parcelle*
1re Portion. Blé sans engrais ;	1re Portion. Blé sans engrais ;
2e Portion. Blé avec guano ;	2e Portion. Blé avec tourteaux de maïs ;
3e Portion. Blé avec guano imité.	3e Portion. Blé avec tourteaux de colza.

Sur chaque parcelle, sauf sur les témoins, une addition de nitrate de soude ou de sulfate d'ammoniaque a été jetée au printemps.

Les blés distribués ont été : Blé de Noé, Blé d'Australie, Blé Nursery, Blé rouge inversable, Blé Lamed.

Comme nous l'avons dit, les essais, obtenus dans 30 communes, ont frappé les plus incrédules ; ils se traduisent, dans la suite, par une conversion à peu près générale des agriculteurs Diois aux engrais chimiques d'abord, aux semence sélectionnées ensuite.

Le propriétaire, qui comprend bien ses intérêts, doit, en effet, chercher à tirer de son domaine le maximum de récolte, afin de ne pas être en perte. Il n'en est pas un seul, répondra-t-on, qui ne travaille dans ce but. C'est vrai, mais il faut voir si l'agriculteur fait tout ce qui est nécessaire pour lutter contre la malechance qui l'accable depuis trop longtemps.

En principe, le propriétaire doit s'efforcer de produire beaucoup sur peu d'hectares. Pour atteindre ce but, deux choses principales sont nécessaires :

1° Des fumures judicieusement appliquées.

2° L'emploi de semences améliorées.

Ce n'est pas tout que de donner à ses terres les façons voulues, il faut aussi employer pour les semailles des grains et graines de tout premier choix, si l'on veut arriver à de forts rendements.

En apportant dans la fourniture des semences les mêmes soins, les mêmes garanties que dans la vente des engrais, le syndicat a donc puissamment contribué au développement de la culture intensive dont ses membres, aujourd'hui, profitent si largement.

Mêlant la théorie à la pratique et comprenant que, si intéressants qu'ils soient, les essais les plus heureux n'ont de valeur utile qu'autant qu'ils sont connus et divulgués, le Bureau crée un Bulletin mensuel gratuit pour les syndiqués et dont le premier numéro paraît le 1er avril 1887.

Le président le présente en ces termes: «Il y a longtemps que je suis convaincu de la nécessité de cette publication destinée à faire connaître et surtout à mieux faire apprécier les avantages du syndicat, que bien des sociétaires considèrent comme un simple marchand vendant à bon marché ce dont ils ont besoin. Ce Bulletin doit être un trait d'union entre les sociétaires ; il devra reproduire le compte rendu de nos travaux, les résultats de nos essais, afin que tous profitent des expériences de chacun. »

Dans toutes ses améliorations, dans tous ses essais, le Comité du syndicat n'avait garde d'oublier les vignes, cette branche si importante de l'agriculture dioise qui, après avoir donné de l'aisance, était alors si malmenée par les parasites de tous genres qui s'acharnaient contre elle. C'était là le point faible. Il s'agissait de relever les courages et de donner en exemple ceux qui, plus osés et plus progressistes, avaient, les premiers, tenté la reconstitution. Ce fut l'objet du concours de juillet 1888, à l'issue duquel quatre grandes médailles d'argent et de bronze furent décernées aux vignobles les plus méritants. Distribuées à l'occasion de l'Assemblée générale du 11 septembre, ces récompenses nous amènent naturellement au bilan de l'année 1886-87, qui se traduit par un chiffre d'affaires de 77.292 fr., pour un tonnage de 519.343 kilog. ; l'actif en caisse passe de 4.746 fr. à 6.418 fr. 49 c. Le syndicat marche et monte avec une rapidité juvénile ; aurons-nous assez de vigueur pour le suivre ?

En juillet 1887, son président organise l'Union des Syndicats de la Drôme, dont on trouvera plus loin l'histoire. Au commencement de 1888, il prend l'initiative d'un pétitionnement général en faveur du relèvement du prix des cocons, par l'établissement d'un droit sur les soies et cocons étrangers ; enfin, et toujours sur les services économiques, le syndicat proteste, avec l'Union de la Drôme, contre les démarches de la Chambre de commerce de Valence qui, par lettre rendue publique, demandait au ministre compétent d'interdire aux syndicats les opérations commerciales ou de leur imposer la patente. On verra, dans l'histoire de l'Union de la Drôme, quelle réponse fut faite par le ministre du commerce d'alors, M. P. Legrand. En la communiquant à ses collègues, M. de Fontgalland ajoutait : « Les syndicats sont devenus une puissance avec laquelle il faut compter ; il y en a plus de quatre cents en France et rien ne pourra entraver leur œuvre. Si l'on tient à abolir la loi, ou si on veut les mettre à la patente, ils se transformeront en associations coopératives et ils seront encore plus forts qu'aujourd'hui, car ils ne se borneront pas à procurer à leurs associés les matières premières utiles à l'agriculture, mais ils achèteront, sans restriction, toutes les marchandises que les sociétaires réclameront. Jusqu'à ces dernières années, les agriculteurs ont fait les affaires des autres ; aujourd'hui, ils veulent faire les leurs en se groupant et leurs premiers débuts sont assez encourageants pour qu'ils aient le désir, non seulement de continuer, mais d'agrandir le cercle de leurs opérations ».

C'était là une bonne réponse ; elle fut comprise par ceux auxquels elle s'adressait. Du reste, au syndicat de Die, on a pour habitude de bien faire et de laisser dire. Aussi ne nous arrêtons pas plus longtemps à ces criailleries mesquines et arrivons de suite à la réunion générale du 9 septembre 1888. 1.553 membres, 94.000 francs d'affaires pour un tonnage total de 605.000 kilog., 8.703 francs de réserve, tel est en quatre chiffres la situation du syndicat à la fin de ce quatrième exercice.

8.000 francs ! Mais c'est une petite fortune, et puisqu'elle appartient aux adhérents, pourquoi ne pas les en faire bénéficier dès maintenant ? Ce ne sera pas sous forme de répartition, ce sera sous forme de crédit, l'un des premiers essais de crédit agricole en France. « Prêter aux sociétaires, disait M. de Fontgalland, au taux de 4 ou 5 0/0 l'an, par fractions de 50 fr., remboursables à trois mois, tel est le principe. Arrivons maintenant à la pratique. Tout d'abord, il y aurait un conseil d'escompte composé de cinq membres, auquel le sociétaire, désireux d'emprunter, adresserait sa demande qui serait admise ou repoussée après enquête sérieuse. Supposons que la demande d'emprunt a été accordée. Le sociétaire souscrit un billet à l'ordre du président, payable à trois mois, au taux de 5 0/0. Ce billet constitue pour le syndicat une valeur, dont il se sert pour payer ses fournisseurs. On ne pourrait emprunter que dans le but de faire emploi rigoureux de la somme en marchandises vendues par le syndicat.

« Voilà donc un billet souscrit, qui ne porte que la signature de l'emprunteur, et nous n'avons aucune caution pour le garantir. En principe, j'avais bien pensé à exiger une seconde signature, mais il ne faut pas se dissimuler la difficulté de la trouver dans la plupart des cas. Toutefois, le comité d'escompte pourrait engager le sociétaire à fournir une caution, ou bien, si l'emprunteur offrait de lui-même une garantie sérieuse à l'appui de sa demande, il va de soi qu'elle serait acceptée et faciliterait le prêt. Mais comme, dans la pratique, cette seconde signature sera difficile à se procurer, il faut remplacer la caution par une pénalité sévère, très sévère même, en cas de refus de paiement à l'échéance du billet. Le nom du sociétaire qui n'aurait pas fait honneur à sa signature, serait affiché au magasin pendant dix jours. Il serait ensuite rayé de la liste du syndicat.

« Quel est l'agriculteur qui souffrirait de voir son nom mis au tableau d'infamie ? Il n'en existe pas un seul. Et, dans le cas où il existerait et où il adresserait une demande d'emprunt, il est à supposer que le conseil d'escompte serait assez bien renseigné sur son compte pour considérer sa situation comme douteuse et lui refuser le crédit.

« En résumé, le maximum que l'on peut emprunter est 50 francs pour trois mois à 5 0/0 (soit 0 fr. 65 d'intérêt), après autorisation du conseil d'escompte, qui repousse impitoyablement toute demande émanant d'un sociétaire n'offrant pas une garantie sérieuse. Le risque de perte n'existe pas ou est insignifiant, vu le peu d'importance du prêt et sa courte durée.

« Enfin, la pénalité infligée au sociétaire est tellement sérieuse qu'elle ne sera probablement jamais appliquée.

« Ce projet a été soumis à des hommes d'affaires, à des banquiers, qui l'ont approuvé. Et maintenant, si nous admettons sa réalisation, combien de services n'est-il pas appelé à rendre à nos agriculteurs? Que de fois j'en ai entendu me dire que, faute d'argent au moment voulu, ils n'avaient pas acheté tous les engrais nécessaires à leur domaine, mais que si nous avions pu leur faire crédit d'un ou deux mois, jusqu'à la vente de leurs récoltes ou de leurs moutons, ils auraient employé une grande quantité de nos produits. Tel qui vient au magasin avec les 20 ou 30 francs qui constituent le fonds de sa bourse à ce moment-là, part avec le regret de ne pouvoir faire davantage, sentant bien qu'il éprouvera une perte, faute d'une quantité d'engrais suffisante pour ses terres ou de quelques balles de grains pour engraisser ses bestiaux.

« C'est peu de chose que de prêter 50 francs, et cependant cette petite somme fait souvent défaut à nos sociétaires. Si les premiers prêts sont fidèlement remboursés, si les sociétaires trouvent un réel avantage à ce crédit mutuel agricole d'un nouveau genre, eh bien ! nous allongerons le délai de trois mois, nous augmenterons le chiffre du prêt et, dans ce but, nous ouvrirons la caisse pour recevoir les économies des sociétaires plus fortunés, auxquels nous servirons un intérêt rémunérateur, en leur accordant en plus la garantie du syndicat tout entier. Ce sera une véritable Caisse d'épargne mutuelle. »

Ainsi présenté, le projet fut voté par acclamation, l'Assemblée donnant à son Comité tout pouvoir pour étudier la question, la mettre en pratique quand et comme il le jugerait le meilleur.

Si les syndicats ont pour but l'achat des matières nécessaires à la production agricole, il est indéniable que c'est là le côté facile de leur mission et que ceux-là comprennent mal le rôle de l'association qui ne cherchent pas à y ajouter la vente des produits de leurs membres. C'est là, évidemment, un terrain mouvant par excellence, encombré de difficultés de toutes sortes, difficultés qui ont raison des meilleures volontés et qui ont, jusque-là, entravé les plus progressistes. Le syndicat de Die, plus favorisé, a pu cependant, dès l'année 1889, rendre, sur ce terrain, des services considérables à ses associés et, soit par des boucheries coopératives, soit par la vente directe aux syndicats unis, il a résolu, en partie tout au moins, le problème difficile de la vente des bestiaux et des fourrages de la région. Peut-être les transactions n'ont-elles jamais eu l'importance qu'elles pourraient avoir, il est certain cependant que, pour les fourrages, de sérieux et très appréciables résultats ont été obtenus, dans les années qui vont suivre surtout.

Le syndicat progresse donc sur toute la ligne, il est décidément né sous une bonne étoile. Qui en douterait, quand, pour l'exercice 1888-1889, avec 1351 membres, il accuse 98.000 francs d'affaires représentant 642.000 kilos de marchandises livrées, et quand sa caisse entr'ouverte nous montre 10.735 francs de réserve. C'est là surtout le chiffre à retenir, car très peu de syndicats, croyons-nous, ont aussi rapidement fait fortune.

Ce n'est pas, du reste, un mauvais riche et son objectif unique est de rendre service et de délier sa bourse ; aussi achète-t-il successivement diverses machines agricoles, d'un usage courant, mais d'un prix élevé, telles que : trieur Marot, charrues défonceuses, houe vigneronne, batteuse à manège, pulvérisateurs, tous instruments que, pour une redevance insignifiante, il met journellement à la disposition de ses adhérents.

Grâce à la vigilance de son Comité et de son président, le Syndicat de Die rend le maximum de services, aussi ne pouvons-nous que féliciter ses membres de l'éclatante reconnaissance qu'ils ont témoignée aux hommes dévoués placés à leur tête en les réélisant à l'unanimité au scrutin secret du 21 septembre 1890. C'était, pour les électeurs, une garantie des succès futurs ; c'était, pour les élus, la meilleure consécration du passé, le plus précieux encouragement à persévérer dans la voie toute de dévouement, toute de droiture dont ils n'avaient jamais dévié ; c'était enfin, pour le président du comité, une juste et éclatante compensation des injures et des calomnies lancées par tous ces aboyeurs méprisés jusqu'alors et dont Emile de Girardin a dit : « Mépriser le calomniateur, c'est le punir deux fois, car, du même coup, c'est l'abaisser et s'élever soi-même ».

Ce fut donc une bonne journée pour tous et c'est avec plaisir qu'électeurs et élus constatèrent, à son issue, que la réserve, s'étant encore accrue, se montait à 12.174 fr. 65 et que, progressant toujours, les affaires, pendant l'exercice 1889-1890, s'étaient élevées à un total de 102.000 francs pour un tonnage de 675.000 kilos. C'était plus qu'il n'en fallait pour contenter les plus difficiles. Décidément, pour les ennemis du syndicat, c'était bien la vraie journée des Dupes.

C'est sous ces heureux présages que commença l'année 1891 qui débuta par une conférence agricole faite à Die, le 19 avril, par un apiculteur très connu, M. Froissard. Faite sur un sujet nouveau, mais attrayant, cette causerie a déterminé, dans la Drôme, un mouvement apicole très accentué, et comme à la théorie se joignait l'exemple heureux de leur président, aujourd'hui passé maître dans la culture des abeilles, nombre de sociétaires ont créé un rucher qui, si petit qu'il soit, mêle heureusement l'utile à l'agréable.

En juin, le Bulletin du Syndicat de Die, ce vaillant petit journal qui a vu les premiers débuts, relaté les premières réunions, disparaît pour faire place à un organe plus général, plus complet, plus moderne, le Bulletin de l'Union du Sud-Est. En financier qu'il est, le syndicat se paie le Bulletin spécial lui donnant droit à quatre pages spéciales, de telle sorte que, moyennant un supplément de dépenses de 180 francs par an, tous les sociétaires reçoivent gratuitement un journal de 20 pages, qui les tient au courant, non seulement des affaires de leur région, mais encore de tous les faits importants qui touchent à la profession agricole. Il n'est pas jusqu'à la météorologie agricole qui ne trouve sa place au dos de la couverture, rapportant régulièrement les observations faites chaque mois au poste météorologique de Die. C'était là une amélioration sérieuse qui devait donner plus de cohésion au syndicat et favoriser largement les progrès de l'agriculture locale.

Nous avons vu déjà que le syndicat avait pris sur ses réserves, pour mettre à la disposition des siens quelques machines agricoles d'un prix élevé ; la production du blé augmentant, grâce au développement des engrais chimiques, il importait encore de donner aux associés les moyens de battre mieux et plus vite qu'avec ces instruments surannés qui s'appellent rouleau ou fléau. Acheter une batteuse à vapeur, c'était un gros trou dans la réserve, un capital important à amortir ; le bureau, cependant, s'y serait résigné si une proposition plus avantageuse ne lui avait été faite courant juin 1893 : un entrepreneur de battage, disposant d'une machine des plus perfectionnées, s'engageait, moyennant un prix de..., à la mettre au service des syndiqués, à condition, toutefois, que le travail serait au moins de dix journées. Le prix à payer était fixé approximativement à 0.35 le double, c'était donc une réelle économie puisque le prix de revient par les vieux procédés de battage est généralement estimé à 1 fr. Malgré les avantages offerts, les syndiqués préférèrent, qui leur fléau, qui leur rouleau et le total des souscriptions n'ayant atteint que 2.500 doubles au lieu de 4.000 qu'il eut fallu, le Comité dut renvoyer à une autre année l'exécution de son projet. Il comprit alors quelle prudente idée il avait eu de ne pas acheter une batteuse pour son compte. Mieux valait pour tous, constater, quelques jours après, que la réserve grossissait toujours et que, malgré l'achat de nouveaux instruments plus usuels qui l'avaient diminuée de 500 francs environ, l'actif, à la fin de l'exercice 1890-1891, atteignait la somme de 12.270 fr. 25. Tout avait augmenté dans les mêmes proportions : les syndiqués étaient 1.561, les affaires s'élevaient à 109.000 francs, le tonnage enfin représentait 679.000 kilog.

Le syndicat était désormais sûr de l'avenir. Aussi, dès cette époque, le voyons-nous organiser sérieusement la vente des produits de ses membres et nommer un agent plus spécialement chargé de ce service. Il lui suffit, paraît-il, de vouloir pour réussir, puisque, dans le seul printemps de 1892, le syndicat envoie à l'Union des producteurs et consommateurs de Lyon pour 15.000 fr. de bestiaux. C'est, du reste, cet exercice 1891-92 qui marque l'apogée du syndicat ; mais hâtons-nous d'ajouter que si la sécheresse a réduit, pendant l'exercice suivant, le tonnage et le chiffre d'affaires, ce n'a été qu'un arrêt passager, arrêt qui lui a permis de reprendre haleine et de préparer, pour sa dizième année, une nouvelle marche en avant, début d'une ère nouvelle de prospérité. Mais n'anticipons pas et donnons d'abord le bilan fin 1892 : 1.726 membres, 121.000 fr. d'affaires, 900.000 kilog. de marchandises livrées, 12.517 fr. 70 de réserve, sans compter la valeur du mobilier et des nombreux instruments, propriété du syndicat. L'accroissement est donc considérable sur toute la ligne ; désormais les temps difficiles sont passés et, grâce à la Coopérative agricole du Sud-Est, qui se fonde sur ces entrefaites et à laquelle, l'un des premiers, le syndicat adhère, plus de risques, plus de reponsabilité. La Coopérative venait à son heure pour le syndicat de Die comme pour tous ceux qui, comme lui, traitaient des affaires importantes. Pour la dernière fois en 1892-1893, et pour donner à la Coopérative le temps de s'installer et de faire ses marchés, le syndicat de Die fait une adjudication d'engrais avec les syndicats de la Drôme, il est donc temps de donner ici la teneur du cahier des charges.

Cahier des charges de l'adjudication des engrais et matières premières à fournir au Syndicat des Agriculteurs de Die.

Die, le   18

Les fournitures des engrais et des matières fertilisables achetées par le président, en son nom, pour le compte du syndicat, dont tous les membres sont solidaires proportionnellement au montant de leurs souscriptions annuelles (article 30 des statuts), devront être faites aux conditions suivantes :

Les soumissions devront être adressées au président du syndicat, M. de FONTGALLAND, propriétaire à Die (Drôme), *avant le*

Les engrais et les matières premières seront livrés dans un délai de quinze jours, après la réception de la commande.

Le prix des engrais sera calculé sur celui de l'unité des agents de fertilité entrant dans leur composition. A cet effet, les soumissionnaires devront indiquer dans leur soumission le prix auquel ils entendent livrer le kilogramme d'azote, de potasse et le degré d'acide phosphorique.

Ces engrais devront être dans un état pulvérulent parfait et ne contenir que 10 0/0 d'eau au maximum. Ils seront facturés, sur analyse, à l'état normal, et d'après les bases suivantes :

ENGRAIS FABRIQUÉS	L'UNITÉ	
	FR.	C.
Azote ammoniacal..		
Azote nitrique — nitrate de soude.............................		
Acide phosphorique, soluble dans le citrate d'ammoniaque, alcalin et à froid..		
Potasse — chlorure de potassium...		

L'acide phosphorique insoluble ne sera facturé ni dans les superphosphates, ni dans les engrais fabriqués.

Les matières premières seront facturées sur analyse à l'état normal, d'après les bases suivantes :

MATIÈRES PREMIÈRES	L UNITÉ	
	FR.	C.
Sulfate d'ammoniaque, 20/21 0/0......................................		
Chlorure de potassium, 45 à 55 0/0..................................		
Superphosphate riche, 14 0/0..		
Superphosphate extra, 39/41 0/0.....................................		
Nitrate de soude, 15/16 0/0...		

Tous les prix seront établis emballage compris.

Les traites seront faites au nom du président du syndicat et payables chez le banquier de la Société, après acceptation du président (article 31 des statuts).

Elles seront payables à trente jours, au dépôt du syndicat à Die.

Le président aura le droit de faire peser, aux frais du vendeur, les marchandises à leur arrivée en gare, toutes les fois qu'il le jugera nécessaire.

Les échantillons destinés à l'analyse seront prélevés par le président ou son délégué, à l'arrivée des engrais dans la gare ou dans le magasin du syndicat, en présence de deux témoins. Le vendeur pourra se faire représenter à cette opération, s'il le désire (article 14 des statuts).

Trois échantillons seront prélevés sur chaque wagon d'engrais, semences, etc., etc., dans les conditions énoncées à l'article 11. L'un sera envoyé au chimiste chargé de l'analyse, l'autre sera conservé comme témoin par le président, et enfin on adressera le troisième au vendeur, s'il en a exprimé le désir (article 35 des statuts.

Les analyses seront faites au laboratoire de la Société des Agriculteurs de France, à Paris.

Les frais d'analyse seront à la charge du vendeur pour toute livraison de 5.000 kilog,

Dans le cas où le dosage ne serait pas conforme au dosage garanti, le vendeur subirait une diminution de prix égale à la valeur commerciale du manquant.

Chaque sac devra être porteur d'une étiquette indiquant le nom de l'engrais ou de la matière première et son dosage.

Le syndicat se réserve le droit de fournir à ses membres toutes les matières utiles à l'agriculture non comprises dans l'énumération ci-dessus.

Le Président : A. DE FONTGALLAND.

SOUMISSION

Le soussigné déclare accepter le présent cahier des charges et soumissionner aux prix qu'il a indiqués ci-dessus.

Fait à　　　　　　　　　　le　　　　　　　　189

On comprendra que nous ne donnions pas ici les prix d'adjudication, cela nous entraînerait trop loin et, du reste, la meilleure preuve que les prix sont inférieurs à ceux du commerce n'est-elle pas dans la progression toujours croissante des affaires syndicales? Cette progression a tellement dépassé les prévisions que le Comité a dû, courant avril 1893, installer les services du syndicat dans un nouveau local, construit spécialement pour cet usage, et pourvu d'un quai facilitant beaucoup la manutention des marchandises. En outre des entrepôts et des bureaux du comptable et du magasinier, une autre pièce a été réservée pour le Comité, la bibliothèque et la salle de lecture. Au même moment, le Comité décide de recevoir les propositions d'assurances contre l'incendie pour les transmettre à l'une des meilleures sociétés françaises qui a consenti, au profit des syndiqués, une remise importante. Enfin, et toujours à la même époque, pour faciliter à ses membres la vente de leurs fourrages dont le syndicat est aujourd'hui un vendeur important, le Comité achète une presse à fourrages, mise journellement à la disposition de ses associés.

Le syndicat, on le voit, ne perd ni son temps ni son argent, il est d'autant plus actif qu'il vieillit davantage, et si, à l'Assemblée générale de 1893, le chiffre d'affaires a baissé de 10.000 francs, c'est d'abord parce que la sécheresse a entravé ses opérations, ensuite, et surtout, parce qu'une diminution notable s'est produite dans les achats de sucre pour vendanges et dans les achats de maïs et autres grains.

Ce n'a été qu'une halte, puisque, dans cet exercice, la réserve s'est accrue de près de mille francs pour atteindre, à fin de budget, la très jolie somme de 13.326 fr. 65.

Cette halte, du reste, a été la source d'une recrudescence de vie pour le syndicat, puisqu'en sept mois il a fait plus que dans les 12 mois de l'exercice précédent et que, pour le superphosphate notamment, son tonnage a augmenté, sur 1892-93, de plus de 200,000 kilos.

C'est ici qu'en 1894 s'arrête l'histoire que, pour notre première monographie, nous avions écrite du Syndicat de Die; nous avons tenu à la reproduire textuellement par égard pour le syndicat *doyen* de notre Union, nous aimons à penser qu'aucun des collègues de notre ami M. de Fontgalland ne sera jaloux de la large place que nous lui avons accordée.

Et, maintenant, reprenant la méthode suivie dans les monographies précédentes, voyons rapidement ce qu'a fait ce grand syndicat depuis 1894.

Toujours croissant, son effectif est passé de 1834 à 2246 membres comprenant à peine 6 0/0 de grands propriétaires faisant travailler.

Malgré l'accroissement de ses adhérents qui lui crée des charges d'autant plus lourdes que ses services sont plus importants et plus variés, le syndicat, le seul en France peut-être, continue à ne pas demander des cotisations annuelles, se contentant d'un droit d'entrée de 5 francs. Ses finances sont, il faut le croire, mieux administrées que celles de l'Etat, puisque, sans rien demander à ses contribuables, il a pu, par le jeu serré de ses économies, constituer une réserve qui s'élève aujourd'hui au chiffre très respectable de 30.000 francs.

Première pensée du fondateur, les services matériels ont continué, grâce à la Coopérative du Sud-Est, à suivre une marche dès plus rapides et le chiffre d'affaires, que nous laissions, en 1894, à 109.000 fr., a passé en 1899 à 211.720 francs.

Plus heureux que la plupart de ses confrères, ce syndicat a obtenu, pour la vente des produits agricoles récoltés par ses membres, un résultat presque satisfaisant.

La vente des bestiaux est assurée par l'Union des producteurs et consommateurs dont nous racontons à une autre place la peu encourageante histoire ; resté l'un des derniers clients fidèles à cette vaillante Société, le syndicat se plaît à reconnaître que ni lui ni ses intéressés n'ont eu à le regretter.

La vente des fourrages se fait plus facilement encore et la reconstitution complète des vignobles français assure aux foins si réputés du Diois un écoulement qui ne peut qu'augmenter d'importance et de rapport.

Reste la tentative malheureuse, renouvelée deux années de suite par le syndicat avec les encouragements du Ministre de l'Agriculture pour grouper les cocons récoltés par les petits éducateurs de vers à soie, les étouffer, les conserver et les vendre en commun à des conditions plus avantageuses, en accordant, au besoin, des avances aux déposants. Cette tentative louable, faite dans une année de mévente des cocons, a donné de mauvais résultats pour la caisse commune: elle a dû être abandonnée.

Comprenant que la culture des champs nécessite un outillage perfectionné et coûteux, le syndicat a mis de bonne heure des instruments à la disposition des sociétaires qui en font un usage constant. Son arsenal est un des plus complets que nous connaissons. Il comprend : 7 charrues, 5 trieurs à blé, 1 à luzerne, 15 pulvérisateurs et soufreuses, 1 presse à fourrage, 1 batteuse à pétrole, 1 botteleuse, 1 moulin à farine pour ne citer que les plus importants. Un règlement syndical règle les conditions de locations.

Tel est le rôle, bien rempli, du syndicat sur le terrain des services matériels.

Bien que plus récente, son action professionnelle s'est, depuis 1894 surtout, largement développée. L'un des premiers abonnés au Bulletin et à l'Almanach de l'Union, il a, sans le moindre arrêt, régulièrement servi à tous ses membres ces deux publications en faveur desquelles, avec un désintéressement plutôt héroïque, il a renoncé au Bulletin et à l'Almanach qu'il avait, dès 1885, créés spécialement et exclusivement pour ses membres. C'est l'aîné qui a cédé le pas au cadet et, pour céder son droit d'aînesse le Syndicat de Die n'a même pas réclamé le plat de lentilles légendaire !

Pour compléter l'enseignement, forcément restreint, du Bulletin et de l'Almanach, le syndicat fait les plus louables efforts pour propager de son mieux l'enseignement agricole théorique et pratique. Sur sa demande, le Conseil municipal de Die demande et obtient la création d'une chaire spéciale d'agriculture au titulaire de laquelle le syndicat, dès son installation, vote une subvention annuelle de 200 fr., payable en semences et en engrais destinés à créer des champs d'expériences pour l'instruction professionnelle et technique des syndiqués.

Dès 1894, il formulait le programme d'un concours d'enseignement agricole auquel, au jour fixé par l'examen, ne vinrent ni instituteurs, ni élèves. Quelque peu décontenancé par cet empressement des intéressés à ne pas répondre à son appel, le syndicat ne reprit la question que le jour où l'Union du Sud-Est l'organisa d'une manière définitive. Il a présenté plusieurs candidats aux examens du certificat d'études agricoles primaires, mais il est inutile d'ajouter que les écoles libres seules les ont fournis et que les instituteurs laïques n'ont pas eu l'air d'entendre toutes les sollicitations à eux adressées. Dans la Drôme, comme ailleurs « La consigne est de ronfler ». Pendant ce temps, le dévoué professeur d'agriculture de l'arrondissement multiplie ses conférences aux syndiqués et le pays tout entier profite de son utile enseignement.

Joignant les actes aux paroles, le syndicat achète, en 1899, une batteuse mue par un moteur à pétrole et la met, dès l'été de la même année, à la disposition de ses membres pour lesquels cette nouvelle coopération est un service des plus appréciés.

Voici, à titre instructif, sur quelles bases est édifié le règlement des battages en commun ;

Ce règlement a été difficile à établir, car le battage est une chose fort délicate dans une association syndicale.

On étudia les règlements de diverses sociétés de battage, fonctionnant en France, cherchant à les conformer aux usages du pays.

Tel qu'il est, il semble prévoir à peu près toutes les difficultés ; l'expérience de la prochaine campagne permettra de le perfectionner.

Il faudra se grouper d'avance et se faire inscrire avant le 10 juillet ;

La batteuse travaillera à l'heure, à raison de 3 fr.50 ;

Le syndicat fournira le combustible et 2 hommes ;

Le sociétaire devra amener 8 à 10 ouvriers ; s'il fait botteler sa paille, il en faudra moins ;

Il y aura une grande économie de temps, à faire botteler la paille ;

Les 100 bottes pesant de 7 à 800 kilogs, coûteront 0,35 environ ; le même poids de paille mis en filets coûterait trois fois plus.

Quant au prix de revient du blé, nous croyons qu'il sera de 60 centimes environ les 100 kilos.

Cela dépendra de l'activité mise par les ouvriers à servir la batteuse ;

Le temps perdu viendra grever le prix, et il est certain qu'il y aura tout avantage à faire des journées de 12 heures, comme cela a lieu partout;

La Commission établira l'ordre du battage, de façon à ce que les transports soient aussi courts que possible d'un point à l'autre.

RÈGLEMENT POUR L'USAGE DE LA BATTEUSE A PÉTROLE ET DE LA BOTTELEUSE.

ARTICLE PREMIER. — Le matériel de battage étant la propriété exclusive du syndicat, il ne pourra être employé que pour le service des sociétaires; le comité seul en a la direction, et seul il peut en disposer.

ART. 2. — Le comité nomme celui qui fera fonction de mécanicien, et sera spécialement chargé de la manœuvre de la machine; il lui adjoindra un aide qui remplira les fonctions d'engreneur.

ART. 3 — Ces hommes, salariés par le syndicat, doivent se relayer, afin de ne jamais laisser la machine seule lorsqu'elle est en marche; ils sont chargés de l'entretien du moteur et du matériel de battage, qui devront toujours être dans un parfait état de propreté.

ART. 4. — Nul n'a le droit de chauffer; mettre en marche ou même simplement toucher à aucune pièce de la machine, sans l'autorisation du mécanicien nommé par le Comité. Celui qui enfreindra cette disposition sera passible d'une amende de 5 francs et, de plus, s'il survient un accident ou une avarie, il en sera complètement responsable.

ART. 5. — Pour fixer l'ordre du battage, les sociétaires sont invités à se grouper entre eux pour assurer un travail suffisant à la batteuse, dans chaque quartier de leur commune.

Ils devront faire connaître avant le 10 juillet, dernier délai, au secrétaire du syndicat, les emplacements sur lesquels ils ont l'intention d'effectuer le battage, ainsi que le nom du chef de groupe, afin que le comité puisse fixer l'ordre du travail.

ART. 6. — Chaque sociétaire ou chef de groupe sera prévenu, le *quinze juillet*, de l'époque où la batteuse sera à sa diposition. Il sera ensuite informé, par lettre, de la date exacte, trois jours à l'avance afin qu'il convoque les sociétaires intéressés et le personnel nécessaire.

ART. 7. — Le tour de battage sera établi par le comité qui recevra les demandes, et sera chargé de les classer.

Le sociétaire qui serait dans l'impossibilité de battre au moment du passage de la machine, sera obligé d'attendre que le tour primitivement établi soit terminé.

Il sera tenu compte aux intéressés des interruptions de battage occasionnées par la pluie ; le tour de ceux qui attendront sera reculé du même temps que l'interruption aura duré.

ART. 8. — Chaque année, deux commissaires sont nommés par le comité ; ils sont chargés de la surveillance et de la direction du battage.

Les membres du comité seront adjoints aux commissaires dans leur canton respectif.

ART. 9. — Le mécanicien et ses aides doivent toujours se conformer à leurs observations.

ART. 10. — La batteuse ne fonctionne pas les dimanches et jours fériés.

ART. 11. — Le mécanicien doit prendre toutes ses mesures pour que la batteuse soit prête à fonctionner tous les jours de travail, à 4 h. 30 du matin.

ART. 12. — Tout propriétaire chez qui travaille la batteuse doit, pendant tout le temps qu'elle reste chez lui :

1° Nourrir les deux hommes qui suivent la machine, sauf lorsqu'elle est arrêtée par cas de force majeure ;

2° Fournir tout le personnel nécessaire à la manœuvre de la batteuse qui devra être au moins de huit hommes ;

En outre, sous peine de responsabilité pleine et entière, il devra :

1° Prendre toutes les mesures nécessaires, afin qu'il n'arrive aucune avarie aux machines, et les préserver de tout choc provenant des voitures, du bétail, etc. ;

2° Ne laisser approcher personne, spécialement éloigner les enfants, le syndicat déclinant toutes responsabilités pour les accidents qui pourraient survenir ;

3° Tenir toujours à la disposition du mécanicien de l'eau limpide et claire, qui seule sera acceptée pour le refroidissement du moteur.

ART. 13. — Tout propriétaire chez qui la machine travaille, ne peut sous aucun prétexte employer, comme engreneur, l'un des hommes qu'il a recrutés pour le battage, et auxquels il est interdit de monter sur la batteuse.

ART. 14. — Il est défendu de dégerber sur la bâche.

ART. 15. — Dans le cas où le personnel fourni par le sociétaire serait notoirement insuffisant, cet agriculteur serait passible d'une indemnité, a cause du retard apporté au travail des autres sociétaires, qui attendent la batteuse.

Cette indemnité sera fixée par les deux commissaires qui auront plein pouvoir à cet effet.

ART. 16. — Pour le transport de la machine d'un endroit à un autre, on

9

suivra l'habitude des entrepreneurs, c'est-à-dire que le sociétaire chez qui se trouvera la batteuse s'engage à la conduire chez celui qui en a fait la demande, jusqu'à concurrence d'une distance maximum de huit kilomètres.

Le prix de l'heure cessera d'être compté *seulement* au moment du départ de la machine.

Le dernier sociétaire, après avoir achevé son battage, reconduira la batteuse au dépôt de Die.

Les sociétaires qui se seront groupés, devront s'entendre entre eux pour le transport de la machine, ainsi qu'il est dit ci-dessus, faute de quoi le mécanicien la fera conduire à leurs frais et risques.

Lorsque, dans une localité, *plusieurs groupes* feront usage de la batteuse, tous les membres de chaque groupe seront tenus de contribuer à son transport à la localité suivante.

Les chefs de groupe devront s'entendre, pour cela, avec le mécanicien.

Art. 17. — En cours de route, le sociétaire transporteur est responsable des accidents qui pourraient survenir.

Art. 18. — Lorsque l'accès d'une ferme sera difficile, le sociétaire chez lequel on doit conduire la batteuse, s'engagera d'avance à fournir un renfort suffisant.

Dans ce cas, la responsabilité prévue par l'article 17 sera applicable au sociétaire, dès l'instant où il aura attelé le renfort.

Art. 19. — Le mécanicien sera porteur d'un carnet à souche sur lequel il inscrira, après chaque battage, la date, le nombre d'heures, le nombre de sacs battus, et le nom du propriétaire.

Les fractions d'heures seront comptées par quart d'heure. En cas de contestation pour le chiffre à inscrire, la commission sera immédiatement informée.

Art. 20. — Chaque sociétaire devra payer au syndicat le montant de ce qu'il devra pour son battage de grains, d'après le coupon qui lui sera remis, à raison de 3 fr. 50 à l'heure.

Art. 21. — Le minimum de temps de battage pour lequel on pourra souscrire, sera de 4 heures, ce qui présente une production de 130 doubles décalitres de blé environ. Dans ces conditions, quel que soit le temps employé au travail du battage, il ne pourra être perçu moins de 16 francs, l'heure étant comptée à 4 francs pour ce cas exceptionnel.

Art. 22. — Le travail de la botteleuse sera payé selon le poids de la ficelle spéciale employée (à titre d'indication 100 bottes de paille, pesant de 7 à 8 kilos l'une, coûteront 0 fr. 35 environ).

Art. 23. — Le produit de tous les prix de battage sera employée chaque année :

1º Au salaire du mécanicien et de son aide ;

2º À l'acquisition du pétrole et de l'huile nécessaires à la machine ;

3º Aux frais d'entretien et de réparations annuelles et autres frais occasionnés par l'exploitation ;

4º À l'assurance du matériel contre l'incendie, et à l'assurance des personnes occupées à la conduite ou au service de la machine, contre les accidents ;

5° Et le surplus des dites recettes servira à l'amortissement du matériel.

ART. 24. — Il est formellement interdit aux sociétaires, sous peine d'exclusion immédiate, de faire battre les gerbes des personnes étrangères au syndicat.

ART. 25. — Les commissaires ont pleins pouvoirs pour interpréter le présent règlement et résoudre les cas non prévus.

Délibération du comité du 27 mai 1899.

Le Président,
A. de FONTGALLAND.

Avec un sens pratique qui lui fait honneur, le Bureau, pour utiliser pendant les mois d'hiver le moteur qui, pendant les battages, actionnait la batteuse, acheta un moulin pour les moutures des graines destinées à l'alimentation du bétail, puis un moulin avec blutoir pour la mouture du blé destiné à la consommation. L'opération se fait sous les yeux et par les soins des syndiqués, ils ont donc la certitude absolue de n'être trompés ni sur la qualité ni sur la quantité. Cette innovation a été très goûtée des membres du syndicat dont l'empressement à l'utiliser est pour le Bureau la meilleure reconnaissance de ses efforts.

Tenté une première fois sans succès, en 1894, le Crédit agricole a été de nouveau organisé en 1895 sur les bases de la loi nouvelle, mais il ne semble pas que les intéressés se hâtent bien d'en profiter. De cela faut-il conclure que les sociétaires n'ont pas besoin de crédit? Non, ce qu'il faut déclarer, et ce qui est vrai, c'est qu'ils n'osent pas emprunter. Pourquoi ne font-ils pas comme le président qui, dans le but de donner l'exemple, s'est fait ouvrir un crédit de 50 fr. pour trois mois, moyennant 0 fr. 50 d'intérêt. Grâce à ce crédit, ses domestiques ou ses ouvriers peuvent prendre des marchandises jusqu'à concurrence de cette somme, sans qu'il soit nécessaire d'avoir toujours l'argent à la poche. Peu à peu l'on y viendra.

Plus heureux sur le terrain des assurances-accidents, le syndicat a eu malheureusement le premier accident mortel à signaler : dans l'exercice de sa profession, son magasinier, M. Blain, a été tué et sa veuve a pu toucher la prime promise par la Compagnie, soit 3,000 fr. Cet accident, survenu dans de tragiques circonstances, fit ressortir aux yeux de tous la nécessité de l'assurance-accidents et ce syndicat est un de ceux qui ont le plus de polices à leur actif.

Sous peu un premier compte de prévoyance contre la mortalité du bétail va être organisé, il sera suivi de créations semblables dans toutes les communes où les intéressés voudront bien en reconnaître l'utilité.

Pour l'incendie, il a obtenu d'une Compagnie mutuelle des conditions assez avantageuses pour qu'il ne cherche pas à faire mieux.

Non content de défendre, par son comité de conseils, tous les intérêts de ses membres sur le terrain juridique, le syndicat a soutenu jusqu'en cassation le droit, pour les syndicats, de se soustraire à la vérification des poids et mesures. L'arrêt du 23 juin 1899 lui a donné tort ; il est plus que jamais persuadé, et avec lui nombre de juristes, qu'il avait pleinement raison.

En attendant que sa caisse de retraites fonctionne, ce qui ne saurait tarder, puisque tous les éléments en sont prêts, il a consolidé par un versement de 5,000 fr. la rente de 200 fr. attribuée à l'un de ses candidats concourant entre les vieux travailleurs ; il se trouve ainsi posséder une rente perpétuelle qui, au décès du titulaire actuel, sera reversée, après nouveau concours, sur le plus digne de ses vieux travailleurs.

Plus que tout autre, le Syndicat de Die, si injustement attaqué, fait ses affaires, cherchant tout autour de lui à faire le bien. Son activité débordante lui a acquis une influence considérable et l'on ne saurait oublier que c'est grâce à lui que le vignoble diois est aujourd'hui reconstitué et que l'agriculture du pays est devenue progressive.

Dès aujourd'hui l'avenir lui appartient : il a été le salut de l'agriculture dans le pays, il sera le sauveur du paysan dans l'avenir. Son distingué président, toujours sur la brèche, peut être fier de sa conquête et, plus tard, ses concitoyens reconnaîtront qu'il a bien mérité d'eux et du pays. En attendant, qu'il continue de marcher en avant, qu'il complète sur le terrain social l'œuvre magnifique qu'il a menée à bien et que, préparé pour de nouveaux combats, il puisse mener ses troupes à la victoire.

Sursum corda! lui dirons-nous et en avant! c'est pour la Patrie, c'est pour la France!

Syndicat des Agriculteurs d'Etoile.

20 décembre 1894. — M. 220

Président : M. DE PARISOT DE LA BOISSE.

Coopérative. — Bulletin. — Almanach. — Instruments.
— Assurance-accidents

Fondé le 20 décembre 1894, il compte à ce jour 220 membres se répartissant dans les proportions suivantes : 5 °/₀ propriétaires faisant travailler, 40 °/₀ petits cultivateurs, 55 °/₀ fermiers ou journaliers.

En retour d'une cotisation annuelle de 2 fr., ses membres reçoivent le Bulletin et l'Almanach de l'Union et utilisent, pour leurs achats professionnels, les services de la Coopérative du Sud-Est à laquelle le bureau les a tous affiliés. Le chiffre annuel des affaires atteint 8,000 fr., portant exclusivement sur les engrais, les insecticides et les outils. Le syndicat loue à ses membres quelques instruments viticoles qu'il a achetés et il fait profiter ses membres de l'assurance contre les accidents dont peu encore ont su user.

Chaque année, la fête patronale du syndicat est marquée par un banquet où les syndiqués viennent à peu près tous, montrant ainsi qu'à défaut de grosses affaires, le syndicat a développé largement les idées de solidarité et d'union.

Il appartient à son dévoué président de tirer parti et d'utiliser à des créations professionnelles et sociales la bonne volonté de ses syndiqués, c'est là qu'est l'avenir de l'association.

Syndicat agricole du Grand-Serre

A HAUTERIVES

14 avril 1889. — M. 65

Président : M. BRAME

Coopérative. — Bulletin. — Assurance-accidents

Fondé le 14 avril 1889, ce syndicat compte seulement 65 membres alors qu'en 1894 il en avait 110 ; suivant la même dégression le chiffre d'affaire est tombé de 10.000 à 4.000 francs.

Nous regrettons que le président ne nous ait pas donné les raisons de cette diminution d'effectif et d'affaires, mais elle ne doit être que passagère et le nouveau bureau de ce syndicat doit trouver dans ce recul momentané un nouveau stimulant pour reprendre sa marche en avant et regagner rapidement le terrain perdu.

Syndicat agricole de Grignan.

Septembre 1888. — M. 35

Président : M. LABAUME.

35 membres, 12 années d'existence. C'est quelque chose, mais ce n'est pas assez.

Pourquoi ne pouvons-nous dire que tout est bien dans ce syndicat ? La monographie n'est pas un formulaire de compliments, mais un historique sincère.

Entré à l'Union du Sud-Est le 15 octobre 1888, le Syndicat de Grignan ne donne pas tous les résultats qu'on serait en droit d'en attendre. Qu'il se réveille ! Sous le beau soleil de Provence, la vie doit être plus active, le sang doit couler plus chaud et plus vermeil.

Debout, cultivateurs de Grignan ! Vous êtes des premiers entrés dans les associations agricoles. Ne vous laissez pas devancer par les jeunes, par les derniers venus, et, pour cela, profitez donc enfin de votre union avec le Sud-Est, de son bulletin, de sa coopérative, de sa caisse de Crédit, et tout changera dans votre syndicat.

Syndicat agricole de Livron.

15 novembre 1887. — M. 162

Président : M. DE BOUFFIER.

Entrepôt. — Coopérative. — Bulletin. — Almanach. — Assurance-accidents

C'est le 15 novembre 1887 que ce syndicat a été fondé et de 15 membres qu'il comptait au début il est arrivé à 162, dont les 18/20 sont des petits cultivateurs exploitant eux-mêmes. La cotisation est de 6 francs pour les membres honoraires et de 2 francs pour les associés; rien d'étonnant, dès lors, qu'ajoutée au chiffre annuel d'affaires de 11.000 francs, elle ait produit une réserve de 4.000 francs.

Pour faciliter à ses membres l'achat des diverses marchandises dont ils ont besoin, le syndicat s'est affilié à la Coopérative du Sud-Est qui est son exclusif fournisseur, et il a fait construire un vaste magasin avec entrepôt ouvert qui est sa propriété personnelle.

Toujours à cause de l'inertie des autorités académiques, le syndicat de Livron se contente de servir à ses membres le Bulletin et l'Almanach de l'Union, y ajoutant quelques encouragements aux élèves des écoles libres qui sont notés comme profitant le mieux de l'enseignement agricole donné par les Frères Maristes.

Si nous ajoutons que 15 polices contre les accidents agricoles ont été souscrites par l'intermédiaire du syndicat à la Coopérative, nous aurons fini l'histoire d'un syndicat très bien administré qui a rendu de très réels services matériels et qui doit, dans l'avenir, malgré les difficultés qu'il rencontre, aborder ces autres services professionnels et sociaux qui sont, ne l'oublions pas, la véritable force de l'association syndicale.

Syndicat agricole de Mirabel-aux-Baronnies.

10 mars 1898. — M. 52

Président : M. Aug. BRUN

Coopérative. — Almanach. — Tribunal arbitral

52 membres dont 49 cultivateurs travaillant par eux-mêmes ou ouvriers, tel est l'effectif actuel de ce syndicat fondé en mars 1898 et admis la même année à la Coopérative.

6.000 fr. d'affaires, distribution de l'Almanach de l'Union en retour de la cotisation de 1 fr., tribunal arbitral de trois membres pour régler les différends des associés, telle est, pour le moment, son histoire.

Elle est courte, elle est bonne, elle ne demande qu'à être continuée et développée.

Syndicat agricole de Montvendre.

22 mars 1886. — M. 633

Président : M. G. SAYN.

Immeuble. — Entrepôts. — Coopérative. — Bulletin. Almanach. — Assurance-accidents

Le Syndicat agricole de Montvendre a été fondé le 22 mars 1886 ; ses membres fondateurs étaient au nombre de vingt-deux. Le développement de l'association, d'abord un peu lent, ne tarda pas à s'accentuer ; vers la fin de 1886, une section se fondait à Montmeyran, et bientôt une autre à Upie. En 1890, M. Frédéric Sayn ayant demandé à être remplacé dans ses fonctions, à cause de son grand âge, la présidence du syndicat fut dévolue à M. Félix Bellier dont le zèle et le dévouement avaient beaucoup contribué à la prospérité de l'Association. Malheureusement il mourut peu après et M. Gustave Sayn

fut élu président du syndicat. Pendant toute cette période, le nombre
des membres et le chiffre d'affaires du syndicat n'avaient cessé de
s'accroître.

Bien qu'un syndicat agricole se fût fondé à Chabeuil, en 1888,
beaucoup d'habitants du chef-lieu de canton se firent inscrire au
Syndicat de Montvendre et leur nombre s'accrut de plus en plus,
depuis la création surtout d'un entrepôt à Chabeuil; d'autre part,
dès l'année de sa fondation, le syndicat avait compté un certain
nombre de membres dans l'est du canton de Valence et, de ce côté
aussi, l'association a fait de nombreuses et excellentes recrues, dans
ces derniers temps ; de telle sorte que le syndicat de Montvendre,
créé pour être simplement un petit Syndicat communal, est devenu
en réalité cantonal et a pu, grâce à une large décentralisation et à la
création de quatre entrepôts, parer, d'une part à l'inconvénient d'une
situation géographique peu centrale et éloignée des lignes de communication, de l'autre à la rivalité d'un syndicat créé au chef-lieu
même du canton.

Ce n'est cependant pas que les difficultés lui aient manqué ; outre
les soupçons ordinaires de but politique dont le temps n'a pas tardé à
faire justice, il a été en butte aux efforts des épiciers de la région
qui, tous, vendaient des engrais chimiques à très haut prix et voyaient
naturellement de très mauvais œil cette concurrence inattendue. Ces
négociants ont employé tous les moyens possibles pour discréditer
les marchandises vendues par le syndicat ; ils sont allés jusqu'à péti-
tionner auprès des pouvoirs publics et à écrire aux directeurs du
syndicat des lettres de menaces, anonymes bien entendu.

Actuellement, le syndicat compte 633 membres et son chiffre
d'affaires, alimenté surtout par les engrais phosphatés, atteint annuellement 50.000 fr. Son fournisseur exclusif est la Coopérative du Sud-
Est.

Sans organiser d'institution particulière de crédit, il a autorisé ses
entrepositaires à accorder des délais de paiement sous leur propre
responsabilité, se bornant, lui, à accorder à ses agents les délais nécessaires pour opérer les rentrées. Grâce à une sélection judicieuse,
grâce à la solvabilité et à l'honorabilité des membres du syndicat, pas
un centime n'a été perdu, et cela malgré l'importance des crédits
accordés. Cette facilité donnée pour les paiements a puissamment
contribué à l'extension des affaires du syndicat.

Malgré que la cotisation ait été abaissée à 1 fr. 50, le Bulletin et
l'Almanach de l'Union sont régulièrement servis à tous les membres ;

de nombreuses conférences ont complété cet utile enseignement, répandant parmi les syndiqués des idées exactes sur l'association et les services qu'on peut en espérer.

En attendant qu'il organise les comptes de prévoyance contre la mortalité du bétail, le syndicat fait bénéficier ses adhérents de l'assurance contre les accidents agricoles, qui a rencontré auprès d'eux une faveur des plus marquées.

Tout cela est bien, mais cela n'est pas suffisant pour ce syndicat qui est l'un des plus anciens de notre Union et, tant qu'il n'aura pas mis à la portée de tous ses membres la prévoyance et l'assistance, son œuvre sera incomplète. Son distingué président doit trouver dans les succès du passé de nouvelles ambitions pour l'avenir et il ne serait pas le digne descendant de cette famille modèle que récompensait récemment la Société des Agriculteurs de France, dans la personne de son chef, s'il s'arrêtait aujourd'hui au milieu de la route à parcourir. Avec tous ses amis nous avons confiance en lui, certain qu'il ne la trahira pas.

Syndicat des Agriculteurs de Nyons.

10 janvier 1886. — M. 300

Président : M. le Dr TORTEL.

Entrepôt. — Coopérative. — Bulletin. — Almanach. — Instruments en commun. — Assurance-accidents

Fondé le 10 janvier 1886, ce syndicat avait, à ses débuts, réuni un grand nombre d'adhérents et il aurait certainement progressé rapidement si le premier Bureau avait suivi rigoureusement les statuts adoptés. Pour s'en être écarté, il avait, au bout de trois ans, perdu tous ses membres et fait une dette de 1.900 francs.

L'Assemblée générale du 4 septembre 1890 signifia son congé à l'ancien Bureau et nomma un nouveau conseil qui, sous la présidence de M. le docteur Laurens, prit des hommes sérieux pour liquider la situation et relever l'institution.

Sous cette nouvelle direction, le syndicat entra dans la voie de prospérité qui lui était tracée par tous ses voisins et il ne parut bientôt plus rien de toutes les fausses manœuvres du début.

Comptant 300 membres, dont 250 petits cultivateurs ou ouvriers, payant tous une cotisation uniforme de 2 francs, il fait annuellement pour 40.000 francs d'achats professionnels fournis en grande partie par la Coopérative agricole des Alpes et de Provence, sœur cadette de notre Coopérative du Sud-Est.

Situé dans un pays de grande culture, il a mis à la disposition de ses membres un trieur pour le criblage de leurs semences, leur fournissant ainsi les moyens d'exporter au loin les excellents blés récoltés sous ce climat tempéré, l'un des meilleurs de France.

Abonné, depuis leur fondation, au Bulletin et à l'Almanach de l'Union, il les donne l'un et l'autre gratuitement à ses adhérents ; c'est, pour le moment, la seule incursion qu'il ait faite sur le terrain économique et social.

C'est évidemment une lacune dans l'histoire de ce syndicat qui semble rendre le maximum de services matériels à ses adhérents et qui n'a pas encore abordé cet autre côté, si intéressant cependant, de sa mission. N'est-ce point là le résultat de sa circonscription trop étendue, qui ne permet pas à son bureau, si dévoué qu'il soit, de faire autre chose que des affaires ?

Nous pensons qu'il aura suffi de montrer à ses intelligents directeurs le point faible de leur association pour les décider à s'engager dans une voie nouvelle qui leur réserve, à n'en pas douter, plus de satisfaction pour l'avenir.

Syndicat agricole de Piégon.

7 septembre 1898. — M. 33

Président : M. CLAPIER EUGÈNE

Coopérative. — Almanach.

Créé le 7 septembre 1898 entre les propriétaires de la commune, il compte 33 membres, tous propriétaires cultivant eux-mêmes. La cotisation est de 1 fr., elle donne droit à l'Almanach de l'Union et aux services de la Coopérative du Sud-Est,

Le montant annuel des achats atteint 4,000 francs, c'est un résultat encourageant qui attirera probablement de nouveaux adhérents et augmentera, de ce fait, l'importance et l'ambition du syndicat.

Syndicat agricole de Pierrelatte.

16 février 1888. — M. 261

Président : M. RAOUL D'ALLARD.

Entrepôt. — Coopérative. — Bulletin. — Almanach. — Assurance-accidents

Constitué le 16 février 1888, il compte aujourd'hui 261 membres (20 % de propriétaires faisant travailler, 35 % de cultivateurs exploitant eux-mêmes, 40 % de fermiers, 5 % de domestiques et journaliers). La cotisation est, suivant les catégories, de 3 fr., 2 fr., 1 fr.

Son rôle jusqu'ici s'est borné à rendre des services matériels et il achète chaque année par la Coopérative du Sud-Est pour 26 à 28.000 fr. de matières purement professionnelles.

Il y ajoute le service gratuit du Bulletin et de l'Almanach de l'Union, mais il n'a pas encore abordé cette gamme, si tentante cependant, des services économiques et sociaux.

La composition de son effectif semblerait bien se prêter pourtant à l'œuvre sociale et nous verrions avec plaisir son Bureau entrer résolument dans cette voie féconde entre toutes, la seule qui, sur le terrain syndical, ne donne pas de déceptions à ses organisateurs.

Syndicat agricole de Rochegude.

26 Décembre 1898. — M. 71

Président : M. LE MARQUIS DE ROCHEGUDE

Bulletin. — Almanach.

Formé le 26 décembre 1898, il compte à ce jour, 71 membres, presque tous petits cultivateurs de la commune, auxquels il offre ses services en échange d'une cotisation de 3 fr. Il est trop jeune encore pour avoir pu rien tenter sur le terrain économique et social, mais en huit mois il a déjà fait 11,000 fr. d'affaires, ce qui indique qu'il est composé d'éléments actifs et bien préparés.

Son président ne nous cache pas qu'il espère faire mieux et plus dans l'avenir ; nous en sommes certain, car quand une association *veut*, elle *peut*.

Syndicat agricole de Romans.

30 septembre 1886. — M. 200

Président : M. GIRAUD.

Entrepôt. — Coopérative. — Bulletin. — Almanach. — Assurance-accidents. — Enseignement.

Syndicat cantonal, créé officiellement le 30 septembre 1886, il compte aujourd'hui 200 membres, presque tous cultivateurs, fermiers ou métayers.

En disant créé officiellement, nous voulons dire que, bien avant cette date, cette association sous le nom de Comice faisait œuvre syndicale, prévoyant et appliquant d'avance la loi libérale du 21 mars 1884.

C'est, en effet, le 6 juillet 1880, que, sur l'initiative de M. Giraud trente-six propriétaires s'associèrent pour fonder le Comice agricole de Romans. De 1884 à 1886, on agita bien souvent la question de la transformation, mais pourquoi changer le nom, puisque, comme un simple syndicat, le Comice achetait pour ses membres toutes les marchandises dont ils avaient besoin ?

Les partisans de la transformation finirent cependant par avoir gain de cause et le 30 septembre 1886 le Comice devenait le Syndicat de Romans. S'adressant désormais à tous les cultivateurs, aux petits plus qu'aux grands, le syndicat abaissa sa cotisation et supprima momentanément à ses membres le service du Bulletin de l'Isère assuré précédemment aux membres du Comice.

Son organisation nouvelle n'arrêta en rien son essor et le premier service qu'il rend c'est de faire connaître, par des conférences, les moyens de lutter contre le phylloxéra, de créer un syndicat anti-phylloxérique, d'encourager des essais de culture et d'adaptation de vignes américaines, d'installer dans ses principales communes des écoles de greffage, de distribuer enfin, autant que le lui permettent ses ressources modestes, les variétés de vignes résistantes les plus aptes à donner de la vigueur et de la fertilité aux vieux cépages du pays.

Profitant de la création, à côté de lui, des Syndicats de Bourg-de-Péage et Clérieux, il prend l'initiative d'un Bulletin commun qui a, jusqu'à la création du Bulletin de l'Union du Sud-Est, tenu régulièrement ses membres au courant des faits et gestes de leur syndicat. Depuis il a abonné tous ses adhérents au Bulletin et à l'Almanach de l'Union.

Quelques années plus tard, il s'affilie à la Coopérative dont il devient un client fidèle, et qui doit lui fournir annuellement les 20.000 fr. de marchandises dont ses membres ont besoin.

Profitant de cette affiliation, le syndicat a vivement poussé ses adhérents aux assurances agricoles et il présente aujourd'hui 70 polices contractées à leur profit contre les accidents agricoles.

L'un des premiers, il comprend toute l'importance de l'enseignement agricole et se rend compte que l'agriculture, devenue aujourd'hui une science, exige, pour donner des résultats à ceux qui en vivent, des connaissances nouvelles qui, dès l'école, doivent leur être familières. Il applaudit donc aux efforts de l'Union et, dès 1896, il constitue des commissions d'examen qui passent dans toutes les communes de son rayon et délivrent aux candidats méritants le certificat de l'Union du Sud-Est.

Telle est, résumée à grands traits, l'œuvre de ce vieux syndicat qui, avant la loi, avant même peut-être que nos législateurs y aient pensé, s'est constitué librement en Comice pour faciliter aux agriculteurs de sa région l'exercice de leur profession.

Dans sa carrière déjà longue, puisque ses vingt ans de services lui assurent le doyennat dans le sein de l'Union, il a fait beaucoup de bien, nous ne croyons pas lui adresser un blâme en lui disant qu'il lui reste beaucoup à faire.

Il a devant lui un champ vaste, nouvellement labouré où il doit faire germer ces œuvres de prévoyance et d'assistance qui seront le couronnement de ses efforts et dont le succès sera la juste récompense du dévouement incessant que, depuis sa fondation, son distingué et trop modeste président met au service de ses compatriotes.

Syndicat agricole de Roynac.

23 janvier 1886. — M. 49

Président : M. ETIENNE ARNAUD.

Coopérative. — Almanach

Syndicat communal, fondé le 23 février 1886, c'est-à dire l'un des premiers dans notre région du Sud-Est, il compte seulement 49 membres, tous cultivant eux-mêmes leurs propriétés. Limités aux semences et engrais, ses achats, faits à la Coopérative du Sud-Est, atteignent 5.000 francs par an, soit 100 francs par membre.

Il a borné là son action et pour se rappeler au bon souvenir de ses membres, il leur envoie chaque année une carte de visite, l'Almanach de l'Union, qui est accueilli avec joie et profit.

Nous aimons à espérer que le développement tout autour de lui des œuvres économiques l'entraînera dans ce grand mouvement de solidarité professionnelle ; bureau et syndiqués n'auront pas à le regretter.

Syndicat agricole de St-Bonnet-de-Valclérieux.

1er juillet 1894. — M. 54

Président : M. CHATENIER

Coopérative. — Bulletin. — Almanach

Ce petit syndicat communal, fondé le 1er juillet 1894, compte aujourd'hui 54 membres, tous petits cultivateurs ou fermiers. La cotisation de 1 fr. sert à payer le Bulletin et l'Almanach de l'Union, de même que la majoration légère du prix de vente sur 3.000 fr. de marchandises livrées assure le salaire du magasinier.

Le syndicat n'ayant aucunes ressources personnelles, ses moyens d'action sont donc restreints et d'autant plus limités que le pays est très réfractaire à l'idée syndicale et que les syndiqués eux-mêmes se croient dégagés de toute cotisation quand ils ne font pas d'achat dans l'année. Rien d'étonnant, dès lors, qu'il n'y ait pas de cohésion et que le président se montre un peu découragé des maigres résultats obtenus pour 15 années de dévouement ininterrompu, dont on le remercie en le déclarant intéressé.

Nous faillirions à notre rôle si nous ne l'encouragions à résister et à continuer quand même ; tôt ou tard il sera compris, car n'est-il pas vrai que la vertu est toujours récompensée ?

Syndicat agricole de St-Paul-Trois-Châteaux.

13 février 1893. — M. 163

Président : M. Aug. GAY.

Entrepôt. — Coopérative. — Bulletin. — Almanach. — Assurance-accidents

Plusieurs fois les cultivateurs de Saint-Paul avaient eu l'idée de former une association syndicale, mais, pour une raison ou pour une autre, les promoteurs se séparaient toujours en disant : nous ferons, nous verrons.

Le projet en était encore là lorsque, le 12 février 1893, un groupe de viticulteurs et de laboureurs se réunirent dans une salle du café du Progrès ; la question de se syndiquer fut soulevée de nouveau par M. Gustave Durand qui insista pour que le pays suivît la marche de ses voisins. M. Octave Valette prit alors la parole et démontra tous les avantages que pourrait avoir un syndicat agricole dans un centre aussi travailleur que celui de Saint-Paul-Trois-Châteaux ; l'assemblée fut unanime à comprendre ses paroles et tous, d'une seule voix, demandèrent la formation du syndicat.

A partir de ce moment, le Syndicat agricole de Saint-Paul-Trois-Châteaux était formé. M. Octave Valette, fut nommé président, M. Gustave Durand vice-président.

L'assemblée levée, on but à la santé du nouveau né et de ses membres au nombre de 33.

Les bases de l'association furent arrêtées et, le lendemain, 13 février 1893, les statuts furent déposés à la mairie qui en délivra récépissé, conformément à la loi du 21 mars 1884.

Aussitôt la commission installée, elle s'occupa de trouver un local pour servir de magasin, ce qui ne fut pas facile, vu l'état des ressources du syndicat ; enfin, on trouva, sur la place Notre-Dame, un appartement assez convenable.

La commission en fit part aux adhérents du syndicat et invita tous les membres à faire leurs commandes les dimanches, mardis et jours de foires, le secrétaire devant être au magasin de 9 à 11 h. du matin.

Un mois après sa formation, le syndicat avait grandi, le nombre des adhérents était de 54 ; une assemblée générale, fut provoquée pour le dimanche 12 mars 1893. Dans cette réunion, sur l'exposé du président, il fut décidé à l'unanimité que le Bureau du syndicat ferait le nécessaire pour faire sa demande d'admission à l'Union des Syndicats des Agriculteurs de la Drôme et à l'Union du Sud-Est des Syndicats agricoles.

A partir de ce moment, le président et le secrétaire s'occupèrent avec activité des démarches à faire auprès des présidents de ces deux Unions pour savoir les conditions d'admissibilité et, sur leur réponse, envoyèrent les pièces nécessaires pour arriver à ce but.

Bonne suite fut donnée à leur demande ; le 7 avril 1893, le Syndicat agricole de Saint-Paul-Trois-Châteaux était admis à faire partie de l'Union des Syndicats des Agriculteurs de la Drôme, et, le 6 mai suivant, même solution fut donnée par M. le président de l'Union du Sud-Est des Syndicats agricoles et, par suite de cette deuxième affiliation, la société profitait de tous les avantages que peut procurer le courtier de cette Union.

Restait maintenant au syndicat à se procurer les avantages que peut offrir la participation à la Coopérative agricole du Sud-Est. Son Bureau s'en occupa immédiatement et, pour arriver à ce but, provoqua une réunion générale de tous les membres du syndicat dont le nombre, à ce moment, s'élevait à 64 ; l'effectif avait donc doublé, ou peu s'en faut, en moins de cinq mois d'existence.

C'est dire que les agriculteurs commençaient à comprendre non seulement les avantages mais encore l'utilité de l'existence du syndicat.

Dans cette réunion il fut décidé, à la presqu'unanimité, d'adhérer à la Coopérative agricole du Sud-Est et cette Assémblée chargea son président de faire les démarches nécessaires. Le 7 septembre suivant, le syndicat était admis.

Il va sans dire que, depuis son existence, les marchandises demandées par les adhérents leur ont été délivrées par le syndicat, non-seulement à un prix relativement bas, mais encore avec toutes les garanties désirables d'authenticité, de pureté et de dosage.

Comme ressources, le syndicat a la cotisation annuelle de 2 fr. et le petit bénéfice que lui procure la majoration des marchandises livrées par son intermédiaire.

Le chiffre d'affaires atteint annuellement 15.000 fr., et le nombre de ses adhérents est de 163.

Avec ses faibles ressources, il a pu faire partie des associations précitées, servir le Bulletin et l'Almanach de l'Union du Sud-Est à tous ses membres, organiser enfin son magasin, en payer la ferme et le magasinier. Tout cela en livrant toutes les marchandises à des prix bien inférieurs à ceux du commerce local et, cela va sans dire, à la satisfaction de tous les membres du syndicat.

Tel est l'historique de ce petit syndicat ; jusqu'à présent il n'a été qu'un syndicat de consommation, mais si, comme nous l'espérons, il prend une importance plus grande à l'avenir, il pourra s'organiser pour la vente de tous les produits que pourront récolter ses adhérents. C'est le but que ses fondateurs poursuivent, nous souhaitons qu'ils y réussissent.

Syndicat agricole de St-Rambert-d'Albon.

11 Mars 1898. — M. 97

Président : M. SAUVAJON

Entrepôt. — Coopérative. — Bulletin. — Almanach. — Assurance-accidents.

Créé le 11 mars 1898, il se compose aujourd'hui de 97 membres, tous petits cultivateurs, payant une cotisation de 2 fr. Par l'entremise de la Coopérative du Sud-Est, il achète annuellement pour 15.000 fr. de marchandises, exclusivement professionnelles, qui sont ensuite réparties entre les intéressés dans un entrepôt central.

Il complète ses services matériels par l'envoi gratuit à tous ses adhérents du Bulletin et de l'Almanach de l'Union, en attendant de faire mieux pour leurs intérêts professionnels.

Cela ne saurait tarder, car, pour réaliser ses projets, c'est la bonne volonté et le dévouement qui lui manquent le moins.

Syndicat agricole de Savasse.

19 mai 1889. — M. 10

Président : M. REBOUL

Coopérative. — Bulletin

Ce syndicat, dont la fondation date du 19 mai 1889, a été très prospère jusqu'au jour où, à la suite de divisions intestines, une partie de ceux qui l'avaient fondé se retira pour constituer, sur la même commune, un syndicat adverse. Il n'est pas dans notre rôle d'historien d'entrer dans le détail de cette scission et de discuter si les dissidents ont eu tort ou raison, mais la réserve qui nous est imposée ne nous empêche pas de déclarer que cette division d'efforts et de bonne volonté ne peut qu'être préjudiciable à la cause syndicale et à la cause des agriculteurs.

Le résultat de cette scission a été de faire tomber l'effectif de 50 à 10 membres et de réduire à un chiffre infime le montant des achats annuels. La buvette, installée avec tant de peine pour permettre aux syndiqués de se réunir amicalement et d'avoir des consommations meilleures et moins chères, a dû fermer ses portes, un débit public de boissons ayant été installé — est-ce hasard ou malice ? — dans le même local.

Le Bureau actuel de ce syndicat semble bien décidé à résister quand même, mais comme nous l'avons dit pour le Syndicat de Champ de Grange constitué par les dissidents, « l'union fait la force », et il appartient aux deux syndicats de prouver que leurs actes sont en rapport avec leurs principes.

Syndicat agricole de Suze-la-Rousse.

29 février 1893. — M. 86

Président : M. EDMOND PLANTIN.

Entrepôt. — Coopérative. — Bulletin. — Almanach

Composé de 86 membres, dont 81 sont petits cultivateurs, vignerons ou domestiques, ce syndicat a été constitué le 29 février 1893. Affilié à la Coopérative, il lui passe tous les ordres de ses membres, pour lesquels il fait environ 6.500 fr. d'achats professionnels.

En payant sa cotisation de 1 fr., au 1er janvier, chaque syndiqué reçoit l'Almanach de l'Union, dans lequel il ne peut qu'apprendre à devenir bon agriculteur et bon syndiqué.

Syndicat agricole de Tain.

14 décembre 1890. — M. 99.

Président : M. SAVY

Entrepôt. — Coopérative. — Bulletin. — Almanach. — Assurance-accidents.

Fondé le 14 décembre 1890, ce syndical ne semble pas avoir progressé depuis que nous avons écrit son histoire en 1894 ; le nombre de ses adhérents est tombé de 120 à 99 et son chiffre d'affaires est resté ce qu'il était, soit 8.000 francs.

Il eût été intéressant de connaître les raisons de ce piétinement sur place ; son Bureau, hélas ! est composé de modestes qui n'aiment pas qu'on s'occupe d'eux. Nous parlerons donc malgré lui et nous constaterons que si tous ses efforts ont échoué c'est que, se trouvant placé dans une petite ville riche, industrielle où le commerce est prospère, il a beaucoup plus de difficultés qu'ailleurs à lutter avec les marchands d'engrais et les quincailliers. La conclusion est facile à tirer : les agriculteurs, gens pratiques avant tout, trouvant dans le commerce, sans cotisation et avec crédit, aux mêmes prix qu'au syndicat, donnent la préférence au premier, se souciant fort peu d'être du second par principe !

Il s'agit donc pour le syndicat de trouver autre chose et de débuter par où les autres finissent, c'est-à-dire par l'organisation des assurances, du crédit, par l'aide mutuelle, par la retraite. Il gagnera, par là, la confiance des paysans qui, une fois enrôlés et convertis, se feront un point d'honneur d'être fidèles au syndicat et de le rendre plus riche et plus prospère.

Déjà il donne à ses adhérents le Bulletin et l'Almanach de l'Union, mais c'est au dehors qu'il doit porter tous les efforts de sa propagande et c'est à faire des recrues qu'il doit désormais s'attacher.

Dans ce beau canton, si joliment situé aux pieds de ces côtes de l'Ermitage qui sont un des plus purs joyaux de notre couronne viticole, nos amis doivent avoir le cœur aussi chaud que leur excellent vin et nous espérons bien qu'il aura suffi de leur crier « En avant ! » pour qu'ils montent résolument à l'assaut de l'indifférence routinière de leurs compatriotes. Leur succès sera la victoire du progrès agricole et social, la reconnaissance des cultivateurs sera leur récompense.

Syndicat agricole de Taulignan.

4 mai 1887. — M. 70

Président : M. J. PEYROL.

Entrepôt. — Coopérative. — Bulletin. — Almanach.

Créé le 4 mai 1887 avec 50 fondateurs, ce syndicat compte aujourd'hui 70 membres ; sa circonscription se bornant à la commune de Taulignan, c'est un effectif qui ne peut guère augmenter. Cet effectif reste d'autant plus stationnaire qu'à Taulignan, comme dans maints endroits, il s'est formé contre le syndicat une ligue de mécontents qui, d'abord sous un prétexte politique, ensuite sous un prétexte humanitaire, a toujours refusé de marcher avec lui. Comme cette abstention n'a aucune raison d'être et que, pas plus qu'il ne fait de politique, le syndicat ne nuit au commerce local, plus que restreint, il est probable qu'elle diminuera avec le temps et que la raison finira par triompher de l'imagination.

Limités aux marchandises purement agricoles, ses achats atteignent annuellement 5 à 6.000 francs ; c'est la Coopérative du Sud-Est qui les fournit, c'est l'entrepôt qui les répartit.

D'allure modeste, le Syndicat de Taulignan n'en a pas moins une organisation de grand syndicat et, grâce au dévouement de son président qui, simple cultivateur, n'en passe pas moins toutes ses soirées à faire la correspondance, à tenir les livres, à donner des conseils, il a pu jusqu'à ce jour faire beaucoup avec rien. Un magasin, servant de dépôt à toutes les marchandises, est ouvert tous les jours ; l'employé, ayant d'autre part une profession stable et n'étant pas, par le fait, trop exigeant sur les appointements, est toujours là, à la disposition des syndiqués. C'est cet employé qui touche les cotisations, livre les produits, en opère le recouvrement ; il reçoit en retour 2 0/0 sur toutes les marchandises livrées par l'intermédiaire du syndicat. Celui-ci se contente, dès lors, pour alimenter sa caisse, du produit des cotisations qui, fixées à quatre francs, ne rapportent guère plus de 250 francs. C'est juste ce qu'il a fallu au Bureau pour abonner tous ses syndiqués au Bulletin mensuel de l'Union du Sud-Est, à l'Almanach, pour payer enfin les cotisations aux diverses Unions, couvrir les frais de correspondance.

Le Syndicat de Taulignan n'est ni un avare ni un prodigue, il rend au centuple ce qu'on lui donne, sans, pour cela, avoir besoin ni de secours, ni d'appel de fonds. Petit, mais vigoureux, il prouve, malgré les difficultés locales qu'il a rencontrées, qu'on peut, dans les syndicats « faire beaucoup avec rien », à condition que le cœur et le dévouement viennent à la rescousse.

Syndicat agricole des Tourettes.

10 avril 1888. — M. 28

Président : M. P. CHARUSCLAT

Coopérative. — Almanach.

Bien que fondé le 10 avril 1888, ce syndicat, pour des raisons qui n'ont pas leur place ici, a végété jusqu'en 1893, époque de sa reconstitution par les administrateurs actuels.

Les difficultés du début ont paralysé sa marche en avant et les 28 membres qu'il compte aujourd'hui se réunissent simplement pour grouper leurs commandes et les recevoir en gare où ils se font eux-mêmes le partage.

Le chiffre annuel des achats atteint 2.000 francs et, malgré que chaque syndiqué reçoive l'Almanach de l'Union, aucune cotisation n'est exigée.

La période difficile est aujourd'hui passée, il faut donc oublier pour ne plus se souvenir que de l'œuvre à accomplir. Le champ syndical est assez vaste pour que cette association y trouve à glaner quelques œuvres utiles, capables de lui attirer le nombre et la force.

Syndicat des Agriculteurs de Tulette.

9 août 1897. — M. 65

Président : M. Alex. BONGARD.

Créé le 9 août 1897, et comptant à ce jour 65 membres, tous petits cultivateurs, ce syndicat a, jusqu'ici, limité ses efforts à la fourniture à ses membres des engrais et des produits servant à l'alimentation du bétail. Le chiffre de ses achats atteint annuellement 10.000 fr. soit 150 fr. environ par membre.

Ce résultat, très encourageant, engagera, nous l'espérons, son bureau à aborder le rôle économique et social qui doit être le but final de toute association syndicale.

Syndicat agricole de la Valloire.

A St-Sorlin, 11 octobre 1895. — M. 450

Président : M. le Baron de BERNON.

Entrepôt. — Coopérative. — Bulletin. — Almanach. Instruments. — Assurance-accidents. — Enseignement.

Sa création date du 11 octobre 1895 ; il a recruté, depuis, 450 membres, en très grande partie petits propriétaires travaillant eux-mêmes leurs propriétés. La cotisation est de 2 fr. ; elle a permis au syndicat de donner l'Almanach de l'Union à ses membres et de constituer une petite réserve qui, ajoutée aux prélèvements opérés sur les marchandises, forme un fonds de roulement pour les opérations courantes.

Comprenant tout ce qui se rapporte aux besoins d'une exploitation et d'un ménage agricoles, les achats, effectués à la Coopérative du Sud-Est, atteignent annuellement 40.000 fr.; il y a lieu d'ajouter à ce chapitre les instruments viticoles loués par le syndical à ceux de ses membres qui ne peuvent se les procurer.

Par les soins du syndicat et grâce aux souscriptions de ses membres, un pensionnat agricole, avec une école primaire annexée, a été installé à St-Sorlin et la direction confiée aux Frères des Écoles chrétiennes.

La plupart des services non encore organisés ont paru jusqu'ici, à son Bureau, incompatibles avec l'esprit du pays et ses conditions économiques ; ce serait peut-être là une excuse pour le passé, mais ce ne saurait être, pour l'avenir, une raison de ne pas essayer. L'exemple des syndicats dont il lira ici l'histoire doit être, pour son très dévoué président, une leçon de choses et un encouragement ; il a le cœur trop haut placé pour ne pas faire son profit de l'une comme de l'autre.

Syndicat agricole de Vinsobres.

5 février 1897. — M. 44

Président : M. Frédéric MORALÈS.

Coopérative. — Bulletin. — Almanach. — Instruments. Enseignement.

Syndicat communal fondé le 5 février 1897, il comprend 44 membres, dont 7 grands propriétaires ; sa cotisation de 1 fr. lui a permis de donner chaque année à ses syndiqués l'Almanach de l'Union, de leur servir le Bulletin, d'acheter une défonceuse pour l'usage de ses membres et de s'affilier à la Coopérative du Sud-Est. Son chiffre d'affaires est de 3.000 fr. et, pour la première fois qu'il présente deux candidats à l'examen du certificat d'études agricoles il les fait recevoir tous deux avec la mention *bien*.

Grand producteur d'olives et de truffes, il fait appel aux syndicats plus riches pour lui acheter les produits de ses membres ; puisse sa voix, répétée par nous, être utilement entendue !

ISÈRE

STATISTIQUE

CIRCONSCRIPTION des SYNDICATS	NOMBRE						PROPORTION DES	
	de Syndicats	de Syndiqués	Moyenne par Syndicat	Classification des Syndiqués			Rentiers du sol	Travailleurs du sol
				Propriétaires ne travaillant pas	Propriétaires travaillant eux-mêmes	Ouvriers travaillant chez les autres		
SYNDICATS de département...	»	»	»	»	»	»	»	»
d'arrondissement..	»	»	»	»	»	»	»	»
de canton......	12	3.693	308	450	2.738	505	12.19	87.81
de commune....	57	5.013	88	299	4.246	468	5.96	94.04
Totaux.....	69	8.706	126	749	6.984	973	8.60	91.40

Syndicat agricole des Adrets.

1er janvier 1896. — M. 33

Président : M. Joseph FAURE.

Entrepôt. — Coopérative

Ce petit syndicat communal date du 1er janvier 1896 ; il compte 33 membres travaillant tous par eux-mêmes.

Ses services sont exclusivement matériels et assurés par la Coopérative du Sud-Est. Le chiffre d'affaires est de 2100.

Ce serait là toute son histoire, si ses luttes avec le fisc et le parquet de Grenoble pour les poids et mesures ne lui avaient donné une célébrité éphémère, dont il se serait assurément passé. Il a lutté, il a été vaincu, mais il a montré que si la force prime le droit, le droit du moins, si faible qu'il soit, savait résister à la force.

Syndicat agricole d'Anjou.

25 novembre 1892. — M. 41

Président : M. Louis GUILLERMIER

Petit syndicat communal, fondé le 25 novembre 1892, il compte 4 grands propriétaires et 37 cultivateurs exploitant eux-mêmes.

Modeste, trop modeste peut-être, il s'est borné à fournir à ses adhérents les engrais et les charbons ; cela ne saurait suffire et nous espérons bien que ce n'est là qu'un début.

Syndicat agricole et viticole d'Apprieu.

30 décembre 1888. — M. 85

Président : M. Henri GALIBERT

Entrepôt. — Coopérative. — Bulletin. — Almanach.— Assurance-accidents.

Ce syndicat, fondé le 30 décembre 1888, compte à ce jour 85 membres, dont 83 sont petits cultivateurs ou vignerons.

Affilié à la Coopérative du Sud-Est, il reçoit ses marchandises dans un entrepôt où elles sont réparties ensuite entre les adhérents, une fois par semaine. Le montant annuel de vente atteint 7.000 fr.

C'est à son initiative que la petite commune d'Apprieu doit la reconstitution de son vignoble entièrement détruit par le phylloxéra et c'est grâce à lui que ses braves vignerons ont pu replanter sur leurs riants côteaux le précieux arbuste de notre père Noé.

La commune ayant déjà plusieurs sociétés de secours mutuels, dont les syndiqués font partie en grande majorité, le syndicat s'est borné à constituer un compte de prévoyance contre la mortalité du bétail, compte qui fonctionnera dans le courant de l'été prochain.

Tout cela est complété par le service régulier du Bulletin et de l'Almanach de l'Union, en attendant que l'accroissement de son effectif et de ses ressources lui permette de faire mieux et de compléter utilement son œuvre par l'organisation de la retraite agricole.

Syndicat agricole de Beaulieu.

10 janvier 1898. — M. 36

Président : M. MOYET

Coopérative. — Bulletin. — Almanach.

De fondation récente, puisqu'il date du 10 janvier 1898, ce syndicat, qui compte 36 membres, appartenant tous à la catégorie des petits propriétaires, n'a d'autonomes que son titre et son bureau.

A proximité de Vinay, et pour obtenir de meilleurs prix, il transmet toutes ses commandes au syndicat de cette localité qui les passe à ses fournisseurs habituels et les fait exécuter au mieux.

La cotisation annuelle est de 2 fr. en retour de laquelle il sert gratuitement à ses membres le Bulletin et l'Almanach de l'Union.

En relations excellentes de voisinage et d'amitié avec le Syndicat de Vinay, il profitera des exemples de son frère cadet ; en marchant sur ses traces, il ne peut moins faire que d'arriver à se suffire.

Syndicat agricole du Beaumont

A QUET-EN-BEAUMONT

8 juillet 1894. — M. 400

Président : M. L'ABBÉ BARET.

Prix Chambrun : médaille de bronze

**Entrepôt. — Coopérative. — Bulletin. — Almanach.—
Instruments. — Rucher d'expériences. — Pépinière.
— Assurance-accidents. — Compte bétail. — Crédit.
Enseignement. — Tribunal arbitral.— Aide mutuelle.**

Ce syndicat, fondé le 8 juillet 1894, compte 400 membres, presque tous petits cultivateurs exploitant eux-mêmes ; rayonnant dans tout le canton de Corps, il a établi son siège social à Quet-en-Beaumont.

Sans demander la moindre cotisation à ses membres, cet intéressant syndicat a abordé la série complète des services que peut rendre l'association professionnelle, et bien des syndicats plus importants ou plus nombreux pourraient le prendre comme exemple et lui demander un peu de cette vitalité qu'il a en si grande abondance, et sans laquelle rien ne se peut faire, rien ne peut réussir.

Dès le premier jour, et comprenant tous les avantages d'une décentralisation bien ordonnée, le Bureau du syndicat créait 14 sections communales, administrées par un comité local, mettant ainsi plus à la portée de chacun les bénéfices de l'association de tous.

Les services matériels sont assurés par 4 entrepôts, que le syndicat fournit de toutes les marchandises professionnelles utiles à l'agriculteur, de toutes les denrées de consommation utiles à son ménage. C'est la Coopérative du Sud-Est qui est son principal fournisseur, elle lui vend ferme les produits agricoles, les autres en consignation. En cinq ans, le chiffre d'affaires total a été de 67.650 fr., accusant chaque année une progression importante, puisque de 8.500 fr., le chiffre annuel a passé à 17.000 francs.

Comme écoulement des produits de ses membres, le syndicat a

réalisé avec succès quelques ventes de pommes de terre, beurre, miel, etc., mais l'essai n'a pas pris jusqu'ici grande importance.

Exclusivement composé de petits cultivateurs, le syndicat a compris qu'il devait les aider en leur louant tous les instruments viticoles dont ils pourraient avoir besoin et en faisant pour leur compte les pépinières de greffes nécessaires à la reconstitution de leurs vignobles.

Les services professionnels et économiques sont non moins bien organisés et non moins importants que les précédents. C'est ainsi qu'en dehors du Bulletin et de l'Almanach de l'Union, servis gratuitement à tous les syndiqués, il a organisé, dans cinq sections, des cercles d'études agricoles pour les jeunes gens, puis, entre tous ces cercles et toutes les écoles libres, des concours mensuels avec encouragements aux trois premiers.

Pendant le dernier hiver, 14 conférences agricoles ont été données aux différentes sections et, depuis deux ans, il a constitué un rucher d'expériences qui est un rucher modèle pour tous les apiculteurs, si nombreux dans cette région.

Le 8 juin 1898, 3 écoles et 1 cercle d'études ont présenté des candidats aux examens d'instruction primaire agricole de l'Union, 25 candidats ont obtenu le certificat; le 6 juin 1899, au même Concours, 33 candidats ont été reconnus aptes au certificat.

Pour le diplôme supérieur, enseignement du 2e degré, le syndicat a fait recevoir 6 lauréats en 1898 et 4 en 1899.

A côté de l'enseignement donné aux garçons, le syndicat a organisé l'enseignement aux filles, et 4 d'entre elles ont obtenu le certificat d'aptitude.

Tous les lauréats reçoivent du syndicat des prix spéciaux, qui sont généralement des ouvrages agricoles.

Dans le domaine des assurances, le rôle du syndicat n'a pas été inactif et déjà 5 comptes de prévoyance contre la mortalité du bétail ont été constitués. Chacun d'eux a reçu de l'Etat une subvention de 500 fr. à laquelle le syndicat a ajouté 100 fr. Les 5 comptes ont été réassurés au compte de participation de la Coopérative. Contre les accidents agricoles, 28 syndiqués ont bénéficié des avantages offerts par la Coopérative du Sud-Est.

Pour faciliter le crédit, le syndicat vient d'organiser deux caisses du type de 1894, dans ses deux communes principales.

Par son organisation et la décentralisation de ses services, ce syndicat est bien placé pour accomplir son œuvre sociale et, en plus de l'aide mutuelle par le travail, organisée dans la plupart de ses sections, et d'une Commission plénière d'arbitrage chargée de régler tous les différends survenant entre syndiqués, le syndicat a pris l'habitude de réunir très fréquemment ses adhérents. Chaque réunion comporte une conférence agricole suivie d'une audition, soit du phonographe syndical, soit d'une comédie jouée par les jeunes gens des cercles d'études ; les réunions sont ainsi instructives et récréatives.

C'est dans ces réunions que ces hommes du même pays et de la même profession réalisent l'union des intérêts et des cœurs ; c'est là qu'ils apprennent à se connaître et à s'entr'aider.

Les conférences toujours claires et pratiques provoquent le progrès agricole chez les plus ignorants ; les séances récréatives détournent les jeunes gens des plaisirs malsains du cabaret ou de la ville voisine, et procurent aux cultivateurs fatigués et souvent découragés, quelques instants de repos et de douce gaieté.

La jalousie et la défiance disparaissent ainsi peu à peu, faisant place à la solidarité et à la fraternité.

Terminons par cet appel récent du syndicat à ses membres : « Créé par vous, le syndicat veut rester votre fils dévoué et fidèle. Faites-lui connaître vos besoins, rêvez des œuvres nouvelles et, s'il vous faut un concours désintéressé, vous le trouverez toujours chez lui, heureux sera-t-il, si vous lui offrez souvent l'occasion d'améliorer le sort des agriculteurs et de travailler à la prospérité du pays. »

Comme nous venons de le voir, cet actif syndicat, sous la direction éclairée de son président, joint les actes aux paroles et il reste, à ce jour, l'un des types les plus complets de l'association agricole libre.

Syndicat agricole de Bellecombe

A CHAPAREILLAN

1er janvier 1898. — M. 47

Président : M. EUG. UCHET

Coopérative. — Almanach.

Ce syndicat est un des meilleurs types de syndicat de hameau; il est le véritable groupement fraternel, et l'importance de ses services matériels prouvera que les résultats donnés par l'association sont le plus souvent en raison inverse de son rayon d'action.

Fondé le 1er janvier 1898, le Syndicat de Bellecombe se compose de 47 membres, tous petits cultivateurs, exploitant eux-mêmes leur propriété; la cotisation annuelle est de 2 fr.

Jusqu'à ce jour, les services matériels ont été la seule préoccupation de son bureau et nous n'aurions pas raison de l'en blâmer, puisque, grâce aux prix très avantageux qu'il trouve à la Coopérative du Sud-Est, il arrive à fournir à ses adhérents pour 10.000 fr., soit près de 200 fr. par tête ! C'est un quantum que bien peu de syndicats communaux, ou même cantonaux, peuvent atteindre.

La région étant essentiellement viticole, le syndicat a organisé chez ses associés des expériences et sur les engrais à recommander et sur les produits à employer contre les maladies de la vigne. N'est-ce point son habile président qui, le premier, a jeté dans le monde viticole l'idée d'appliquer le carbure de calcium à combattre l'oïdium ?

A cet enseignement professionnel pratique, le syndicat joint l'enseignement théorique qu'il procure à ses membres, soit par l'Almanach de l'Union, soit par des conférences faites sur des sujets divers à l'occasion des réunions trimestrielles.

C'est probablement parce qu'il a eu peur de se voir appliquer le proverbe : « Qui trop embrasse, mal étreint », que ce syndicat s'est borné aux services matériels; nous croyons qu'il a eu tort d'être aussi modeste, car avec les éléments d'activité qu'il renferme, il nous semble des mieux placés pour constituer rapidement un syndicat complet.

11

Syndicat agricole de Bévenais.

22 juillet 1896. — M. 100

Président : M. Aug. CARDOT.

Entrepôt. — Coopérative. — Bulletin.— Almanach.

Ce petit syndicat de commune, fondé le 22 juillet 1896, compte aujourd'hui 20 propriétaires faisant travailler et 80 travaillant par eux-mêmes, soit en tout 100 membres.

En retour d'une modique cotisation de 0. fr. 50, il se charge de procurer à ses membres toutes les marchandises agricoles et toutes les denrées de consommation dont ils ont besoin. Son dépôt est alimenté par la Coopérative du Sud-Est à laquelle il achète ferme tout ce qui est professionnel, et en consignation ce qui est consommation. Son chiffre d'affaires varie de 6 à 7.000 fr.

Malgré le peu de ressources dont il dispose, ce syndicat fournit à ses membres le Bulletin et l'Almanach de l'Union et organise une ou deux fois par an des conférences d'actualité.

Cela suffit pour prouver qu'il est plein de bonnes intentions et que s'il n'a pu faire mieux jusqu'à ce jour, c'est dans ses faibles ressources et non dans l'indifférence de son bureau qu'il faut en chercher la seule et véritable cause.

Syndicat des Agriculteurs de la plaine de Bièvre

A MARCILLOLES.

4 août 1889. — M. 110

Président : M. MEYER, député

Entrepôt. — Coopérative. — Bulletin. — Almanach.

Fondé le 4 août 1889, ce syndicat est l'un des premiers en date dans le département de l'Isère ; la création ultérieure de syndicats communaux dans sa circonscription ne lui a pas permis de prendre toute l'importance que ses heureux débuts présageaient. Il est devenu un syndical communal et les habitants de Marcilloles nous semblent seuls en profiter.

Son effectif se compose actuellement de 110 membres, tous petits cultivateurs auxquels, moyennant une petite cotisation de 1 franc, il fournit, en plus des services professionnels, le Bulletin et l'Almanach de l'Union.

Comme services matériels, il se borne à acheter pour ses membres, à la Coopérative du Sud-Est, les engrais et les outils, les premiers en compte ferme, les seconds en consignation. L'ensemble de ses opérations atteint annuellement 10.000 francs.

Le dévouement éclairé de son président à la cause syndicale et agricole nous est un sûr garant que ce vieux syndicat ne se laissera point devancer par de plus jeunes sur le terrain des services économiques et sociaux. C'est là, pour notre distingué collègue, une occasion excellente de prouver aux partis avancés de la Chambre que l'initiative privée peut faire davantage pour le bien-être du paysan que toutes les utopies des rhéteurs du socialisme.

Syndicat agricole de Bonnefamille.

14 février 1898. — M. 114

Président : M. le Vicomte DUGON.

Coopérative. — Bulletin. — Almanach.

Constitué dans le courant de février 1898, ce syndicat communal compte 114 membres se répartissant à raison de 5 % de grands propriétaires, de 80 % de petits cultivateurs, et 15 % d'ouvriers agricoles.

Sa cotisation de 1 fr. 50 met ses services à la portée des plus petites bourses ; il faut croire qu'avec une sage administration elle est suffisante, puisqu'à la fin de la première année, le patrimoine social atteint 800 fr.

Pour l'instant, ce syndicat a porté exclusivement ses efforts sur l'achat des engrais et des outils, et la Coopérative du Sud-Est, son unique fournisseur, lui a livré pour ses membres 7.800 fr. de marchandises dans le courant de l'année.

Quoique jeune, il a compris quels services il pouvait rendre en initiant ses adhérents à la culture intensive et c'est pour y arriver plus facilement qu'il leur distribue la bonne semence par le Bulletin et l'Almanach de l'Union et par des conférences théoriques qui ont lieu deux fois par an.

Avec le temps, il continuera son œuvre de rénovation agricole et sociale pour le plus grand profit des agriculteurs du pays.

Syndicat agricole de Bougé-Chambalud.

20 mars 1897. — M. 67.

Président : M. LE COMTE P. DE MONTS

Entrepôt. — Coopérative. — Bulletin. — Almanach. — Crédit. — Enseignement.

Petit syndical communal de 67 membres, en grande majorité fermiers et petits cultivateurs, il a été fondé le 20 mars 1897. Sa cotisation est de 1 fr. 50, elle lui permet de servir gratuitement à ses adhérents le Bulletin et l'Almanach de l'Union.

Affilié à la Coopérative du Sud-Est, qui est son unique fournisseur, il achète annuellement pour 4,500 fr. de marchandises professionnelles, qui sont ensuite réparties dans l'entrepôt du siège social.

L'importance de l'enseignement agricole a, dès la première année, attiré son attention et, non content d'encourager les maîtres et les élèves, dont 4 ont obtenu le certificat agricole, il a constitué un Comité qui, à l'aide de souscriptions, a la mission de fournir les livres classiques d'agriculture.

Pour ses sociétaires, il a organisé le battage en commun et le crédit agricole, en attendant qu'il les fasse bénéficier des assurances agricoles dont nous ne saurions trop lui rappeler l'intérêt autant que l'importance.

Les débuts heureux de ce syndicat permettent de bien présager de son avenir, et il peut rapidement devenir très prospère s'il sait mener de front les différentes créations que ses associés attendent de lui.

Le président est un jeune, il a tout ce qu'il faut pour s'occuper utilement de son syndicat, il aura à cœur de montrer une fois de plus que la bienfaisance et le dévouement à la chose publique, ces vieilles traditions de sa famille, ne sont pas pour lui de vains mots.

Syndicat agricole de Bourgoin.

22 décembre 1895. — M. 350

Président : M. GALLOIS

Coopérative.— Bulletin.— Almanach.— Assurance-accidents. Compte bétail. — Enseignement. — Crédit

C'est dans les derniers jours de l'année 1895 que la Société d'Agriculture de Bourgoin pensa à faire profiter ses membres de tous les avantages de la législation de 1884, en les groupant à côté d'elle en un syndicat indépendant.

Fondé par assemblée générale du 22 décembre 1895, le syndicat régularisait, le 13 janvier suivant, sa situation légale en accomplissant le dépôt règlementaire de ses statuts.

Enfermé, à son début, dans un cadre étroit qu'il devait briser plus tard, le syndicat ne pouvait se recruter que parmi les membres de la Société d'Agriculture de Bourgoin, lesquels versaient à cette société une cotisation, relativement élevée, de 5 francs par an.

Le syndicat ne prélevait aucune cotisation nouvelle et devait se contenter, pour assurer son existence, d'une remise de 1 0/0 qu'il imposait à son profit aux fournisseurs.

C'est avec ces ressources modestes, sans cotisation, sans secours, sans subvention d'aucune sorte, qu'il se fondait, trouvait le moyen de vivre et de prospérer. Son budget de la première année d'exercice n'atteignait pas 200 francs.

Il s'affiliait, dès la première heure, à l'Union du Sud-Est.

Placé dans une région assurément fertile et riche, à proximité de Lyon, dans un pays sillonné de voies de communication importantes, siège d'industries nombreuses qui, si elles déversent de l'argent, enlèvent ou détournent les bras et les capitaux, le Syndicat de Bourgoin se trouvait en présence d'une situation difficile : l'obligation de lutter, sur le marché local, contre la production lyonnaise très rapprochée et trouvant dans un centre comme Bourgoin-Jallieu les éléments faciles d'une redoutable concurrence commerciale. En retour, cette même situation dispensait le syndicat de s'occuper des questions secondaires de quincaillerie, menus outillages, épicerie, etc., qui absorbent souvent une partie des forces vives des organisations syndicales. La concurrence locale suffisait amplement à assurer sur ces points toutes facilités au consommateur; le syndicat trouvait, d'ailleurs, dans la Coopérative du Sud-Est, le moyen de satisfaire facilement à toute demande non prévue par ses marchés généraux.

S'attachant aux grandes lignes le syndicat ne visa, au point de vue commercial, que les engrais chimiques, les plants de vigne d'origine sûre, les semences, quelques outils spéciaux, les machines agricoles, etc.

Obtenir ces marchandises irréprochables aux plus bas prix possible, avec des conditions de paiement pouvant convenir à toutes les bourses et à toutes les exploitations, tel fut le but proposé.

Le mode de procéder mérite un rapide exposé.

Chaque semestre le syndicat passe des marchés à livrer, sans fixation de quantité, avec les maisons présentant les garanties nécessaires ; le bureau publie ses prix, réunit les commandes de ses adhérents, organise les groupements permettant de bénéficier des réductions de port, surveille les expéditions et s'assure, par de soigneuses analyses, de l'observation rigoureuse des dosages et des qualités prévues.

Les maisons, avec lesquelles les marchés sont passés, assurent, sans aucune garantie du syndicat, l'expédition directe aux intéressés et le recouvrement également direct de chaque facture sur le syndiqué devenu leur client.

Le syndicat ne fait donc ni facture ni recouvrements, sa tâche en est simplifiée d'autant.

A la fin de chaque exercice, il liquide avec les fournisseurs son compte de remises (1 0/0 à son profit) et ces sommes servent à assurer l'équilibre de son budget; avec la Coopérative du Sud-Est, il se contente des chances de répartition qui ont du reste toujours dépassé cette remise.

Les syndiqués peuvent acheter au comptant avec 1 0/0 d'escompte, au pair à 90 jours, à volonté avec un délai plus long, sauf intérêt à 5 % par an.

Le syndicat assure donc le crédit agricole à un de ses points de vue les plus intéressants.

Le résultat, incontestablement supérieur à toute attente, donna, pour les engrais chimiques notamment, la rapide progression suivante :

Année 1896		63	tonnes
» 1897		141	»
» 1898		185	»
» 1899		350	»

Dès sa fondation, le syndicat avait créé une caisse de secours contre la mortalité du bétail bovin ; d'une prudence peut être excessive, craignant les responsabilités en présence de l'enregistrement, absolument sceptiques relativement aux interprétations de la loi données par des députés ou des ministres divers, parmi lesquelles manquait la seule intéressante, celle émanant du ministre compétent, les organisateurs adoptaient le principe d'une caisse de secours différente de l'assurance proprement dite. Basée sur la bonne foi et l'intérêt mutuel de ses adhérents, ne prenant ni n'exigeant aucun engagement, cette caisse échappait ainsi à toute entreprise fiscale.

Elle fonctionne depuis mai 1896 avec une moyenne de 60 à 70.000 francs de bétail assuré, elle a payé intégralement les 4/5 règlementaires des sinistres survenus et s'est constitué une solide réserve, garantie encore actuellement par le compte de participation de la Coopérative à laquelle elle s'est empressée de s'affilier. Elle a bénéficié, en février 1899, d'une subvention gouvernementale de 150 fr.

Le Syndicat de Bourgoin a également développé parmi ses adhérents les assurances contre les accidents du travail agricole; 34 polices ont été souscrites, dont quelques-unes sont considérables.

Ces deux œuvres d'assurances, accident et mortalité-bétail, ont été l'objet de conférences nombreuses dans les diverses communes de la région.

L'instruction agricole, à ses divers degrés, a été largement stimulée et, en 1899, aux derniers examens pour les diplômes de l'Union du Sud-Est, 232 candidats, en y comprenant ceux venus des syndicats voisins, se présentaient au siège du syndicat.

Un registre d'offres et de demandes, soit pour la vente des produits agricoles, soit pour le personnel, est tenu au siège de la société ; ses éléments sont publiés chaque mois dans le *Sud-Est*, organe reçu par tous les membres des sociétés d'agriculture de l'Isère.

Une réunion hebdomadaire a lieu dans un établissement de Bourgoin, des membres du bureau s'y tiennent en permanence le jeudi, jour du marché, et les jours de foire, de 10 heures à midi, donnant aux agriculteurs tous les renseignements intéressants, recevant et groupant les commandes, centralisant, en un mot, tous les éléments de l'action syndicale. Ces réunions, très commodes, ont parfaitement réussi, et sont très suivies par les cultivateurs qui en comprennent tout l'intérêt.

Le syndicat ne néglige aucune occasion de faire distribuer gratuitement à ses membres des brochures ou des instructions qu'il fait au besoin imprimer spécialement pour faire connaître à ses adhérents les procédés nouveaux, ou rectifier les procédés en usage. Chacun d'eux reçoit gratuitement le *Sud-Est*, journal agricole local et l'Almanach de l'Union.

Au début de l'année 1899, le bureau du syndicat, non sans avoir à lutter contre des résistances opiniâtres, réussit à faire adopter par la Chambre syndicale la mesure qui devait définitivement briser le cercle restreint dans lequel le syndicat avait été enfermé à son origine.

Par décision du 9 février 1899, les cultivateurs non membres de la Société d'Agriculture étaient admis dans le syndicat à titre de membres adhérents payant une cotisation de 1 franc seulement par an.

Ils peuvent faire toutes les opérations syndicales.

Cette mesure libérale permet aux petits cultivateurs qu'effrayait la cotisation de 5 francs de la Société d'Agriculture, de bénéficier, dans la mesure de leurs besoins et de leurs moyens, des avantages syndicaux.

Le résultat ne s'en fit pas longtemps attendre ; peu de temps après, le 12 mars 1899, grâce à l'initiative de la Société d'Agriculture de Crémieu, M. Armanet était appelé à faire à Crémieu une conférence sur les avantages syndicaux et, séance tenante, une section de syndicat, rattachée au Syndicat de Bourgoin, était organisée dans le canton de Crémieu. Le 15 mars, elle était adoptée et consacrée par une décision de la Chambre syndicale de Bourgoin et définitivement englobée dans le syndicat.

Le commencement du XXe siècle verra donc le Syndicat agricole de Bourgoin rayonner sur environ 70 communes et grouper autour de lui 350 syndiqués.

Ce résultat fait honneur aux hommes d'initiative et de progrès qui ont pris à leur charge son administration et sa direction et il est juste d'attribuer, pour une bonne part, à l'actif et intelligent dévouement de son secrétaire général la prospérité de cette très vivace association.

Syndicat agricole de Brangues-St-Victor.

16 mai 1898. — M. 98

Président : M. LE COMTE DE VIRIEU.

Coopérative. — Almanach. — Instruments.

Quoique fondé seulement le 16 mai 1898, ce syndicat, qui rayonne sur les deux communes précitées, a rapidement compris sa raison d'être. Il réussira, car ses fondateurs ont la foi.

Son effectif se compose de 3 grands propriétaires, de 83 cultivateurs et de 12 ouvriers agricoles ; pour tous la cotisation est uniformément de 1.50.

Voulant procéder avec méthode et asseoir sur des bases solides ses créations, le syndicat a consacré sa première année à l'organisation des services matériels ; il semble avoir conduit cette œuvre à bien puisque son chiffre d'affaires atteint 9.000 francs ; si l'on considère que cette somme est exclusivement représentée par des engrais chimiques et des semences sélectionnées vendus à des cultivateurs qui n'avaient jamais entendu parler de tout cela, ce résultat est tout à fait merveilleux. Pour faire connaître les instruments nouveaux, il loue les meilleurs modèles à ses adhérents, qui s'empressent, après essai, d'en faire acquisition.

Le choix des semences, la bonne qualité des engrais ont été une surprise pour cette population laborieuse qui n'avait jamais connu que des courtiers marrons qui lui vendaient à 20 fr. du sable calciné ! Ce sera évidemment pour le syndicat la meilleure des propagandes.

Sur le terrain de l'enseignement le syndicat s'est jusqu'ici borné à servir gratuitement à ses membres l'Almanach de l'Union, mais l'année actuelle ne se passera pas sans qu'il organise l'enseignement agricole dans les écoles de ses deux communes.

Sur le terrain de l'assistance et de la prévoyance, on conçoit aisément qu'il n'ait rien pu faire encore, mais nous ne doutons pas qu'il porte de ce côté tous ses efforts, resserrant ainsi les liens étroits qui unissent tous les membres, grands et petits, de cette famille syndicale.

Il est trop bien parti pour ne pas tenir ses promesses et nous faisons des vœux très sincères pour que bientôt nous ayons la satisfaction de proclamer qu'il y a complètement réussi.

Syndicat agricole de Brion.

7 août 1895. — M. 55

Président : M. L'Abbé GERBERT

Entrepôt. — Coopérative. — Bulletin. — Almanach. — Assurance-accidents.

Ce syndicat communal, fondé en août 1895, compte 55 membres, tous petits cultivateurs.

Sa cotisation est de 1 fr. ; le chiffre de ses affaires atteint 5.000 fr. produits par la vente de tous les articles professionnels et des principales denrées de consommation. Le syndicat a deux entrepôts : l'un pour les produits agricoles, l'autre pour les produits de consommation. Les premiers sont achetés ferme, les seconds en consignation, mais tous à la Coopérative du Sud-Est.

Grand producteur de noix et de pommes, le syndicat de Brion serait très désireux d'entrer en relations avec nos syndicats consommateurs de ces produits et c'est avec plaisir que nous lui prêtons notre large publicité, heureux si elle lui donne de bons résultats.

Pour développer l'emploi des engrais chimiques, les membres du Bureau font, sur leurs terrains propres, de nombreuses expériences dont les résultats servent de guide à leurs co-associés ; ils complètent cet enseignement pratique par le Bulletin et l'Almanach de l'Union, auxquels viendra s'ajouter l'enseignement agricole donné dans les écoles primaires, sous la direction et avec les encouragements du syndicat.

Au point de vue économique, le Syndicat a voté les bases d'une caisse de crédit qui va fonctionner prochainement sur le principe de la loi de 1894 : il a fait bénéficier plus du quart de ses membres de l'assurance contre les accidents agricoles organisée à la Coopérative du Sud-Est.

En résumé, ce petit syndicat a rendu de très grands services. Le premier créé dans la région, il a rendu ces associations populaires dans les communes environnantes, en régularisant le prix des marchandises que l'augmentation constante des petits marchands n'avait fait qu'élever, et aussi en rendant la confiance aux agriculteurs pour tous les engrais que l'achat à des courtiers marrons avait totalement discrédités. Toutes les familles ont un de leurs membres faisant partie du syndicat et cette commune, si divisée il y a quelques années, est aujourd'hui, grâce à l'esprit d'association, des plus unies et des plus prospères.

C'est le meilleur éloge que nous puissions faire de ce syndicat, c'est pour ceux qui le dirigent la plus agréable des récompenses.

Syndicat agricole de La Buissière.

5 avril 1898. — M. 17

Président : M. J. BRUN.

Coopérative.

Bien que fondé le 5 avril 1898, ce syndicat est encore en pleine organisation et le seul acte que nous ayons à enregistrer est son adhésion à la Coopérative à laquelle ses 17 membres ont acheté pour 1.200 francs de produits agricoles ou de denrées de consommation.

Son effectif restreint se prête bien à l'organisation d'un compte-bétail et comme, probablement, il recevrait du Ministère une sub-

vention de 500 francs, il aurait là tout de suite les éléments nécessaires à une très appréciable réserve.

Syndicat agricole et viticole de Cessieu.

20 février 1894. — M. 110

Président: M. Paul DOUBLIER

Almanach. — Champ d'expériences.

Datant du 20 février 1894, ce syndicat, qui rayonne sur trois petites
communes, compte 110 membres, en grande partie petits propriétaires et ouvriers agricoles.

A la cotisation de 1 fr. vient s'ajouter le droit d'entrée de 3 fr.
dont le revenu permet la distribution annuelle gratuite de l'Almanach
de l'Union.

Strictement professionnels, les achats de ce syndicat atteignent
6.000 fr. environ dont la plus grosse part est fournie par les engrais
et les produits insecticides pour la défense de la vigne.

Son rôle économique s'est, jusqu'ici, borné à la création et à l'entretien d'un petit champ d'expériences, placé à l'école, sous la direction de l'instituteur, mais il se développera, en même temps qu'avec
l'argent fourni par les services matériels le syndicat pourra réaliser
la partie sociale de sa mission.

Syndicat agricole de Châbons.

4 septembre 1890. — M. 316

Président : MARQUIS DE VIRIEU

Entrepôt. — Coopérative. — Bulletin. — Almanach.— Instruments. — Assurance-accidents. — Aide mutuelle.

Ce syndicat a déposé ses statuts à la mairie de Châbons, le 4 septembre 1890 ; il a été constitué le même jour par cinq fondateurs, juste de quoi composer un Bureau. Son premier acte fut une demande d'affiliation à l'Union du Sud-Est, acceptée en octobre de la même année ; depuis, il a toujours et régulièrement reçu pour tous ses adhérents le Bulletin et l'Almanach de l'Union.

En janvier 1891, il comptait 23 membres ; son chiffre d'affaires, pour l'exercice, s'élevait à 6.000 francs, soit environ 260 francs par tête.

L'année 1892 les trouve une centaine. Le prix auquel il livre, au printemps, les semences, engrais, plâtres, lui vaut un accroissement sensible qui porte son effectif à 170.

Au mois de mai 1892, ce syndicat, sur 180 membres, en comptait 53 de la commune du Grand-Lemps, 24 de la commune de Colombe, 15 de la commune d'Apprieu. Les communes d'Apprieu et du Grand-Lemps comptant déjà chacune un syndicat affilié à l'Union, le Bureau jugea convenable de rendre à ceux-ci leurs compatriotes et de resserrer ainsi les liens d'amical voisinage qui unissaient les trois associations.

A la même époque, il aidait à la constitution d'un syndicat à Colombe, dont ses 24 adhérents de cette commune devenaient le noyau fondateur. Cette générosité ne devait pas nuire à ce syndicat qui, malgré une diminution sensible d'effectif, faisait néanmoins, en 1892, pour 14.000 francs de transactions, soit 8,000 francs d'augmentation sur l'exercice précédent.

En mars 1893, le syndicat adhère à la Coopérative agricole du Sud-Est et ajoute ainsi les articles de ménage et de consommation aux articles professionnels. Il ouvre en même temps un entrepôt qui, depuis, est régulièrement ouvert trois fois par semaine et constamment approvisionné des articles les plus usuels. Le chiffre d'affaires en subit une vigoureuse impulsion et atteint, de ce jour, le chiffre de 27.000 francs.

Conséquence naturelle, l'effectif augmente proportionnellement et atteint actuellement 250 adhérents.

Continuant son œuvre de propagande syndicale si généreusement commencée, le syndicat prend l'initiative d'un nouveau syndicat qui est créé, fin décembre 1893, à Nivolas.

Malgré ces ablations voulues, le syndicat de Châbons est aujourd'hui en pleine prospérité; affaires et effectif augmentent sans cesse. Ses membres sont aujourd'hui 316, ses affaires se montent à 30.000 fr., il réussit à écouler tous les blés de semence récoltés par ses adhérents ; il a acheté une machine à battre et un trieur pour l'usage des syndiqués, il a fait profiter ceux-ci des assurances-accidents et de l'aide mutuelle ; par l'Union, il a donné une vive impulsion, non seulement à l'esprit d'association, mais encore à la culture intensive. C'est la récompense, pour son Bureau, du dévouement généreux et désintéressé qu'il apporte au service de l'agriculture locale.

Syndicat agricole de Chantesse.

3 décembre 1897. — M. 33

Président : M. A. CHOLLET

Coopérative. — Bulletin.

Fondé le 3 décembre 1897, ce syndicat compte aujourd'hui 33 membres, pour lesquels il s'est contenté, jusqu'à ce jour, d'utiliser les services de la Coopérative, avec laquelle il fait environ 1.500 francs d'affaires.

La mort inopinée de son premier président, M. Ed. Martin, l'a quelque peu désorienté, mais, si triste que soit le vide créé par la disparition de cet homme de bien, le bureau doit se ressaisir et continuer sa marche en avant.

Les premiers débuts lui permettent d'espérer un succès, il n'a pas le droit de faillir à la confiance que les syndiqués ont placée en lui.

Syndicat agricole de Chichilianne-en-Trièves.

19 juillet 1896. — M. 52

Président: M. L'ABBÉ SIAUD.

Entrepôt. — Coopérative. — Aide mutuelle.

Ce petit syndicat communal, fondé le 19 juillet 1896, compte 52 membres ; seul son président fait travailler, tous les autres sont de petits cultivateurs ou des ouvriers agricoles. La cotisation est de 0 fr. 60 pour ces derniers, de 1 franc pour tous les autres.

Affilié à la Coopérative du Sud-Est, qui est son exclusif fournisseur, le syndicat achète ferme les marchandises agricoles, et reçoit en consignation les denrées de consommation. L'ensemble des achats qu'il effectue pour ses membres est de 4.000 francs par an.

Dans sa réponse à notre questionnaire, le très dévoué président de ce syndicat nous fait observer que, si celui-ci vend les denrées de consommation, il y a été obligé par l'intolérance des épiciers qui, au début de l'association, avaient mis ses membres en quarantaine et leur avaient refusé les denrées d'usage journalier. Le résultat a été à l'encontre des désirs du commerce et il est probable que celui-ci a dû trouver que les agriculteurs n'étaient pas aussi simples qu'ils en ont l'air et que, s'ils ne sont pas gens à attaquer, ils sont du moins de taille à se défendre.

L'intolérance est toujours mauvaise conseillère et elle n'a pas porté bonheur aux petits commerçants de Chichilianne puisque, depuis, les agriculteurs non syndiqués exigent de leurs fournisseurs les mêmes prix que ceux pratiqués au syndicat. Celui-ci a donc exercé une influence des plus heureuses dont ont profité, sans distinction, tous les agriculteurs du pays.

Si importants que soient les services rendus, il semble qu'ils n'ont pas paru suffisants aux syndiqués, puisque, dans leur dernière réunion ils ont décidé d'organiser l'assurance contre la grêle, l'assurance contre les accidents, la formation d'une société de secours mutuels. Toutes ces créations, des plus intéressantes, ne sont qu'en projet, mais nous croyons qu'elles seront bien vite une réalité. En attendant, l'aide mutuelle par le travail fonctionne, elle est obligatoire pour tous les syndiqués.

Chaque mois les membres du syndicat se réunissent pour discuter leurs intérêts ; c'est moins un syndicat qu'une grande famille dans laquelle tous les membres concourent à la prospérité de chacun et à l'amélioration du sort de tous. C'est bien là le véritable esprit de l'association syndicale, et il faut féliciter bureau et syndiqués de l'avoir si intelligemment compris, mais il leur manque encore de recevoir le Bulletin et l'Almanach pour être intimement reliés à la grande famille de l'Union du Sud-Est.

Syndicat agricole de Chozeau.

7 février 1899. — M. 39

Président : M. LE COMTE DE CHAMBOST.

Coopérative. — Bulletin.

Ce petit syndicat de commune est de création trop récente pour avoir encore une histoire et, depuis le 7 février 1899, il a eu à peine le temps d'organiser ses services matériels.

Grâce à la Coopérative du Sud-Est, à laquelle il a eu la sagesse de s'affilier dès le premier jour, il a pu cependant livrer à ses membres, dans le courant de l'année, pour 1,100 fr. d'engrais chimiques.

Désireux de recruter le plus d'adhérents possible, il a créé deux cotisations, l'une de 2 fr. pour les propriétaires, l'autre de 1 fr. pour les adhérents. Cette dernière catégorie nous semble la plus nombreuse puisque sur 39 membres, il ne compte que 4 propriétaires faisant travailler, les 35 autres étant de petits cultivateurs ou des ouvriers agricoles.

Ce syndicat est bien jeune pour avoir pu faire autre chose que s'organiser; espérons que l'histoire de ses aînés lui sera profitable et qu'il y trouvera des exemples dont il saura profiter.

Syndicat agricole de Colombe.

6 mai 1892. — M. 60

Président: M. Joseph PERRIN.

Bulletin.

Ce syndicat de petits cultivateurs a été formé le 6 mai 1892; il compte à ce jour 60 membres payant une cotisation annuelle de 2 fr., et faisant au total un chiffre d'affaire de 10,000 francs.

Ce sont, pour l'instant, ses seuls états de services et, si l'on considère les difficultés sans nombre qui ont entravé sa .marche en avant, il y a lieu de les trouver encore très satisfaisants et d'encourager sincèrement ses administrateurs à continuer avec le même désintéressement l'œuvre à laquelle ils se sont si courageusement voués.

Syndicat agricole de Corbelin et des communes environnantes

A CORBELIN.

10 janvier 1897. — M. 150

Président : M. J. GAY.

Entrepôt. — Coopérative. — Bulletin. — Almanach.— Instruments.

Ce petit syndicat, à circonscription régionale peu étendue, a été fondé le 10 janvier 1897 ; il compte actuellement 150 membres dont 10 % de propriétaires faisant travailler, 85 % de propriétaires travaillant par eux-mêmes, 5 % d'ouvriers agricoles.

. En échange d'une cotisation de 1 fr. 50, il sert à ses membres le Bulletin et l'Almanach de l'Union, il leur fournit toutes les marchandises dont ils ont besoin et vend tous les produits qu'ils récoltent.

Par des conférences, il indique aux syndiqués les meilleures méthodes de culture et, par son entrepôt, il leur donne les moyens de se procurer tous les engrais et tous les instruments perfectionnés que nécessite la culture bien comprise. Il fait environ 30,000 fr. d'affaires, soit 200 fr. par tête; il a en location une faucheuse et les instruments viticoles utiles pour la défense des vignes.

Il compte sous peu compléter son action bienfaisante par la création d'une caisse de secours au profit de ses membres nécessiteux, ce qui nous prouvera une fois de plus que ce n'est pas toujours dans les grands syndicats que se développent le mieux l'activité et l'initiative syndicales.

Syndicat agricole de Cordéac.

7 juillet 1895. — M. 69.

Président : M. Pierre DOURNON

Coopérative.

Fondé le 7 juillet 1895. Jusqu'au départ de son fondateur, M. l'abbé Valentin, promu archi-prêtre au Villard-de-Lans, ce syndicat de cultivateurs, travaillant tous de leurs mains, a été très prospère.

Affilié à la Coopérative, il lui achetait en consignation les outils et les denrées de consommation et en vente ferme les sels et les tourteaux pour le bétail.

Il faut souhaiter que, se souvenant des bonnes leçons de M. l'abbé Valentin, ce syndicat retrouve son ancienne activité. Il a près de lui les bons exemples des autres syndicats de l'Union des Alpes Dauphinoises dont il fait partie : qu'il sache en profiter, qu'il se réveille.

Syndicat agricole et viticole de la Côte-St-André.

14 juin 1891. — M. 361

Président : M. MEYER, député.

Entrepôt. — Coopérative. — Bulletin. — Almanach.

Ce syndicat remonte au 14 juin 1891.

Depuis quelque temps déjà, bon nombre de cultivateurs souhaitaient sa fondation, mais des influences locales, prévoyant qu'un syndicat porterait atteinte à leurs intérêts privés, multipliaient leurs efforts pour contrecarrer ce mouvement économique et en retarder l'organisation. Enfin, dans une réunion de viticulteurs du canton, la question, présentée sous forme de vœu, se fit jour par la nomination d'une commission d'hommes dévoués à l'agriculture et au progrès. La cause était gagnée.

Cette commission, réunie plusieurs fois, à intervalles rapprochés, discuta la question. M. Duc-Dodon, juge de paix du canton, voulut bien rédiger les statuts et, un beau jour, une société d'agriculture et le syndicat agricole étaient fondés.

La commission, nommée uniquement dans le but d'étudier les voies et moyens pour arriver à la formation d'un syndicat, mit ainsi au monde deux associations à la fois.

La première réunion générale, organisée par le comité provisoire, et tenue le 20 septembre 1891, fut présidée par M. Duc-Dodon, son principal organisateur ; une quarantaine d'adhésions y furent reçues et les personnes devant composer le conseil d'administration désignées.

Le 27 du même mois eut lieu, sous la présidence de M. Rabatel, maire de Gillonnay, et doyen d'âge, une deuxième réunion pour l'organisation définitive du conseil d'administration. M. Meyer fut nommé président.

Le 11 octobre suivant, le conseil d'administration, réuni sous la présidence de M. Meyer, vote l'impression des statuts et décide qu'une majoration de 2 % sera faite sur les marchandises pour permettre d'indemniser le secrétaire et de constituer un fonds de réserve pour le syndicat.

L'époque avancée de la saison rendit impossible son fonctionnement qui n'a commencé qu'en 1892.

Au début, comme il est expliqué dans l'article 5, pour être admis au syndicat il fallait faire partie de l'une des deux sociétés organisées dans le canton. Dans la réunion générale du 4 septembre 1892, cette obligation a été supprimée et, finalement, le 25 juin 1893, en Assemblée générale, la cotisation a été ramenée au prix uniforme de 1 fr. pour tous, membres des sociétés d'agriculture ou non.

Il compte aujourd'hui 361 membres, dont 90 % de petits cultivateurs, fermiers ou vignerons.

Affilié à la Coopérative du Sud-Est, c'est à elle surtout qu'il fait ses achats, dont la moyenne annuelle atteint 26.000 fr.

Vivant côte à côte avec une société de viticulture déjà ancienne et une société d'agriculture et d'horticulture fondée en même temps que lui, ce syndicat a dû se borner à servir le Bulletin et l'Almanach de l'Union à ses membres et se désintéresser de tout ce qui touche plus spécialement à l'enseignement.

Formé surtout de petits cultivateurs peu instruits et très occupés, ses réunions sont rares, peu suivies, de là le manque de cohésion, dû peut-être aussi à son rayon trop étendu.

Le rôle matériel du syndicat est le seul qui ait frappé le paysan, et il est regrettable que le rôle social ou seulement économique ne l'intéresse pas. Le Bureau du Syndicat de la Côte voudrait bien marcher de l'avant, mais, si forts que soient la bonne volonté et le dévouement du moteur, si les roues se grippent, il est difficile de se mettre en route.

Espérons que les agriculteurs de la Côte trouveront bientôt leur chemin de Damas et qu'ils ne refuseront plus longtemps les précieux avantages que leur offre leur association. Ce chemin de Damas serait sans doute celui qui les conduirait à une réunion et à un banquet annuels, car rien ne donne mieux l'idée de se sentir les coudes que ces réunions et ces repas pris en commun.

Syndicat agricole de Dolomieu.

18 novembre 1894. — M. 240

Président : M. Joseph BIBOUD.

**Entrepôt. — Coopérative. — Bulletin. — Almanach.—
Instruments. — Enseignement. — Assurance-accidents.**

Créé le 18 novembre 1894, ce syndicat communal, uni à la Coopérative, compte 240 membres travaillant tous comme petits cultivateurs ou fermiers, et payant, pour en faire partie, une cotisation de 3 fr. la première année, et de 1 fr. les années suivantes.

Veut-on connaître son but ? Le voici dans toute son éloquente naïveté, tel qu'il est donné par ses fondateurs :

« Travailler la main dans la main pour exploiter économiquement nos terres, en augmentant nos rendements ; nous aimer les uns les autres en nous rendant service le plus possible ».

Au surplus, nous nous trouvons en présence d'une association essentiellement fraternelle où toutes les expériences se font en commun, où tous les outils ou machines sont prêtés gratuitement par celui qui les possède à celui qui n'en a pas, où les essais de chacun sont l'instruction et le bénéfice de tous. C'est bien là un petit essai de socialisme, mais combien différent de celui des Jaurès et consorts !

Fournissant à ses adhérents toutes les marchandises professionnelles, ce syndicat leur sert annuellement pour une somme moyenne de 24,000 francs.

Composé de petits cultivateurs, peu instruits pour la plupart, ce syndicat a compris tout le bienfait de l'instruction et il fait, depuis deux ans, des efforts méritoires pour propager dans les écoles l'enseignement agricole ; il a obtenu, cette année, un premier résultat intéressant, puisque 9 de ses candidats ont obtenu le certificat agricole et 2 le certificat supérieur. Chacun des lauréats et des maîtres qui les ont préparés ont reçu un objet agricole utile. Quant aux syndiqués eux-mêmes, ils reçoivent gratuitement le Bulletin et l'Almanach de l'Union.

Comme assurances le syndicat fait bénéficier ses membres de l'assurance-accidents agricoles et va mettre, au 1er janvier 1900, un compte mortalité-bétail à leur disposition.

Constitué entre travailleurs, administré par eux-mêmes, ce syndicat est l'un des plus intéressants à suivre, et comme son passé déjà brillant nous est un sûr présage pour l'avenir, nous lui adressons bien volontiers tous nos vœux de succès.

Syndicat agricole d'Eclose et Badinières

A ÉCLOSE

12 août 1894. — M. 56

Président : M. J.-B. PELLET.

Coopérative. — Bulletin. — Almanach. — Instruments. — Enseignement. — Tribunal arbitral.

C'est le 12 août 1894 que fut fondé, entre cultivateurs travaillant tous par eux-mêmes, ce petit syndicat et, malgré que ses fondateurs se plaignent de n'avoir parmi eux aucun homme assez instruit ou assez riche pour leur aider à bien remplir leur mission, ce groupement, essentiellement rural, peut être classé parmi les plus actifs et les plus intéressants.

En échange d'une cotisation de 2 fr. il sert à tous ses adhérents le Bulletin et l'Almanach de l'Union et, sans entrepôt, il livre environ pour 3.000 fr. d'engrais, d'outils, de charbon et de denrées alimentaires, achetés en très grande partie à la Coopérative du Sud-Est.

Rayonnant dans un pays où les blés et les fourrages sont les principales cultures, il a acheté une batteuse et constitué entre ses membres la coopération du travail pour le battage en commun.

Au point de vue économique il a organisé dans les écoles de sa commune, l'enseignement agricole et fait recevoir trois candidats au concours de 1899.

Enfin, et comme complément, il étudie actuellement l'organisation de l'aide mutuelle par le travail, après avoir créé, cette année même, un tribunal arbitral de trois membres chargé de régler tous les différends qui peuvent surgir entre les associés.

N'est-ce point là le véritable syndicat agricole tel que nous le comprenons ?

Syndicat agricole de Frontonas.

3 décembre 1899. — M. 24

Président : M. JOSEPH SORLIN

Constitué le 3 décembre 1899, il n'a pas eu le temps de faire parler de lui et il s'est contenté de recruter 24 membres, tous petits cultivateurs travaillant eux-mêmes.

C'était peut-être le plus difficile, il lui appartient de prouver à ses amis de la première heure qu'ils n'ont point eu tort d'avoir confiance en lui.

Syndicat des Agriculteurs du Grand-Lemps.

31 octobre 1892. — M. 43

Président : M. J.-B. GORDAZ

Entrepôt. — Coopérative. — Bulletin. — Almanach.

Créé le 31 octobre 1892, ce syndicat compte 43 membres tous affiliés à la Coopérative agricole.

Son chiffre d'affaires varie de 3 à 5.000 francs par an ; il porte sur les engrais et les denrées de consommation. L'un des premiers, il a régulièrement servi à tous ses adhérents le Bulletin et l'Almanach de l'Union.

Nous croyons qu'avec un peu de courage et beaucoup de constance les administrateurs dévoués de ce syndicat secoueront l'apathie des cultivateurs de cette région. Qu'ils les réunissent souvent, qu'ils les entraînent par quelques conférences, qu'ils organisent l'assurance-bétail, le succès doit répondre à leurs efforts.

Syndicat agricole de Gresse.

23 mars 1898. — M. 58

Président : M. MARTIN-BELLET

Coopérative. — Bulletin. — Almanach.

Ce syndicat a été créé pour les seuls habitants de la commune de Gresse, le 23 mars 1898 ; il comprend aujourd'hui 58 membres travaillant tous par eux-mêmes, c'est environ 70 % de la population agricole.

Arrivant, par la bonne entente de tous ses associés, à se passer d'employés, il s'est contenté jusqu'à présent d'un droit d'entrée de 1 fr. par membre ; avec le petit prélèvement opéré sur les marchandises qu'il vend, il peut fournir à tous ses syndiqués le Bulletin et l'Almanach de l'Union

Affilié à la Coopérative du Sud-Est, qui est son fournisseur principal, ce syndicat vend pour 3 à 4.000 fr. d'engrais, tourteaux, et autres fournitures professionnelles.

Son champ limité ne lui a pas permis de développer son action et de s'occuper d'autre chose que des intérêts strictement matériels de ses adhérents, mais l'avenir lui appartient.

Syndicat agricole des Iles-Roussillon.

AU PÉAGE-DE-ROUSSILLON

19 avril 1897. — M. 302

Président : M. Louis DUGAS.

**Entrepôt. — Coopérative. — Bulletin. — Almanach.
— Assurance-accidents. — Compte bétail. — Crédit.
— Bibliothèque. — Enseignement.**

Rayonnant sur 11 communes du canton de Roussillon, ce Syndicat, qui compte aujourd'hui 302 membres dont 200 petits cultivateurs exploitant par eux-mêmes, a été créé le 19 avril 1897. La cotisation est de 2 fr. 50.

Avec un zèle des plus louables, son Bureau a voulu marcher vite et à l'encontre de ce qui arrive souvent, il a réussi. S'il n'a pas encore pu faire beaucoup au point de vue purement social, il a déjà fait beaucoup sur le terrain des intérêts matériels et économiques.

Pour faciliter les achats de ses membres, ce syndicat a créé quatre entrepôts qu'approvisionne le dépôt central du Péage-de-Roussillon, placé sous la direction permanente d'un entrepositaire qui, sous la surveillance du Bureau, fait tous les achats nécessaires à la Coopérative du Sud-Est. Le chiffre annuel des affaires oscille entre 18 et 20.000 francs de produits exclusivement professsionnels, le syndicat n'ayant pas voulu, jusqu'à ce jour, malgré les demandes réitérées de ses adhérents, s'occuper des denrées de consommation.

A deux reprises il a tenté l'écoulement des produits de ses membres ; ses essais ont porté sur les fruits et le vin ; comme ailleurs, le défaut d'esprit coopératif entre les syndiqués a fait échouer cette intéressante tentative.

L'un des premiers, le Syndicat des Iles-Roussillon, non content de fournir à tous ses syndiqués le Bulletin et l'Almanach de l'Union, a compris tout l'intérêt qu'avait pour nos campagnes le développement de l'enseignement agricole et quand l'Union du Sud-Est l'organisa, elle trouva là un terrain bien préparé. En deux ans, le Syndicat a obtenu pour les garçons : un diplôme de deuxième année et

70 certificats de première année, et pour les filles 15 certificats de première année.

Il faut, bien entendu, ne considérer dans ces chiffres que les élèves des écoles libres, car au Péage, comme ailleurs, les instituteurs et institutrices n'osent pas fraterniser avec le syndical ! Les préjugés qui représentent ces associations comme des foyers d'opposition sont encore très vivaces et les grands maîtres de l'Université n'ont pas encore permis à leurs subordonnés de faire profiter leurs élèves de nos utiles créations !

En attendant la levée de cette mise à l'index, le syndical s'occupe de la création d'une petite boulangerie coopérative qui sera très vraisemblablement organisée au moment où paraîtront ces lignes.

Une caisse de crédit a été organisée en 1897 au capital de 7.000 fr. dont 2/4 versés ; depuis 25 mois qu'elle fonctionne, elle a rendu de très appréciables services aux cultivateurs, sans que la caisse ait eu un seul effet impayé, une seule poursuite à exercer. Sa récente affiliation à la Caisse régionale du Sud-Est ne peut qu'augmenter son importance et accroître ses services.

Moins avancé, le service des assurances est encore en période d'organisation ; 10 polices ont été souscrites contre les accidents agricoles par la Coopérative et un compte spécial a été ouvert dans la commune de St-Prim pour l'assurance-bétail.

Sur le terrain social, le syndicat a pris une heureuse initiative dont il y a lieu de le féliciter : il a constitué une société pour la conservation et la réhabilitation du parler local. Ajoutons à cela la création d'une bibliothèque-buvette où les adhérents peuvent se réunir tous les dimanches et nous aurons esquissé à grands traits l'histoire d'un syndicat bien jeune, mais bien lancé pour arriver promptement à réaliser toutes les espérances qu'ont fondées sur lui ses fondateurs et tous les amis de l'agriculture.

Syndicat agricole d'Izeaux.

10 décembre 1896. — M. 100

Président : M. CHEVRON

Entrepôt. — Coopérative. — Bulletin. — Almanach.

Fondé en 1896, pour la seule commune d'Izeaux, ce syndicat compte aujourd'hui 100 membres, tous petits cultivateurs ou ouvriers agricoles.

La cotisation, de 1 franc, assure à chaque adhérent le service gratuit du Bulletin et de l'Almanach, elle permet au syndicat de profiter des avantages de la Coopérative du Sud-Est, à laquelle il passe exclusivement ses ordres d'achat.

Le chiffre d'affaires, qui porte seulement sur les engrais et les charbons, atteint environ 5.000 francs.

C'est un commencement encourageant, et nous croyons qu'il y a, pour ce syndicat, dans le compte de prévoyance contre la mortalité du bétail un élément de succès dont il fera bien de tirer parti. Grâce à la Coopérative, il peut créer, sans beaucoup de risques, cette assurance au profit de ses membres et nous serions bien étonné s'il n'y trouvait pas un nouveau regain de vitalité et de prospérité.

Syndicat agricole de Jarrie.

15 décembre 1895. — M. 98

Président : M. PIERRE BLANC.

Almanach. — Compte bétail.

Constitué le 15 décembre 1895, il compte 98 membres tous petits cultivateurs ou fermiers.

En échange d'une cotisation de 1 fr. chaque sociétaire reçoit l'Almanach de l'Union, c'est tout ce que le syndicat a fait, croyons-nous, en tant que syndicat.

Son rôle exclusif s'est, en effet, borné à constituer un compte de prévoyance contre la mortalité du bétail, création qui a rendu les plus grands services et facilité singulièrement les débuts de l'association.

Il ne doit pas aujourd'hui s'arrêter là et, puisqu'il a heureusement franchi la toujours difficile période des débuts, il doit s'attacher à rendre à ses membres tous les services qu'ils sont en droit d'attendre de lui. Il a commencé par le plus pressé, c'est bien, il doit continuer par les services matériels et sociaux qui sont le complément indispensable de l'œuvre syndicale.

Syndicat agricole de Lans.

29 octobre 1899. — M. 29

Président : M. Pierre THORAND

Coopérative. — Bulletin. — Almanach.

Fondé le 29 octobre 1899, il a demandé, dès le premier jour, l'affiliation de ses 29 membres à la Coopérative agricole.

Il est jeune mais déjà il a procuré à ses membres le Bulletin et l'Almanach de l'Union, des engrais et des instruments agricoles, et cherché, pour les beurres que produisent les excellents pâturages du pays, un écoulement productif.

Il ne s'en tiendra pas là, et il étudie les assurances contre la mortalité du bétail et contre les accidents. Bien dirigé, ce syndicat prospèrera. Petit poisson deviendra gros.

Syndicat agricole de Lavars.

16 janvier 1896. — M. 18

Président : M. Alphonse JULLIEN

Entrepôt. — Coopérative.

Créé le 16 janvier 1896. Affilié à la Coopérative, ce syndicat, composé uniquement de cultivateurs, s'est surtout occupé de fournir à ses membres des denrées de consommation, des sels et quelques outils, mais fort peu d'engrais. Loin de s'accroître, ce petit syndicat est sur le point de disparaître, faute, peut-être, de n'être pas assez resté dans son rôle professionnel et agricole.

Syndicat agricole de Miribel-Lanchâtre.

29 septembre 1896. — M. 54

Président : M. Ernest TERRIER.

Coopérative

Depuis le 29 septembre 1896, date de sa fondation, il a réuni 54 petits cultivateurs, pour le compte desquels, sans exiger aucune cotisation, il achète annuellement à la Coopérative du Sud-Est, 4.000 francs de produits divers.

C'est, pour l'instant, le seul fait à signaler dans l'existence modeste, mais utile, de cette petite association communale. Le temps peut-être lui donnera plus d'activité, mais il faut lui tenir compte des difficultés qu'il a rencontrées et du peu de ressources que lui offre le pays.

Syndicat agricole de Miribel-les-Echelles.

12 octobre 1893 — M. 20

Président : M. J.-L. RENTIER.

Cette petite association, créée le 12 octobre 1893, ne compte que 20 membres, tous cultivateurs.

C'est tout ce que nous avons pu savoir sur son compte.

Souhaitons que l'année 1900 lui donne une activité plus grande et un peu plus d'ambition.

Syndicat agricole de Monestier-de-Clermont.

15 octobre 1894. — M. 150

Président : M. L'Abbé SIAUD

Entrepôt. — Coopérative. — Bulletin. — Instruments. Crédit.

Ce syndicat, constitué le 15 octobre 1895, est le résultat de la fusion des deux syndicats de Château-Bernard et de St-Paul-les-Monestier ; il est donc seul aujourd'hui pour représenter les intérêts agricoles de ce canton.

Son effectif se compose de 150 agriculteurs (2 % de grands propriétaires, 80 % petits cultivateurs, 18 % ouvriers ou domestiques agricoles, et quelle que soit la catégorie, aucun syndiqué n'est tenu à une cotisation.

Pour rendre ses services matériels, il a deux entrepôts approvisionnés par la Coopérative du Sud-Est ; le total des marchandises distribuées atteint 8.000 fr. par an, ce qui est un chiffre respectable pour une population peu aisée dont le travail ardu et perpétuel est la seule jouissance.

Dans ce pays où le lait est un des principaux produits, c'était faire œuvre utile que répandre les nouvelles écrémeuses centrifuges et comme il ne fallait pas songer à en conseiller l'achat aux cultivateurs eux-mêmes, le syndicat a eu l'heureuse idée de se substituer à eux et de mettre, par location, à la disposition de tous, cet instrument précieux trop cher pour la bourse d'un seul.

Dans le même ordre d'idées, c'est à son initiative qu'est due dans le pays l'introduction des taureaux de race tarentaise dont le bétail local ne peut qu'heureusement profiter.

Une caisse rurale, système Raiffeisen-Durand, a été établie à Château-Bernard ; son développement a été quelque peu arrêté par des démélés célèbres avec le fisc qui ont retenti jusque dans les murs du Parlement, mais aujourd'hui, après révision des statuts, elle a repris sa marche régulière pour le plus grand profit des cultivateurs de cette région pour lesquels le crédit est le premier des services.

Sur le terrain de l'assistance, ce petit syndicat n'a encore rien fait, mais ce serait mal connaître ceux qui le dirigent que penser qu'ils ne feront rien. « Qui trop embrasse mal étreint » semble avoir été la seule raison de la réserve de ses fondateurs et on ne saurait les en blâmer.

Le passé répond pour lui de l'avenir et son succès est d'autant plus méritoire qu'il a été obtenu avec une population plus réfractaire à toute idée de progrès et d'association.

Syndicat agricole de Montferrat.

1er mai 1893. — M. 296

Président : M. Joseph MOUTIN

Entrepôts. — Coopérative. — Pépinières. — Assurance-accidents. — Crédit.

Sa fondation remonte au 1er mai 1893 ; il compte, à ce jour, 296 membres se répartissant en 17 grands propriétaires, 263 cultivateurs travaillant par eux-mêmes, 16 ouvriers et fermiers. Moyennant une cotisation de 3 fr., il s'est constitué à la fois comme office commercial, comme agence d'assurance contre les accidents agricoles et comme station d'élevage bovin.

Ses services matériels se bornent à la fourniture des engrais et semences qui sont achetés en grande partie à la Coopérative du Sud-Est et détaillés ensuite par trois entrepôts dont le chiffre total d'affaires se monte annuellement à 12.000 fr.,

Ses services professionnels et économiques comportent la création d'une pépinière syndicale pour l'étude et l'adaptation de plants hybrides pouvant vivre et prospérer à l'altitude du pays, qui est de 550 m. ; l'organisation du crédit par le syndicat lui-même ; l'assurance à la Coopérative contre les accidents agricoles, enfin l'introduction de bons reproducteurs de race bovine.

La Caisse de Crédit a été créée parce qu'il est dangereux pour un syndicat de vendre à crédit et d'attendre le bon vouloir des syndiqués pour le règlement de leurs marchandises. Les dettes sont d'autant plus irrecouvrables qu'elles sont plus anciennes et, en obligeant ses associés, le syndicat risque non seulement d'éprouver des pertes pécuniaires, mais il risque surtout d'avoir des discussions toujours pénibles, toujours dissolvantes dans une association.

Le caractère particulier du Syndicat de Montferrat est dans les encouragements qu'il donne à l'élevage du bétail bovin, soit par l'introduction dans sa circonscription de sujets de race tachetée suisse, en vue de l'amélioration du bétail local, soit par l'organisation d'un concours annuel d'élevage à Montferrat (20 au 30 août).

Cette tendance du syndicat à favoriser l'élevage est naturellement née du groupement des cultivateurs et de la richesse fourragère du pays, dont le bétail bovin est la plus importante richesse agricole. Elle est une nouvelle preuve de la variété des services que peut rendre l'association professionnelle et de l'intérêt qu'il y a pour les fondateurs à l'approprier le plus possible aux besoins du pays dans lequel elle doit se développer.

Syndicat agricole de Nivolas-Vermelle.

22 octobre 1893. — M. 95

Président: M. DE RIVOIRE LA BATIE

Entrepôt. — Bulletin. — Almanach.— Instruments.

Fondé le 22 octobre 1893, ce syndicat compte aujourd'hui 95 membres se répartissant ainsi : propriétaires faisant travailler, 12 ; propriétaires travaillant eux-mêmes, 43 ; ouvriers et journaliers agricoles, 40.

Nous sommes, là, en présence d'une association essentiellement démocratique dont les ouvriers sont presque la majorité, malgré le taux relativement élevé de la cotisation, de 3 fr.

Les services de ce syndicat, en raison même du peu de ressources dont il dispose, ne peuvent être que matériels ; ils comprennent l'achat et la répartition, entre les membres, de tous les produits utiles à l'agriculture. Il loue quelques instruments viticoles tels que pals, pulvérisateurs; son chiffre d'affaires oscille entre 3 et 4,000 fr. il sert gratuitement à ses membres le Bulletin et l'Almanach de l'Union.

Ce petit syndicat, malgré le zèle et l'activité déployés par son président, n'a pas encore attaqué la partie sociale de sa mission, que rendraient facile sa petite circonscription et sa composition, aussi faisons nous des vœux bien sincères pour que le développement de ses affaires lui permette bientôt de compléter par là son action bienfaisante.

Syndicat agricole de N.-D.-de-l'Osier.

29 novembre 1896. — M. 63

Président : M. FLOREND ROSEND

Entrepôt. — Coopérative. — Bulletin. — Almanach. Assurance-accidents. — Crédit.

Le 29 novembre 1896, quelques hommes dévoués et désireux de rendre service, membres fondateurs pour la plupart d'une caisse rurale établie en janvier, fondaient ce syndicat communal.

Il y avait bien déjà un syndicat d'arrondissement à St-Marcellin, mais beaucoup s'en défiaient parce qu'on leur avait persuadé que c'était une association politique, et les rares membres qu'il comptait dans la région lui étaient peu dévoués, en raison même de l'éloignement. Pour dissiper tous ces préjugés absurdes autant que mal fondés, pour faire toucher du doigt aux cultivateurs l'intérêt qu'ils avaient à retirer d'un syndicat, il fallait faire de la décentralisation et créer au centre de la commune une de ces associations aux réunions de laquelle chacun viendrait apporter le fruit de ses expériences et causer de ses affaires. Dans la multiplication de ces petits syndicats qui, avec un chiffre d'affaires restreint, pouvaient difficilement passer des marchés avantageux, il y avait peut-être bien un obstacle, mais la Coopérative du Sud-Est était là, offrant largement ses services aux petits et les faisant bénéficier des mêmes avantages que les plus puissants syndicats.

Les fondateurs ont eu raison de ne pas avoir peur, puisqu'aujourd'hui le syndicat compte 63 membres faisant un chiffre d'affaires de 6 à 7,000 fr.

Agent d'une Mutuelle-incendie, il fait profiter ses adhérents d'une réduction sensible sur les polices et, pour les garantir contre les risques agricoles, il a déjà contracté pour eux dix polices à la Coopérative du Sud-Est.

En novembre dernier, le syndicat s'est mis dans ses meubles et a inauguré par une fête très réussie la nouvelle salle de réunions et d'entrepôts. C'est là que se tiendront désormais les réunions mensuelles dans lesquelles tous les syndiqués très régulièrement viennent causer de leurs affaires et travailler en commun à l'amélioration du sort de tous.

Depuis plusieurs années, le syndicat a une caisse rurale système Durand ; le fisc avec sa patente lui a jeté, en même temps que le discrédit, une dette de 280 fr., mais, comme le phénix, cette vaillante Société renaît de ses cendres et, à la fin de sa 4° année d'exercice, elle a déjà réduit de plus de moitié sa dette, aujourd'hui de 111 fr. seulement. Empruntant à 3 %, elle prête à ses adhérents à 3.50 % leur laissant tout loisir de la rembourser en tout temps et par acomptes, ce qui l'expose à garder souvent un capital improductif en caisse.

Deux faits récents vont démontrer aux syndicats encore perplexes, ce qu'on peut faire avec une caisse rurale. Un propriétaire avait besoin d'une avance de 500 francs pour trois mois ; le banquier veut bien lui prêter mais à 2.50 % pour trois mois, soit 10 % l'an. Effrayé par ce taux rien moins que légal, il s'en va demander son inscription à la Caisse qui lui prête à 3.50 % par an la somme voulue.

Un autre doit payer 350 fr. de frais pour un héritage dont il ne doit avoir que plus tard la jouissance. N'ayant pas les fonds nécessaires, il cherche un prêteur ; le plus raisonnable lui offre de lui avancer la somme dont il a besoin contre une hypothèque et 5 % d'intérêt. C'était payer trop cher une avance de quelques mois, et finissant par où il aurait dû commencer, il s'en va conter son cas au président de la caisse qui, à 3.50 %, lui avance sans hypothèque ni frais la somme demandée.

N'est-ce pas le cas de dire, avec le dévoué secrétaire du syndicat : « La caisse rurale est une fée bienfaisante qui devrait toujours assister au baptême de nos chers syndicats ? »

Sous la direction intelligente de son bureau et sous l'impulsion active de ses sociétaires, ce syndicat est, dans l'Isère, un de ceux qui ont le mieux compris et rempli leur mission, et comme il entend bien ne pas se reposer sur des lauriers dont beaucoup se contenteraient, nous lui souhaitons, de tout cœur, bonne chance et plein succès.

Syndicat agricole de Prélenfrey-du-Guâ.

2 janvier 1897. — M. 55

Président : M. MARTIN-BELLET

Coopérative. — Almanach.

Sa création date du 2 janvier 1897, il compte à ce jour 55 membres, dont 45 petits propriétaires, fermiers ou journaliers agricoles.

N'exigeant aucune cotisation annuelle, il fait simplement payer à ses membres un droit d'entrée de 2 fr. qui lui sert à les affilier à la Coopérative du Sud-Est, à laquelle il achète tous les produits nécessaires à l'agriculteur, pour son exploitation et son ménage. Le chiffre de ses achats atteint, en moyenne, 150 fr. par tête.

Pour compléter l'enseignement théorique donné par l'Almanach de l'Union, le président met sa propriété à la disposition de ses collègues pour toutes les expériences de nature à leur être utiles.

Au moment où nous écrivons, le Bureau met sur pied l'organisation d'une fruitière qui sera, à n'en pas douter, une source importante de revenus pour ce pays dont la production laitière est une des richesses principales. Ce sera l'honneur du syndicat d'y avoir le premier songé, ce sera l'aisance générale s'il y réussit.

Pour ceux qui connaissent le dévouement éclairé de son président, le succès ne fait pas de doute, et il est probable que son heureuse initiative ne s'arrêtera pas là.

Syndicat agricole de Rencurel.

6 décembre 1899. — M. 7

Président : M. MARIUS GLÉNAT.

Créé seulement le 6 décembre 1899, il ne compte encore que sept membres, tous petits cultivateurs.

Il est trop jeune pour avoir pu faire autre chose que des projets, mais, de ceux-ci, il en a fait beaucoup et des meilleurs. Nous ne pouvons que lui souhaiter bonne chance et rapide succès.

Syndicat agricole de Roche.

4 mars 1898. — M. 60

Président : M. JOCTEUR

Coopérative. — Bulletin. — Almanach.

Créé le 4 mars 1898, il compte actuellement 60 membres, tous propriétaires.

Sa jeunesse ne lui a pas permis de grandes envolées et, pour sa première année, il s'est contenté d'acheter à la Coopérative du Sud-Est, pour le compte de ses membres, 2.400 francs d'engrais et charbon.

Sa cotisation de 1 franc lui a permis d'abonner tous ses adhérents au Bulletin et à l'Almanach de l'Union et de commencer ainsi leur enseignement théorique.

Ayant trouvé dans la commune une assurance mutuelle contre l'incendie et une société de secours mutuels dont ses membres font à peu près tous partie, le syndicat voit sa tâche sociale singulièrement allégée ; il ne peut trouver, dans cette heureuse circonstance, que plus d'ardeur à remplir, au mieux des intérêts de tous, les services matériels et professionnels que ses membres lui demandent.

Syndicat agricole de N.-D. des Champs.

A ROMAGNIEU

27 janvier 1896. — M. 69

Président : M. J. RIGOLET.

Entrepôt. — Coopérative. — Bulletin. — Almanach.

Déjà ancien, puisque sa création date de janvier 1896, ce petit syndicat n'a pu réunir plus de 69 membres ; tous, sauf 5, sont de petits cultivateurs, métayers ou ouvriers.

Très éloignée du chemin de fer, ayant un territoire très étendu, la commune de Romagnieu est mal placée pour faciliter les opérations syndicales et comme les fondateurs de ce syndicat n'ont d'autre but que d'être utiles, ils ont engagé leurs collègues éloignés de ce bourg à fonder de petits syndicats communaux à Pressins et à Pont-de-Beauvoisin, deux localités bien desservies et ayant toutes les ressources nécessaires pour faire prospérer une association.

Le Syndicat de N.-D. des Champs s'est donc borné à ouvrir un seul entrepôt à Romagnieu même, entrepôt fourni par la Coopérative du Sud-Est et qui vend annuellement pour 4.000 francs de marchandises agricoles.

En échange de la cotisation de 3 fr., il fournit à tous ses membres le Bulletin et l'Almanach de l'Union.

Bien qu'ayant contre lui une foule de difficultés naturelles provenant de la configuration géographique du pays, ce syndicat a rendu à ses membres de réels services dont il faut d'autant mieux le féliciter qu'il voit les défauts de sa situation et qu'il a eu le courage d'y porter remède en se mutilant volontairement pour permettre aux cultivateurs de tirer le plus grand profit possible de l'organisation syndicale.

Syndicat agricole de St-Cassien.

16 novembre 1897. — M. 29

Président : M. Ligori SAGE

Coopérative. — Almanach.

C'est le 16 novembre 1897 qu'il a été fondé, c'est en mars seulement de l'année suivante qu'il entra à l'Union et à la Coopérative. Fournissant à ses membres tous les produits utiles à leur exploitation et à leur ménage, il a fait cette année pour plus de 3.000 fr. d'affaires, soit un peu plus de 100 fr. par personne.

Il a récompensé ses associés de leur fidélité par l'envoi gratuit, comme étrennes, de l'Almanach de l'Union ; le cadeau a été aussi agréablement reçu que généreusement donné.

Prochainement, le syndicat fera fonctionner un compte de prévoyance contre la mortalité du bétail, dont l'heureuse influence ne saurait tarder à se faire sentir; ce sera là son premier pas sur le terrain économique, ce ne sera pas son dernier.

Le premier pas est le seul qui coûte et ce n'est pas chez les agriculteurs de St-Cassien qu'il faut aller chercher les gens que le travail effraie, que la peine rebute. Ils ont autant de courage que de dévouement, c'est tout ce qu'il faut pour réussir.

Syndicat agricole de St-Geoire.

Président : M. J. ISÉRABLE

14 mars 1895. — M. 105

Entrepôt. — Coopérative. — Bulletin. — Almanach.

Il a été fondé le 14 mars 1895 et, depuis, il a recruté 105 adhérents auxquels, en échange de la cotisation annuelle, on donne le Bulletin et l'Almanach de l'Union, en attendant que les ressources permettent de les abonner au Bulletin. Affilié à la Coopérative, c'est à elle qu'il passe tous les ordres de ses adhérents, ordres limités aux produits agricoles, aux sels et au charbon. Ce dernier élément n'est pas à dédaigner, puisque, pendant l'année 1899, il en a été fourni 135 tonnes.

Le chiffre total des affaires atteint 8.000 francs.

Sorti aujourd'hui de la période difficile dans laquelle il s'est débattu pendant plusieurs années, ce syndicat ne doit pas rester stationnaire ; il doit chercher ailleurs quels sont les services qu'il peut rendre le plus utilement à tous ses associés. Il n'aura que l'embarras du choix ; il lui appartient de ne pas disperser inutilement ses efforts ; qu'il débute par une caisse de crédit, puis par un compte de prévoyance bétail, et bientôt il verra son importance doublée.

Syndicat des Agriculteurs et des Viticulteurs de St-Jean-de-Bournay.

1er octobre 1894. — M. 260

Président : M. Henry PICARD.

Entrepôt. — Coopérative. — Almanach.

Quoique de création récente, puisqu'il remonte seulement au 1er octobre 1894, il compte déjà 260 membres dont 250 petits cultivateurs, fermiers ou ouvriers agricoles.

Ses services n'ont encore porté que sur la fourniture des produits nécessaires à l'exploitation, et notamment des engrais et outils; le montant total des achats effectués est de 12 à 14.000 francs.

Vivant dans la plus parfaite intelligence avec le Comice du canton, le syndicat laisse à ce dernier le soin des champs d'expériences et de l'enseignement, pour la bonne réussite desquels il ajoute cependant ses encouragements personnels.

A ses débuts, il nous permettra peut-être un conseil : c'est de compléter par l'envoi du Bulletin de l'Union à ses membres, les excellentes leçons théoriques qui leur sont déjà fournies, soit par les conférences des professeurs d'agriculture, soit par la distribution de l'Almanach de l'Union.

C'est pour lui une petite dépense à prévoir, il la peut faire, malgré

la modicité de sa cotisation de 1 fr., et quand il en aura apprécié les
résultats, il ne nous en voudra pas de lui avoir donné un bon
conseil. Il y trouvera un auxiliaire précieux pour poursuivre sa
marche en avant, car nous pensons bien qu'avec un président comme
celui qu'il a, ce syndicat ne veut pas borner ses services aux seuls
services matériels. Il a certainement compris que sa tâche était plus
large, que sa mission était plus haute ; le temps seul lui a manqué
pour nous le prouver.

Syndicat agricole de St-Marcellin.

1885. — M. 472

Président : M. DE LA GRANDVILLE.

Entrepôt. — Coopérative. — Bulletin. — Almanach. — Assurance-accidents.

Fondé, en 1885, sous les auspices de la Société d'Agriculture, par
M. Ch. Petin, il comptait au moment de sa réorganisation (décembre
1896), 1200 membres et faisait 450.000 kilos de marchandises diverses.
Depuis 1897, il a accepté la constitution en syndicat de la section de
Tullins et Rives qui, en lui enlevant 3 cantons, a ramené le
chiffre de ses membres à 472 dont 1/10 de propriétaires faisant travailler, 6/10 de propriétaires cultivant eux-mêmes, 3/10 d'ouvriers et
de journaliers agricoles.

En échange d'une cotisation de 2 fr., il fournit à tous ses membres
le Bulletin et l'Almanach de l'Union, il leur donne la facilité, dont
102 de ses membres ont déjà profité, de s'assurer à la Coopérative du
Sud-Est contre les accidents agricoles, il leur procure enfin toutes les
marchandises dont ils ont besoin pour l'exploitation de leurs terres.
Ses efforts se portent surtout sur les engrais, les outils, les produits cryptogamiques, achetés ferme à la Coopérative du Sud-Est et
vendus par l'entrepôt de St-Marcellin. Le dernier exercice accuse un
chiffre d'affaires de 15.000 fr.

C'est peu, nous semble-t-il, pour un syndicat de cette importance,
opérant surtout dans un chef-lieu d'arrondissement, et il y aurait

probablement lieu, pour ses administrateurs, dont le dévouement est mal encouragé par d'aussi petits résultats, d'examiner si la création de sections ou même de petits syndicats communaux ne faciliterait pas davantage le développement de la vie syndicale. Pourquoi ne pas organiser des comptes bétail, dont le succès paraît assuré dans cette région d'élevage ?

Syndicat de St-Martin-de-la-Cluze.

21 février 1897. — M. 93.

Présidence : M. Aug. GAYMARD

Coopérative. — Almanach. — Assurance-accidents.

Ce petit syndicat de commune a été créé le 21 février 1897 ; il compte actuellement 93 membres, dont 7 grands propriétaires, 7 ouvriers et 79 petits cultivateurs.

Bornant son action à la fourniture des engrais et des denrées de consommation, il n'exige de ses adhérents qu'un droit d'entrée de 2 fr. servant à les affilier à la Coopérative du Sud-Est qui reste son seul fournisseur ; ses affaires se montent annuellement à 4.000 fr.

Tous les syndiqués reçoivent l'Almanach de l'Union ; un seul a profité des conditions, cependant bien tentantes, offertes aux membres de nos syndicats par la Coopérative, pour l'assurance contre les accidents agricoles.

C'est peu encore, mais le syndicat est jeune et il n'a certainement pas encore donné tout ce dont il est capable.

Syndicat agricole de St-Michel-de-St-Geoire.

26 février 1896. — M. 54

Président : M. JOSEPH DYE

Coopérative. — Almanach.

Créé le 26 février 1896, il compte 54 membres tous travaillant par eux-mêmes et payant, pour profiter de ses avantages, une cotisation de 1 fr. en échange de laquelle ils recoivent l'Almanach de l'Union.

Son rôle s'est borné, jusque-là, à acheter annuellement à la Coopérative du Sud-Est, pour le compte de ses membres, pour 2.000 francs environ.

L'exemple des syndicats voisins lui donnera plus de hardiesse dans l'avenir, car dans un milieu aussi bien attaché à l'œuvre syndicale, on peut, on doit faire mieux.

Syndicat agricole de Saint-Michel-les-Portes.

29 novembre 1896. — M. 40

Président : M. FRÉDÉRIC DUMAS

Coopérative. — Almanach.

Exclusivement recruté parmi les cultivateurs travaillant de leurs mains, ce syndicat, fondé en novembre 1896, compte actuellement 40 membres.

En retour d'une cotisation de 1 fr., il distribue à ses adhérents l'Almanach de l'Union et se fait leur intermédiaire gratuit pour tous leurs achats professionnels. Leur total atteint 5,000 fr., et, grâce à la Coopérative du Sud-Est, qui l'approvisionne en consignation, il peut faire les affaires de ses membres sans courir le moindre risque.

Il doit profiter de ses premiers résultats pour abonner ses adhérents au Bulletin, ce sera pour lui le moyen le meilleur de les instruire et de les attacher davantage à notre grande famille.

Ainsi dégagé de tout souci, ce syndicat doit porter ses efforts d'un autre côté, et il doit tenter de trouver, dans les services professionnels, un attrait nouveau pour amener à lui tous les agriculteurs, non encore convaincus de son utilité.

Syndicat agricole de St-Nizier-de-Parizet

26 août 1899. — M. 48

Président : M. JEAN THORRAND.

Créé le 26 août 1899, ce petit syndicat de 48 membres n'a encore fait preuve que de beaucoup de bonne volonté. Cela compte dans nos œuvres syndicales, et comme les hommes qui sont à sa tête ont l'air bien décidés à faire quelque chose, nous ne pouvons, à défaut d'histoire, que leur souhaiter bonne chance et courage ; qu'ils n'hésitent pas à s'appuyer sur la Coopérative et sur l'Union, où ils trouveront l'union et la force.

Syndicat agricole de St-Paul-d'Izeaux.

3 janvier 1897. — M. 67

Président : M. J.-P. REYNAUD.

Coopérative. — Bulletin. — Almanach.

Syndicat communal, fondé le 3 janvier 1897, il compte aujourd'hui 67 membres, tous petits propriétaires exploitant eux-mêmes.

Sa cotisation est modeste, 0 fr. 50 ; elle est portée à 1 franc pour ceux de ses membres qui veulent recevoir régulièrement le Bulletin et l'Almanach de l'Union.

Son action se limite aux services matériels et à la fourniture par la Coopérative du Sud-Est, de tous les produits agricoles ; le chiffre d'affaires ne dépasse pas annuellement 2,000 fr.

C'est trop peu pour qu'il puisse s'en contenter, mais c'est assez pour donner à son bureau l'envie et le courage d'aller de l'avant.

Syndicat des Agriculteurs de St-Priest.

22 février 1893. — M. 250

Président : M. J.-A. BARGE

Entrepôt. — Bulletin. — Almanach. — Assurance-accidents. — Bibliothèque.

Dans le courant de février 1893, quelques cultivateurs de la localité, poussés sans doute par cette idée nouvelle qui semble précipiter toutes les classes de la société vers l'association et aussi pour créer entre eux des relations d'affaires et des liens de solidarité professionnelle, se concertèrent et décidèrent de fonder à St-Priest un syndicat agricole qu'ils dénommèrent : « Le Secours Agricole. »

Près de 60 adhérents se présentèrent immédiatement pour en faire partie.

Un conseil d'administration de douze membres fut nommé. M. Barge, propriétaire, fut choisi comme président.

De ce jour naquit une ère de prospérité ; un entrepôt de marchandises, à l'usage des adhérents, fut créé, et aujourd'hui, 250 agriculteurs ont fait adhésion aux statuts, en payant une cotisation de 3 fr.

Pour donner une idée de l'importance des affaires qui se traitent par l'intermédiaire du syndicat, il n'y a qu'à prendre connaissance du rapport du conseil d'administration dans lequel se trouve le tableau des transactions opérées pendant le dernier exercice et dont le total atteint le chiffre énorme de 92.000 fr., soit 372 fr. par tête. Quel exemple pour certains grands syndicats de 1.500 et 2,000 membres qui ne font pas la moitié de ce chiffre ! Ce succès considérable ne peut que nous faire regretter que cet excellent syndicat ait borné jusque là ses services aux services purement matériels; avec les éléments dont il dispose, il pourrait faire beaucoup sur le terrain économique et social.

Depuis quelques mois, son Bureau semble l'avoir compris. Déjà il a fait bénéficier tous ses membres du Bulletin et de l'Almanach de l'Union, puis de l'assurance-accidents agricoles dont un tiers ont profité, d'un Cercle-bibliothèque où ils se réunissent chaque dimanche. Dans le courant de la prochaine année, un compte de prévoyance contre la mortalité du bétail sera mis sur pied et des reproducteurs sélectionnés seront mis à la disposition des syndiqués par le syndicat lui-même.

En somme, excellent et très actif syndicat que ses fondateurs pourront mener loin, avec un peu de patience et beaucoup de confiance. Il est, de toute l'Union, celui qui donne, par tête, le plus gros chiffre d'affaires, pourquoi ne prétendrait-il pas, sur tous les terrains, à occuper la première place ?

Syndicat agricole de St-Quentin et la Rivière

A SAINT-QUENTIN-SUR-ISÈRE

20 décembre 1899. — M. 85

Président : M. LE COMTE DE MONTAL.

Entrepôt. — Coopérative. — Almanach.

Le président du Syndicat de Tullins et Rives et de la Coopérative, M. Charles Petin, facilite la création de syndicats communaux, qu'il considère, avec bien juste raison, comme la forme d'association la plus propre à rendre aux agriculteurs de véritables et réels services.

C'est une de ses sections qui, sous la présidence de M. le comte de Montal, administrateur de l'Union du Sud-Est, s'est constituée en syndical, sous le nom de St-Quentin et la Rivière.

Formé d'hier, en décembre 1899, le nouveau syndicat recueille de suite de nombreuses adhésions et, en une semaine, arrive à 85 membres, qu'il fait tous admettre à la Coopérative agricole du Sud-Est.

Une première réunion permet de grouper des ordres d'engrais qui atteignent 55,000 k. C'est un heureux début.

Ce jeune promet. Nous savons qu'il tiendra. Son président a fait ses preuves, et le syndicat de St-Quentin et la Rivière occupera avant peu un bon rang parmi les meilleurs syndicats de l'Isère.

Syndicat agricole de St-Symphorien-d'Ozon.

8 octobre 1886. — M. 272

Président : M. LE COMTE DE BUFFIÈRES.

Entrepôts. — Coopérative. — Bulletin. — Almanach. — Enseignement.

Le Syndicat agricole du canton de St-Symphorien-d'Ozon a été fondé, le 8 octobre 1886, sous la présidence de M. Francisque Bouillier, membre de l'Institut.

On peut dire que ce syndicat est l'un des plus anciens de France, car il est la continuation du comice fondé dans ce canton par le baron Lombard de Buffières, en 1840, et supprimé par arrêté.

Ce comice, ne faisant pas de politique, n'était pas dans l'esprit de la députation de l'Isère et du préfet. Aussi, le 16 juin 1883, une petite lettre du préfet arriva à M. Bouillier, président du comice, signifiant que non seulement le comice ne toucherait plus de subvention, mais encore qu'il avait cessé d'exister. La raison en était fondée sur la non-demande d'autorisation pour le renouvellement quinquennal du Bureau. Or, cette formalité n'avait jamais été remplie jusqu'alors, l'autorisation en question étant implicitement contenue dans celle donnée dès l'origine au règlement du comice. Malgré les protestations énergiques contenues dans les procès-verbaux des réunions générales de deux années consécutives, la suppression, décrétée par le préfet fut maintenue. C'est alors qu'en vertu de la loi de 1884, l'ancien comice se constitua en syndicat avec le même bureau, conservant sa caisse et ses archives qu'on n'osa pas lui disputer.

On voit, par cet exposé, que le syndicat est bien l'ancien comice, sauf que le nombre de ses adhérents a plus que doublé et que, livré à ses seules ressources, il a pu, continuant ses anciens errements et ne s'occupant que d'agriculture sans jamais se mêler de politique, faire des concours, donner des prix et des primes, et cela en outre des avantages procurés à ses adhérents par des achats en gros.

C'est un comice agricole transformé en syndicat. Aussi, conformément à ses habitudes premières, maintenues par ses statuts, le syndicat a-t-il continué à distribuer, chaque année, des primes en argent aux éleveurs.

Depuis 1893, ce concours, trop onéreux pour la caisse syndicale non subventionnée, a été remplacé par une distribution de médailles, attribuées aux meilleures cultures, distribution qui se fait lors des assemblées générales.

Comptant actuellement 272 membres dont les 9/10 sont petits cultivateurs, ce syndicat fait peu d'affaires, 10 à 15.000 fr. environ. Beaucoup de ses adhérents se servent eux-mêmes à la Coopérative quand ils vont à Lyon, les autres s'approvisionnent au dépôt installé au siège social.

En retour de la cotisation, annuellement payée, de 3 fr., chaque syndiqué reçoit gratuitement le Bulletin et l'Almanach de l'Union.

Si nous ajoutons qu'un legs généreux de M. Lombard de Buffières permet au syndicat d'attribuer chaque année un prix à l'instituteur qui aura obtenu, par son enseignement, les meilleurs résultats au point de vue agricole, nous aurons épuisé la somme des services rendus.

C'est peu pour une association aussi importante, surtout si l'on se reporte aux résultats obtenus dans une seule commune de ce riche canton, par le Syndicat de St-Priest.

Les éléments, cependant, ne lui manquent pas et son bureau comprend quelques-uns de nos amis les plus dévoués, de nos collaborateurs de la première heure à l'Union du Sud-Est.

Pour quelles raisons n'ont-ils pas marché de l'avant? Nous l'ignorons, mais il nous aura suffi de leur rappeler leur haute mission sociale pour les faire sortir de leur indifférence et les inciter à suivre l'exemple si encourageant que leur tracent tous les syndicats voisins. Si grandes qu'elles puissent être dans ce pays, les difficultés doivent stimuler et non pas décourager, et nos amis n'oublieront pas que la victoire est d'autant plus précieuse qu'elle est plus chèrement acquise.

Syndicat agricole de Saint-Vincent-de-Mercuze.

18 mars 1897. — M. 55

Président : M. JEAN REY

Coopérative. — Bulletin. — Almanach.

Syndicat de commune, il a été créé le 18 mars 1897 ; il compte actuellement 55 membres dont 53 petits cultivateurs exploitant par eux-mêmes. Ses membres paient une cotisation annuelle de 1 fr., en échange de laquelle ils reçoivent gratuitement le Bulletin et l'Almanach de l'Union.

Son rôle s'est borné, jusqu'ici, à l'achat, au profit de ses membres, de tous les produits nécessaires à l'exploitation et de toutes les denrées de consommation. Le montant annuel de ses achats atteint environ 8.000 fr.

Chaque mois, les syndiqués se réunissent pour discuter tout ce qui touche à leurs intérêts, d'où cohésion et entente absolue entre eux tous.

Bien parti, bien uni, ce petit syndicat ne peut moins faire que de grandir et de prospérer ; car s'il est vrai que toute maison divisée périra, il doit être vrai aussi que toute maison unie grandira.

Syndicat agricole de Satolas et Bonce.

A SATOLAS

8 août 1895. — M. 120

Président : M. le COMTE de BELLESCIZE

Coopérative. — Bulletin. — Almanach. — Instruments.
Crédit.

Fondé en août 1895, avec 16 membres, ce syndicat compte aujourd'hui 120 membres dont 97 % sont petits cultivateurs ou ouvriers agricoles. La cotisation est indistinctement fixée à 5 francs, ce qui a permis au Bureau de donner, dès le premier jour, à tous ses membres

14

le Bulletin et l'Almanach de l'Union, d'acheter quelques instruments perfectionnés pour l'usage des syndiqués, d'assurer enfin à ceux de ces derniers qui sont peu fortunés les soins gratuits du médecin et du pharmacien.

De 9.000 fr. qu'il était en 1896, le chiffre d'affaires passe cette année, à 31.000 fr. soit 250 francs par tête.

Le manque d'argent étant le plus sérieux obstacle qui arrête les cultivateurs de cette région dans la voie des améliorations, une caisse rurale, sur les principes de la loi de 1894, vient d'être fondée; elle sera d'un précieux secours pour les syndiqués et une excellente réclame pour le syndicat.

Grâce aux champs d'expériences dont les engrais et les semences sont fournies par le syndicat aux propriétaires qui acceptent de faire connaître les résultats obtenus, les engrais chimiques, à peu près inconnus il y a 3 ans, ou mal connus, parce que les acheteurs, probablement trompés sur la qualité, n'avaient obtenu aucun résultat, sont aujourd'hui adoptés par tous et sans la mévente des blés qui paralyse quelque peu les bonnes volontés, la part proportionnelle d'achat de chaque syndiqué, aujourd'hui de 700 kilogs, arriverait vite à 2.000 kilogs.

Le syndicat a fait tomber tous les préjugés ridicules qui se sont si longtemps mis en travers de la culture intensive et n'aurait-il obtenu que ce résultat qu'il suffirait à légitimer son existence.

Syndicat agricole de Sillans.

4 mars 1898. — M. 40

Président : M. ALBERT FÉLIX

Coopérative.

Créé le 4 mars 1898, ce syndicat compte 40 membres, à peu près tous petits cultivateurs travaillant eux-mêmes. Ils font tous partie de la Coopérative.

Son action s'est limitée temporairement aux achats professionnels qui atteignent environ 4.000 fr. par an. .

Avec le temps, il pourra utilement développer ses services, mais il faut lui tenir compte des difficultés qu'il a rencontrées et le féliciter de les avoir si heureusement surmontées.

Syndicat agricole de Sinard et Avignonnet

A SINARD

24 mars 1895. — M. 54

Président : M. J. FAURE.

Almanach. — Tribunal arbitral.

Rayonnant sur les deux communes précitées, ce syndicat de 54 membres, tous petits cultivateurs ou ouvriers, date du 24 mars 1895.

300 fr. d'achats professionnels, distribution gratuite de l'Almanach, expériences culturales faites sous son patronage, conférences accompagnées d'essais publics d'instruments nouveaux, création d'une fromagerie, constitution d'un tribunal arbitral, préparation d'un compte mortalité du bétail, telle est, en quelques mots, son histoire.

Elle n'est pas longue, mais elle est bonne, et les premiers résultats obtenus permettent de penser que l'avenir lui réserve une page plus longue et plus glorieuse.

Syndicat des Agriculteurs de Soleymieux.

22 décembre 1893. — M. 84

Président: M. MOYNE-BERTHON.

Coopérative. — Almanach. — Crédit.

Ce syndicat, constitué le 22 décembre 1893, compte 84 membres dont 82 petits cultivateurs, fermiers ou journaliers agricoles. Contre une cotisation de 3 fr., il assure à ses adhérents toutes les marchandises nécessaires à leur exploitation et à leur ménage;

son chiffre de ventes atteint 3.000 fr. La Coopérative est son unique fournisseur.

Par des conférences périodiques, par l'Almanach de l'Union, il complète l'enseignement théorique des syndiqués, et, par une caisse de crédit organisée sur les principes de la loi de 1894, il donne à ses membres toutes facilités pour leurs achats.

Son action ne s'arrêtera pas là, mais à chaque jour suffit sa peine et il faut savoir, même sur le terrain syndical, profiter des circonstances et ne pas oublier que le mieux est parfois l'ennemi du bien.

Syndicat agricole de Tencin.

1er juillet 1896. — M. 15

Président : M. LE MARQUIS DE MONTEYNARD

Coopérative.

Fondé en 1896, ce tout petit syndicat compte 15 membres qu'il a, dès le premier jour, affiliés à la Coopérative.

Les débuts ont été des plus prospères et le chiffre des affaires important.

Le syndicat fournissait à ses adhérents tout ce qui pouvait leur être utile pour leur exploitation et leur ménage et, pendant deux ans, la moyenne des transactions dépassa 200 fr. par tête. N'était-ce qu'un feu de paille ? On le croirait à voir aujourd'hui ce petit syndicat s'éteindre doucement malgré l'énergie et le zèle déployés par ses deux fondateurs.

Espérons que, comme le phénix, il renaîtra de ses cendres, et que, dans cette belle vallée du Grésivaudan il fera bonne figure à côté de tous ses cadets, ses voisins, dont la prospérité doit être pour lui un exemple et un stimulant.

Syndicat agricole de La Terrasse.

5 décembre 1894. — M. 150

Président : M. Francisque COIGNET

Entrepôt. — Coopérative. — Bulletin. — Almanach. — Instruments. — Assurance-Accidents. — Crédit.

Ce syndicat communal, créé le 5 décembre 1894, compte 150 membres dont 5 propriétaires faisant travailler, 120 travaillant par eux-mêmes et 25 ouvriers ou journaliers.

Avec une minime cotisation de 1 fr., ce petit, mais très vaillant syndicat, est arrivé à remplir à peu près complètement la gamme des services à attendre de la loi de 1884.

Affilié à la Coopérative du Sud-Est, il achète toutes les marchandises et objets professionnels ou autres qui peuvent être nécessaires à ses adhérents, il les dépose dans ses magasins où ils sont distribués par les soins d'un agent salarié ; le chiffre annuel des affaires atteint 25.000 fr.

Placé dans un pays essentiellement viticole, il secourt ses adhérents dans leur lutte journalière contre les multiples ennemis de la vigne, soit en mettant en location des instruments, trop chers pour les petits propriétaires, soit en leur faisant faire des conférences par les professeurs d'agriculture du département. Il complète cet utile enseignement des professeurs en servant régulièrement à ses membres le Bulletin et l'Almanach de l'Union.

Pour faciliter aux syndiqués leurs achats, il a créé une caisse rurale de crédit et, pour les garantir contre les accidents agricoles, il les fait bénéficier des conditions avantageuses consenties à la Coopérative du Sud-Est.

Ce syndicat se trouve bien placé et paraît bien lancé pour faire dans sa région une besogne utile et profitable et, nous ne pouvons que regretter, avec ses administrateurs, que l'esprit du pays ne veuille pas se prêter aux œuvres sociales qui sont, mieux encore que les services matériels, la véritable raison d'être de l'association.

Nous voulons espérer, cependant, que son sympathique président aura raison de cette résistance et qu'il arrivera à rendre à ses syndiqués, et malgré eux, ces services sociaux qui sont le plus beau couronnement de l'édifice syndical. Nul n'est mieux placé que lui pour réussir ; nous souhaitons de pouvoir bientôt applaudir à ses succès.

Syndicat agricole de Theys.

19 février 1896. — M. 200

Président : M. MONTCENIX-LARUE.

Coopérative.

Fondé le 19 février 1896. Affilié à la Coopérative du Sud-Est, ce syndicat qui compte environ 200 membres, a eu de très bons débuts. Il voit aujourd'hui son importance diminuer.

A cela il y a, selon nous, deux causes. Il a voulu voler un peu de ses propres ailes, et peut-être s'est-il laissé prendre à quelques mirages trompeurs, alors que, fidèle à la Coopérative, ses opérations auraient été dirigées et surveillées par des personnes compétentes. D'autre part ce syndicat s'en est trop tenu aux services matériels. Seules trois assurances-accidents ont été souscrites dès 1896.

Le cultivateur veut bien acheter à bon compte, mais il aime aussi que son association l'instruise et le guide et il ne s'y attache vraiment que si elle remplit cette partie importante de son rôle.

Syndicat agricole de Thodure.

23 mai 1897. — M. 60

Président : M. JOSEPH VACHER

Entrepôt. — Bulletin. — Almanach.

Créé le 22 mars 1897, il compte actuellement 60 membres qui se sont réunis avec l'intention première d'acheter des engrais dont le total annuel atteint 4.000 fr. environ.

Peu à peu, séduits par les bonnes paroles que leur apportent régulièrement le Bulletin et l'Almanach de l'Union, auxquels le bureau les a tous abonnés, ils se sont laissés intéresser, et, aujourd'hui, ils ne parlent de rien moins que d'organiser l'assurance-bétail, l'assistance et la retraite.

Nous sommes trop désireux de les voir réussir pour ne pas leur conseiller, avant toutes choses, d'adhérer à la Coopérative, sans laquelle ils ne sauraient, sans danger, organiser un compte de prévoyance contre la mortalité du bétail, et qui leur donnera des facilités sérieuses pour leurs achats, sans compter la répartition qui leur permettra de créer sans bourse délier l'assistance et la retraite.

C'est un conseil d'ami que nous leur donnons, s'ils le suivent ils nous sauront gré, plus tard, d'y avoir songé.

Syndicat des Agriculteurs
des cantons de Tullins et Rives

A TULLINS

29 décembre 1896. — M. 642

Président : M. Ch. PETIN

Entrepôts.— Coopérative.— Bulletin. — Almanach.— Assurance-accidents.

Fondé le 29 décembre 1896, il était autrefois une section du syndicat de l'arrondissement de St-Marcellin, créé en 1885, par M. Ch. Petin, et c'est après avoir reconnu les désavantages de la circonscription trop étendue que l'Assemblée générale de 1896 vota la division. M. Petin abandonna à son ancien vice-président le syndicat de St-Marcellin, pour se consacrer tout entier au nouveau syndicat.

La décentralisation fut là, comme ailleurs, des plus profitables à la jeune association qui, après trente mois d'existence, compte déjà 642 membres dont 25 % de propriétaires faisant travailler, 25 % d'ouvriers agricoles, et 50 % de petits propriétaires travaillant par eux-mêmes. C'est donc un syndicat à dominante de petite propriété; la cotisation est de 2 fr.

Les services matériels sont limités à l'achat des engrais et des instruments agricoles, les services professionnels au service gratuit qu'il fait à tous ses membres du Bulletin et de l'Almanach de l'Union.

Pour le dernier exercice ses principaux achats ont porté sur :

Engrais divers........................ 397.650 k.
Graines de semences .... 5.000 k.

Tout en approvisionnant ses trois entrepôts de Tullins, Rives, Moirans, le syndicat accepte de passer les ordres de ses membres pour tous les achats professionnels ; soit pour ses entrepôts, soit pour les livraisons diverses, il achète exclusivement à la Coopérative du Sud-Est.

Situé dans un centre où l'agriculture est des plus prospères, ce syndicat pourrait facilement accroître l'importance de ses services et, comme son président est un des premiers apôtres du mouvement syndical dans notre région, nous sommes bien persuadé qu'il aura à cœur de faire produire à son jeune arbre syndical des fruits en rapport avec sa vigueur et avec la qualité du terrain dans lequel il l'a planté.

Syndicat agricole de Valbonnais.

31 mars 1897. — M. 84

Président : M. Fr. SAUZE.

Entrepôt. — Pépinière.

Le 16 mars 1897, le secrétaire de l'Union des Alpes Dauphinoises réunit les principaux agriculteurs de Valbonnais pour leur faire connaître les précieux avantages de l'association professionnelle. Il leur propose de fonder, sinon un syndicat, du moins une section affiliée au Syndicat de Beaumont ; grâce à cette affiliation, les sociétaires pourront, dès le premier jour, bénéficier de tous les services organisés par le Syndicat du Beaumont, spécialement l'abonnement gratuit au bulletin mensuel et le service des entrepôts. La proposition est acceptée avec empressement et, 15 jours après, le 31 mars, les membres fondateurs choisissent les directeurs de la section.

Grâce à la parfaite entente qui règne entre les autorités locales, grâce surtout au dévouement de son secrétaire, la section prit un rapide développement.

Le 25 avril, les directeurs invitent le secrétaire de l'Union des Alpes à donner une nouvelle conférence. Une centaine d'agriculteurs viennent écouter l'exposition des principaux articles des statuts et un grand nombre demandent leur admission. Aucune cotisation n'est exigée; les frais du Bulletin et d'administration sont couverts par une légère majoration sur les prix des marchandises livrées aux sociétaires.

Le 12 mai, les statuts sont déposés à la mairie de Valbonnais, et la section se transforme en syndicat indépendant. Cependant les sociétaires restent toujours membres du Syndicat du Beaumont, afin de pouvoir bénéficier encore quelques mois des services de ce syndicat.

En novembre, le Syndicat de Valbonnais se sépare définitivement du Syndicat du Beaumont, après avoir créé un entrepôt spécial. Durant ces huit premiers mois d'exercice, son chiffre d'affaires a été bien modeste. La région étant très pauvre, les achats sont sans importance.

Réduit désormais à ses propres ressources, le syndicat se voit obligé de supprimer l'abonnement au Bulletin mensuel; il ne fait plus donner de réunions agricoles.

Au 1er janvier 1900, le syndicat compte 84 sociétaires, à peu près tous domiciliés à Valbonnais.

Le bureau décide que les nouveaux adhérents auront à payer un droit d'entrée de 2 francs. Mais les agriculteurs n'apprécient pas assez les avantages de l'association pour payer ce droit d'entrée et rester fidèles à leur syndicat.

Les engrais chimiques, tourteaux, sels dénaturés ne trouvent pas d'acheteurs; ces articles nouveaux ne sont pas assez connus. Il faudrait instruire les sociétaires par un Bulletin mensuel et par de fréquentes conférences.

Pendant les années 1898 et 1899, l'action du syndicat se réduit presque uniquement à la vente de la bouillie coopérative, pour la préservation du vignoble, et à la création d'une petite pépinière de vignes greffées.

Nous faisons des vœux pour que le secrétaire si dévoué de ce syndicat n'abandonne pas l'œuvre qui lui a coûté tant de dévouement, et pour que de vaillants collaborateurs se joignent à lui pour secouer l'indifférence des agriculteurs et leur faire comprendre les avantages de l'association libre.

***

Syndicat agricole de Varacieux.

22 octobre 1893. — M. 90

Président : M. ANT. FERROUILLAT

Entrepôt. — Almanach.

Créé, le 22 octobre 1893, entre les seuls habitants de la commune, ce syndicat compte aujourd'hui 90 membres, tous petits propriétaires travaillant de leurs mains.

La cotisation, primitivement de 3 fr., a été abaissée à 1 fr. 50, elle donne droit à tous les services matériels et à l'Almanach de l'Union.

Non content de procurer à ses membres les marchandises purement professionnelles, il leur fournit tous les produits de consommation que son dépôt, à Varacieux même, répartit avec la légère majoration nécessitée par le transport de la gare au pays, celle-ci étant à 10 kilomètres.

Le chiffre d'affaires qui était, en 1894, de 900 fr., atteint actuellement 6.500 fr.

Deux assemblées générales réunissent, en janvier et en août, tous les membres de l'association, dont les intérêts sont défendus avec le plus grand zèle par un Bureau qui se réunit une fois par mois. C'est assez dire que tout vient à point à qui sait attendre et que ce syndicat, dès qu'il le pourra, complètera, pour le plus grand profit de ses membres, l'œuvre désintéressée à laquelle, depuis sept ans, ses fondateurs ont donné sans compter leur temps et leur dévouement.

Il trouvera, dans la variété des services qu'offre l'association syndicale, un champ aussi vaste que fécond dans lequel la semence qu'il a déjà utilement répandue saura germer et produire une abondante et bienfaisante moisson.

Son président est un vaillant qui a la foi et le dévouement ; il réussira, car le terrain est bien préparé.

Syndicat agricole de Vinay.

25 juillet 1898. — M. 225

Président : M. MICHEL BLUNAT

Entrepôt. — Coopérative. — Bulletin. — Almanach.

Créé le 25 juillet 1898, ce syndicat, après une année d'existence, compte déjà 225 membres, soit 12 propriétaires et 213 petits cultivateurs ou ouvriers.

C'est donc avant tout un syndicat de petits propriétaires ; sa cotisation de 2 fr. met ses services à la portée de toutes les bourses.

Ce syndicat est de création trop récente pour avoir pu étudier utilement tous les besoins de ses membres et s'appliquer à les satisfaire ; il s'est borné, jusqu'à présent, à leur rendre des services matériels avec le concours de la Coopérative du Sud-Est à laquelle il achète pour approvisionner son unique entrepôt de Vinay, et à leur faciliter l'instruction professionnelle en leur fournissant le Bulletin et l'Almanach de l'Union.

Les débuts du Syndicat de Vinay accusent, chez ses promoteurs, une très réelle activité qui, jointe au dévouement de son président, nous permet d'espérer pour lui un avenir des plus brillants.

Syndicat agricole de Voiron.

25 octobre 1891. — M. 532

Président : M. EMILE LAFUMA

**Entrepôt. — Bulletin. — Almanach. — Instruments. —
Enseignement. — Assurance-accidents. — Tribunal
arbitral.**

Ce syndicat a été constitué le 25 octobre 1891, mais, dès sa naissance, considéré comme une œuvre politique, il n'eut pendant longtemps pour adhérents que les 42 fondateurs.

Peu à peu, et sans faire la moindre propagande, il a su pourtant gagner, par les services rendus, tous ceux qui, au début, l'avaient regardé avec défiance ; il compte aujourd'hui 532 membres venus plutôt par intérêt que par sympathie.

Rayonnant dans un centre des plus industriels, dirigé par des hommes qui sont à la fois agriculteurs et commerçants, ce syndicat est organisé surtout pour la défense des intérêts matériels. La connaissance parfaite des affaires qu'ont les directeurs lui facilite singulièrement sa tâche et, avec un seul entrepôt au siège social, il livre annuellement pour 40.000 fr. d'engrais, d'outils, de semences, etc. Il a acquis, dès les premières années, un trieur pour semences qu'il met à la disposition de ses associés auxquels, en retour d'une cotisation de 2 fr., il sert gratuitement le Bulletin et l'Almanach de l'Union.

Ne voulant pas ou ne pouvant organiser lui-même l'enseignement agricole, il a pris le moyen le plus sage d'y coopérer efficacement en aidant le professeur spécial d'agriculture de l'arrondissement par une subvention volontaire, à ses champs d'expériences et en donnant des encouragements aux élèves présentés par les écoles de la ville et reçus aux examens de l'Union du Sud-Est.

Comme assurances, il fait profiter tous ses membres de l'assurance-accidents organisée par la Coopérative du Sud-Est et il prépare, pour 1900, plusieurs comptes d'assurances contre la mortalité du bétail. Si nous ajoutons la constitution, au sein de l'association, d'une commission de contentieux et d'un tribunal arbitral, chargé d'étudier et de régler les différends entre les syndiqués, nous pourrons constater que, sans faire la moindre propagande, ce syndicat est arrivé à des résultats assez satisfaisants pour encourager ses fondateurs à développer davantage son rôle économique et social. Ils y trouveront de nombreuses satisfactions qui les récompenseront largement de leur dévouement à la cause agricole et syndicale.

LOIRE

STATISTIQUE

CIRCONSCRIPTION des SYNDICATS	NOMBRE			Classification des Syndiqués			PROPORTION DES	
	de Syndicats	de Syndiqués	Moyenne par Syndical	Propriétaires ne travaillant pas	Propriétaires travaillant eux-mêmes	Ouvriers travaillant chez les autres	Rentiers du sol	Travailleurs du sol
SYNDICATS de département...	1	838	838	466	234	138	55.60	44.40
d'arrondissement..	1	80	80	20	18	42	25 »	75 »
de canton	7	932	133	197	609	126	21.14	78.86
de commune....	14	1.404	100	246	850	308	17.52	82.48
Totaux....	23	3.254	141	929	1.711	614	28.55	71.45

Syndicat des Agriculteurs de France du département de la Loire

A FEURS

23 mars 1887. — M. 838

Président : M. LE MARQUIS DE PONCINS

Prix Chambrun : Médaille de bronze

**Coopérative.— Bulletin.— Almanach.— Instruments.
Tribunal arbitral. — Enseignement.**

Le Syndicat des Agriculteurs de France du département de la Loire est sur le point d'accomplir sa treizième année. Ses statuts ont été déposés, à la mairie de Saint-Etienne, le 23 mars 1887 et le premier Bulletin périodique a paru le 15 avril de la même année.

C'est certainement l'une des plus anciennes parmi les associations de ce genre fondées dans la région, en exécution de la loi du 21 mars 1884. Sa création est le résultat de l'initiative, du zèle, du dévouement, des membres de la Société des Agriculteurs de France formant le groupe de la Loire.

Dès le début, de nombreuses adhésions sont venues grossir ce premier noyau. Trois ans à peine après sa fondation, le syndicat complait huit cents membres. Le nombre est arrivé, en 1898, à douze cents, grâce au développement, puis à l'importance acquise par l'entrepôt de Saint-Denis-de-Cabanne desservant plus de 250 adhérents du canton de Charlieu et des communes limitrophes de Saône-et-Loire, entrepôt dont il sera question plus loin.

Depuis le 1er janvier 1899, les membres desservis par la section de Saint-Denis-de-Cabanne ont formé une association distincte, sous le nom de Syndicat agricole du canton de Charlieu et des communes environnantes. Par le fait de cette séparation, le Syndicat des Agriculteurs de France du département de la Loire se trouve réduit à 800 membres environ.

Les admissions nouvelles, depuis le commencement, comblent, et au-delà, les vides causés par la mort et les défections. Les membres nouveaux entrent dans une association ayant franchi sans encombre la période critique, et se trouvant en pleine prospérité. Ils viennent à elle d'eux-mêmes sans la moindre sollicitation, en pleine connaissance de cause. On peut, dès lors, compter sur leur fidélité et sur leur attachement.

L'administration du syndicat a envisagé l'institution sous ses divers côtés : commercial, économique, social. Elle n'en a négligé aucun, mais elle est restée pénétrée de cette intime conviction que le rôle principal tracé aux syndicats professionnels par le législateur de 1884, est d'assurer la défense des droits inhérents à la profession et, dans l'espèce, de sauvegarder les intérêts agricoles du département de la Loire.

Il ne nous semble pas qu'elle ait failli à sa tâche. Rien n'a été épargné pour faciliter à ses membres, dans les meilleures conditions possibles, les achats et les ventes. Au début même, chaque Bulletin de quinzaine était en partie consacré au tableau des offres et demandes où tous les adhérents avaient la faculté, absolument gratuite, de faire toutes les insertions que peuvent comporter leurs exploitations et leurs cultures.

En dehors de cette publicité régulière donnant lieu à de nombreuses transactions, le Bureau a servi volontiers d'intermédiaire entre ses membres et le Syndicat central de Paris, puis la Coopérative agricole du Sud-Est.

Un syndicat départemental, dans une région où la culture du blé, des céréales, a toujours joué, en dépit des circonstances et des vicissitudes économiques, un rôle prépondérant, était dans l'obligation de faire de la question du blé l'objet de ses préoccupations et de son attention constante. Dès la première année, ses adhérents ont été mis au courant de ce sujet complexe, soumis à tant de fluctuations et intéressant, à proprement parler, le monde entier. En parcourant, depuis les treize ans qu'il existe, le Bulletin, on trouvera sur la production du blé, sur la sélection des semences, sur les modes de culture, sur les engrais, etc., une foule de notions, d'indications pratiques, popularisées et vulgarisées par cette publication.

Tous ceux qui ont bien voulu suivre ses travaux, quelles que soient, d'ailleurs, leur instruction première et leurs aptitudes personnelles, connaissent la production moyenne de chaque partie du monde, le prix moyen et ordinaire du fret pour conduire le blé en Europe, l'époque où chaque contrée sème, récolte et apporte sa production sur les principaux marchés du monde.

Dès la première année de son existence, le syndicat est entré résolument en campagne pour obtenir le droit de 5 francs par 100 kilos de blé introduit en France et l'établissement d'une taxe correspondante sur les autres céréales et leurs dérivés. L'évènement a pleinement justifié son attitude. Plus récemment, le syndicat a pris l'initiative de créer une salutaire et féconde agitation d'opinion, en vue de provoquer le rehaussement des droits d'entrée sur les blés.

C'est dans une des assemblées plénières du syndicat qu'il a été question, pour la première fois, dans une réunion agricole, de la loi du cadenas, dont l'agriculture a heureusement obtenu le vote, la promulgation et l'application.

La culture des pommes de terre dans la Loire est d'un intérêt majeur pour les propriétaires, pour les fermiers, aussi bien que pour les féculiers de la région. Depuis la fondation de ce syndicat, de grands progrès ont été réalisés. Nous croyons pouvoir le dire, sans exagération, les conseils donnés dans le Bulletin, en vue de propager les bonnes méthodes, de vulgariser les espèces à grands rendements, n'ont pas été sans effet sur ce mouvement en avant.

La reconstitution du vignoble de la Loire, détruit ou menacé par le phylloxéra, est une œuvre de longue haleine et de grands frais, dont le syndicat s'est préoccupé depuis sa fondation. Dès le début, un de ses vice-présidents, le très regretté M. Rousse, ancien professeur de chimie, viticulteur et naturaliste, a mis ses adhérents au courant de tout ce qui s'est dit et fait en cette matière.

Nous avons sous les yeux, en écrivant ces lignes, le Bulletin du 15 novembre 1889, dans lequel, six ans avant que son apparition se soit généralisée, l'éminent professeur décrit le black-rot, en détermine les caractères distinctifs et trace les remèdes à employer pour conjurer le fléau.

Un des membres du bureau, M. A. Roux (1), a pris part aux divers congrès viticoles de Montpellier et de Lyon et en a rendu compte dans le Bulletin.

Grâce au bienveillant concours, dans le principe du courtier de l'Union du Sud-Est et, par la suite, de la Coopérative du Sud-Est, les membres du syndicat ont pu se procurer, dans d'excellentes conditions d'authenticité, de fraîcheur et de maturité, des bois de greffage, porte-greffes contrôlés, inspectés, taillés et empaquetés sous les yeux vigilants des inspecteurs de la Coopérative.

L'œuvre de la reconstitution se poursuit avec succès. Malgré les accidents qu'elle rencontre, malgré les gelées de mai 1897, malgré la redoutable éventualité de l'apparition du terrible black-rot, malgré la très mauvaise attitude des vignes en 1899, nous pouvons compter qu'avant peu la reconstitution dans la Loire sera un fait absolument accompli.

A peine fondé, c'est-à-dire en 1887, le bureau du syndicat prenait en mains, dans les marchés publics, la cause des éleveurs et engraisseurs de bestiaux, victimes d'une fâcheuse interprétation de la loi, relativement à la responsabilité du vendeur, en cas de saisie dans les abattoirs. De concert avec le Syndicat des éleveurs et emboucheurs du Charolais, et secondé par la Société des Agriculteurs, il a provoqué une sorte d'agitation, un mouvement d'opinion, qui n'a point été stérile.

Le bureau a saisi de la question le maire de Lyon, le maire de Saint-Etienne, la presse lyonnaise, le Syndicat des commissionnaires en bestiaux de la Villette. Les revendications des intéressés ont été portées au Parlement avec demande d'indemnité en cas de saisie

---

(1) M. André Roux, ancien sous-préfet, vice-président du syndicat et président de l'Union des Syndicats agricoles de la Loire.

pour tuberculose dans les abattoirs, dans les mêmes conditions que pour les autres maladies contagieuses.

Son intervention, ses efforts, ses démarches n'ont point été stériles. Grâce à l'action puissante de M. Méline, des indemnités sont accordées aux éleveurs de bonne foi dont les bestiaux ont été saisis dans les abattoirs et, d'autre part, grâce à de sages instructions, les saisies par ce fait sont devenues plus rares.

En diverses occasions, le syndicat a fait instance, auprès des pouvoirs publics, pour obtenir l'emploi régulier et obligatoire de la tuberculine regardée, par la science vétérinaire, comme un merveilleux instrument de diagnostic pour reconnaître la présence de tubercules chez les bovidés. L'emploi de la tuberculine pour l'entrée des bestiaux étrangers en France est de règle aujourd'hui. Il a demandé sa généralisation et son application, notamment à tous les animaux de concours engraissés ou reproducteurs.

Il y a un peu plus de cinq ans que s'est créé l'entrepôt de Saint-Denis-de-Cabanne. Cet entrepôt recevait de la Coopérative agricole du Sud-Est des engrais, des machines agricoles de toute nature ; il est en relations suivies avec les principales mines de houille, avec les grandes fabriques d'engrais et d'outils. En 1898 son chiffre d'affaires annuel dépassait 25.000 francs, et servait plus de trois cent cinquante membres de l'association.

L'importance de cet entrepôt était devenue telle qu'il a été jugé opportun de le transformer en un syndicat distinct, séparé du grand syndicat départemental. C'est ce qui a eu lieu à partir du 1er janvier 1899. C'est aujourd'hui le Syndicat du canton de Charlieu et des communes environnantes. Cette nouvelle association est en pleine prospérité et son développement et l'importance de ses affaires s'accroissent constamment.

L'administration du syndicat répond à toutes les consultations contentieuses qui lui sont adressées. Quand elle n'est pas en mesure de résoudre les questions soulevées, elle renvoie les intéressés à des jurisconsultes, membres du syndicat, en mesure de leur fournir, sur toute difficulté pendante ou procès à venir, des conseils pratiques et absolument gratuits.

Il s'offre, en outre, de trouver des arbitres et des juges pour trancher les difficultés survenant entre adhérents, en leur faisant signer au préalable une sorte de compromis. L'étendue de la circonscription du syndicat et l'esprit peu processif de ses membres rendent peu fréquent l'emploi de cette justice à bon marché, présentant autant de garanties de savoir et d'impartialité que la juridiction officielle et n'entraînant, pour ceux appelés à en profiter, absolument aucune dépense.

Un dernier service fondé en 1897 et qui, pendant ces trois dernières années, a donné les résultats les plus remarquables, c'est l'établissement de certificats d'études agricoles dans toutes les écoles primaires officielles ou libres de la Loire.

Le Bulletin paraît le 1er et le 15 de chaque mois. Le Bulletin du 1er est l'œuvre exclusive des membres du syndicat et principalement de M. A. Roux, le très dévoué vice-président de ce syndicat. Il a un caractère essentiellement local et personnel. Celui du 15 émane de l'Union du Sud-Est, il a en vue les intérêts des dix départements ressortissant de l'Union, et sa publicité est très étendue.

Le syndicat compte, à l'heure présente, 1070 membres : 125 titulaires, 945 associés. Les titulaires payent 10 francs de cotisation et prennent seuls part à l'administration. Les associés acquittent une annuité de 3 francs. Cette distinction, dans le principe, avait une double raison d'être : 1º Assurer l'existence matérielle de l'association en mettant à sa disposition des ressources que les cotisations des associés auraient été impuissantes à lui fournir ; 2º Couper court à toute velléité possible d'enlever, par un coup de vote, dans un but électoral ou mercantile, la direction du syndicat à ceux qui ont assumé la responsabilité et l'honneur de sa fondation et de sa mise en train.

Le syndicat fait environ pour 50.000 fr. d'affaires dont moitié au moins avec la Coopérative du Sud-Est.

Avec le produit des annonces, les remises sur commandes, le trop perçu remboursé par la Coopérative, le montant des cotisations des titulaires et des associés, les recettes annuelles du syndicat s'élèvent à environ 4.000 francs. Cette somme est en grande partie absorbée par les frais d'impression, de distribution des deux bulletins, par le loyer des bureaux, le traitement de l'agent général, les frais de correspondance, qui vont toujours croissants.

« L'excédent des recettes sur les dépenses est destiné, nous écrit M. A. Roux, à subventionner des concours spéciaux, à fournir gratuitement à nos membres l'excellent Almanach de l'Union du Sud-Est et, le plus souvent possible, l'Agenda des Agriculteurs de M. Silvestre qui, à lui seul, constitue un manuel agricole des plus pratiques et des plus instructifs. Nous avons également consacré ces bonis à l'achat et à la mise en dépôt d'instruments de précision et d'outils nouveaux ou de machines répandus dans les sièges princicipaux et destinés à servir gratuitement à tous les adhérents sans distinction. Dans ce même ordre d'idées, nous étudions, pour l'avenir, la question du placement de reproducteurs dans les communes où nous comptons le plus d'adhérents.

« Il faut ajouter les frais des concours-examens pour l'enseignement agricole, qui est administré par l'Union des Syndicats agricoles de la Loire, mais dont le syndicat départemental assume la plus notable part des dépenses.

« Nous continuerons encore, en 1900, à subventionner cette œuvre intéressante et féconde en heureux résultats ».

La proposition de créer dans le département un herd-book pour la race bovine charolaise est à l'étude. Si elle se résout affirmativement, nul doute que le syndicat des agriculteurs de France du département de la Loire contribuera, d'une manière notable, à la création et au développement de cette utile entreprise.

Le syndicat a pris part au concours ouvert par le regretté comte de Chambrun. Une médaille de bronze de grand module lui a été octroyée et, grâce à cet insigne, il lui a été imparti de présenter trois candidats au grand concours des ouvriers agricoles. Un ouvrier de la plaine du Forez, présenté par un jury spécialement formé à cet effet, a obtenu de M. le comte de Chambrun une pension annuelle et viagère de deux cents francs. Cet ouvrier, âgé aujourd'hui de près de 80 ans, sourd-muet de naissance, est resté près de 60 ans dans la même ferme comme domestique et, malgré son infirmité, a rendu à ses maîtres un excellent et dévoué service.

Comme on le voit, ce grand et vieux syndicat a compris son rôle économique; il a, sur ce terrain, merveilleusement réussi et son Bulletin, si documenté et si intéressant, œuvre exclusive de son vice-président, M. Roux, n'a pas été sans avoir une grosse influence sur les progrès de l'agriculture dans le département.

Ce syndicat a donc bien rempli sa tâche et il faut le féliciter de favoriser la création, à côté de lui, de petits syndicats à circonscriptions restreintes mieux placés pour le développement des affaires et surtout des œuvres sociales ; il a montré ainsi que son désintéressement était à la hauteur de son dévouement.

Syndicat agricole de Bouthéon.

22 août 1898. — M. 87

Président : M. DEVANT

Champs d'expériences. — Enseignement.

Constitué le 22 août 1898, ce syndicat dont le rayon s'étend seulement sur trois communes, compte aujourd'hui 87 membres, en grande majorité petits cultivateurs ou ouvriers agricoles.

Pour sa première année, il s'est contenté de procurer à ses membres des engrais dont le poids total a été de 15.000 kilos environ.

Champs d'expériences, conférences, enseignement, battage en commun, assurances contre la mortalité du bétail, sociétés de secours mutuels, telles sont les créations que ce vaillant petit syndicat compte mettre sur pied cette année.

Il a la foi, nous avons l'espérance, faisons lui l'amicale charité de lui souhaiter : Bonne chance !

Syndicat agricole du canton de Charlieu et communes voisines.

A CHARLIEU

24 décembre 1898. — M. 222

Président : M. VICTOR ROUX

Entrepôt. — Coopérative. — Bulletin. — Almanach. Instruments.

Ce syndicat, qui a la bonne fortune d'avoir à sa tête l'un des agriculteurs les plus estimés du Forez, est encore bien jeune pour avoir fait quelque chose ; il date de fin décembre 1898, il a donc à peine une année d'existence.

Ses cadres sont, aujourd'hui, complets, non seulement comme officiers et sous-officiers, mais encore comme soldats puisque le régiment compte déjà 222 membres (45 % propriétaires faisant travailler, 45 % travaillant par eux-mêmes, 10 % d'ouvriers agricoles).

Les membres fondateurs payent 10 francs, les autres, les plus nombreux, 3 fr. ; les uns et les autres reçoivent un Bulletin mensuel publié par le syndicat lui-même, et l'Almanach de l'Union.

Pendant cette première année, le syndicat a porté toute son activité sur les services matériels, et l'entrepôt qu'il a ouvert à Charlieu a fourni pour 20.000 francs de marchandises professionnelles auxquelles vient s'ajouter l'achat de divers instruments destinés à être loués aux membres syndiqués.

Avec un état-major comme celui qu'il a, le Syndicat de Charlieu a un vaste avenir devant lui et nous connaissons trop le dévouement éclairé de ses fondateurs pour ne pas être certain qu'ils ne mettront pas longtemps à réaliser l'une des plus complètes et plus parfaites formes de l'Association syndicale agricole.

Syndicat viticole de la Côte Renaison.

A RENAISON

30 janvier 1892. — M. 175

Président : M. LE COMTE DE GRASSIN

Bulletin. — Almanach.

Rayonnant sur toute cette belle et bonne côte viticole qui est l'un des plus beaux fleurons de la couronne agricole de la Loire, ce syndicat, fondé le 30 janvier 1892, semble avoir, jusqu'ici, limité ses efforts aux seules fournitures pouvant intéresser les viticulteurs. L'aisance générale qui règne dans la région le dispense du crédit et le bétail est probablement trop peu nombreux pour faire vivre un compte de prévoyance.

Avec ses 175 adhérents, il fait de 12 à 13.000 fr. d'affaires ; avec une modeste cotisation de 1 fr. il assure à tous ses membres le Bulletin et l'Almanach de l'Union.

Le succès aidant, ce syndicat développera certainement, dans un avenir prochain, son rôle économique et social et, comme il est bien administré, il réussira sur ce terrain comme sur l'autre ; ses syndiqués ne seront pas les derniers à s'en réjouir.

Syndicat agricole et viticole de Lentigny.

1er janvier 1899. — M. 35

Président : M. J.-L. MORIN

Coopérative. — Bulletin.

Constitué le 1er janvier 1899, il a recruté, depuis, 35 membres (15 propriétaires faisant travailler, 20 travaillant eux-mêmes).

Son chiffre d'affaires est de 7.000 francs, soit 200 fr. par tête ; il semble qu'il doit augmenter encore.

Ce résultat, très encourageant, doit, à notre avis, engager les fondateurs de ce syndicat à démocratiser leur association et à faire profiter de ses bienfaits l'élément le plus intéressant de nos campagnes. Il pourra, pour eux, organiser l'assistance avec les réserves que lui auront procurés les services matériels qu'il aura rendus à la catégorie riche de son effectif.

Il montrera ainsi que nos syndicats sont, avant tout, des institutions organisées au profit des plus humbles travailleurs ; il prouvera qu'en le créant, ses fondateurs ont désiré, avant tout, faire une œuvre utile et sociale en défendant les intérêts, grands et petits, des agriculteurs de leur circonscription.

Syndicat agricole et viticole de Montbrison.

13 janvier 1898. — M. 80

Président : M. DE SAINT-PULGENT

Coopérative.

Créé le 13 janvier 1898, sous le patronage de la Société d'Agriculture de cette ville, ce syndicat est encore en voie d'organisation ; il n'a donc pu rendre que peu de services à ses membres. Sur un effectif de 80 syndiqués, il compte 20 propriétaires faisant travailler, 18 petits cultivateurs et 42 vignerons ou fermiers ; les premiers paient 10 fr., les autres 3 fr.

Les deux Sociétés d'agriculture et de viticulture de Montbrison, remplissant depuis nombre d'années, à la satisfaction de tous, le but professionnel et économique que se propose le syndicat, celui-ci s'est contenté de rendre à ses adhérents des services purement matériels et, dans le cours de sa première année, il a réparti entre eux pour 10.000 fr. d'engrais, semences, outils.

Il a, nous écrit son président, tenté un essai de vente des produits des syndiqués, mais l'expérience est trop récente pour avoir donné des résultats dans un sens ou dans l'autre.

En attendant, et malgré la présence à ses côtés de deux vieilles Sociétés agricoles, il ne doit pas oublier le rôle multiple qui lui incombe et comme, par les facilités dont il dispose, notamment pour les assurances bétail, accidents, il est beaucoup mieux placé que celles-ci pour mener son œuvre agricole et sociale à bien, il ne doit pas hésiter à marcher de l'avant.

Il y trouvera, avec une puissante vitalité, le moyen le plus sûr d'augmenter son effectif et son importance, et il prouvera que si les Sociétés d'agriculture, qui ont rendu tant de services dans le passé, peuvent être de bonnes institutions, le syndicat est véritablement l'association du XXᵉ siècle.

Syndicat agricole de Noirétable.

20 septembre 1891. — M. 60

Président : M. LE COMTE DE VILLECHAISE

Bien que fondé le 20 septembre 1891, ce syndicat est, à ce jour, l'un des plus modestes de l'Union et les seuls services qu'il a rendus se traduisent par des achats professionnels d'une valeur totale de 4.000 francs.

Ses 60 membres s'en sont contentés, mais ce ne doit pas être une raison, pour les hommes distingués qui sont à la tête de ce syndicat, de s'arrêter et de croire leur mission remplie.

Ils ont mieux à faire et les exemples nombreux qu'ils trouveront ici doivent être pour eux un stimulant et un encouragement.

L'association syndicale offre des ressources de toute nature, et, dans la variété des services qu'elle met à la portée des agriculteurs, il nous semble impossible que le bureau ne trouve pas de quoi intéresser ses compatriotes, de quoi les attirer à lui. D'autres ont réussi dans des conditions particulièrement difficiles, et comme le syndicat de Noirétable a tous les atouts dans son jeu, il ne peut lui être permis de rester plus longtemps à l'arrière-garde. Ce n'est pas dans les habitudes, ni de son distingué président, ni de ses collaborateurs, pourquoi pourrions-nous douter et d'eux et de leur œuvre ?

Syndicat agricole de Pélussin.

20 décembre 1890. — M. 200

Président : M. J.-B. PEYSSONNEL.

Entrepôt.

Fondé le 20 décembre 1890, ce syndicat, dont la cotisation est de 1 fr., compte 200 membres (40 propriétaires faisant travailler, 160 petits cultivateurs).

Son rôle se borne actuellement à fournir à ses adhérents tous les produits professionnels dont ils ont besoin ; l'importance des achats annuels atteint 33.000 francs.

C'est un chiffre déjà respectable qui nous permet de regretter que ce syndicat s'en soit tenu là et n'ait pas encore abordé d'autres services que les services matériels.

Ce n'est, nous l'espérons, que partie remise, car il n'a pas le droit, après les résultats qu'il a obtenus, de s'arrêter dans une voie qui s'ouvre brillamment devant lui ; qu'il nous permette aussi de lui faire observer qu'il a tort de faire quelque peu cavalier seul, alors qu'à côté l'en avant deux donne des résultats autrement brillants.

Syndicat agricole de Perreux.

10 juin 1898. — M. 120

Président : M. Pierre BADOLLE.

Coopérative. — Almanach.

Essentiellement viticole, ce syndicat, dont le siège social et les entrepôts sont au Coteau, a été fondé, le 10 juin 1898. Il n'a donc pu, durant cette première année, faire autre chose que des affaires.

Affilié à la Coopérative du Sud-Est, il a acheté pour ses 120 membres 9.000 fr. de produits purement professionnels ; c'est un résultat qui prouve la vitalité de cette association, car, avec les facilités que les agriculteurs doivent avoir à s'approvisionner chez les commerçants de Roanne et du Coteau, on pouvait craindre que, sur ce terrain, le syndicat ne rencontrât de sérieuses difficultés. C'est donc un heureux début qui fait bien augurer de l'avenir.

A côté de l'Almanach de l'Union nous serions heureux de lui voir prendre le Bulletin, que sa cotisation de 3 fr., nous paraît lui permettre et nous aimons à croire que l'année ne se passera pas sans qu'il aborde sérieusement la question de prévoyance.

Si relativement aisé que soit le viticulteur, il doit toujours songer à l'avenir, et puisque, par le syndicat, il peut s'assurer contre les risques du présent, contre les revers de l'avenir, pourquoi ne pas lui rappeler que la prévoyance est la seconde Providence du genre humain ?

Syndicat agricole de Pouilly-les-Nonains.

30 décembre 1896. — M. 44

Président : M. BURTHIER.

Coopérative. — Bulletin. — Almanach.

Créé en décembre 1896, ce petit syndicat compte seulement 44 membres qui paient une cotisation uniforme de 1 fr., en retour de laquelle ils reçoivent gratuitement le Bulletin et l'Almanach de l'Union.

Le chiffre d'affaires atteint 2.000 fr. formé exclusivement par des insecticides ou des bois de greffage achetés à la Coopérative du Sud-Est.

Strictement limité à la fourniture de produits utiles à la viticulture, le rôle de ce syndicat doit s'étendre dans l'avenir, et puisqu'il est convenu d'admettre que ce sont les viticulteurs, en agriculture, qui ont le plus d'initiative, il appartient à son bureau d'en donner une fois de plus la preuve.

Syndicat agricole et viticole de St-Alban.

31 juillet 1892. — M. 87

Président : M. Ch. TREILLE

Coopérative. — Bulletin. — Almanach.

Ce syndicat a d'abord été un simple syndicat anti-philloxérique, fondé le 14 septembre 1886, et c'est seulement en 1892 qu'il a cru devoir étendre ses attributions en faisant bénéficier ses adhérents des avantages de la loi du 21 mars 1884.

Le syndicat étant communal et la commune de Saint-Alban n'étant pas très étendue, son rôle est assez modeste. Il s'est borné jusqu'ici à faire à la Coopérative du Sud-Est des achats en commun de semences, engrais, sulfate et autres matières dont le total annuel atteint 2.500 fr. Bien souvent ses commandes ont été groupées avec celles du Syndicat de St-André-d'Apchon, grâce à l'obligeance du président de ce syndicat, M. Ch. Thillier.

Cette réunion des commandes a été l'origine d'un projet d'union syndicale à laquelle ses promoteurs ont essayé, infructueusement, jusqu'ici, de donner plus d'extension en groupant les syndicats de la région ; l'un des intéressés s'y est refusé jusqu'à présent, mais l'idée d'association étant appelée à faire du chemin, nous ne désespérons pas de voir bientôt et pour le plus grand avantage des intéressés, se former, sur le modèle de l'Union beaujolaise, l'Union des Syndicats de la Côte Roannaise.

En retour d'une cotisation de 1 fr., le syndicat assure à ses membres le service gratuit du Bulletin et de l'Almanach de l'Union ; c'est là que se borne son action économique et sociale.

Nous comptons trop d'amis dans son Bureau pour ne pas leur dire qu'ils doivent faire mieux et plus, car si, dans ce pays viticole, les misères sont rares, il y a du moins beaucoup d'œuvres de prévoyance à créer. N'est-ce pas être imprévoyant que de ne pas songer aux mauvaises années, aux mauvaises récoltes et pourquoi ne pas garantir, par l'assurance-accidents, par l'assurance-bétail, les risques journaliers qui menacent l'agriculteur ; pourquoi, par la Société de secours mutuels, ne pas assurer la paix et le pain des vieux jours à tous les vignerons ?

Les fondateurs du syndicat sont des jeunes, ils sont pleins d'ardeur et d'intelligence, nous leur disons : Courage, en avant ! et puisque vous voulez imiter l'Union Beaujolaise, imitez-la en créant toutes ses œuvres économiques et sociales.

Syndicat agricole et viticole de St-André-d'Apchon.

5 juin 1887. — M. 135

Président : M. Charles Thillier

Coopérative. — Bulletin. — Almanach.

Ce syndicat a été institué en 1887. A ce moment, il n'existait en France que 461 syndicats, dont un seul dans la Loire, celui des « Agriculteurs de France du département de la Loire » qui a son siège à Feurs. L'entreprise paraissait donc quelque peu audacieuse. Néanmoins, six viticulteurs eurent l'idée de se grouper pour lutter plus efficacement contre les maladies cryptogamiques qui commençaient alors à envahir le vignoble.

Comme ils le pensaient bien, le public traita leur idée d'innovation chimérique ; la naissance du petit syndicat fut accueillie dans la commune avec une suprême indifférence, pour ne pas dire avec une arrogante malveillance, et ce généreux projet n'entendit retentir partout autour de lui que l'écho de la dérision.

Il eût été téméraire, pour lui, de tenter de dissiper l'ignorance locale et de vouloir réagir brusquement contre les absurdes préjugés qui existaient contre son œuvre. Il ne pouvait, en quelques jours, dévoiler la faiblesse ou le ridicule des sophismes ou des arguments qui se frayaient partout un libre passage.

Peu sensibles à tous ces bruits, les fondateurs laissèrent au temps le soin d'éclairer les esprits sur le véritable but du syndicat. Avec beaucoup de difficultés, ils obtinrent une autorisation régulière et commencèrent dès lors leurs achats en commun.

Comme ils l'espéraient, le résultat de leur entreprise ne se fit pas attendre : dès l'année suivante, une dizaine de viticulteurs, que les premières opérations commerciales avaient déjà convaincus mieux que ne l'eussent fait de beaux discours, vinrent avec empressement se grouper autour d'eux et augmenter ainsi le nombre des adhérents. Dès lors, ils pouvaient, sans prétention, avoir droit au titre de « Syndicat agricole. »

Depuis cette époque, l'œuvre a sensiblement progressé ; les viticulteurs ou vignerons ont enfin compris qu'ils avaient tout avantage

à faire partie du syndicat et, chaque année, le nombre des adhérents
a grossi au delà de tout espérance puisque aujourd'hui le syndicat
compte 135 adhérents dans une commune de 1660 habitants, où la
propriété est très morcelée et le territoire très limité.

Les statuts qui régissent le syndicat sont des plus courts et des
moins compliqués. Il était inutile, en effet, de les encombrer d'articles longs et embrouillés, puisque les opérations étaient des plus simples et des plus restreintes, se bornant, les deux premières années,
aux achats des sulfates de cuivre, des soufres et des quelques engrais
chimiques les plus usités. Depuis, avec les besoins nouveaux, le
syndicat a élargi le cercle de ses affaires, qui atteint en moyenne 10,000
francs par an.

Jusqu'à ce jour, le syndicat ne s'est occupé uniquement que
d'opérer des achats, laissant ainsi à ses adhérents le soin de vendre
et d'écouler leurs récoltes. « Il est vrai, nous dit son président,
que, depuis la création de notre syndicat, l'idée de la vente par
l'intermédiaire des associations a fait du chemin ; mais notre région
paraissait, jusque là, pouvoir s'en passer facilement. Pendant la période pénible de la reconstitution des vignobles du Midi et du Beaujolais, nos vignerons de la « Côte Roannaise » (c'est ainsi qu'on
appelle le vignoble situé à l'Ouest de Roanne) vivaient dans une ère
de prospérité prodigieuse. Ils trouvaient facilement, sans aucun déplacement, à vendre leurs vins à des prix très élevés. Ils ne connaissaient pas les longs mois de l'attente, car au décuvage leurs celliers
se dégarnissaient rapidement et leurs vins prenaient en majeure
partie la route de Paris, Lyon ou St-Etienne ; aussi ne songeaient-ils
point encore à la nécessité de confier à d'autres le soin d'écouler leurs
récoltes. Malheureusement, les choses commencent à changer. La
crise générale, qui sévit si fortement dans toute la France vinicole,
n'a point épargné notre région, jusque là si privilégiée. Aussi nos vignerons, dont les affaires étaient jadis si prospères, ne tarderont pas
à se ressentir du malaise général, si leurs vins continuent à rester
dans leurs caves ; heureux même ceux qui, après avoir épuisé leurs
belles épargnes, ne seront pas obligés d'emprunter pour satisfaire
aux besoins de la culture et de l'entretien de leurs vignes, et cela au
moment où la reconstitution par les plants américains s'impose
d'une manière impérieuse ».

Les ressources du syndicat sont des plus modestes et consistent
uniquement dans la cotisation annuelle de 2 francs fournie par chaque membre. Sur cette somme sont prélevés tous les frais généraux

l'affiliation à l'Union, l'Almanach et le Bulletin de l'Union. Le reliquat tombe dans la réserve de la caisse et sert à couvrir les dépenses imprévues. Les commandes se font par écrit, sur un bulletin imprimé que le syndiqué doit remplir en le revêtant de sa signature et qu'il doit faire parvenir au bureau dans le délai indiqué, faute de quoi les commandes ne sont point prises en considération. Ce même bulletin tient lieu de quittance, lors de la distribution des marchandises. Pour être accessible à la petite culture, le syndicat accepte pour commandes de certains produits, des fractions inférieures à 50 kilogs.

Lorsque les marchandises sont arrivées, les intéressés sont avisés de venir les retirer et ils en acquittent la facture en prenant livraison. Au début, il arrivait fréquement que le délai indiqué était de beaucoup dépassé. Aussi, pour éviter l'inconvénient d'une distribution trop prolongée, le bureau a soumis à l'approbation de l'Assemblée générale de 1893 la proposition suivante : « Dans le cas où le syndiqué « n'enlèverait pas les marchandises commandées dans le délai in- « diqué, et 48 heures après avis, il sera passible d'une amende de « 0 fr. 50 par jour de retard ; dans le cas de non enlèvement des mar- « chandises dans les huit jours, il sera rayé d'office de la liste du « syndicat et forcé néanmoins de prendre livraison de sa commande « et de solder intégralement l'amende encourue ». Cette méthode d'opération dispense le syndicat d'avoir un entrepôt ouvert toute l'année.

Le syndicat, situé dans une contrée des plus viticoles, a été le plus puissant agent de la reconstitution par les vignes américaines, comme il reste aujourd'hui le conseiller le plus éclairé de tous les viticulteurs dans leur œuvre de progrès et de défense journalière.

Par ses réunions fréquentes, il a dissipé tous les malentendus et, en supprimant les petites jalousies locales, il a rapproché toutes les bonnes volontés par ce merveilleux instrument d'entente sociale : l'association.

Il lui reste aujourd'hui à compléter son œuvre de progrès agricole en instituant les créations professionnelles de nature à être utiles à ses adhérents. Il est, nous le savons, dans un pays très privilégié où la misère est rare, mais, hélas ! l'assistance trouve toujours des infortunes dignes de compassion et la prévoyance, cette fortune des modestes, trouve sa place partout. Nous connaissons de longue date le cœur généreux de son président, nous sommes certain qu'il ne restera pas insensible à la voix amicale d'un vieux camarade.

Syndicat agricole de St-Chamond.

26 novembre 1896. — M. 163

Président : M. DE BOISSIEU

Bulletin. — Almanach.

Fondé en 1896, ce syndicat compte à ce jour 163 adhérents, par moitié propriétaires et fermiers.

Son histoire est courte, puisque cette association s'est jusqu'ici contentée de servir à ses membres un Bulletin mensuel et de leur procurer les marchandises professionnelles utiles à leur exploitation ; il semble qu'elle doive sous peu se développer, les éléments paraissant pleins d'entrain et de vitalité.

Son chiffre d'affaires atteint, en effet, en moyenne, 30.000 fr. soit à peu près 200 fr. par membre.

C'est là un début qui doit pousser les fondateurs de ce syndicat à développer leur œuvre et à ne pas se déclarer satisfaits parce qu'ils ont rendu quelques services matériels. Ce n'est point suffisant pour un syndicat agricole, ses administrateurs le comprennent aussi bien que nous.

Nous avons donc pleine confiance dans le dévouement éclairé de son bureau et ce n'est pas en vain, nous en avons la certitude, que nous lui aurons montré la voie féconde dans laquelle il doit s'engager.

Syndicat agricole de St-Joseph.

2 février 1890. — M. 40

Président : M. J.-B. POIRIEUX

Coopérative.

Plusieurs essais de syndicat ayant été tentés, sans résultats appréciables, dans l'arrondissement de Saint-Etienne et le canton de Rive-de-Gier, un groupe d'agriculteurs de la petite commune de Saint-Joseph résolut de profiter de la loi de 1884 et de former un syndicat local). Le projet, bien accueilli, devint vite la réalité; le 2 février 1890 le syndicat était formé avec vingt-deux adhérents. Depuis, ce chiffre a régulièrement grossi pour s'arrêter à 40 membres, effectif qui, pour une commune de 700 habitants où tout le monde travaille par soi-même, est relativement élevé.

Les opérations du syndicat ont principalement porté sur les engrais chimiques dont la vente atteint une moyenne de 20.000 kilos par an; le chiffre des affaires est, en moyenne, de 3.000 francs. Le fournisseur principal est la Coopérative.

Si l'on veut bien considérer que, les adhérents étant tous de petits propriétaires, le Syndicat opère dans un cadre forcément restreint, on admettra que ces chiffres ont bien leur éloquence. Etant de petits paysans, ils sont obligés de faire petit et d'aller doucement. Leurs goûts sont modestes comme leurs besoins, aussi ont-ils pu, jusqu'à aujourd'hui, faire fonctionner leur syndicat sans faire appel aux adhérents, sans demander aucune cotisation.

Si modestes que soient les résultats, ils ont d'autant plus de valeur qu'ils ont été plus péniblement obtenus, et nous ne pouvons qu'encourager ce vaillant petit syndicat à continuer paisiblement son œuvre de progrès agricole tout en la développant par le service du Bulletin et de l'Almanach à ses adhérents.

Syndicat agricole de St-Just-en-Chevalet.

11 novembre 1894. — M. 92

Président : M. SOLINIAC.

Bulletin. — Almanach. — Assurance-accidents. — Enseignement. — Tribunal arbitral.

Créé le 11 novembre 1894, ce syndicat cantonal compte seulement 92 membres dont 75 petits cultivateurs et fermiers. La cotisation est uniformément de 3 francs, elle donne droit au service gratuit du Bulletin et de l'Almanach de l'Union.

Le petit nombre de ses membres, le chiffre restreint de ses affaires ne lui permettent pas une organisation complète ; c'est le président qui reçoit et passe les commandes, dont la livraison est effectuée par un agent ; le montant annuel des achats ne dépasse guère 3.500 fr.

C'est un total qui paraît peu en rapport avec l'importance du canton de St-Just et il fait croire que les agriculteurs de ce pays n'ont pas encore compris l'importance du syndicat.

Ce n'est cependant pas la faute de son président, qui met toute son expérience des affaires et toute son ardeur au service de l'œuvre entreprise, mais le proverbe : « Il n'est pire sourd que celui qui ne veut pas entendre » est toujours vrai, surtout sur le terrain syndical. Grand producteur de beurre et de pommes de terre, le syndicat a organisé la vente de ces deux produits sur le marché de Lyon ; les résultats ont été très satisfaisants, mais ils n'ont pas amené un seul syndicataire de plus !

Pour faire connaître et employer utilement les engrais chimiques, le syndicat a organisé, chaque année, dans les terres de ses adhérents, autant que possible près des routes les plus fréquentées, des champs d'expériences ; quelques-uns, les plus intelligents, se sont laissé convaincre, mais beaucoup encore ne veulent pas croire !

Le Bulletin, l'Almanach de l'Union, des conférences viennent compléter cet enseignement pratique et il est permis de croire que tant d'efforts ne resteront pas inutiles.

L'enseignement agricole des jeunes est seulement organisé par les écoles libres et, comme les enfants quittent à peu près tous l'école à Pâques pour revenir aider à leurs parents, il ne peut qu'être très incomplet. Dix élèves, cependant, ont pu prendre, chaque année, part au concours et obtenir leur certificat agricole.

Dans ce pays où le bétail est une richesse principale, il est évident que l'assurance contre la mortalité donnerait des résultats ; qui sait même si cette création n'arriverait pas à entraîner dans la voie syndicale tous ceux que le dévouement et les services rendus n'ont pu encore convaincre ? Le syndicat fera bien de mettre au plus tôt sur pied son assurance-bétail et nous souhaitons ardemment qu'il y trouve plus d'écho que dans ses précédentes innovations.

Nous serions incomplet si nous n'ajoutions pas que vingt à vingt-cinq polices contre les accidents agricoles ont été souscrites par le syndicat, et que le tribunal arbitral composé de trois membres a réglé deux litiges à l'amiable.

La caractéristique de ce syndicat est, nos lecteurs ont déjà pu s'en rendre compte, qu'en raison du caractère du Forez et de l'animosité créée par les tits commerça ts contre le syndicat, les efforts considérables de son fondateur n'ont pas donné des résultats proportionnés. Son président est à un âge où beaucoup se reposent et puisqu'il est encore vigoureux et ardent, pourquoi ne trouverait-il pas quelques jeunes pour l'aider et le suppléer ? L'œuvre est assez belle pour susciter des dévouements.

Syndicat des Agriculteurs de St-Michel.

14 janvier 1895. — M. 47.

Président : M. A. ROZIER

Coopérative. — Almanach.

Sa création remonte au 14 janvier 1895 ; limité à la commune, il comprend aujourd'hui 47 petits propriétaires travaillant tous par eux-mêmes.

Pas de cotisation, mais un droit d'entrée de 2 fr, qui sert à affilier tous les adhérents à la Coopérative du Sud-Est qui est le seul fournisseur et à laquelle le syndicat achète chaque année pour 3.000 fr. de marchandises uniquement agricoles. Son président met à la disposition des adhérents de petits champs d'expériences. Il leur donne d'utiles et de nombreux renseignements. Déjà on peut constater un réel progrès dans l'emploi des engrais chimiques. Le syndicat a su choisir un président intelligent, dévoué et actif. Nous lui souhaitons de le conserver longtemps, de suivre ses conseils et le succès est certain.

L'Almanach de l'Union est la carte de visite déposée par le syndicat le 1er janvier chez tous ses sociétaires ; inutile de dire qu'il est bien et gaîment accueilli.

Syndicat agricole de St-Paul-en-Jarez.

10 janvier 1897. — M. 110

Président: M. LE COMTE DE VILLOUTREYS

Coopérative.— Bulletin.— Almanach. — Enseignement.

Créé en janvier 1897, ce syndicat, en grande majorité composé de petits propriétaires et d'ouvriers agricoles, compte 110 membres payant une cotisation annuelle de 2 francs qui assure à chacun le service gratuit du Bulletin et de l'Almanach de l'Union.

Affilié à la Coopérative, c'est à elle qu'il passe en grande partie tous ses achats dont le total annuel atteint 8.000 francs environ.

C'est là que, pour l'instant, il a borné son rôle, se contentant, en dehors, de propager l'enseignement agricole par les écoles libres de sa région.

Nous ne pouvons considérer ce début que comme une période préparatoire, car il n'est pas douteux que son président puise, dans ses fréquents contacts avec tout l'état-major du mouvement syndical, cette ardeur et cette foi qui ont fait de nos amis de véritables apôtres.

Peu à peu, il sera séduit, lui aussi, par la beauté de l'œuvre et il trouvera, dans la satisfaction du devoir accompli, une large récompense de tous ses efforts.

Syndicat agricole de St-Rambert-sur-Loire.

10 juillet 1898. — M. 75

Président : M. DUPIN.

Coopérative.— Bulletin.

Ce syndicat, fondé le 10 juillet 1898, compte 75 membres.

Il procure à ses membres des engrais et des outils achetés en grande partie à la Coopérative et leur sert gratuitement le Bulletin de l'Union.

Il étudie les services économiques et professionnels, les questions de crédit et d'enseignement, et il y a lieu d'espérer que bientôt il marchera dans la voie que lui a tracée son voisin et aîné, le syndicat de Sury-le-Comtal.

Syndicat agricole de St-Romain-la-Motte.

20 novembre 1896. — M. 60

Président: M. Louis PERCHE

Coopérative. — Bulletin. — Almanach. — Pépinières Champs d'expériences.— Enseignement.

Fondé le 20 novembre 1896, ce syndicat, qui s'étend sur les deux cantons de St-Romain et St-Germain, compte seulement 60 membres, dont 54 petits cultivateurs, vignerons ou journaliers. La cotisation est de 1 fr. ; l'Almanach de l'Union sert de quittance, c'est moins aride et beaucoup plus gai qu'un reçu ordinaire.

Limitant actuellement ses efforts aux services matériels, il a acheté, cette année, à la Coopérative du Sud-Est, pour 4.000 fr. de marchandises strictement professionnelles.

Situé dans un pays où la vigne est la culture essentielle, il ne pouvait se désintéresser de tout ce qui touche à sa prospérité et, après avoir facilité à ses membres, par la création d'un syndicat antiphylloxérique, la défense de leurs vignes contre le phylloxéra, il leur a donné, par ses pépinières syndicales, les moyens de la reconstituer économiquement par les cépages américains. Il a créé sur plusieurs points des champs d'expérience d'engrais ; ses membres en tireront utile profit.

Dès 1896 il a favorisé de toutes ses forces l'enseignement agricole, qui est aujourd'hui donné sous son patronage, à tous les élèves des écoles libres de sa circonscription. Il ne parle pas des autres, il est donc probable qu'il a échoué comme tous ceux qui ont essayé.

Il n'a, heureusement, pas besoin de l'appui de l'administration pour organiser les œuvres de prévoyance et il prouvera, en le faisant, que l'association libre est plus forte et plus libérale que cette vaste organisation bureaucratique que l'Europe nous envie mais qu'elle se garde bien de copier.

Syndicat agricole du canton de Soleymieux.

15 mars 1898. — M. 82

Président : M. AVRIL

Entrepôt.— Coopérative.— Almanach.— Instruments. Enseignement.

Sa création remonte au 15 mars 1898 ; il a, depuis, recruté 82 membres, tous propriétaires cultivant eux-mêmes. Particularité intéressante : les membres de la Chambre syndicale, c'est-à-dire tous ceux qui concourent à la direction de la société, payent dix francs de cotisation, alors que les membres titulaires donnent 3 francs seulement. Et il y a probablement, à Soleymieux, comme ailleurs, des gens qui ont plus de langue que d'esprit, pour certifier que les administrateurs du syndicat ne seraient pas si dévoués s'ils n'y avaient pas intérêt !

Affilié à la Coopérative du Sud-Est, il reçoit toutes les marchandises nécessaires à ses membres et à ses entrepôts ; son chiffre d'affaires est d'environ 2.000 francs. Pour ses membres peu aisés, il a en location les instruments les plus utiles et à tous il prête son tricur Marot pour le criblage des semences.

Ses ressources ne lui permettant pas encore d'abonner ses membres au Bulletin de l'Union, il leur donne l'Almanach dont il complète l'utile enseignement par des conférences fréquentes faites sur le terrain par les praticiens les plus éclairés.

Sous son patronage, les Ecoles libres de Soleymieux et de St-Jean ont organisé l'enseignement agricole et leurs élèves ont concouru avec succès aux examens de l'Union ; plusieurs même ont obtenu le diplôme d'enseignement supérieur.

Bon début, intelligente direction, c'est plus qu'il n'en faut pour prévoir que ce syndicat deviendra rapidement prospère pour le plus grand profit des populations agricoles de sa circonscription.

Syndicat agricole de Sury-le-Comtal.

2 janvier 1897. — M. 300

Président : M. LE BARON DE JERPHANION

Entrepôts. — Coopérative. — Bulletin. — Almanach. Instruments. — Assurance-accidents. — Enseignement.

Fondé seulement le 2 janvier 1897, ce syndicat est la preuve que le proverbe : « Les peuples heureux n'ont pas d'histoire » ne saurait s'appliquer aux associations. Heureux, ce syndicat l'est depuis sa fondation, depuis le jour où il a su confier aux hommes dévoués et sympathiques qui le dirigent la mission de veiller à ses destinées ; aussi, quoique heureux, il a une histoire déjà longue ; nous verrons, quelque part, que son président la voudrait plus longue encore.

Créé avec un noyau de 35 membres, ce syndicat a recruté, à ce jour, 300 membres dont 1/10 grands propriétaires payant — c'est là leur seul avantage — une cotisation de 10 francs, et 9/10 de petits propriétaires ou journaliers agricoles payant 3 francs seulement. Ce chiffre d'adhérents, qui est toujours allé progressant, est susceptible d'une importante augmentation ; la bonne volonté du bureau, le désir qu'il a de satisfaire tous ses associés ne peuvent que faciliter le recrutement. La circonscription syndicale permet d'espérer la venue de quelques fondateurs dont la générosité aidera au succès ; elle comporte surtout l'adhésion de nombreux associés qui, en venant au syndicat, lui apporteront le nombre et la force.

Assuré par des entrepôts situés à Sury et à Veauchette, le service des marchandises, limité aux articles purement agricoles, donne un chiffre annuel d'affaires qui varie entre 20 et 25.000 francs.

C'est déjà un résultat, mais il nous semble que, dans le détail que nous avons sous les yeux, les engrais n'ont pas toute l'importance qu'ils devraient avoir. Les cultivateurs de cette région auraient, à notre avis, tout avantage à développer sérieusement l'emploi des engrais phosphatés qui donnent, dans leurs prairies, des résultats merveilleux. Avec le bas cours du grain, l'avilissement du prix du bétail il faut aujourd'hui, pour vivre et pour faire ses affaires, récolter beaucoup et il ne faut pas perdre de vue que le secret des récoltes abondantes réside tout entier dans l'intensité de la fumure.

Des expériences nombreuses, concluantes, ont été faites dans les propriétés de plusieurs membres de la Chambre syndicale; que les syndiqués s'en rendent compte et en tirent profit. C'est un enseignement qui en vaut bien un autre.

Pour faciliter la petite culture, le syndicat loue les instruments les plus utiles, il met à la disposition de tous ses membres un trieur pour le choix de leurs semences et, depuis cette année, il a acheté pour leur usage exclusif une batteuse qui passe dans chaque village avec son équipe directrice, les syndiqués ne devant fournir que 7 ou 8 hommes pour le service régulier. Equipe fixe, équipe volante sont également garanties contre les accidents par une assurance sagement contractée par le syndicat à leur profit.

En présence du mouvement très heureux qui pousse tous les syndicats à développer et à encourager l'enseignement agricole chez les petits comme chez les grands, le Syndicat de Sury n'a pas voulu rester en arrière. Pour les petits il a encouragé les maîtres et instituteurs à donner cet enseignement dans les écoles et, pour sa première année, il a eu la chance de voir 5 élèves, sur 7, obtenir le certificat d'études agricoles, décerné par l'Union. Pour reconnaître ce premier succès que l'Union a marqué en attribuant à l'Ecole libre de Sury une médaille d'argent, le syndicat a créé, au profit des lauréats, plusieurs livrets de caisse d'épargne qui stimuleront certainement les futurs candidats.

Mais, si l'enseignement agricole à l'école répond à une nécessité de notre époque, il ne faut point en priver les agriculteurs plus âgés, car les méthodes se transforment et les procédés de culture employés par nos pères, excellents à l'époque où ils vivaient, ne permettent plus aujourd'hui au cultivateur intelligent de faire ses affaires. Il faut lui apprendre à faire mieux et le tenir constamment au courant des progrès réalisés en agriculture par l'emploi de méthodes nouvelles et nécessaires. C'est là le rôle du Bulletin et de l'Almanach de l'Union que le syndicat sert régulièrement à ses membres pour leur plus grand profit.

Sur le service des assurances, il ne s'est, jusqu'ici, occupé pratiquement que de celle qui vise les accidents agricoles. Avec les tendances de l'heure présente et les risques si nombreux et souvent si difficiles à régler à l'amiable, pas un propriétaire, pas un fermier ne devrait négliger ce moyen économique de se garantir, et cela dans le Syndicat de Sury, moins qu'ailleurs, puisque sur 12 polices contractées, il a eu à enregistrer 3 accidents en 3 mois !

Voilà pour le passé, et si, maintenant, nos lecteurs veulent savoir ce que compte faire ce syndicat dans l'avenir, qu'ils écoutent la fin du rapport de son sympathique président, à l'Assemblée générale de novembre dernier :

« Voilà, Messieurs, ce que le Syndicat agricole de Sury-le-Comtal a fait pour vous jusqu'ici. Et tout cela n'est rien encore à côté de ce qu'il a le désir de faire. Nous avons de grandes ambitions, nous formons de beaux rêves. Toujours en avant et toujours mieux, voilà quelle doit être la devise de notre syndicat. Oui, Messieurs, nous pouvons faire pour vous beaucoup encore et vous rendre de grands services, car la mine est inépuisable. Mais, pour développer notre champ d'action, pour nous permettre surtout de constituer dans chaque commune un faisceau d'œuvres sociales et économiques, vivant et prospérant par elles-mêmes à côté du syndicat et pour ses membres seuls, nous avons besoin du concours de quelques hommes, animés d'un peu de bonne volonté et de beaucoup de dévouement. Si dans chaque commune, 3 ou 4 propriétaires et cultivateurs voulaient nous seconder et consacrer aux œuvres syndicales quelques courts loisirs, nous ferions pour vous ce que d'autres font ailleurs. Comme en Beaujolais, nous organiserions des caisses d'assurances mutuelles contre la mortalité du bétail et, faisant appel à la générosité de nos membres fondateurs, nous pourrions accorder chaque année, une rente aux vieux travailleurs de la terre.

« Comme à Belleville, nous pourrions créer une caisse de crédit et d'assistance et accorder des secours à nos nombreux malades, à nos orphelins, aux pères chargés de nombreuses familles. Mais en voilà assez, pour vous montrer l'utilité de nos groupements. Leur action, croyez-le, ira toujours grandissant, et c'est par eux, Messieurs, s'il plaît à Dieu, que la France agricole sera sauvée à l'heure marquée par la Providence.

« Nous allons donc entrer dans un siècle nouveau ! Qu'il soit pour notre syndicat l'aube d'une ère nouvelle, toute de prospérité et de consolations. Il faut, Messieurs, que, de plus en plus, nous serrions nos rangs, que nous grossissions notre bataillon ! Il faut surtout que l'esprit de concorde et de fraternité nous anime chaque jour davantage, car c'est avec les armées bien disciplinées, avec les cœurs battant à l'unisson pour la même idée, sous le même drapeau, que l'on remporte de grandes victoires ».

Ce sera là notre conclusion, et, en souhaitant ardemment, avec M. de Jerphanion, que des hommes de cœur viennent joindre leurs efforts à ceux des administrateurs actuels, nous ne pouvons nous empêcher de féliciter très vivement l'homme de bien qui, plutôt que de se complaire dans une vie facile et agréable, s'est condamné de bon cœur à habiter toute l'année la campagne pour être plus près de ses chers syndiqués. Il leur a donné son temps, il leur consacre sa vie, il prouve à tous les désœuvrés de la noblesse et de la bourgeoisie, que l'on peut avoir un nom et une fortune et s'honorer de vivre avec les paysans.

En ce temps d'égoïsme à outrance, il trouvera peut-être peu d'imitateurs, mais il trouvera partout, et dans tous les rangs de la société, des gens assez intelligents pour lui rendre la justice qui lui est due, pour le féliciter de sa généreuse initiative.

Syndicat agricole et viticole de la Vallée de Rheins.

A RÉGNY

27 mars 1899. — M. 129

Président : M. SALLEIX

Entrepôt. — Bulletin. — Assurance-accidents.

Créé, le 27 mars 1899, pour Régny et les communes environnantes, ce syndicat a eu cependant le temps de faire preuve d'une sérieuse vitalité et, si rien ne vient entraver le zèle dévoué de ses fondateurs, il arrivera rapidement à être aussi utile que prospère.

Sur les 129 membres qu'il compte à ce jour, il comprend 100 fermiers, vignerons ou domestiques, payant une cotisation de 2 fr., les propriétaires paient 5 fr.

Dès le premier jour, il ouvre un dépôt à Régny, qui, en raison même de ses gros marchés hebdomadaires, auxquels les agriculteurs ont coutume de venir, a rendu de très faciles services et démontré sans peine l'utilité pratique du syndicat. En moins de six mois, 4,000 francs de marchandises professionnelles ont été réparties à un prix qui, la bonne qualité aidant, a donné pleine satisfaction aux intéressés. Dans le courant de l'été prochain, une faucheuse et ses accessoires sera mise à la disposition des adhérents, dont elle facilitéra singulièrement les fauchaisons, fort importantes dans cette région.

Abonné pour tous ses membres au Bulletin de l'Union, le syndicat la contracté à leur profit bon nombre de polices d'assurances contre es accidents ; et il va, après avoir bien préparé l'organisation des services matériels, constituer une caisse de crédit pour avancer à tous les syndiqués, à un taux réduit, les sommes dont ils ont besoin pour faire de la culture progressiste.

Bon début, bonnes intentions, le tout complété par un dévouement très éclairé de son bureau, ce syndicat est bien placé pour réussir.

Syndicat agricole de Villerest.

27 février 1899. — M. 73

Président : M. Jules de GIRARDIER

Coopérative.

Ce syndicat, constitué en février 1899, a eu à peine le temps de s'organiser, et comme son président nous le fait très justement observer, le plus pressé est de développer, dans le pays, l'esprit syndical qui rencontre beaucoup de détracteurs, le plus souvent intéressés. 73 membres se sont déjà fait inscrire: 35 propriétaires, 29 petits cultivateurs, 9 ouvriers ou fermiers ; les premiers paient 5 fr., les seconds 2 fr., les derniers 1 fr.

A ce jour, le syndicat a fait pour environ 1.500 fr. d'affaires et donné cinq ou six réunions, dans lesquelles le président a traité successivement tous les sujets agricoles intéressant le pays.

Nous ne pouvons vraiment demander davantage à ce syndicat auquel seul le temps a manqué pour mettre en œuvre tous les projets qu'il a formés. Son désir de réussir nous est un sûr garant qu'il saura mettre ses actes en rapport avec ses principes.

HAUTE-LOIRE

STATISTIQUE

CIRCONSCRIPTION des SYNDICATS		NOMBRE						PROPORTION DES	
		de Syndicats	de Syndiqués	Moyenne par Syndicat	Classification des Syndiqués			Rentiers du sol	Travailleurs du sol
					Propriétaires ne travaillant pas	Propriétaires travaillant eux-mêmes	Ouvriers travaillant chez les autres		
SYNDICATS	de département...	»	»	»	»	»	»	»	»
	d'arrondissement..	1	519	519	151	195	173	29.09	70.91
	de canton......	»	»	»	»	»	»	»	»
	de commune....	1	24	24	3	19	2	12.50	87.50
	Totaux....	2	543	271	154	214	175	28.36	71.64

Syndicat agricole de St-Etienne-Lardeyrol.

15 octobre 1899. — M. 24

Président : M. BERGERON.

Ce syndicat communal, qui compte 24 membres dont 21 petits cultivateurs, fermiers ou métayers, date seulement du 15 octobre 1899, c'est dire qu'il est trop jeune pour avoir une histoire.

A peine âgé de quelques mois, il eut pour parrain l'un des vice-présidents du Sud-Est, M. Guinand, et pour marraine la Société d'Agriculture du Puy. C'est de bon augure, mais l'enfant n'est pas encore sorti des langes. Il paraît bien constitué et ne demande qu'à vivre et à grandir en âge et en influence.

Entouré, ce qui est un heureux et rare début pour un syndicat, de toutes les sympathies, il a fait peu jusqu'ici, mais il a beaucoup d'ambition et, comme ses fondateurs ont, de leur côté, beaucoup de dévouement, cette jeune association a tout ce qu'il faut pour arriver vite et bien.

Syndicat agricole d'Yssingeaux.

1er janvier 1896. — M. 519

Président : M. BRINGUIER

**Entrepôt. — Coopérative. — Bulletin. — Almanach.
Instruments. — Bibliothèque. — Enseignement.**

Ce syndicat, qui émane du Syndicat départemental de la Haute-Loire, présidé par un ancien président du Conseil des Ministres, M. C. Dupuy, a été dès sa formation l'objet de la sollicitude des pouvoirs publics, et la bienveillance dont l'administration fait preuve à son égard est tellement un fait exceptionnel, dans notre Union où nous ne sommes pas précisément favorisés de ce côté, qu'il nous a paru utile dès le principe de le faire ressortir.

Le syndicat départemental, fondé en 1890, avait, pour faciliter sa tâche, créé de nombreux groupes dans les centres agricoles les plus importants. Yssingeaux avait constitué l'un des plus nombreux sur l'initiative d'un homme de bien, le regretté M. Dubreuil, ancien maire et juge de paix du canton. Le président du groupe était le président du syndicat actuel, M. Bringuier, son secrétaire était M. Garnier, que nous retrouvons aujourd'hui vice-président. Avec un courage et un dévouement qui méritaient un meilleur sort, les deux élus recrutèrent dans toutes les communes et dans la ville 200 adhérents.

Toutes les cotisations étant envoyées au siège central du syndical, le groupe d'Yssingeaux n'avait pas la moindre ressource, et comme, même en syndicat, l'argent est très nécessaire, on comprend qu'il n'ait pu faire merveille.

Cependant, grâce à une subvention de 200 fr. qui lui avait été accordée, sur sa demande, par le Conseil municipal — ce Conseil mérite une médaille! — il faisait face à la location de son dépôt, achetait un trieur mis à la disposition de ses membres et réalisait encore des économies.

Malgré tout, ce groupement ne rendait que peu de services; obligé de passer ses commandes au groupe central, il recevait ses marchandises avec des retards préjudiciables et grevées de tous les frais généraux de transport et de manutention ; celles-ci revenaient à des prix si rapprochés de ceux du commerce que bientôt tous les syndiqués se retirèrent ; il n'en restait, en 1895, qu'une trentaine qui restaient fidèles faute de pouvoir faire mieux.

L'homme dévoué qui, depuis son origine, avait assumé à peu près à lui seul toutes les charges du groupement, comprenait trop bien d'une part l'utilité d'un syndicat, d'autre part le défaut d'organisation pour ne pas chercher une combinaison neuve, de nature à donner satisfaction à tous ; après s'être assuré le concours de ses amis, il convoquait, le 5 décembre 1895, tous les agriculteurs du canton à une réunion qui, dans son esprit, devait aboutir à la constitution d'un nouveau syndicat, mais d'un syndicat autonome, vivant de sa propre vie, ne dépendant plus en aucune façon du syndicat départemental.

Après une discussion des plus complètes, l'Assemblée se rallia au projet de M. Bringuier en constituant le Syndicat agricole de l'arrondissement d'Yssingeaux, et elle avait le bon esprit de lui en confier la présidence.

Le mois qui suivit la naissance du syndicat fut tout entier consacré à son organisation, et ce n'est réellement que du 1er janvier 1896 que part son existence pratique.

Le sous-préfet de l'arrondissement et le président du Comice étaient les deux parrains du nouveau-né, qui se trouvait ainsi dès le premier jour en bonne posture pour obtenir de l'administration un appui bienveillant et profitable.

Se mettant résolument à l'œuvre, le nouveau conseil loue des magasins et choisit un magasinier, puis, pour les approvisionnements, il traite soit avec le syndicat central de Paris, soit avec des fournisseurs honorablement connus.

En même temps, il fait de nombreuses démarches pour obtenir le transfert de la chaire spéciale d'agriculture de St-Didier à Yssingeaux, et après quelques mois d'attente il voit ses efforts couronnés de succès ; de ce jour, le nouveau professeur, M. Laprugne devient, pour le syndicat, un auxiliaire aussi intelligent que dévoué, dont nous aurons à reparler plus loin.

Le Conseil général, dans sa session de 1896, reconnaît l'utilité de l'œuvre entreprise et alloue au syndicat une subvention annuelle de 200 francs. Comme on le voit, les pouvoirs publics mettent, dans la Haute-Loire autant d'empressement à favoriser l'œuvre syndicale qu'ailleurs ils en mettent à l'ignorer.

Pour une année de débuts, l'année 1896 n'avait pas trop été mal employée ; se souvenant du vieux proverbe : « Qui trop embrasse, mal étreint », le Conseil d'administration voulait n'avancer qu'avec méthode et ordre ; c'est bien grâce à cette ligne de conduite, grâce à l'initiative de son président, grâce aussi au dévouement du jeune professeur d'agriculture qui n'a jamais compté ni son temps ni ses peines, que le syndicat prit bientôt une réelle importance qui va se dessiner dans les années qui suivent.

L'année 1897 fut une année pénible, une année de lutte contre les préjugés et la routine. N'ayant pas trouvé, dans le premier essai tenté par le syndicat départemental, les avantages qu'ils avaient espéré, les cultivateurs étaient d'autant plus rebelles à l'association ; ils n'y voyaient qu'un tronc vulgaire où tombaient sans profit leurs cotisations, et pensant bien que le syndicat local aurait le même sort que ses prédécesseurs, ils attendaient, incrédules et sceptiques, que « la lumière fût ».

Contre leur attente, elle leur vint de l'Union du Sud-Est, qui aida les fondateurs à secouer tous ces hommes endormis et leur rendit la foi qu'ils avaient perdue.

C'est, en effet, à partir de son affiliation à l'Union, votée au cours de l'été 1897, que ce syndicat entre vraiment dans sa période de succès et de prospérité qui, depuis, s'est heureusement continuée.

L'année 1898 fut plus spécialement l'année des assurances, deux commissions ayant été nommées pour étudier, l'une les assurances-grêle, l'autre les assurances-bétail. L'une et l'autre avaient comme directeur, le toujours dévoué professeur M. Laprugne.

Le 16 juin, la commission-grêle terminait son enquête et, à la suite d'un rapport que nous regrettons de ne pouvoir insérer ici, M. La-prugne concluait « qu'il n'y avait pas possibilité,pour le moment,de fonder une assurance mutuelle, et la Commission engageait les syndiqués à recourir à une société présentant d'une part des garanties réelles et morales suffisantes et,d'autre part, des avantages matériels en faveur du syndicat et de ses membres ».C'était,une fois de plus,la constatation de l'impossibilité,pour le syndicat, d'aborder ce terrain dangereux, en raison de l'importance des ravages de la grêle et de la périodicité de son retour qui, l'expérience l'a démontré, est telle que les cotisations les plus élevées ne sauraient compenser les pertes subies.

La Commission assurance-bétail arrivait, elle, à un résultat tout différent et concluait à la création, dans chaque commune, d'un compte de prévoyance sur les bases et règlements de l'Union ; le premier compte était créé à Yssingeaux dès le 1er juillet.

C'est de cette année que date la création du Bulletin trimestriel servi gratuitement à tous les membres et complété,chaque année,par la distribution gratuite de l'Almanach de l'Union.

Né sous une bonne étoile,ce syndicat est décidément un veinard et, après avoir gagné,ce qui étonnera sûrement beaucoup de présidents qui nous lisent, les bonnes grâces de l'administration et des commerçants, il réussit à intéresser à sa cause le député de la circonscription M. Néron-Bancel. En homme intelligent qu'il est, ce député, l'un de nos plus sympathiques,se souvient qu'il y a une décoration spécialement créée pour les agriculteurs, et que c'est bien le cas de la demander pour l'homme dévoué qui,depuis dix ans,consacre sa vie aux agriculteurs ses compatriotes. Il a la bonne fortune de trouver un ministre de l'agriculture qui aime les paysans, et le 1er janvier, M. Néron-Bancel apporte,aux applaudissements de tout le pays, la croix du Mérite Agricole à M. Bringuier. On ne pouvait la mieux placer, et si nos gouvernants voulaient bien toujours la réserver aux agriculteurs et ne pas la prodiguer pour récompenser toutes espèces de services qui n'ont rien d'agricole,cette distinction serait vraiment à la hauteur des mérites qu'elle doit récompenser.

Ainsi que nous venons de le voir, l'année 1898 avait été assez brillante, et un syndicat de trois ans aurait pu, à la rigueur, s'en contenter, mais le président avait à cœur de montrer que, si la peine avait amené l'honneur, l'honneur n'arrêtait pas le dévouement, et animé d'un nouveau zèle, il consacra l'année 1899 à l'organisation de l'enseignement agricole. Grâce au concours actif de M. Laprugne, grâce aux sympathies officielles qui l'entourent, le syndicat se voit aider non seulement par les écoles libres, mais encore par toutes les écoles primaires laïques, et tous les instituteurs lui prêtent à l'envi leur aide éclairé. C'est ainsi que 72 candidats sont présentés, par les quatre communes sur lesquelles s'étend l'action syndicale, pour obtenir le certificat d'études primaires agricoles, qui est accordé à 42

L'Union du Sud-Est, dans son assemblée générale de 1899, a voulu reconnaître le concours dévoué que M. Laprugne, professeur d'agriculture, avait apporté à la cause de l'enseignement agricole, et elle lui décernait une grande médaille de vermeil, sa plus haute récompense. Elle y ajoutait une médaille d'argent pour l'un des instituteurs les plus actifs, qui avait fait recevoir 13 élèves sur 15 présentés.

De son côté, le syndicat distribuait, à titre d'encouragement, des récompenses aux maîtres et élèves les plus méritants, et il organisait d'une manière définitive sa bibliothèque syndicale.

Sur l'initiative de M. Néron-Bancel, député, le syndicat abandonnait sa caisse communale d'assurances-bétail pour se rallier à la grande Caisse départementale d'assurances fondée sur les meilleures garanties pour tous les agriculteurs du département. Nous pensons que c'est une faute et que le syndicat la regrettera probablement un jour.

En même temps il arrivait, par une entente avec une Compagnie sérieuse, à obtenir pour ses membres des conditions très avantageuses pour leur permettre de se garantir à bon compte contre les ravages de la grêle.

Pour avoir rempli dans toute son étendue la mission qui lui incombe, ce syndicat n'a plus que le crédit agricole et la caisse de retraites à organiser ; ce sont là les deux questions inscrites à l'ordre du jour de 1900 ; on peut compter, après l'exemple du passé, que ces deux créations ne resteront pas en route ou sur le papier.

519 membres faisant 40.000 fr. d'affaires annuelles, tel est le bilan de ce syndicat prospère, qui est assurément l'un des plus heureux de notre Union.

Ce n'est pas sans peine que ses fondateurs, son président surtout, sont arrivés à vaincre, mais, plus favorisés que bien d'autres, ils ont vaincu sans trop de périls, aidés qu'ils ont été par le concours bienveillant de tous ceux qui, partout ailleurs, oublient qu'ils devraient être les protecteurs nés de nos institutions.

C'est un honneur pour son président d'avoir su obtenir ce résultat, c'est une bonne fortune pour le syndical qui a été le premier à en tirer profit.

L'un et l'autre partent courageusement pour de nouveaux succès, et malgré qu'ils puissent compter sur leur bonne étoile, nous leur envoyons, avec nos amicales félicitations, nos vœux les plus sincères et les plus sympathiques en leur conseillant de ne jamais perdre de vue que les circonscriptions restreintes sont les plus favorables au développement des œuvres syndicales.

RHONE

STATISTIQUE

CIRCONSCRIPTION des SYNDICATS	NOMBRE			Classification des Syndiqués			PROPORTION DES	
	de Syndicats	de Syndiqués	Moyenne par Syndical	Propriétaires ne travaillant pas	Propriétaires travaillant eux-mêmes	Ouvriers travaillant chez les autres	Rentiers du sol	Travailleurs du sol
SYNDICATS de département...	»	»	»	»	»	»	»	»
d'arrondissement..	»	»	»	»	»	»	»	»
de canton......	14	12.514	894	1.931	6.811	3.772	15.43	84.57
de commune....	4	403	101	88	239	76	21.84	78.16
Totaux...	18	12.917	718	2.019	7.050	3.848	15.63	84.37

Syndicat des Agriculteurs indépendants de la Banlieue Lyonnaise.

A Villeurbanne

10 juillet 1890. — M. 160

Président : M. Louis FORAY

Coopérative. — Instruments. — Assurance-accidents.

Ce syndicat, d'un genre spécial, est composé de 160 membres, dont
moitié petits cultivateurs et moitié fermiers, payant une cotisation
annuelle. de 2 francs.

Son but exclusif, pour l'instant, est de procurer à ses membres les
vidanges si largement utilisées dans toute la banlieue lyonnaise. Il y

ajoute, depuis cette année, les services de la Coopérative, chacun des membres pouvant facilement s'approvisionner à ses entrepôts.

Il les fait également profiter des bénéfices de l'assurance contre les accidents agricoles et il met à leur disposition des trieurs pour le nettoyage de leurs graines et semences.

Peu à peu, il étendra ses services à toutes les branches de l'association professionnelle et il deviendra un syndicat aussi complet que tous ses voisins. Le pays a tous les éléments nécessaires, le président donne largement et sans compter son temps et son dévouement, il n'en faut pas davantage pour arriver au succès.

Syndicat agricole d'Amplepuis

22 mai 1888. — M. 8

Président : M. DE VARAX

Bulletin. — Almanach.

Annexe d'un des plus anciens Comices du Rhône, ce petit syndicat de huit membres n'est que la réunion de quelques propriétaires s'unissant pour l'achat en commun des matières nécessaires à leur exploitation. Son chiffre d'affaires est peu élevé et nous ne croyons pas que ses fondateurs aient jamais cherché à grossir le nombre de leurs collègues. La région est cependant assez agricole pour permettre à un syndicat de se constituer et d'y prospérer.

Syndicat agricole d'Ampuis.

10 novembre 1886. — M. 90

Président : M. LEYMAIN

Coopérative.—Vente de produits agricoles.— Bulletin Almanach.

Fondé par le regretté M. Gomot, le 10 novembre 1886, il compte actuellement 90 membres, tous affiliés à la Coopérative agricole.

Ampuis, où se trouvent la *Brune* et la *Blonde*, ces deux fameux crûs des vins de la *Côte-Rôtie*, Ampuis, appelé le Jardin de la France à cause de ses fruits savoureux et de ses excellentes pri.neurs, Ampuis n'a malheureusement un syndicat que pour les services matériels, la fourniture des engrais et la vente des produits agricoles.

L'un des premiers de la région et précisément à cause de la spécialité de ses produits, il a organisé la vente des légumes, des fruits et des vins, il est un des rares qui ait réussi.

Chaque année, le syndicat livre à ses membres pour une dizaine de mille francs d'engrais. Pourquoi n'avoir pas étudié les assurances ? Pourquoi n'avoir pas songé aux retraites agricoles ? Bien que l'aisance règne chez presque tous les habitants d'Ampuis, on y trouverait bien quelque vieux serviteur agricole pour bénéficier d'une rente. N'oubliez pas, heureux Ampuisets, *que le bon vin n'est pas seul à réjouir le cœur de l'homme*, et que les œuvres sociales ont, elles aussi, le pouvoir de réchauffer le cœur.

Syndicat agricole et viticole du Haut-Beaujolais.

A BEAUJEU

7 janvier 1888. — M. 878

Président : M. LÉON RIBOUD

Prix Chambrun : Médaille d'argent

**Entrepôts.— Office de vente des vins.—Coopérative.—
Bulletin. — Almanach. — Champs d'expérience. —
Assurance-accidents. — Compte bétail. — Crédit. —
Enseignement.— Tribunal arbitral.— Aide mutuelle.**

Après la promulgation de la loi du 21 mars 1884, peu de personnes
songèrent au parti que pourraient en tirer les agriculteurs et, jusqu'en 1887, il n'en fut guère question dans le Beaujolais.

Mais, à ce moment, la misère était grande dans les campagnes,
dans le vignoble surtout, où les malheureux propriétaires, qui commençaient péniblement à reconstituer leurs vignes ravagées par le
phylloxéra, se demandaient si le mildiou n'allait pas détruire complètement le résultat de tant d'efforts et de si coûteux sacrifices. Que
faire pour triompher de cette épreuve ?

Quelques membres du Comice du Haut-Beaujolais avaient bien été
frappés des avantages que les agriculteurs pourraient retirer de cette
loi de 1884 et poussaient à la création d'un syndicat. Mais comment
se servir de cet instrument nouveau ? Comment l'organiser ?

On apprit bientôt qu'il était question de créer, à Lyon, un syndicat
départemental, englobant tous les cultivateurs du Rhône. Cela
paraissait bien vaste pour réussir ; cependant M. le comte de Saint-
Pol, au dévouement duquel on ne faisait jamais en vain appel, sur la
prière de quelques propriétaires des environs, se rendit à Lyon pour
prendre part aux réunions qui eurent lieu à ce sujet.

Ces réunions n'aboutirent pas.

Pour réussir il fallait suivre une autre voie et, au lieu d'une vaste
association centrale se ramifiant dans chaque canton, partir, au contraire, d'en bas, c'est-à-dire créer des syndicats cantonaux, ou à

peu près, se reliant ensuite par des groupements, suivant la commu
nauté d'intérêt, en Unions de syndicats.

La voie était trouvée par M. Duport, dont l'activité pleine d'initiative est toujours en avant, et on apprenait qu'il venait de créer
le Syndicat de Belleville. Beaujeu n'avait qu'à marcher sur les
mêmes traces.

Une question se posa tout d'abord : le Syndicat de Belleville ne
comprenait qu'un canton, le canton de Belleville ; en serait-il de
même à Beaujeu ?

On crut bien faire d'adjoindre au canton de ce nom ceux de Monsols et de Lamure.

Le canton de Monsols n'a pas d'autre débouché que Beaujeu. Les
cultivateurs de ce canton suivent les foires et les marchés de Beaujeu, tous leurs approvisionnements se font dans cette ville ; il en est de
même pour le haut du canton de Lamure. Le comice du Haut-Beaujolais voyait en foule, à ses réunions, les cultivateurs les plus intelligents de ces trois cantons ; pourquoi les séparer ?

Cela rendrait peut-être la direction du syndicat un peu plus difficile, mais, depuis longtemps, ces cultivateurs avaient appris à se
connaître et à s'apprécier, il continueraient à unir leurs efforts pour
le bien commun.

On se mit donc à l'œuvre sans plus tarder.

Le 7 janvier 1888, treize propriétaires de ces trois cantons se réunirent à Beaujeu et fondèrent le Syndicat du Haut-Beaujolais.

A la réunion suivante, le 6 février, ils étaient trente. Quarante nouveaux membres se firent admettre dans la réunion du mois de
mars ; à l'Assemblée générale du mois d'octobre, le syndicat comptait 205 membres.

Pendant ce temps, un syndicat se formait à Villefranche, un autre
au Bois-d'Oingt.

Le Beaujolais tout entier se trouvait ainsi représenté par quatre
syndicats.

Ils avaient trop d'intérêts communs pour ne pas constituer aussitôt l'Union Beaujolaise, puis vint l'Union du Sud-Est et l'organisation
fut complète.

Mais ce n'est pas tout que d'exister sur le papier, ce n'est même
pas tout que d'avoir des adhérents, la raison d'être de toute chose,
en ce bas monde, est d'être utile, et c'est avant tout la raison d'être
des syndicats. Qu'a fait pour cela le syndicat du Haut-Beaujolais ?

Le voici sommairement résumé par son Bureau :

Année 1888. — Cette première année est, avant tout, une année d'organisation.

D'accord avec les autres syndicats de l'Union Beaujolaise, le syndicat a créé un Bulletin mensuel par lequel le Bureau se met en contact avec tous les syndiqués, fait connaître les prix des marchandises, donne des conseils, propage les méthodes et les engrais qu'il croit utiles.

Reculant encore devant les frais qu'occasionnent les entrepôts, il établit chez des membres du syndicat trois dépôts de marchandises, engrais, insecticides, outils agricoles à Beaujeu, Saint-Vincent et Fleurie.

Non content de procurer à meilleur prix à ses syndiqués les choses nécessaires à la culture, le syndicat s'occupe de la vente de leurs produits. Un marché aux vins est créé à Pontanevaux, où tout syndiqué peut porter son vin, où tout acheteur est admis.

Il semblait que cette institution dût réussir, le consommateur et le commerçant y eussent trouvé avantage aussi bien que le producteur, mais la routine abdique difficilement ses droits et l'essai dut, après deux ans de persévérance, être abandonné.

Année 1889. — Les affaires du syndicat prennent de suite de l'extension. La plus grande partie des communes ont déjà un syndic chargé de recueillir les commandes et de les transmettre au Bureau.

Année 1890. — Le syndicat organise, à Beaujeu, un concours pour le brevet supérieur de greffage. A ce concours prirent part 252 concurrents, presque tous diplômés des écoles communales de greffage ; il en vint de tous les départements limitrophes. Ce concours, remarquable déjà par le nombre des concurrents, le fut encore bien plus par l'habileté qu'ils montrèrent ; aussi le chiffre des brevets supérieurs délivrés fut-il de 79. Deux médailles de vermeil, huit médailles d'argent et onze de bronze furent, en outre, décernées aux plus méritants. De tous les points de la France viticole, on demanda des greffeurs munis de ce brevet pour diriger des greffages.

Année 1891. — Le marché aux vins de Pontanevaux, n'ayant pas donné les résultats espérés, fut abandonné, mais, toujours préoccupé de la vente des vins et persuadé qu'il y a possibilité de mettre en rapport direct le producteur et le consommateur, à l'avantage de l'un et de l'autre, le syndicat a, pour arriver à ce but, tenté une autre voie et créé à Fleurie une agence à cet effet. L'agent, M. Demôle, est

chargé de susciter les commandes, de les recevoir et de veiller à leur
exécution, tant dans l'intérêt du vendeur que de celui de l'acheteur;
il doit goûter les vins, faire faire sous ses yeux l'expédition et, par
l'application sur le fût de la marque du syndicat, donner à l'acheteur
toute la garantie désirable.

Les opérations du syndicat augmentent d'importance; le dépôt de
Beaujeu a été remplacé par un entrepôt ouvert, d'abord les jours de
marché seulement, puis enfin trois jours par semaine.

Année 1892. — L'entrepôt de Beaujeu desservait les communes
du canton de Beaujeu avoisinant cette ville; les syndiqués de la montagne qui y sont appelés par leurs affaires pouvaient aussi s'y approvisionner; mais les syndiqués des communes placées à l'Est, qui
n'ont rien à faire au chef-lieu de canton, réclamaient aussi un entrepôt. Il n'eût pas été juste de refuser leur demande, et le syndicat
dut installer un deuxième entrepôt au Fief, sur la commune de
Juliénas.

Année 1893. — Pour la première fois, le syndicat du Haut-Beaujolais prend part au concours de vins du Palais de l'Industrie et, en
l'absence de récompenses officielles, la Société des Agriculteurs de
France lui décerne une grande médaille de vermeil.

Persuadé qu'un des services qu'il devait rendre, le plus important
peut-être qu'il pût rendre à ses syndiqués, était de faire comprendre,
toucher du doigt même, tout le parti qu'ils pouvaient tirer des
engrais chimiques judicieusement appliqués, le syndicat a, cette
année, créé de nombreux champs d'expérience et de démonstration,
soit pour les vignes, soit pour les prés et les céréales.

La sécheresse a malheureusement un peu contrarié les expériences
dans les vignes. Mais toutes les autres, soit dans les prairies, soit
dans les terres pour les céréales et pour les pommes de terre, ont
été on ne peut plus concluantes, et comme il en a été fait dans les
trois cantons, elles ont produit beaucoup d'impression sur les cultivateurs.

Année 1894. — Toujours préoccupé de la vente des vins, le syndicat a profité de l'occasion qui lui était offerte par le concours
général de Paris, 1894, pour rappeler aux Parisiens, qui les oubliaient,
les vins du Beaujolais.

L'exposition de vins qu'il y a organisée était bien faite pour cela, et les récompenses décernées aux syndiqués rappelleront l'attention sur les vins du Haut-Beaujolais.

A partir de cette année, un mouvement de recul se dessine dans le nombre des adhérents, mouvement qui se continuera pendant les années 1895, 1896 et 1897, sans que le mouvement des affaires du syndicat cesse de grandir, recul qui peut être imputé à l'augmentation du taux des cotisations des membres ordinaires, porté de 1 fr. à 2 fr., mais qui peut aussi bien être dû à la campagne acharnée menée contre les syndicats agricoles par tous les boutiquiers de village, effrayés de voir ces associations devenir les grands régulateurs des prix et forcés par conséquent à se maintenir eux-mêmes dans de justes limites.

Année 1895. — Le chiffre des affaires fléchit un peu par suite de la grêle qui a ravagé une notable partie de la circonscription du syndicat.

Des conférences agricoles syndicales sont faites dans diverses communes ; le syndicat procure à ses membres des assurances avantageuses contre les accidents agricoles.

Il institue une Commission permanente de conseils et de conciliation pour éviter les procès entre syndiqués.

Année 1896. — Le chiffre des affaires prend une extension notable malgré la baisse continue du chiffre des adhérents.

Année 1897. — Un très léger fléchissement du chiffre des affaires sur celui de l'année précédente est encore la suite d'une grêle désastreuse dans le vignoble. Le syndicat, cette année, prend part au concours institué par M. le comte de Chambrun, entre tous les syndicats agricoles. Il y obtient une grande médaille d'argent. Il institue des examens de l'enseignement agricole.

Année 1898. — Cette année est signalée par une hausse importante dans le chiffre des affaires.

Le syndicat crée une caisse de crédit agricole. Il présente au concours de Chambrun pour les vieux ouvriers agricoles, deux concurrents, qui obtiennent, l'un une rente viagère de 200 fr. et une médaille d'argent, l'autre, une médaille d'argent.

Le syndicat, avec l'aide de fonds souscrits par ses membres, obtient la conversion en une rente à capital réservé de la rente à capital aliéné attribuée au vieux serviteur de l'agriculture par lui présenté ; il pourra, à la mort de celui-ci, récompenser d'autres sujets méritants.

Année 1899. — Le nombre des adhérents, un peu remonté en 98, continue ce mouvement ascensionnel, il est redevenu le même qu'en 1892, mais le chiffre d'affaires a quintuplé.

Un compte de prévoyance contre la mortalité du bétail est créé dans la commune d'Ouroux, un autre dans celle de Villié-Morgon.

Une caisse d'aide mutuelle est instituée.

En lisant cette modeste et très brève histoire de ce syndicat, nos lecteurs ont dû facilement comprendre qu'elle émane de son Bureau, qui trouve tout naturel tout ce qu'il fait. Cela fait honneur assurément à sa grande modestie, mais, comme nous n'avons pas les mêmes raisons que lui d'être réservé, nous allons, en quelques mots, résumer l'action utile de cette belle association.

Et, d'abord, il faut éclaircir le seul point noir signalé : la diminution de l'effectif qui, de 1068 membres en 1893, est tombé jusqu'à 780 en 1897 : l'augmentation de la cotisation, portée de 1 à 2 fr., en est bien la seule raison. Cette augmentation, qui coïncidait avec un peu de piétinement sur place, était trop brusque et trop forte pour ne pas éloigner tous ceux, vignerons, domestiques, petits cultivateurs, qui, la plupart, étaient entrés au syndicat par principe plutôt que par intérêt. Cela est si vrai qu'à mesure que le syndicat aborde le rôle économique ou social, son effectif réaugmente pour arriver aujourd'hui à 878. Encore un an et le chiffre de 1.000 sera réatteint.

Contrairement à l'effectif, malgré même sa diminution, le chiffre d'affaires, toujours croissant, passe de 89.000, en 1894, à 151.000 en 1899, soit à peu près le double. Dans ce chiffre, les achats pour le compte des syndiqués ont atteint 90.500 fr., et la vente de leurs vins 60.500. C'est, probablement, le seul syndicat de France qui puisse déclarer un pareil résultat. Il tient, à n'en pas douter, à la valeur, autant qu'à la qualité des vins vendus, mais il est éloquent et, en raison même de sa rareté, il doit être noté.

L'un des quatre frères siamois du Beaujolais, il est bien inutile de dire qu'il a son Bulletin, et qu'il souscrit régulièrement à ce petit Almanach qui est sorti bien modestement un beau jour de l'Union Beaujolaise.

Avec l'Union, il a organisé sa caisse de crédit agricole ; avec elle, il a créé un compte de prévoyance contre la mortalité du bétail et préparé l'organisation de quatre autres qui seront prochainement mis sur pied ; avec elle il a marché la main dans la main chaque fois qu'il s'est agi de défendre les intérêts de ses adhérents.

Avec l'Union du Sud-Est, il a propagé, dans les principales communes de sa circonscription, l'enseignement agricole, et il est juste peut-être de reconnaître que, de tous les syndicats du Rhône, il est sur ce point celui qui a le mieux réussi. 46 élèves reçus au certificat de 1er degré, 11 admis au diplôme, tel est le bilan de 1899.

Avec la Coopérative, qui est son fournisseur exclusif, il a non seulement fait faire à ses membres de bonnes affaires, mais il leur a encore permis de s'assurer en masse contre les accidents agricoles.

Avec l'aide de ses membres, il a constitué une caisse d'aide mutuelle au profit de ses membres dans la gêne et dans le besoin.

Atteint, en 1899, par la mort prématurée de ce vaillant qu'était son président, le comte de St-Pol, le syndicat perdait son fondateur, cet ouvrier de la première heure qui, en avril 1888, fondait avec nous l'Union Beaujolaise.

Ses obsèques ont eu lieu le 20 janvier, à Vauxrenard, au milieu d'une grande affluence d'agriculteurs, qui s'étaient rendus au château du Thil, le cœur plein d'une légitime émotion, pour donner au défunt un dernier témoignage de leur affectueuse reconnaissance.

C'est que le comte de Saint-Pol avait su faire naître, dans les populations du Beaujolais, des sentiments de respectueux attachement. Cet attachement naissait tout naturellement de l'ardente sympathie qu'il témoignait à tous ceux qui cherchent à défendre les intérêts des cultivateurs et du concours désintéressé qu'il leur apportait.

Si nos associations ont pris un réel développement, si déjà elles ont rendu d'importants services, il est juste de reconnaître que le président du Syndicat du Haut-Beaujolais y a largement contribué.

Ouvrier de la première heure, il n'a cessé d'être un administrateur vigilant, partisan avant tout de l'action, audacieux même par l'amour de la profession et de la terre.

Le salut, il le voyait dans l'association de toutes les bonnes volontés, dans l'union de toutes les classes. Il était captivé par cette idée, qui l'entraînait, et, à la défendre, à en démontrer la vérité, la bienfaisante influence, il apportait une ardeur, un courage qui imposaient le respect autour de lui.

Courageux, il l'était, en effet. L'âme de l'agriculteur était toujours l'âme de l'ancien officier, fièrement campée en face de la malveillance ou de l'hypocrisie, ne reculant jamais devant les attaques dirigées contre l'œuvre syndicale. Ses intérêts même étaient-ils en jeu; il ne connaissait que ses devoirs de président.

Noble et salutaire exemple que celui de cet homme de bien, n'obéissant qu'à l'amour de son prochain. Noble et salutaire exemple aussi, que celui qu'il nous a donné à ses derniers moments.

Tel il fut à son poste social, tel il se montra en face de la mort. Plein d'une mâle et chrétienne résignation, il appela autour de lui ses enfants et leur mère, comme pour mieux remplir ses yeux de leur vue et graver plus profondément leur image dans son cœur; on pria encore en famille, il répondait lui-même, puis il fit un grand signe de croix et rendit son âme à Dieu dans un dernier soupir.

Cruel, mais consolant enseignement que le comte de Saint-Pol a laissé non seulement à ses enfants mais à nous-mêmes. Oui, consolantes pensées pour nous tous, ses collègues, pour nous tous, syndiqués, pour ses chers et charmants enfants, pour sa veuve, digne de lui par la résignation et le courage. Souvenir réconfortant et ineffaçable que celui d'un président, d'un ami, d'un époux comme le fut celui que nous pleurons. Tant il est vrai qu'il est des morts qui, quelque douloureuses qu'elles soient, ont encore leur douceur.

Ces sentiments étaient là, poignants, dominant toute cette foule de parents, d'amis, de collègues, vignerons, fermiers, petits propriétaires venus de toutes les directions, du vignoble et de la montagne, pour rendre les derniers devoirs au défunt.

La succession était lourde, mais le Bureau comptait dans son sein bon nombre d'hommes d'élite. Dès le premier jour, l'un d'eux fut désigné pour le recueillir.

Bien que n'ayant pas participé au départ du mouvement syndical dans le Rhône, M. Léon Riboud s'était rapidement fait une place importante dans nos associations, et, à l'élévation de M. Duport à la présidence de l'Union du Sud-Est, il fut choisi pour le remplacer comme vice-président. Comme tous les bons ouvriers, il avait donné plus encore que ce qu'il avait fait espérer, et c'est à sa collaboration intime avec son vieil ami, M. Duport, que l'Union doit pour une large part de pouvoir présenter à la face de la France syndicale, le plus magnifique effort qu'ait jamais produit l'initiative privée.

Depuis que la maladie éloignait le comte de Saint-Pol de sa chère association, M. Riboud était du reste l'âme et le cœur du syndicat; aujourd'hui, par le choix unanime de ses pairs, il en devient la tête. C'était justice.

Mieux que tout autre, il était placé pour faire du Syndicat du

18

Haut-Beaujolais un syndicat d'élite, et il n'aura garde d'oublier que le grand rôle d'une association est de réaliser et de mettre en œuvre la parole qui résume toute la loi divine et toute la loi sociale : « Aimons-nous les uns les autres ».

Syndicat agricole de Belleville-sur-Saône

A Saint-Jean-d'Ardières

23 décembre 1887. — M. 2,782

Président : M. Emile DUPORT.

1er Prix. — *Concours Chambrun*

Entrepôt. — Coopérative. — Bulletin. — Almanach. — Instruments. — Pépinières. — Assurance-accidents. — Compte bétail. — Crédit agricole. — Bibliothèque. — Enseignement. — Tribunal arbitral. — Aide mutuelle. — Retraites.

Pour donner la monographie du Syndicat de Belleville, nous ne croyons pouvoir mieux faire, que de reprendre le rapport présenté, en 1897, au jury du Concours Chambrun entre tous les syndicats agricoles de France ; nous aurons soin, toutefois, d'y ajouter les faits qui se sont passés postérieurement. En effet, ce rapport a tous les caractères d'une véritable déposition, il est appuyé des indications nécessaires pour en permettre le contrôle ; or, comme il a valu à ce syndicat le premier prix, il nous a paru convenable de lui donner ici une large place, cela d'autant plus qu'on y retrouvera toutes les créations qui font d'une association syndicale complète l'œuvre sociale par excellence.

****

Exposé des titres du Syndicat agricole de Belleville

Il serait, peut-être, plus intéressant de faire de cet exposé comme une véritable monographie du Syndicat agricole de Belleville, le prenant à sa naissance, le suivant pendant ses débuts, le montrant dans sa pleine maturité, pour le présenter finalement dans son état actuel; assurément ce travail ainsi compris serait plus flatteur, mais ce serait imposer un surcroît de travail aux membres dévoués du jury ; dès lors il a semblé plus naturel de suivre pas à pas l'ordre même du questionnaire en donnant à chaque réponse tout le développement qu'elle comporte et en faisant pour chaque question comme un petit historique.

QUESTIONNAIRE PROPREMENT DIT

1° *Dénomination du Syndicat.* — Le syndicat a pris le titre de Syndicat agricole de Belleville-sur-Saône ; bien que créé dans une région où la vigne est cultivée presqu'exclusivement, il n'a pas été jugé qu'il fût nécessaire d'ajouter le mot viticole ; en effet, les titres trop longs ne valent rien et l'expression « agricole », qui comporte toutes les branches de la culture nationale, a paru, non seulement suffisante, mais préférable.

2° *Date de sa création.* — Le Syndicat agricole de Belleville a été créé le 23 décembre 1887, ainsi que cela ressort de la date inscrite sur les statuts. Il a été le second créé dans le Rhône et le premier dans le Beaujolais. Il n'est pas inutile de rappeler ce qui a été dit à ce sujet dans la première monographie de l'Union du Sud-Est (page 135), à savoir, qu'il est né de cette idée juste, que dans les pays de petite culture tout au moins, les syndicats à grandes circonscriptions ne sauraient rendre les mêmes services que les syndicats cantonaux ou communaux et, qu'en tout cas, les syndicats à petites circonscriptions permettent bien mieux l'organisation des services sociaux, but suprême de l'association. Il ne devait pas tarder, du reste, à tracer la voie en ce sens et c'est assurément son mérite principal.

Les statuts actuels sont encore ceux de la création et, après douze ans passés, ils semblent répondre tout aussi entièrement que le premier jour aux besoins d'une population qui comprend quelques grands propriétaires à côté de très nombreux vignerons, fermiers et très petits propriétaires cultivant par eux-mêmes, d'où ces divisions en membres fondateurs, souscripteurs et ordinaires.

3° *Quelle est sa circonscription?* — Le canton de Belleville, comprenant seulement treize communes de l'arrondissement de

— 276 —

Villefranche-sur-Saône. De ces communes, huit sont presque exclusivement viticoles, trois comportent des cultures variées, la vigne n'y
dominant plus, et deux sont nettement privées de cette culture.

Malgré cette circonscription théoriquement cantonale, le procès
verbal de la première assemblée constitutive indique clairement
pourquoi les statuts ne comportent à cet égard aucune clause restric-
tive. A la suite d'une discussion sérieuse, il a paru préférable de ne
pas s'enserrer d'une façon par trop rigoureuse dans le cadre administratif, de façon à pouvoir admettre ceux que leur situation, souvent sur la limite du canton, la configuration de la vallée, les facilités des communications ordinaires et même parfois des raisons de
parenté ou d'amitié, pourraient induire à préférer le syndicat du
canton de Belleville bien que n'y habitant pas. Ce syndicat était seul
alors et il n'a pas échappé à ses fondateurs qu'il pouvait avoir un rôle
d'éducateur à jouer, voir même de ruche prête à essaimer lorsque
les membres d'un canton ou d'une commune limitrophe seraient assez
nombreux pour se constituer en syndicat. C'est, du reste, ce qui est
arrivé très heureusement, et l'on peut dire que l'influence du Syndicat de Belleville sur le mouvement syndical dans la région a été
prépondérante ; or, il n'est pas douteux que la latitude sagement et
volontairement laissée quant à la circonscription en a été le facteur
principal. La même latitude semble donc à conseiller partout où un
syndicat vient à se créer dans ce que l'on peut appeler un pays
neuf au point de vue syndical.

4° *Où est établi son siège social ?* — Le siège social, établi au début
chez son président fondateur à St-Lager, et cela par raison d'économie, a été transporté à St-Jean-d'Ardières à cent mètres de la gare de
Belleville, aussitôt que les ressources de l'association l'ont permis ;
car une association ne doit pas, même en apparence, paraître dépendre d'une individualité, celle-ci serait-elle son président. A l'occasion
de l'installation des services, il sera parlé du local où a été établi le
siège social.

5° *Nom et adresse du président.* — Emile Duport, propriétaire à
Briante, commune de Saint-Lager (Rhône).

6° *Le nombre des membres.* — Il n'y a sans doute pas en France
un syndicat cantonal ayant pu grouper un aussi grand nombre d'adhérents sur une circonscription relativement restreinte.

Le dernier numéro inscrit le 31 décembre 1890, l'a été sous le 3.303. Depuis la fondation, les décédés, démissionnaires, ou rayés sont au nombre de 611, il s'en suit que le nombre des syndiqués est effectivement de 2.782.

Il sera peut-être intéressant d'indiquer le classement par membres fondateurs, souscripteurs et ordinaires, car il en ressortira de toute évidence qu'il s'agit bien d'un syndical mixte, comprenant des patrons et des ouvriers, ceux que l'on a appelé les rentiers du sol, les travailleurs du sol ; voici ce classement :

<pre>
Fondateurs   48
Souscripteurs   281
Ordinaires 2.453
</pre>

Les noms des membres nouvellement admis sont toujours publiés au bulletin mensuel avec leur numéro d'entrée ; et les noms des décédés sont conservés sur des registres à fiches avec leurs numéros, non pas seulement par mesure d'ordre et de contrôle, mais aussi par respect pour la mémoire d'anciens membres de l'association. Le système de registre à fiches est à signaler comme véritablement pratique.

7° *Quelle est la cotisation annuelle.* — La cotisation est de :

<pre>
Fr. 10 pour les membres fondateurs.
 »   5   »   » souscripteurs.
 »   1   »   » ordinaires.
</pre>

8° *Le Syndical comprend-il des ouvriers agricoles. Combien ?* — Oui certainement, et en très grande majorité, si l'on comprend, comme de juste, les petits propriétaires faisant des journées de travail chez les autres en plus de la culture de leurs terres, et les vignerons ; véritables ouvriers agricoles, mais il y a aussi des journaliers et des domestiques de ferme.

L'on peut dire qu'en règle générale, tout membre ordinaire travaille de ses mains, chez lui ou chez les autres ; au surplus on en pourra juger par les chiffres du classement suivant :

<pre>
Propriétaires ne travaillant pas ou rentiers du sol...................   373
Propriétaires travaillant par eux-mêmes 1.475) Travailleurs du
Vignerons et ouvriers ....   934) sol............ 2.409
                                                  Ensemble...... 2.782
</pre>

D'où il résulte que la proportion des rentiers du sol aux travailleurs du sol est de 13, 41 p. % dans le syndical de Belleville. — (Voir le tableau de l'Union beaujolaise.)

Que reste-t-il en face de ces chiffres, des déclarations ampoulées des organes socialistes, affirmant sans preuves que les syndicats agricoles sont composés uniquement de ceux qu'ils qualifient de représentants de la féodalité terrienne ?

9° *Public-t-il un bulletin? Dans ce cas joindre un exemplaire.* — Oui, et cela depuis le premier mois de sa fondation à la suite d'une décision prise dès la première réunion du Conseil d'administration.

Ce premier numéro, imprimé sur une simple feuille, est curieux à comparer avec le bulletin actuel, brochure de 24 pages en plus des annonces, mais il est peut-être encore plus curieux à lire, car il expose nettement le but de l'association.

Dès le n° 3 le format grandit, puis au n° 5 il se double, car ce petit Bulletin du Syndicat de Belleville s'ouvrait alors aux autres syndicats du Beaujolais qui venaient de se constituer en Union.

La combinaison ingénieuse qui réserve une partie spéciale à chaque syndicat, et une partie commune à tous les syndicats faisant partie de l'Union, était inaugurée.

C'est cette combinaison si pratique qui devait donner une cohésion grande, d'abord à l'Union Beaujolaise en permettant l'unité de direction, puis à l'Union du Sud-Est dont le bulletin se tire actuellement à plus de 27.000 exemplaires.

La cellule de toutes ces organisations a donc été le Bulletin du Syndicat de Belleville ; à ce titre comme à bien d'autres, sa collection complète pourra intéresser le jury ; elle permettra, en tout cas, de contrôler tout ce qui se trouve dans cet exposé ; aussi a-t-il semblé opportun d'envoyer comme pièces annexes les 140 bulletins parus au 1er janvier 1900.

Si l'on songe que chaque année représente un volume de 240 à 250 pages distribué gratuitement, à domicile, il y a là un résultat énorme au point de vue de la diffusion des bonnes méthodes et de l'enseignement agricole. C'est 3000 pages de texte par membre en douze ans et, en multipliant ce chiffre par celui des adhérents l'on est surpris du total ; mais il suffit de penser aux conseils donnés, aux améliorations culturales qui en ont été la résultante, pour faire du Bulletin de Belleville l'un des plus beaux titres de l'association qui l'a créé et qui l'a fait vivre.

11° *A quelle Union ou à quelles Unions est-il affilié?* — Le premier numéro du bulletin montre que le Conseil d'administration, dès sa première réunion, a décidé son affiliation à l'Union des Syndicats des Agriculteurs de France. Ce n'est pas à Belleville qu'il faut rechercher l'esprit sauvage et particulariste ; c'est, du reste, bien naturel, car les premiers renseignements relatifs aux statuts avaient été fournis par le regretté M. le Trésor de la Rocque, président de notre grande Union centrale.

Bien mieux, la nécessité de l'association entre syndicats était si complètement comprise au Syndicat de Belleville que l'on peut dire sans la moindre exagération que les Unions « Beaujolaise et du Sud-Est », aujourd'hui si prospères, en sont sorties. Les procès verbaux de fondation de ces Unions en feraient foi, si besoin était, mais il suffit de se reporter au bulletin du syndicat numéro 5 pour comprendre tout de suite le rôle joué par le Syndicat de Belleville, qui a été l'atome qui a servi à grouper les molécules qui forment aujourd'hui presqu'un monde avec leurs soixante mille syndiqués !

Le Syndicat de Belleville, s'il n'a pas paru avoir une action directe sur ces créations en a eu une indirecte considérable, non seulement en servant de ralliement, mais aussi en formant les hommes qui devaient aider puissamment à la fondation, puis à la direction de ces deux Unions; il n'était que juste de le rappeler.

12° *A-t-il constitué un patrimoine ? — Comment ? Et de quelle importance ?* — Au 30 septembre 1899, date de l'arrêté de comptes de la dernière assemblée générale, l'actif proprement dit du syndicat s'élevait à 19.064 80

et il faut y ajouter la dotation de la caisse d'aide mutuelle. 15.000

Soit un avoir total au 30 septembre dernier de. 34.064 80

(Voir les comptes au bulletin de décembre 1899 n° 139, pages 241 à 247.

Cet avoir a été amassé, économisé, sou par sou, grâce au travail énorme et gratuit de la direction; le copie de lettres du président n'est-il pas le 31°, celui de l'administrateur délégué le 10°, et chaque copie a 500 pages ! — Pendant cinq ans il n'y a pas eu d'employé, le bureau a tout fait et si, à présent, il y a un jeune comptable, ce n'est pas que la direction se soit lassée, mais c'est que le grand nombre des adhérents ne permet plus d'assurer le service autrement, c'est aussi parce qu'il faut que les associations viables subsistent par elles mêmes, sans dépendre uniquement du dévouement de quelques-uns.

Les cotisations ont fait la plus grosse part de cet avoir encore bien modeste, et pourtant bien considérable si l'on réfléchit à la faiblesse des moyens ; mais il est juste d'observer que, par la prudente direction des achats et par le prélèvement d'une petite majoration, cette somme a été accrue progressivement.

Voici, du reste, le tableau des inventaires à la fin des douze exercices entièrement écoulés, conforme à l'état détaillé qui est publié chaque année dans le Bulletin à la suite de l'assemblée générale.

1888	fr. 1.031 95
1889	fr. 1.017 30
1890	fr. 1.439 40
1891	fr. 1.917 55
1892	fr. 3.214 15
1893	fr. 5.056 35
1894	fr. 10.145 95
1895	fr. 12.672 45
1896	fr. 14.000 55
1897 (1)	fr. 22.760 70
1898 (2)	fr. 26.585 05
1899	fr. 34.064 80

L'échelle est suggestive, mais combien le serait plus l'examen des comptes eux-mêmes et, à ce propos, il est peut-être opportun de signaler, comme de recommander, la division en deux comptes, qui se fondent en un seul, des opérations marchandises et de l'administration proprement dite, ce qui permet à tout membre, même le moins au courant de la comptabilité, de se rendre compte des ressources et des charges de son syndicat.

Pour apprécier cette méthode, le jury n'a qu'à se reporter aux comptes rendus des assemblées générales, qui contiennent tous les détails de comptabilité.

13º *Quels services a-t-il organisés ?* — Suivant pas à pas les divisions posées à la suite de cette question, nous allons nous efforcer de répondre de notre mieux, tout en nous excusant de l'ampleur relative donnée à ces réponses, mais il a semblé qu'il était difficile de

---

(1) Prix Chambrun compris.
(2) Capital de la rente Chambrun compris.

faire apprécier les œuvres sociales créées par le syndicat sans entrer dans certains détails qui en feront mieux comprendre le fonctionnement, la physionomie, ainsi que la portée morale et sociale.

1º Services matériels rendus a l'exploitation.

1. *Achats en commun.* — Si ce n'était imposer au jury un travail considérable, la lecture des comptes marchandises présentés à la fin de chaque exercice et publiés dans le bulletin fournirait des renseignements aussi complets que possible sur l'importance et la nature des achats faits en commun. — En tout cas voici, pour se conformer au questionnaire, le total de ces achats en argent :

Exercice 1887-88	fr.	28.671 65
— 1888-89	»	67.902 20
— 1889-90	»	71.395 70
— 1890-91	»	103.754 45
— 1891-92	»	134.020 »
— 1892-93	»	110.010 »
— 1893-94	»	151.484 50
— 1894-95	»	96.634 35
— 1895-96	»	134.188 80
— 1896-97	»	126.839 65
— 1897-98	»	165.475 30
— 1898-99	»	168.383 55

Total : fr. 1.368.619 15

Quant à la nature des marchandises, c'est encore dans les comptes rendus annuels de l'administrateur délégué publiés au Bulletin qu'on en trouverait la nomenclature complète faisant ressortir leur progression et leur utilité.

Il y a lieu, toutefois, de signaler la méthode d'achat des boutures américaines, dont nous reparlerons à l'occasion de la reconstitution du vignoble, ainsi que la très grande importance des achats de sulfate de cuivre qui ont atteint, en 1898-99, soit pour un seul exercice, 140.412 k. valant 81.557 fr. 65, sans parler de 9.147 k. de bouillie au cuivre valant 1.051 fr. 55, et 1.221 k. de verdet neutre valant 1.884 fr. 05 soit 85.804 fr. 15 d'achats rien que pour les traitements au cuivre.

Le soufre a été livré, au cours du même exercice, pour 71.258 kil. valant 14.764 fr.

C'est donc un tonnage, pour ces deux articles, de 225.038 k. pour une valeur de 99.257 fr. 55.

La sécurité procurée aux adhérents par suite des analyses de contrôle sur les matières premières est déjà par elle-même un avantage considérable, mais, pour en évaluer l'importance, il faut considérer l'économie réalisée; or, pour cela, il suffira de rappeler, par exemple, qu'en juin 1889 le sulfate de cuivre étant venu à manquer dans les entrepôts du syndicat, qui le livrait au prix de 68 francs, les détaillants du pays ont de suite élevé leurs prix à 90 et même 100 francs, et lorsqu'en juillet le syndicat a pu recommencer ses livraisons le prix retombait de ce seul fait à 75 francs, soit de 25 p. °/o. (Voir les Bulletins de juin, juillet, août 1889).

Un autre article qui montre d'une manière bien évidente l'influence des prix du syndicat, non seulement en faveur de ses propres adhérents, mais aussi pour le bien des agriculteurs pris dans leur ensemble: c'est le raphia. Cet article était vendu couramment 2 francs le kilog avant 1888, quelquefois même 2.50 et encore la qualité en était-elle médiocre. Le syndicat s'est de suite organisé pour acheter directement aux importateurs de Marseille, le raphia de Tamatave, 1er blanc, et comme il s'est aperçu bien vite que, n'achetant que 12 à 15 balles, il ne pouvait profiter de la réduction de transport, pour laquelle il fallait 40 balles au moins, soit 4000 kilogs, il s'est entendu avec les autres syndicats du Beaujolais pour faire venir cette quantité, réalisant ainsi une nouvelle économie de 2 francs par 100 kilogs. Le prix de livraison fut fixé à 80 centimes le kilog au lieu de 2 francs, prix ordinaire, et les revendeurs ne tardèrent pas à réduire de 100 p. 100 leurs prétentions. C'est ainsi que l'un des premiers adhérents du syndicat, petit propriétaire venu pour acheter un kilog de raphia, a pu dire en s'en allant : « Je viens de payer ma cotisation et mon kilog de raphia, or il me reste encore quatre sous de profit, si c'est ça le syndicat, j'en suis ».

C'est ça et bien autre chose ! mais c'était et c'est encore le seul moyen d'amener nos paysans à bien comprendre l'association.

II. — *Outillage agricole collectif*. — Le Syndicat de Belleville dès le début a prêté des pulvérisateurs pour faciliter les traitements contre le mildiou aux petits propriétaires qui hésitaient à faire l'acquisition de l'un de ces instruments avant de connaître l'efficacité certaine de ce traitement. Plus tard, tout le monde ayant acquis des pulvérisateurs dont l'emploi devenu annuel payait la dépense d'achat, ce service fut supprimé; il a été réorganisé en 1896 pour les soufreuses.

Le Syndicat a également deux trieurs Marot pour les semences, qui sont loués chaque année aux fermiers des communes riveraines de la Saône moyennant 1 fr. par jour, ce qui leur rend de grands services. Les trieurs sortent de l'entrepôt dès après les battages et n'y rentrent guère que 40 à 45 jours après, la transmission de l'instrument se faisant très régulièrement de l'un à l'autre et par commune, sans contestations, habituant ainsi les cultivateurs à user de l'association. Le montant des locations sert à payer les réparations d'entretien.

Voici comment l'on procède : Le premier qui a retenu le trieur vient le chercher à l'entrepôt et ne paie pas de location pour cette première journée. L'employé du syndicat, en lui livrant l'instrument, lui fait constater qu'il est en bon état, puis lui remet une feuille sur laquelle il inscrit en tête le nom du preneur et la date de sortie. Lorque l'instrument rentrera, il faudra que celui qui le rendra rapporte la feuille avec les noms de tous ceux qui l'ont utilisé et autant de fois 1 fr. qu'il y a de journées écoulées. Pour cela, tous ceux qui prennent le trieur doivent constater en le recevant, qu'il est en bon état et qu'il est accompagné de sa feuille et de sa recette, car ils savent qu'ils en seront eux-mêmes responsables. C'est d'un fonctionnement très simple et très pratique.

C'est le même procédé qui est employé pour le semoir mécanique, bel instrument de 425 fr. qui économise temps et semences ; le coût de location en est de 4 fr. par journée.

Il y a aussi une presse à fourrage, un hache-paille, un coupe-racines, un concasseur à grains, instruments dont le besoin n'est pas journalier, surtout dans les petites exploitations. Bien souvent le cultivateur qui en a reconnu les avantages par un premier essai en fait l'acquisition.

Un essai de filtre à manches pour les lies de soutirage n'a pas réussi ; une seconde tentative a été faite en 1897 en vue de l'acquisition d'un filtre puissant pour le filtrage des vins ; cet essai a été fait avec le filtre Gasquet de Bordeaux, mais il n'a pas été reconnu pratique et, comme il s'agissait d'un instrument coûteux, 4.000 fr., les études se continuent. Ce sera peut-être l'occasion de constituer un Syndicat d'industrie, bien que la nécessité ne s'en fasse pas clairement sentir, le syndicat ayant très certainement le droit et les moyens d'organiser de tels services, ainsi qu'il l'a déjà fait pour d'autres instruments.

III. — *Reconstitution des vignobles.* — C'est incontestablement l'œuvre matérielle primordiale du syndicat, qui a été fondé à l'heure même où, le phylloxéra ayant détruit le vignoble du Beaujolais, le découragement s'emparait des populations dont les éléments les plus jeunes avaient commencé un mouvement d'émigration, lequel menaçait de dépeupler cette contrée si populeuse et autrefois si riche. Ce côté de son rôle, le syndicat l'a compris de suite, et ce n'est pas son moindre titre que d'avoir décidé la création des pépinières syndicales de plants-mères dès la première assemblée générale. Si le jury veut bien se reporter à la page 18 du compte rendu de cette Assemblée générale du 30 septembre 1888, publiée en brochure spéciale, annexée à ce rapport, il y trouvera le règlement pour l'utilisation des boutures de ces pépinières qui ont rendu d'immenses services. Les premiers commissaires nommés sont restés les mêmes, et le fonctionnement de cet important service n'a jamais donné lieu à la moindre critique.

Il est juste d'ajouter que, tout en ayant procuré aux adhérents des boutures sélectionnées à prix avantageux, les pépinières syndicales pour lesquelles le syndicat a utilisé ses premières ressources n'ont pas tardé à lui constituer un revenu qui a permis le fonctionnement régulier de l'aide mutuelle et la formation d'un premier fonds de dotation pour cette œuvre de solidarité; nous en reparlerons aux services sociaux.

Qu'il suffise de dire que les pépinières syndicales de Belleville ont largement contribué au succès matériel et moral de la jeune association, ainsi que l'on en pourra juger par cet extrait du rapport présenté à la dernière Assemblée générale par M. H. Beauregard, président de la Commission spéciale.

BILAN PAR RECETTES ET DÉPENSES DES PÉPINIÈRES AU COURS
DES DIX DERNIÈRES ANNÉES

		Frais.	Vente de bois.
Année	1888-1889	2.091 95	» (Frais d'inst.)
—	1889-1890	1.178 00	»
—	1890-1891	598 »	78 »
—	1891-1892	1.548 »	1.828 »
—	1892-1893	1.558 »	2.088 50
—	1893-1894	1.049 35	4.331 35
—	1894-1895	830 »	2.442 »
—	1895-1896	800 »	1.879 »
—	1896-1897	1.054 45	3.398 70
—	1897-1898	829 »	2.337 55
—	1898-1899	753 50	3.182 25
Total		12.291 15	21.955 35
Différence en bénéfice			9.664 20

« Ces chiffres ont leur éloquence et me dispensent de tous commentaires.

« N'avais-je pas raison de vous dire en 1890, lors de votre assemblée générale ! « Vous ne regretterez pas la création de vos pépinières, création essentiellement utile, appelée à rendre les plus grands services.

« Nous avons tenu parole, et la Commission est heureuse de vous dire par la voix de son président :

« Oui, nous avons rendu service, et un double service, puisque nous avons, dès l'abord, donné à nos syndiqués une sélection de porte-greffes, absolument parfaite, les aidant mieux dans la reconstitution de leur vignoble, et ensuite puisque, par les résultats acquis, nous avons fait tomber dans la caisse de votre Syndicat une large obole qui a permis la création des rentes pour les vieux vignerons, réalisant ainsi ce grand problème social dû à la puissante association du capital et du travail. »

En dehors des pépinières qui ne pouvaient guère procurer que des *étalons* en vue de la constitution de pépinières particulières, car, malgré leur étendue relative, les besoins de la reconstitution étaient immédiats et immenses, le Syndicat s'est de suite occupé de faciliter à ses membres les achats de boutures américaines sérieusement sélectionnées.

Avant la création du syndicat le vigneron en était réduit à acheter des boutures souvent mal soignées, à demi desséchées et, ce qui était plus grave, d'origine absolument suspecte, à tel point que des boutures des variétés les plus mauvaises étaient couramment vendues comme Riparia, Vialla, Solonis ou autres variétés recommandées. En outre de ces fraudes, qui allaient parfois jusqu'à vendre des boutures de vignes françaises préalablement passées au four pour empêcher toute poussée qui aurait permis de reconnaître cette sinistre *fumisterie* (le fait est authentique), les mélanges de diverses variétés dans un même lot étaient le moindre mal, et cependant, qui ne comprend les déboires qu'un tel mélange devait occasionner par les insuccès de reconstitution, sans parler des découragements que ces tristes résultats devaient provoquer, et, ce fut le pire, en montrant comme non résistants de prétendus Riparia ou Vialla.

La lecture des bulletins, dès le numéro 1, montrerait avec quel soin le syndicat a organisé ce service d'achats, et l'a surveillé à tel point que nombre de syndicats ont imité cette organisation et que beaucoup d'autres l'ont utilisé en se servant pour cela de la Coopérative Agricole du Sud-Est, qui n'opère pas différemment.

Voici comment il était procédé à ces achats de boutures.

Le syndicat envoyait dans le Midi et dès la fin de septembre des délégués, pris parmi ses membres ; ceux-ci visitaient les pépinières achetées ou offertes, cela avant la chute des feuilles, ce qui permettait de reconnaître d'une façon sûre les variétés qui s'y pouvaient trouver en mélange. Les délégués avaient pour mission de refuser les pépinières qui contenaient trop de mélange ou de contre-marquer avec de la couleur rouge les souches de variétés différentes, s'il s'en trouvait peu. Ils examinaient si le bois n'était atteint d'aucune maladie : anthrachnose, mildiou, etc., s'il n'avait pas été grêlé, puis faisaient un rapport. Voir, par exemple, le Bulletin du 1er novembre 1888, nº 10, pour se rendre compte de l'ancienneté de ce service.

Au moment de la taille, des délégués plus nombreux étaient envoyés, car ils doivent toujours être deux pour assister à la taille des souches, qui ne doit se commencer qu'après leur arrivée ; l'un des deux est toujours l'un de ceux qui ont visité les pépinières avant la chute des feuilles et si, par cas, il ne peut rester, il vient, en tout cas, constater que la pépinière taillée est bien celle achetée et visitée. (Voir Bulletin, nº 58, page 215).

Ces mesures n'ont pas été inutiles, tant s'en faut, surtout au début ; elles ne sont plus aussi rigoureusement exécutées, car depuis douze années que le syndicat achète dans le Midi il s'est fait une clientèle de propriétaires ou marchands vendeurs dont les pépinières sont connues ; aussi, le plus souvent la surveillance se limite actuellement à la longueur et à la grosseur des boutures, ce qui a bien son importance.

Est-ce le cas de rappeler le mémorable procès soutenu et gagné, d'abord au tribunal de St-Hippolyte-du-Fort, puis à la Cour de Nîmes ? Et pourquoi pas ? N'est-ce pas un exemple topique de ce que peut l'association syndicale pour la défense des intérêts de tous ?

C'était au printemps de 1892.

Les délégués envoyés par le syndicat signalent au président qu'en arrivant à St-Hippolyte-du-Fort ils ont trouvés *taillés* les 100.000 m. de Viallas qu'ils avaient à y recevoir, le vendeur ayant dit qu'il n'avait pu les attendre ayant son personnel inoccupé. Mis en éveil, les délégués examinent attentivement les sarments, mais ils sont hésitants ; maintenant que ceux-ci sont séparés de leurs souches, ils hésitent à se prononcer et font part au président de leurs doutes.

Que faire ? Sentant sa responsabilité, le président lui, n'hésite pas. Devant l'insistance du vendeur qui le presse de recevoir, n'osant refuser sur des dires incertains, il donne l'ordre d'expédier les boutures, mais ne se décide pas à faire aux membres une répartition de bois douteux.Entre temps, il se fait en outre délivrer par son vendeur l'autorisation de ne payer qu'après une expertise de contrôle qui sera faite à l'école de Montpellier où les bois seront plantés, puis forcés en serres pour avoir rapidement des feuilles, sans lesquelles le savant directeur de cette école, M. Foëx lui-même, refusait de se prononcer.

Il lui faut un certain courage, au président, pour ne pas livrer ces boutures, car si les bois, qu'il a fait planter à part, sont bien des Viallas, c'est au bas mot 5.000 fr. de perte pour le syndicat, mais si les bois ne sont pas des Viallas et sont, au contraire, des plants sans valeur, quelle perte pour les syndiqués qui les auront reçus, greffés et plantés, à raison de 3 par mètre de bouture, c'est 300.000 pieds ne valant rien, plus tout le travail, toute la valeur d'une replantation considérable perdus : c'est peu que de l'estimer à 50.000 fr.

Aussi son inquiétude est grande, et lorsque le rapport de M. Foëx lui parvient déclarant que les boutures sont d'un plant encore inconnu, mais ne sont sûrement pas du Vialla, le président éprouve une satisfaction intense, juste récompense de sa vigilance et de sa prudence.

Il s'en est suivi un procès, dont le jugement se trouve page 213 à 214 du Bulletin, année 1892, jugement confirmé par la Cour de Nîmes, les perdants ayant cru devoir en appeler.

Si ce fait caractéristique a été cité, c'est qu'il montre, en plus de l'utilité défensive de l'association, la nécessité où l'on était de se protéger contre les fraudes des vendeurs de bois.

Les délégués, avons-nous dit, étaient toujours envoyés par deux et les instructions étaient de ne pas perdre de vue les bois à partir de leur taille jusqu'à leur mise en vagon ; bien plus, l'expérience ayant appris que, même en gare, des substitutions et des soustractions avaient lieu, un employé subalterne d'une station du Midi a bien été condamné pour un semblable délit, on en retrouverait les traces dans la correspondance, la décision fut prise et exécutée de fermer les vagons avec des cadenas dont les agents du Beaujolais avaient les doubles clefs.

En résumé, il nous semble impossible d'avoir pu faire plus que le Syndicat de Belleville pour assurer à ses membres les sarments de vignes américaines authentiques pour la reconstitution de leurs vignes, et si le jury pouvait suivre au bulletin les 40 ou 50 articles qui s'y trouvent, il serait pleinement édifié.

Le syndicat n'a pas borné là son rôle relatif à la reconstitution du vignoble ; il a donné d'intéressantes conférences pour préconiser le greffage et cela dès le début ; voir les Bulletins des 1er juin et 1er août 1889, qui rendent compte de la conférence faite par le savant et regretté M. Victor Pulliat, alors professeur à l'Institut Agronomique. A ce propos, il convient de faire ressortir combien grande est l'affluence des auditeurs à ces conférences qui sont du reste toujours publiques. Alors que nos professeurs d'agriculture, malgré tout leur zèle, réunissent péniblement 25 ou 30 auditeurs dans les salles de mairie où ils donnent leurs conférences ordinaires, nous avons la satisfaction de constater que pour ces réunions que nous avons multipliées le plus possible, y faisant entendre ces professeurs eux-mêmes, qui depuis peu, sont enfin autorisés à nous prêter leur concours, nous réunissons 500 auditeurs et plus ; on pourrait même citer telle réunion qui en avait groupé plus de 800 pour entendre les conseils de M. le professeur Viala sur la défense contre le black rot.

Des concours de greffeurs et de plantations de greffes ont été organisés et même des excursions instructives ont eu lieu pour conduire des vignerons dans le Midi et dans le Mâconnais, (Bulletin des 1er août, 1er octobre 1888, 1er février 1890, 1er avril 1890).

Pour la défense des vignes, il n'a pas été fait moins et, en dehors des conférences, l'on peut signaler le grand concours des pulvérisateurs organisé en 1889, (Bulletin du 1er mai et 1er juin même année).

Il faudrait, du reste, citer tous les bulletins pour marquer l'action incessante du syndicat, qui s'est manifestée aussi par des demandes souvent couronnées de succès, à la Compagnie P.-L.-M. qui a réduit le tarif de transports des sulfates de cuivre et des bois américains, ceux-ci de 33 p. 0/0 ; aux ministres, par exemple, pour obtenir des congés pour les jeunes greffeurs ou des réductions de tarif pour le transport des engrais et des vins (Bulletin des 1er février 1889, mai 1892 et autres).

IV. — *Vigilance collective.* — Nous ne pouvons signaler, sur cette question, qu'un effort tenté contre les hannetons ; les dégâts du gibier sont nuls, en effet, il n'y en a plus, et les maraudeurs font très peu parler d'eux en Beaujolais, autant dire pas.

Les hannetons, et surtout les vers blancs, ayant occasionné de sérieux dégâts en 1892 et 1895, des primes ont été accordées et payées à ceux des cultivateurs qui apportaient des hannetons. (Voir bulletins d'avril 1892, avril 1895 et comptes caisse 1895).

En mai 1898, un accord est intervenu avec les mairies de Corcelles, Dracé, St-Georges, etc., à la suite duquel le syndicat a autorisé ces municipalités à donner des primes supplémentaires de 0.10 cent. par kilog. ou de 0.50 par double décalitre de hannetons capturés. Le résultat a été pleinement satisfaisant (Voir Bulletin, n° 20, pages 82 et 84).

Quant aux gelées de printemps nous avons dû nous borner à préconiser l'emploi des nuages artificiels par les foyers Lestout dont notre entrepôt est pourvu au printemps.

En ce moment, nous participons à l'expérience qui va être tentée sur la commune de Denicé pour la lutte contre la grêle par les détonations d'artillerie. Le syndicat a pensé qu'il était préférable de ne faire qu'une grande et large expérience, bien préparée, bien conduite, plutôt qu'un grand nombre de petits essais dont les résultats ne pourraient être aussi concluants. Il a donc décidé d'apporter son concours à l'expérience organisée sous le patronage de l'Union Beaujolaise qui réunira un groupe de quarante canons, et cela par l'achat et la remise de deux canons ; d'autres canons, trois déjà, seront fournis par des particuliers, membres du syndicat, notamment par le président. Si l'expérience est concluante, ces canons seront rendus au syndicat de Belleville, et ils seront les premières pièces des batteries futures qu'il organisera dès que leur effet utile contre la grêle aura été dûment constaté.

V. — *Amélioration des races de bétail.* — Cette question n'existe pour ainsi dire pas, dans notre syndicat, où les vignerons élèvent leurs génisses en vue du travail, bien plus qu'en vue de la production du lait ou de la viande.

VI. — *Sélection des semences.* — Le syndicat, en plus de l'acquisition des deux trieurs dont il a été parlé, a fait venir souvent des semences de choix, blés étrangers ou acclimatés, trèfles décuscutés, graine de moutarde, vesces velues, etc., ces dernières dans les années de sécheresse. Il y a lieu de citer notamment son initiative dès le début de son organisation. (Voir pour cela les Bulletins 1er septembre et 1er octobre 1888).

VII. — *Vente collective des produits.* — Dès la première année, le syndicat a cherché à organiser la vente des beurres, dont le prix avait considérablement baissé. Sans établir une beurrière proprement dite, ce que les habitudes du pays ne permettraient pas, un service a été organisé pour permettre un placement plus rémunérateur à Lyon, à Marseille et jusqu'à Toulon et Hyères. (Voir compte-rendu de la 1re assemblée générale du 14 octobre 1888, page 7 et 8, on y trouvera son règlement).

Ce service a fonctionné trois ans, puis les prix s'étant relevés, il a été suspendu ; il serait repris si la nécessité s'en faisait sentir à nouveau.

Au même compte rendu l'on trouvera les tentatives faites pour la vente des vins, des foins, des veaux.

Le syndicat n'a donc pas perdu un instant pour entrer dans cette voie, mais il doit reconnaître que, dans l'ensemble et sauf quelques résultats partiels, il n'a pas réussi.

Il place bien, de temps à autre, quelques pièces de vin, il a même une marque syndicale déposée ; il a pris part à 4 grands concours à Paris où il a été récompensé par de nombreuses médailles d'or, et cela dans l'espoir de voir venir le consommateur à ses excellents vins *naturels*, mais il a été déçu dans ses espérances et la préférence reste aux vins *artificiels* ou du moins *truqués*, dont le goût et le prix, toujours sensiblement les mêmes, plaisent à la clientèle qui se récrie devant les irrégularités forcées de la production.

Le syndicat a pris une part importante aux créations des marchés aux vins de Villefranche et de Pontanevaux, mais n'a pas cru devoir créer lui-même un marché avant de juger de l'utilité des fondations voisines. L'avenir a malheureusement donné raison à ses prévisions, et devant le peu de succès, puis la fermeture de ces marchés, il s'est abstenu.

Croyant davantage au succès de la vente par un organisme situé au centre d'une grande ville, il a suivi avec intérêt la constitution à Lyon de l'Union des Producteurs et Consommateurs, dont l'idée était due à son président qui a publié une curieuse brochure : *La Viande.*

Les boucheries de Lyon qui ne semblaient pas devoir réussir, au dire de tous, existent encore après douze ans et semblent devoir vivre longtemps, tandis que la vente du vin et des autres produits, ajoutée à celle de la viande et qui semblait devoir donner de sérieux résultats, n'a pu franchir le cap si périlleux de la vente au détail et de la surveillance d'un nombreux personnel. Peut-être eût-il mieux valu se limiter aux vins seuls, par pièce et demi-pièce, suivant le projet du président de Belleville ? En tout cas, il ne sert de rien de discuter, et ceci n'est que pour montrer le rôle indirect du syndicat dans l'organisation de la vente qu'il ne se sentait pas assez fort pour organiser lui-même ; il est juste d'ajouter que le syndicat n'a rien perdu de son avoir dans ces diverses tentatives, toutes si méritoires.

VIII. — *La transformation industrielle des produits.* — Le vin étant presque l'unique produit, avec le foin et la viande, produits qui ne comportent aucune fabrication industrielle, rien ne pouvait être fait dans ce sens à Belleville.

2º SERVICES ÉCONOMIQUES ET SOCIAUX RENDUS AUX POPULATIONS.

C'est dans ce chapitre que l'initiative du Syndicat de Belleville apparaîtra avec le plus d'évidence, car c'est son titre de gloire le plus pur, et dont il est le plus justement fier, d'avoir été, sur bien des points, l'initiateur du rôle social des syndicats ; pour s'édifier sur ce point capital, il suffira de lire d'abord le compte rendu, si suggestif de sa première assemblée générale en 1888, puis les comptes rendus successifs de toutes ses assemblées générales. On y trouvera nettement tracée la voie dans laquelle nos associations s'engagent de plus en plus, avec juste raison, pour résoudre ce qu'il est humainement possible de résoudre de la question sociale. Cela n'a pas été un mince mérite, car il a fallu tracer la route en pays neuf, en pays inconnu, à peine découvert. Qu'importe? L'amour de la patrie et l'amour du prochain ont guidé les premiers pas et Dieu a béni l'effort !

L'idée de patrie est un moyen de défense sociale puissant, aussi la devise du syndicat est-elle : « Le sol, c'est la Patrie ». Placée en tête du Bulletin, elle figure sur la porte des bureaux, et dans toutes les réunions, elle est à la place d'honneur, entourée d'un faisceau de drapeaux tricolores !

Les socialistes qui se disent sans-patrie le sentent bien ; un vrai Français ne sera jamais dupe de leur fausse doctrine.

L'association, c'est l'amour du prochain, qui commence par le seul fait de se mieux connaître, de s'entr'aider ou de se défendre en commun; entre honnêtes gens, c'est forcé.

Que la France soit couverte de syndicats agricoles et un grand pas sera fait vers la paix nationale, la paix sociale !

1. — *Enseignement agricole.* — Nous avons déjà cité les nombreuses conférences organisées par le syndicat, à propos de la reconstitution du vignoble, nous avons parlé des concours de greffage, de plantations, de pulvérisateurs; nous avons décrit longuement l'organisation des pépinières, annexant même un extrait du rapport spécial du président de la commission chargée de ce service, mais il ne faudrait pas croire que le syndicat, bien que composé en majorité de viticulteurs, ne s'est pas occupé aussi des autres productions du sol. Nous avons à citer plusieurs conférences sur l'emploi des engrais chimiques, un service d'analyse des terrains en vue de la constitution d'une carte du canton ; le syndicat a même un calcimètre pour doser la chaux contenue dans le sol, ainsi qu'un ébullioscope pour le dosage de l'alcool dans les vins, puis des champs d'expériences pour comparer les effets de diverses fumures ou les qualités de semences diverses (Voir notamment, Bulletin 6, 7, 18, 19, 20, etc., etc.)

En fait de publications, il faut rappeler le rôle considérable joué par le Bulletin, dont la collection est si instructive, ainsi que par l'Almanach, l'un et l'autre distribués gratuitement et portant les conseils, les bonnes méthodes, jusque dans la plus pauvre maison du plus pauvre hameau. Cela seul est inouï, et l'association libre pouvait seule le réaliser. Que vaut à côté, tout utile qu'il soit, l'enseignement agricole par l'Etat ?

Il y a eu des distributions de brochures, de tableaux pour l'emploi judicieux des engrais chimiques, les traitements contre le mildiou, etc. ; avec les concours d'instruments, les excursions dont nous avons parlé, le Syndicat de Belleville présente un ensemble d'enseignement qui sera satisfaisant, lorsqu'il aura pu organiser encore plus complètement l'enseignement profesionnel à l'école primaire.

Dès l'organisation, par l'Union du Sud-Est, des examens agricoles, le syndicat s'est empressé d'apporter son concours le plus absolu pour développer cet enseignement. Sa première mesure a été de faire gratuitement le service de son Bulletin à tous les instituteurs du canton, puis de mettre à leur disposition gratuitement tous les engrais nécessaires aux petites expériences qu'ils tenteraient dans le jardin de l'école. Quelques instituteurs ont répondu à cet appel et ont bien voulu faire connaître les résultats obtenus. (Bulletin 137, p. 185).

Le syndicat a organisé un jury d'examen qui a fonctionné, dès 1898, pour les écoles de garçons. En 1899, les filles ont été admises à passer l'examen et plusieurs certificats ont été délivrés, ainsi que des livrets de la Caisse d'Epargne, aux meilleurs élèves.

Pourquoi faut-il que l'administration se soit montrée si peu favorable, pour ne pas dire hostile, au point d'interdire à certains instituteurs communaux, qui en avaient exprimé le désir, de présenter des élèves à nos examens agricoles ? Ce n'est pourtant pas ce qui nous avait été promis par M. Méline, alors ministre de l'agriculture, ni ce que disaient les circulaires ministérielles!

L'administration motive son interdiction sur ce qu'elle a décidé, depuis deux ans, d'ajouter au certificat d'études primaires une note pour les connaissances agricoles ; mais il est bien évident, pourtant, que ce n'est pas du tout la même chose, et nous espérons qu'on finira un jour par le reconnaître, soit en acceptant la délivrance de certificats par l'association professionnelle, soit en délivrant des certificats spéciaux d'études agricoles primaires. En effet, un enfant peut ne pas être capable de passer son certificat d'études primaires, par exemple, parce qu'il ne pourra pas subir l'épreuve de la dictée sans faire plus de 4 fautes éliminatoires et, cependant, cet enfant pourra être suffisamment instruit des choses agricoles pour faire un excellent agriculteur, un agriculteur de progrès.

C'est ce que le syndicat a parfaitement compris, aussi, tout en regrettant cette attitude de l'administration vis-à-vis des examens professionnels organisés par ses soins, il n'a pas cru devoir lui refuser son concours, soit en participant par la présence d'un délégué à la correction des épreuves agricoles du certificat d'études primaires, soit en accordant des récompenses sous forme de livrets aux élèves ayant obtenu les meilleures notes. (Voir Bulletin n° 119, p. 62 ; 123 p. 143 ; 139, p. 248.)

Ces premiers résultats sont intéressants et il faut espérer qu'ils seront un acheminement vers une solution plus complète, qu'il faut désirer prochaine dans l'intérêt des enfants de nos cultivateurs.

II. — *Coopération.* — Au sujet de la vente, il a été dit que le syndicat, après plusieurs essais, avait été d'avis que, pour réussir, il fallait un organisme plus puissant, plus commercial que le syndicat cantonal ; pour les achats, les mêmes raisons, après plusieurs années d'expérience, ont fait décider qu'il était également préférable d'en confier, au moins la préparation, à une Société coopérative puissante, la plus puissante possible. La discussion inscrite au compte-rendu de l'Assemblée générale du 9 octobre 1892 (pages 227 et 228) est instructive à plus d'un titre et montre à quels sentiments le syndicat a obéi en ne créant pas lui-même une Société coopérative et en contribuant puissamment à la création de la Coopérative agricole du Sud-Est dont il est le client le plus fidèle pour l'usage de ses 3.000 membres.

C'est, du reste, l'unique moyen d'éviter que le syndicat ne soit absorbé ou annihilé par la Coopérative, ce qui ne manquerait pas d'arriver si celle-ci était jamais placée à côté. Là encore, l'on peut dire que l'influence du Syndicat de Belleville a été prépondérante pour faire adopter ces idées par les syndicats de toute la région. L'avenir montrera combien elles étaient sages.

Le syndicat fait le plus possible exécuter ses ordres par la Coopérative, ce qui le prouve, c'est le chiffre même de ses transactions annuelles avec cette société ; il garde pourtant une entière indépendance pour faire les achats ailleurs, lorsque les prix ne lui semblent pas avantageux, ou lorsque l'intervention de la Coopérative lui semble inutile, comme par exemple pour certains achats à prix fixe, tels que scories du Creusot, charbons, etc.

C'est, du reste, la force des syndicats, même petits, en face d'une coopérative, même très grande, c'est pourquoi celle-ci ne sortira jamais de son rôle lorsqu'elle dépendra de nombreux syndicats. Il en serait tout autrement, si elle était fondée par et pour l'usage d'un seul syndicat, même puissant : celui-ci serait son prisonnier.

La Coopérative a déja versé au Syndicat de Belleville, comme répartitions pour trop perçu :

En 1894	fr.	2.346 40
1895	fr.	1.406 70
1896	fr.	1.499 95
1897	fr.	2.246 40
1898	fr.	1.811 05
1899	fr.	3.827 75
Au total	fr.	13.138 25

Une jolie somme économisée sans avoir payé quoi que ce soit plus cher, et par le seul jeu du groupement ; argent venu bien net, *en bloc*, à la caisse du syndicat, qui a pu en faire la meilleure répartition possible à tous ses membres, à ceux qui sont le, moins fortunés surtout, en l'utilisant à doter son aide mutuelle, exemple qui sera certainement suivi par d'autres et, cette fois encore, le Syndicat de Belleville aura été l'initiateur.

III. — *Crédit agricole et Epargne.* — Dès le début, le syndicat a compris que la vente au comptant était une nécessité, aussi, n'est-ce que contraint par les nécessités de certaines expéditions directes, qu'il s'est départi du comptant strict, c'est-à-dire du paiement en enlevant la marchandise. En effet, lorsqu'il s'agissait de l'envoi d'un wagon d'engrais expédié directement dans une autre gare et ne passant pas par les entrepôts, ce qui n'eût fait qu'augmenter la dépense qu'une marchandise encombrante et de peu de valeur ne peut supporter, il était difficile de demander au destinataire de payer avant d'avoir reçu la marchandise. Le paiement est bien alors réclamé comptant, c'est-à-dire de suite après la livraison effectuée, mais ce n'est plus un comptant immédiat, comme dans les entrepôts ; il est juste d'ajouter qu'il n'en est jamais résulté le moindre inconvénient, que tout a toujours été régulièrement payé, ainsi, du reste, que pour toutes les autres opérations du syndicat, lequel n'a jamais perdu un centime sur des opérations fractionnées à l'infini et représentant, comme on l'a vu, près d'un million et demi, ce qui tendrait bien à prouver que la clientèle agricole, loin d'être la plus mauvaise, serait tout au contraire, des plus sûres.

Le syndicat n'a fait qu'exceptionnellement et toujours avec une garantie sérieuse, par exemple celle d'un administrateur ou du président, de petits crédits, et uniquement pour l'achat de bois américains, opération qui demande beaucoup de temps, puisque le greffage prend un an, du moment de l'achat au moment de la plantation. Le bénéfice de l'emprunteur était, du reste, visible ; en calculant le prix de mille mètres de bois américain, à 50 fr. prix moyen, le vigneron pouvait faire, avec mille mètres environ, 3,000 greffes, plutôt plus que moins ; en admettant que la moitié des greffes seule fut soudée, le coût des 1,500 greffes utilisables était de 50 fr., coût du bois, plus 20 fr. pour frais de culture, de ligature, de raphia et de temps passé au greffage, soit 70 fr., alors que les greffes soudées coûtaient de 150 à 200 et ont valu 300 fr. pendant plusieurs années ; c'était donc un avantage énorme de plus de cent pour cent et parfois deux cents pour cent, sans parler de la sécurité d'avoir son propre plant. En vérité, il eût été désolant de n'en pouvoir faire profiter le vigneron laborieux sans argent comptant.

Etait-ce bien, du reste, du crédit que faisait le syndicat, puisque le paiement était fait au comptant, au moyen de l'escompte du billet remis par l'acheteur et garanti par l'administrateur ? Oui, certainement, bien que le syndicat lui-même touchât l'argent et ne fût inter ressé qu'en troisième rang ; mais ce système ne pouvait être que provisoire et, malgré son utilité grande, il fallait l'organiser sur autre chose que la bienveillante confiance d'un membre du Conseil d'administration. Pour être durables, il faut que les institutions se suffisent, sans intervention de particuliers, d'où la décision déjà ancienne de fonder une Caisse de crédit, la lecture des procès-verbaux d'assemblées générales le montre ; mais la loi de 1867 semblait compliquée, le système de caisse à responsabilité illimitée ne paraissait pas pouvoir être appliqué dans la région ; d'autre part, une loi était en préparation, il semblait, dès lors, préférable d'en attendre le vote ; aussi, ne fut ce qu'après 1894, que la caisse de Crédit et d'Epargne fut créée conforme à cette loi. Les statuts joints à cet exposé montrent avec quels soins ils ont été étudiés, car il n'existait pas alors de caisses de crédit de ce type.

Les débuts furent encore retardés par des difficultés soulevées par les prétentions de l'enregistrement et du greffe du tribunal de commerce, prétentions dont il ne fut possible d'avoir raison qu'après plusieurs mois d'efforts et grâce à l'intervention de M. Méline. Une brochure intitulée: « Notes sur la fondation de la Caisse de Crédit et d'Épargne de Belleville-sur-Saône » a été publiée sous la signature du président du syndicat ; annexée à ce rapport elle relate ces difficultés et montre l'organisation tout à fait spéciale de cette caisse, qui a été la première fondée sur la loi de 1894.

Enfin, le président de la caisse, qui est en même temps l'un des vice-présidents du syndicat, a bien voulu se charger d'exposer dans un rapport spécial les résultats encore bien modestes de la caisse, cette société prenant part à l'exposition.

Toutefois, pour bien apprécier ces résultats il faut tenir compte de deux facteurs importants ; le pays est riche, l'argent à emprunter à des voisins ne manque pas lorsque la confiance est motivée, or c'est le seul cas où la caisse puisse prêter; de plus le cultivateur hésite à user d'un service qu'il considère, bien à tort, comme humiliant, il préfère se confier à un particulier plutôt qu'à un conseil d'administration. C'est une éducation à faire dans nos campagnes, mais le syndicat en a bien fait d'autres, il fera bien encore celle ci, et le jour n'est pas loin où le cultivateur aisé s'adressera à la caisse pour se procurer les fonds nécessaires à l'exploitation intensive de son sol par les engrais et les machines.

Il est, du reste, à remarquer que les prêts ne sont consentis que pour des emplois professionnels, ce qui est bien dans l'esprit même de l'association, en plus, c'est une garantie sérieuse de paiement. C'est l'équivalent de la clause « valeur en marchandises » des effets de commerce dont M. Rouvier signalait avec raison l'importance au moment de la discussion sur le privilège de la Banque de France, sans se douter que, grâce aux caisses fondées par les syndicats agricoles, l'équivalent existait pour le papier agricole ; il est regrettable, qu'il ne se soit trouvé aucun député pour le dire à la Chambre.

Quoiqu'il en soit, ce papier n'a donné lieu jusqu'ici à aucune perte et lorsque l'on voit, par exemple, un fermier intelligent, mais encore peu fortuné, venir, comme à l'une des dernières séances du comité, demander 600 fr. pour l'aider à payer une moissonneuse nécessaire à la coupe de ses blés, la main d'œuvre devenant introuvable, et que cet homme obtient les 600 fr. pour les six mois qu'il juge nécessaires, moyennant 12 francs d'intérêt, ce qui lui permet d'avoir sa moissonneuse à un prix spécial, par suite du paiement comptant soit 40 fr. meilleur marché par le courtier du syndicat, plus 2 % d'escompte, représentant exactement 12 fr., ce qui lui laisse net comme boni les 40 fr., il y a lieu de se féliciter de cette création et de souhaiter que bientôt petits et gros propriétaires en usent largement.

IV. — *Assurances diverses.* — Le Syndicat de Belleville n'a pas pensé qu'il fût prudent d'organiser par lui-même l'assurance incendie ou n'importe quelle autre forme d'assurances, sauf l'assurance-bétail ; non seulement sa circonspection restreinte semblait le lui interdire, mais il lui a paru plus pratique de s'adresser aux compagnies existantes, en choisissant de préférence les mutuelles pour l'incendie, la grêle et la vie. Toutefois pour les assurances-accidents, c'est à une compagnie à primes fixes qu'il s'est adressé, parce qu'à l'époque de son traité il n'y avait pas de compagnie mutuelle faisant ce genre d'assurances dans la région lyonnaise, et qu'au surplus cette combinaison lui était présentée par la Coopérative Agricole du Sud-Est qui faisait du syndicat son agent unique pour le canton, après avoir obtenu elle-même un privilège pour les 10 départements de l'Union du Sud-Est.

Après quatre années de fonctionnement, ce système s'est montré si absolument conforme aux intérêts bien compris des cultivateurs, tant au point de vue du taux des primes qu'au point de vue du règlement des sinistres, qu'il n'y a pas lieu de désirer ou d'espérer mieux ; il faut, au contraire, se féliciter de ce que l'esprit de sage prévoyance nous a permis d'obtenir ces conditions trois années avant le vote de la loi sur les accidents du travail.

Pour l'assurance contre l'incendie le syndicat a limité son rôle à des conseils et s'est borné, nous l'avons dit, à favoriser les compagnies mutuelles. Les nos 24, 26 et autres du Bulletin, par exemple, prouvent ce rôle et montrent l'association syndicale défendant les individualités contre les prétentions des grandes compagnies syndiquées. Les résultats de cette campagne ont été considérables et, à l'expiration des polices, beaucoup d'entre les syndiqués sont allés aux compagnies mutuelles dont le principe est exactement celui des syndicats, *la garantie au prix coûtant par la mise en commun des risques*. Le syndicat a même autorisé son trésorier à être le représentant de la Mutuelle de Rouen et le courtier des Syndicats du Beaujolais est, lui aussi, le représentant de cette compagnie pour l'arrondissement de Villefranche-sur-Saône.

Qu'il nous soit permis d'ajouter que, pour l'assurance contre les accidents du travail, la police si avantageuse dans ses conditions générales concédée par la compagnie « La Providence » à tous les membres des Syndicats de l'Union du Sud-Est adhérents de la Coopérative est, en partie, l'œuvre du président du Syndicat de Belleville aidé du président du Syndicat du Haut-Beaujolais et, à ce propos, il est bon de rappeler qu'en ceci, comme en beaucoup d'autres créations utiles appliquées dans la région et souvent même dans tout le reste de la France agricole, le Syndicat de Belleville a été la petite graine d'où l'idée a germé. Fort souvent l'application de ses idées a été étendue pour le bien général, ne laissant même pas au syndicat le bénéfice apparent d'une création originale ; qu'importe, il n'en a pas moins joué un rôle qui le place au premier rang comme entraîneur et lui assure ainsi un titre moral bien supérieur.

C'est également ce qui vient de se produire pour l'assurance contre la mortalité du bétail, qui a été étudiée de la même manière, d'accord avec le Syndicat du Haut-Beaujolais, longuement, scrupuleusement, en vue d'une application générale. Le jury trouvera aux pièces annexes le règlement qui a été adopté, lequel présente plus d'une particularité, règlement qui met aux mains de nos syndicats un type excellent d'association mutuelle.

Nos populations du Beaujolais ont parfaitement compris tous les avantages de cette utile création ; dès la fin de 1898 un compte de prévoyance contre la mortalité du bétail était fondé dans la commune de Corcelles, un autre ne tardait pas à s'ouvrir, en 1899, dans la commune de St-Lager, et, en 1900, un troisième prenait naissance dans la commune de Saint-Etienne-des-Oullières ; enfin d'autres sont en formation, notamment à Dracé et à St-Jean-d'Ardières. Il est permis d'espérer que, bientôt, chaque commune du canton sera pourvue de son compte bétail, car le Syndicat de Belleville aura certainement à cœur de suivre en cela le magnifique exemple donné par son voisin, le Syndicat de Villefranche et Anse.

V. — *Prévoyance proprement dite.* — Jusqu'à présent les ressources, d'abord précaires et encore trop modestes du syndicat, n'ont pas permis d'aborder la prévoyance proprement dite, c'est-à-dire assurant un droit à ceux qui sont appelés à en bénéficier, mais les ressources s'étant augmentées, soit du montant d'un prix de 2.000 fr. obtenu au Concours Chambrun, soit du montant d'une rente viagère de 200 fr. obtenue au concours entre tous les vieux travailleurs, soit enfin des trop-perçus versés par la Coopérative du Sud-Est, et, surtout, la législation sur les sociétés de secours mutuels et de retraites ayant été modifiée, dans un sens de large liberté, par la loi d'avril 1898, il est question d'organiser, dans chacune des communes, des comptes ou sociétés en vue d'assurer des retraites aux vieux travailleurs âgés de 65 ans.

Bien mieux, améliorant les prescriptions mêmes de la loi afin de permettre à ceux qui ont été appelés tardivement à profiter de la mutualité, une clause transitoire permet à ceux qui sont âgés de plus de 50 ans, d'utiliser la nouvelle organisation, l'Association syndicale intervenant pour leur permettre de s'assurer une retraite qu'ils ne pourraient obtenir de la Caisse nationale des retraites.

Assurément, il faut utiliser les avantages apportés par le concours de l'Etat, mais lorsque ceux-ci sont insuffisants ou incomplets, il faut y suppléer par le libre jeu de l'association, aidée au besoin par de généreuses libéralités dues à des dispositions testamentaires qui trouveraient ainsi un emploi merveilleusement pratique et fécond !

En Beaujolais, il n'est plus permis d'en douter, cette espérance ne tardera pas à se réaliser et, dans quelques années, chacune de nos communes aura sa caisse syndicale de retraites pour les vieux travailleurs du sol.

VI. — *Assistance mutuelle par le syndicat.* — C'est certainement le titre le plus précieux du Syndicat agricole de Belleville, d'avoir le premier en France organisé l'assistance dans son sein par

la création de l' « Aide mutuelle ». Certes, l'on peut dire que l'idée
est née avec le syndicat; voyez le n° 5 du Bulletin : moins de six
mois après sa création, la note administrative rendant compte de la
séance du 22 mai, donne cette simple phrase qui contient toute
l'idée :

« Le président a terminé en proposant de nommer une commis-
« sion chargée d'étudier un projet d'assistance à donner au cultiva-
« teur indigent, malade, sous la forme de journées faites par les
« soins du syndicat, pour mettre son travail en état. Il a été expliqué
« qu'il ne s'agissait point là d'une aumône, mais de l'aide que se
« doivent des associés ».

C'est précis, c'est la doctrine toute entière, et après douze années
passées, l'aide mutuelle est encore pratiquée dans le syndicat, sur
ces bases, conformément au règlement adopté dès l'assemblée
générale d'octobre 1888, c'est-à-dire dès la première, dès que cela a
été possible. Joints à ce mémoire, l'on trouvera la petite brochure
rendant compte de cette assemblée générale et l'exposé des motifs
suivi du règlement, toutefois nous ajoutons à ce document une telle
importance que nous croyons utile de reproduire ici même cet
exposé des motifs, suivi des deux premiers articles du règlement :

AIDE MUTUELLE. — EXPOSÉ DES MOTIFS.

« C'est défendre la profession qu'employer nos ressources à aider
« le cultivateur momentanément dans le besoin. C'est de la vraie fra-
« ternité et de l'intérêt général que de permettre à notre association
« d'étendre ses services du côté de l'assistance mutuelle.
« Il est constant que la plupart des sociétés mutuelles et des
« bureaux de bienfaisance de nos villages sont dirigés par des
« ouvriers d'états, serruriers, charpentiers, tailleurs, etc., ou débi-
« tants, épiciers, cafetiers, marchands, etc., qui sont par leur
« état, disposés à négliger les intérêts des cultivateurs contraire-
« ment à l'intention de la généralité des donateurs qui, le plus sou-
« vent, propriétaires et enfants du pays, ont eu, par leurs libéralités,
« plus particulièrement en vue les cultivateurs, presque tous depuis
« nombre d'années leurs associés dans le rendement du sol local.
« Sans nier les services rendus par ces institutions, il peut paraître
« utile d'établir une assistance agricole professionnelle, pour contre-
« balancer certaines inégalités et offrir à l'avenir aux donateurs

« généreux de la grande famille agricole, un moyen certain de voir
« leurs libéralités employées suivant leurs intentions en secours aux
« agriculteurs.

« Nos ressources sont encore trop modestes pour qu'il puisse y
« avoir lieu d'établir une véritable caisse de secours mutuels, ce qui
« serait parfaitement notre droit, cela pourra venir, cela viendra;
« mais, pour le moment, bornons-nous à distribuer aux cultivateurs
« malades des secours temporaires pris sur la caisse générale.

« La loi de 1884 a, dans sa prévoyance, permis aux syndicats ce
« genre provisoire d'assistance mutuelle; à nous d'en user pour
« aider cette infortune subite et terrible, le chef de famille malade,
« la culture négligée, la récolte compromise, souvent perdue, faute
« de quelques journées faites à temps. Les autres sociétés d'assis-
« tance donnent les visites du médecin, les remèdes, donnons, nous,
« à notre associé indigent et malade, quelques journées de travail;
« souvent une petite somme employée ainsi à temps sauvera la
« récolte et par suite toute une famille de la misère.

« Plus tard, si nos ressources augmentent, nous pourrons ajouter
« l'aide aux vieillards et ce nous sera une consolation à tous de
« penser que si notre terre du Beaujolais n'enrichit pas en ce moment
« celui qui la cultive, la vieillesse du cultivateur y est, du moins, à
« l'abri du besoin, grâce à notre fraternelle association ».

« En conséquence, je propose à l'Assemblée générale, au nom de
« la Commission spéciale, de voter le règlement suivant, dit « d'Aide
« Mutuelle.

RÈGLEMENT

ARTICLE PREMIER. — L'aide mutuelle n'est ni une aumône, ni un droit,
mais un secours temporaire et facultatif donné à un associé dans le besoin,
par ses coassociés.

ART. 2. — L'aide sera fourni uniquement sous la forme de journées de
travail destinées à remettre en état suffisant les cultures du syndiqué
auquel on l'accorde.

(Voir la suite du règlement, pages 13 et 14 du compte rendu de l'Assemblée générale de 1888)..

Ce règlement fut adopté et appliqué de suite et sur un solde en
caisse de 1.031 fr. lors de la clôture du premier exercice, l'Assemblée
générale n'hésite pas à consacrer 500 fr. à la création des pépinières
de porte-greffes et 500 fr. à l'Aide Mutuelle, mettant ainsi sur le pied
d'égalité l'œuvre matérielle et l'œuvre sociale.

Il faut remarquer encore combien, dès l'exposé des motifs, est envisagée la possibilité d'une véritable caisse distincte, ce qui a été du reste, réalisé le 14 octobre 1894 (Voir compte rendu assemblée générale, pages 233, 234 et 235), ainsi que l'assistance des vieillards et des orphelins, aussitôt que les ressources le permettraient, espérance réalisée également le 14 octobre 1894. (Voir à ce sujet le règlement d'Aide mutuelle complété, page 235, bulletin 1894).

L'article 5 du règlement est à citer : « Autant que possible les « vieillards et les orphelins seront conservés dans leurs villages et « l'assistance leur sera donnée au moyen de pensions à verser à ceux « qui consentiront à les garder ou à les recevoir ».

Il peut paraître intéressant aussi de signaler que des secours sont accordés aux mères de famille en couches, ayant six enfants vivants. Le cas ne se présente malheureusement que trop rarement.

Dès l'année 1894, la caisse spéciale était constituée par une dotation de 5,000 fr., prise sur les fonds du syndicat, puis par une rente de 450 fr. versés par les héritiers d'un membre décédé qui leur avait exprimé le désir qu'ils fassent semblable libéralité annuellement, pour honorer sa mémoire, ce qui s'est exécuté déjà six fois et se continuera, nous n'en doutons pas.

Depuis, cette première dotation a été portée à 10,000 fr., puis à 15,000 fr.

Le syndicat a autorisé la commission d'aide mutuelle à distribuer jusqu'à 1.500 fr. de secours dans l'année, et il décidait que chaque année un budget spécial de recettes et dépenses serait présenté à l'Assemblée générale. Enfin, ces mesures étaient complétées par l'adjonction de ce service à la commission dite du « Tribunal arbitral », afin de concentrer l'action morale et sociale entre les mains d'une même commission.

On trouvera aux comptes rendus annuels de chaque assemblée générale, comptes rendus publiés dans le Bulletin, les détails du fonctionnement de la caisse d'aide mutuelle. On y verra l'importance et la régularité de ce service qui permet de secourir de braves travailleurs momentanément dans l'embarras. Chaque année 25 à 30 allocations sont ainsi accordées, quelquefois plus, et cela indépendamment du service des rentes.

Car si le syndicat avant 1894 avait parfois accordé des secours, soit pour l'entretien d'un vieillard, soit pour le maintien dans sa famille d'un enfant orphelin (qui ne connait l'émouvant épisode qui a donné lieu à la création de ce service dans le Syndicat de Belleville (Musée social, fête du 28 novembre 1897), ce n'était là qu'une aide temporaire, et il appartenait à un grand philanthrope, M. le comte de Chambrun, de donner naissance par sa générosité à un mouvement autrement étendu.

Le Syndicat de Belleville ayant obtenu le 1er prix entre tous les syndicats de France, a tenu à réaliser la pensée du comte de Chambrun en appliquant le montant de ce prix à la création de rentes pour les vieillards ; aussi, lorsqu'en 1898, l'un de ses vétérans obtint une rente viagère de 200 fr. au concours entre tous les vieux travailleurs le syndicat n'hésita pas à consacrer une somme de 6,679 fr. 60, versée à la Compagnie l'Union, pour rendre cette rente perpétuelle. Il fut, en outre, décidé que le titulaire de cette rente porterait à perpétuité le titre de Vétéran du comte de Chambrun.

Le courant était donné, les syndicats du Beaujolais imitaient le Syndicat de Belleville et rendaient perpétuelles les rentes accordées à leurs vieux travailleurs ; nombreux furent aussi les syndicats d'autres régions qui voulurent suivre l'exemple donné par Belleville, exemple que le Musée Social leur avait présenté dans une circulaire pleine d'à propos.

Mais, comme au concours des vieux travailleurs deux des candidats présentés par le syndicat avaient obtenu des médailles, on résolut de leur attribuer à chacun une rente viagère de cent francs. Cette fois encore l'exemple de Belleville devait porter et les autres syndicats du Beaujolais créaient à l'envi des rentes pour les vétérans du travail ; c'est ainsi qu'à Villefranche, à la belle fête du 23 novembre 1898, le représentant du comte de Chambrun avait la joie de remettre non seulement les quatre rentes du concours, mais encore 12 rentes supplémentaires représentant un capital de plus de 30.000 fr. (Bulletin no 127, p. 234 et 235).

Ce fut là un premier résultat dont le comte de Chambrun fut infiniment heureux et lorsque, deux mois après, nous apprenions sa mort, cela nous a été une consolation de penser que nous avions pu lui donner, au déclin de sa vie, cette immense joie de savoir qu'il avait été compris et que sa bonne action portait déjà des fruits excellents.

VI. — *Placement des ouvriers agricoles.* — Dès le mois de décembre 1888 (voir le no 11 du Bulletin page 4), « la Tribune du Travail », c'est-à-dire l'insertion gratuite au Bulletin des demandes d'emploi, était organisée et le nombre de fermiers, vignerons, métayers et domestiques de ferme ainsi placés est considérable. Cela surtout par suite de la publicité ainsi faite, d'abord dans tous les bulletins du Beaujolais à 8.000 exemplaires et reprise toujours gratuitement dans les 26.000 exemplaires du Bulletin de l'Union du Sud-Est. Le syndicat n'a pas cru devoir organiser de véritables bureaux de placement, les usages du pays ne permettant rien de semblable, mais l'employé du syndicat inscrit toutes demandes et fournit tous renseignements relatifs aux placements des syndiqués.

VIII. — *Conciliation des différends. — Arbitrage. — Consultations juridiques.* — A côté de l'aide mutuelle le « Tribunal Arbitral » est un titre précieux pour le Syndicat de Belleville. C'est encore au début même de l'association qu'il faut se reporter. (Bulletin du 1er septembre 1888). Le président lisait au bureau le projet de tribunal arbitral « qui « viendra, disait-il, compléter l'organisation des services du syndicat ».

Puis, c'est à l'assemblée générale du 14 octobre 1888, la première, nous ne saurions trop le répéter, que le règlement fut adopté ; il se trouve aux pages 15 et 16 du compte rendu publié dans la petite brochure annexée à ce mémoire, ainsi que l exposé des motifs que nous demandons la permission de reproduire *in extenso* comme nous l'avons fait pour celui d'aide mutuelle.

TRIBUNAL ARBITRAL. — EXPOSÉ DES MOTIFS.

« Je n'hésite pas à dire qu'un syndicat agricole est une association « fraternelle dont le but est de rapprocher tous ceux qui vivent de la « terre ; il est résulté de cette pensée qu'éviter ou, du moins, dimi- « nuer les occasions de divisions entre les cultivateurs, ce serait « aider puissamment au résultat cherché : une vraie fraternité. Sou- « vent entre voisins, entre propriétaires et fermiers, entre maîtres et « journaliers, dans les règlements entre propriétaires et vignerons, « des difficultés surgissent qui font aller les uns et les autres devant « le juge de paix, quand ce n'est pas devant le tribunal.

« Loin de moi la pensée de médire de la justice, mais nul ne me « contredira si je dis qu'elle est lente et coûteuse. Ne vous paraît-il « pas aussi que, dans les questions purement agricoles, les usa- « ges locaux ont une importance prédominante qu'un juge de paix, « arrivé la veille de Lille ou de Bayonne, ne saurait ni connaître, ni « apprécier ? Faut-il rappeler qu'au tribunal il en est forcément « de même, car les usages locaux qui changent souvent avec les « cantons ne peuvent être étudiés à l'Ecole de Droit et, pourtant,

« dans un différend agricole, il est plus naturel d'en appeler à l'équité
« qu'à la loi.

« J'ai dit que la justice était lente et coûteuse, or, de ces deux
« inconvénients, il résulte souvent des brouilles et même des haines,
« qu'on eût évitées par un arbitrage et, du reste, dans la pratique, les
« plus sages le font quelquefois, mais trop rarement, et c'est pour
« faciliter ces arrangements que nous avons étudié un projet de
« tribunal arbitral qui fournit à chacun de nous des arbitres tout
« désignés, ayant pour mission de donner rapidement leur jugement
« et de le donner gratuitement, ce qui ne gâte rien, car le plaideur
« battu qui, comme consolation, doit passer chez l'avocat et l'avoué
« pour payer les honoraires, sans oublier les copies de l'huissier,
« sera certes plus aigri que celui qui, jugé par ses pairs, n'aura
« pas à ajouter à la perte de son procès la perte de sa bourse.

Il est à remarquer que l'initiative prise par le Syndicat de Belleville
a été portée de suite à la connaissance des autres syndicats du Beaujolais, qui n'ont pas tardé à suivre son exemple.

Les services rendus par le tribunal arbitral sont considérables; il
suffit de rappeler qu'au cours d'un seul exercice, 171 consultations
ont été données, ce qui ne veut pas dire décisions, car, le plus souvent, les parties s'en rapportent à l'avis du président, sans qu'il soit
besoin de réunir le tribunal arbitral. (Voir Bulletin de décembre 1896).
Le but n'en est pas moins atteint et le nombre de procès et de divisions ainsi évités n'en est que plus considérable. C'est donc un réel
service rendu par l'association libre, et il serait à désirer que l'usage
de ces commissions d'arbitrage se répandît dans tous nos syndicats.

Pour achever de répondre à ce numéro du questionnaire, il reste à
dire que le syndicat n'a pas créé de commission spéciale de contentieux, les membres du tribunal arbitral, dont deux, au moins, sont
des légistes, lui en ayant tenu lieu toutes les fois que le besoin s'est
fait sentir d'avoir une consultation juridique intéressant l'association
et, en cas d'hésitation, le tribunal n'a qu'à s'adresser au Comité de
contentieux de l'Union du Sud-Est.

De secrétariat du peuple nous n'avons senti nul besoin dans une
association mixte comme la nôtre, qui loin d'opposer les intérêts,
s'efforce de les concilier, mais nous avons eu plusieurs fois à nous
défendre contre les exigences de certains employés d'administration.
En dehors du fait signalé à propos de la création de la caisse de cré-
dit, il est à propos de rappeler que le |Syndicat de Belleville a été le

premier du Rhône frappé de la patente et ce n'est qu'après une résistance de deux années qu'il a réussi à obtenir justice du conseil de préfecture par un jugement qui fait jurisprudence en la matière.

Le procès soutenu à l'occasion des ventes frauduleuses de boutures de vignes américaines est un exemple à citer pour montrer l'action du syndicat dans la défense des intérêts généraux lésés par des particuliers.

Il faut aussi rappeler les réclamations présentées à la Cie P.-L.-M. et souvent couronnées de succès, tant pour l'obtention de tarifs de faveur que pour le redressement des tarifs. La lecture des Bulletins en fournirait de nombreux exemples.

Enfin, la compétence du syndicat s'est si complètement affirmée que le président du tribunal civil de Villefranche lui a fait parfois l'honneur de lui demander son avis sur des questions strictement professionnelles, notamment en ce qui concerne l'emploi de fonds dotaux pour la reconstitution d'un vignoble.

IX. — *Réunions périodiques et banquets. — Cercles-bibliothèques. — Buvettes syndicales.* — — En dehors des réunions et conférences non périodiques, et des réunions mensuelles du conseil d'administration, une assemblée générale annuelle réunit, en octobre, tous les membres du syndicat et, dès la première année, l'institution d'un repas en commun a été décidée ; le premier banquet a eu lieu, en effet, le 14 octobre 1888, à St-Lager.

Par un usage qui semble très à conseiller, dans les syndicats cantonaux tout au moins, l'assemblée générale et le banquet qui suit sont tenus chaque année dans une commune différente. Si cet usage donne plus d'embarras aux organisateurs, surtout lorsque les assistances se font considérables, nul doute, par contre, qu'il n'en résulte une utile propagande pour l'œuvre syndicale.

C'est généralement à la mairie, en présence du maire, toujours invité, que les assemblées se tiennent et bien des préventions injustifiées sont tombées dans notre canton, par le fait de mieux connaître ainsi le syndicat et sa direction ; on en pourrait citer plus d'un cas, notamment celui d'un maire qui, entendant le compte rendu de « l'aide mutuelle », déclarait au président en lui serrant les mains : « Puisque c'est cela le syndicat, je regrette de lui avoir été hostile et « je vous prie de m'inscrire comme membre souscripteur ».

Ces banquets sont une excellente occasion de se mieux connaître et de rapprocher, le verre en main, maîtres et vignerons ; aussi le syndical n'a rien négligé pour en faire une véritable fête. C'est ainsi que la salle du banquet, dressée sur la grande place du village, est ornée de drapeaux, de trophées agricoles et de devises. Le bourg lui-même est décoré par la population, heureuse de voir le syndicat et une telle affluence de visiteurs, car progressivement le nombre des couverts s'est élevé jusqu'à 700. Le soir il y a réjouissance générale et l'on peut dire que nos assemblées générales sont de véritables fêtes de famille.

Quelle en est l'heureuse influence, il est facile de le deviner ; non seulement l'association en devient plus sympathique, mais les rapports entre les cultivateurs de tout rang en sont grandement facilités, souvent même de vieilles querelles s'y sont vidées en trinquant, le président, lorsqu'il le peut, ayant soin de faire placer les voisins brouillés pas trop loin l'un de l'autre. L'atmosphère est si saturée de concorde qu'il leur faut bien se mettre à l'unisson, les camarades y aidant ; les exemples en sont nombreux.

Puis ce sont des toasts et des chansons, de la saine et forte gaieté ; le premier toast, on peut les lire aux comptes rendus, étant immuablement un toast à la patrie.

Après quoi l'occasion est saisie de donner quelques bons avis, qui sont d'autant mieux écoutés que le moment est bien choisi pour les faire entendre.

Les banquets du Syndicat de Belleville sont une véritable institution sociale.

Pour donner un aperçu de la physionomie si curieuse de ces fêtes annuelles, nous ne saurions mieux faire que de donner le compte-rendu de la dixième assemblée générale, tenue justement à St-Lager où le syndicat n'était plus revenu depuis sa fondation ; ce tableau pris sur le vif vaut toutes les descriptions.

Assemblée Générale du 10 Octobre 1897.

La dixième assemblée générale du Syndicat a été tenue à Saint-Lager-Brouilly, le dimanche 10 octobre, ainsi que cela avait été décidé l'an dernier.

Le Conseil d'administration ayant jugé qu'il convenait de donner à cette fête du dixième anniversaire de la fondation de notre association toute la solennité possible, le Bureau s'était chargé d'organiser, à la suite du banquet annuel, un concert privé et un feu d'artifice public. En conséquence, le gracieux concours des *Enfants de Brouilly*, chorale de Saint-Lager, et de la fanfare d'Odenas, avait été sollicité et obtenu. — A ces sociétés s'étaient joints plusieurs artistes amateurs, ainsi que MM. Benoist-Mary et Fayard, les maîtres comiques, engagés pour la circonstance. — Pour conronner le tout, M. Oudot-Arban, artificier de la ville de Lyon, s'était chargé de tirer le feu d'artifice ; rien ne devait donc manquer au programme et rien n'a manqué.

Le soleil lui-même, comprenant qu'il ne pouvait bouder une réunion de ses fidèles agriculteurs, s'est montré un adhérent ponctuel, réchauffant l'atmosphère, si glaciale la veille encore, et dispersant les nuages qui restaient menaçants le matin même. — Le temps du Syndical, disait-on, un beau temps assurément, lequel a grandement contribué au succès considérable de cette belle fête agricole, que les détonations retentissantes des *boîtes* avaient annoncée aux populations des villages voisins.

Dès 9 heures, les syndiqués se pressaient en foule sur les routes conduisant au bourg, à l'entrée duquel des mâts garnis d'oriflammes donnaient un air particulièrement joyeux ; mais après l'arrivée des voyageurs venus par le train, l'affluence devient considérable, et le président, désireux de commencer exactement l'exécution d'un programme aussi chargé que celui de la journée, se hâte d'ouvrir la séance à 10 h. 1/2, dans la salle de la Mairie de Saint-Lager.

Entouré des membres du bureau, en présence des membres fondateurs et souscripteurs, ainsi que des invités, parmi lesquels MM. A. Guinand, L. Riboud, Chatillon, Demours, Frèrejean, Charrat, Garraud, Silvestre, etc., des syndicats voisins, et de M. le professeur départemental Deville, M. le président, après avoir fait placer à sa droite M. Dupont, maire de Saint-Lager, déclare la séance ouverte.

Il adresse tout d'abord de sincères remerciements à la Municipalité pour sa bonne hospitalité ; enfant lui-même de la commune, il n'en doutait pas, mais il est heureux de voir le Syndicat si bien accueilli dans cette mairie où il a pris naissance, il y a dix ans, par le dépôt de ses statuts.

Après l'Assemblée Générale, la lecture des rapports, le vote des vœux l'approbation des comptes toutes choses qu'il est inutile de donner ici, on passe à la salle du banquet.

La table, admirablement décorée, est installée sous une immense tente dressée dans la cour de l'ancien château de la famille de Cuzieux, elle reçoit rapidement 716 convives qui tous y peuvent trouver place, grâce à l'excellente organisation qui a présidé à l'installation pourtant si difficile de ce banquet monstre.

Au dessert, des toasts nombreux sont prononcés ; nous regrettons que le défaut de notes ne nous permette pas d'en donner au moins une analyse, mais nous sommes plus heureux pour le toast du président, qui a été sténographié et publié dans un journal de Lyon :

« Messieurs,

« Au lendemain des fêtes de Saint-Pétersbourg et de la proclamation de l'alliance des deux peuples, vous ne comprendriez pas que je puisse séparer la Russie de la France.

« C'est donc le cœur battant fort d'une patriotique émotion que, songeant au passé, envisageant l'avenir, je vous convie à pousser ce double cri d'espérance : «Vive la France et la Russie ! » (*Vivats prolongés*).

« Messieurs,

« Dix années de passées depuis qu'à Saint-Lager nous fêtions, dans un banquet, la fondation du syndicat. Alors à peine étions-nous une soixantaine, aujourd'hui vous êtes venus plus de sept cents, comme pour affirmer notre étonnant succès.

« Dix ans, c'est beaucoup dans la vie d'un homme, c'est peu dans la vie d'une association ; l'avenir est à nous, avenir social que je voudrais en quelques mots évoquer devant vous.

« Voyons d'abord les résultats matériels :

« Par notre groupement qui unit près de deux mille quatre cents cultivateurs, nous avons constitué une force considérable, dont il est possible de tirer désormais un utile parti, aussi bien pour la conquête de nos droits professionnels que pour la défense de nos intérêts économiques ; que ce soit pour obtenir la représentation de l'agriculture ou pour conserver une juste protection par des droits de douane compensateurs.

« Nous avons pu lutter avec succès contre le plus épouvantable fléau, le phylloxéra, et le vaincre par la greffe, puis ce fut le tour du mildiou ; mais voici que le black-rot se fait de plus en plus menaçant pour nos vignes à peine reconstituées.

« Le syndicat qui vous a conduit déjà deux fois à la victoire est prêt à marcher de nouveau au combat, mais il faut, entendez-moi bien, vous pénétrer de l'absolue nécessité de faire les sulfatages avec le plus grand soin, et le premier dès que les bourgeons sont à peine ouverts, alors que les brots n'ont encore que huit ou dix centimètres.

« Oui, entendez-moi bien, oui il faudra sulfater soigneusement, lentement, intégralement, inondant grappes et feuilles de la solution cuprique, ou vous ne vendangerez pas : telle est la sentence que les membres de la commission de la Société de viticulture de Lyon rapportent de leur visite au pays du black-rot, le Gers.

« Croyez que c'est à dessein que je saisis l'occasion de ce banquet pour vous faire entendre cet avis que je voudrais graver dans vos esprits, car il y va de l'existence même de notre vignoble Beaujolais (*Vive sensation*).

« Ne laissez pas le mal noir se développer chez nous ; dès le prochain printemps, mettez-vous courageusement à l'œuvre, réformez totalement votre manière de sulfater, manière suffisante contre le mildiou, insuffisante contre ce redoutable adversaire ; ayez bon espoir, de même que nos pères se sont débarrassés de l'oïdium et de la pyrale, puis nous-mêmes du phylloxéra et du mildiou, avec l'aide de Dieu, nous vaincrons encore le black-rot. (*Applaudissements*).

« Notre syndicat, messieurs, est des plus prospères, nos ressources augmentent et après l'établissement de tous les services que vous savez : entrepôts, aide mutuelle, tribunal arbitral, bibliothèque, caisse de crédit et d'épargne, assurance accidents, etc., voici que l'assemblée générale vient de prendre plusieurs décisions importantes.

« La première a pour but l'organisation de groupements communaux en vue de garantir les syndiqués entre eux contre la mortalité de leurs bestiaux : il appartiendra assurément à chaque groupe de se constituer, mais le syndicat facilitera les débuts pour l'ouverture de comptes spéciaux, en vue desquels l'Union beaujolaise et la Coopérative agricole ont déjà préparé des ressources de garanties.

« C'est ensuite la mise à l'étude des moyens pratiques d'obtenir que l'enseignement agricole soit donné aux enfants fréquentant les écoles des communes rurales ; ils apprendront ainsi à aimer et à suivre la profession de leurs parents.

« Enfin, c'est la seconde dotation de cinq mille francs à la caisse d'Aide Mutuelle, dont le capital distinct est ainsi porté à dix mille francs ; ceci en vue d'augmenter le plus possible les secours à nos associés malades, ou de permettre l'assistance aux vieillards et aux orphelins. (*Applaudissements*).

« C'est peu de chose, dira-t-on, tant les besoins sont grands. Eh bien, je pense, moi, que c'est beaucoup, car le plus difficile, c'est le commencement ; qui sait même si l'idée ne viendra pas à quelques personnes généreuses de grossir notre avoir par des dons et legs, maintenant que l'on sait notre droit à recevoir, notre aptitude à administrer ? (*Applaudissements*).

« Messieurs, il me reste à porter les toasts d'usage. Le premier sera pour M. Dupont, le maire si sympathique de Saint-Lager, que je ne sépare point de ses administrés.

« La commune qui a vu naître notre syndicat mérite une mention spéciale, je vous demande en son honneur une triple salve d'applaudissements. (*Applaudissements*).

« Je suis heureux de saluer ensuite M. Deville, le dévoué professeur d'agriculture du département, il m'excusera d'avoir empiété sur ses prérogatives en parlant dans un banquet de la lutte contre le black-rot, mais il faut savoir mêler l'utile à l'agréable ; à ce titre, nous le remercions d'avoir accepté de prendre part à notre fête.

. . . .

« Permettez-moi de terminer la liste déjà longue des toasts par les noms de MM. Guinand et Riboud, tous deux vice-présidents de l'Union du Sud-Est, je vous demande pour eux de nouveaux applaudissements, car avec notre collègue, M. de Fontgalland, retenu aujourd'hui loin de nous, et votre président, ils forment ce que l'on a appelé parfois l'attelage à quatre.(*Bravos prolongés*).

« Attelage à quatre, non de chevaux de parade, mais de bons bœufs de labour, qui tirent d'un effort lent mais puissant la lourde charrue de l'esprit d'association, laquelle fouille et retourne le sol laissé en friche par l'individualisme, pour ramener à la surface la bonne terre où déjà de toute part l'on sème le froment.

« Prenez garde toutefois que des hommes méchants, les socialistes, ne viennent à jeter dans le champ l'ivraie de leurs fausses doctrines, éloignez ces mauvais cultivateurs et bientôt se lèvera abondante et drue la moisson.

« Messieurs, je bois à la paix sociale ! » (*Salves d'applaudissements.*)

La Chorale des Enfants de Brouilly, après les toasts, entonne le chant du Syndicat dont les 700 convives reprennent le refrain ; c'est d'un effet grandiose, que n'oublieront pas ceux qui l'ont entendu.

Après le banquet, la salle est promptement débarrassée et, à 4 heures, commence un concert dont nous voudrions pouvoir donner un compte-rendu détaillé, le manque de place ne nous le permet pas à notre grand regret. — Les artistes se sont surpassés et les 1500 personnes qui s'étaient entassées pour les applaudir, alors qu'un nombre presque égal n'avait pu trouver place, ont maintes fois témoigné leur satisfaction par leurs bravos enthousiastes. Ne pouvant citer tous les artistes, nous n'en citerons aucun : bornons-nous à dire que le programme fort bien composé a été remarquablement exécuté.

A 6 h. 1/2 le concert prenait fin et la foule des invités, accrue de la population tout entière des villages voisins, avertie par des affiches que l'accès de cette partie de la fête était publique, se transportait sur les talus des anciens fossés du château, pour jouir du merveilleux spectacle du feu d'artifice que M. Oudot-Arban, artificier de la ville de Lyon, devait tirer à 7 h. dans une vaste prairie, fort bien disposée pour un semblable spectacle.

A 7 h., une première détonation annonce l'ouverture du feu, qui se compose de 5 grandes pièces couronnées par un splendide bouquet. Des intermèdes variés, flammes, fusées, parachutes et autres nouveautés entretiennent l'enchantement des spectateurs qui applaudissent frénétiquement l'apparition lumineuse de la devise du syndicat : « Le sol c'est la patrie », pendant que la fanfare d'Odenas a exécuté la *Marseillaise* immédiatement suivie de *l'Hymne Russe*.

C'est véritablement éblouie que la foule de plus de 3000 spectateurs se retire après la dernière fusée, chacun exprimant ce sentiment que jamais encore l'on avait vu fête pareille à Saint-Lager.

Grâce à l'obligeance de M. le maire qui en a donné la permission, la fête se continue fort avant dans la soirée et, c'est en se disant au revoir, à l'an prochain, que chacun regagne sa demeure ; mais une fête pareille ne saurait se renouveler avant nos vingt-cinq ans, souhaitons de nous y trouver, sinon tous, au moins aussi nombreux que Dieu le permettra.

X. — *Bibliothèque.* — Nous avons bien aussi une bibliothèque, et c'est encore au compte rendu de l'Assemblée du 14 octobre 1888 qu'il faut se reporter pour en trouver le premier germe sous la rubrique « projets » (page 21), compte rendu qu'il serait désirable de pouvoir publier en entier pour donner une idée exacte de ce qu'a été le Syndicat agricole de Belleville dès sa création: un tout.

La bibliothèque comprenait, au 31 décembre 1896, 241 volumes (Voir la nomenclature publiée aux Bulletins de janvier et février 1897). Depuis elle s'est accrue d'une centaine de volumes.

Divisés en partie agricole, 93 volumes comprenant l'agriculture, la médecine et l'art vétérinaire, la viticulture, la chimie agricole, le génie et l'économie rurale, la vinification, la botanique, l'horticulture, et en partie récréative, 148, dont un grand nombre, plus de la moitié sont d'ordre social, économique ou instructif, la part purement récréative n'étant guère que d'une cinquantaine de volumes.

Une salle est à l'usage des membres pour la lecture, sur place, de nombreuses brochures, revues, telles que l'agriculture nouvelle, les unions de la paix sociale, etc., qui y sont tenus à la disposition des lecteurs qui les peuvent consulter sur place. Les volumes peuvent être emportés gratuitement pour 15 jours et l'usage, en hiver, se répand de plus en plus d'utiliser la bibliothèque ; il n'est pas besoin de dire tout le bien que l'on est en droit d'en attendre.

XI. — *Représentation de l'Agriculture*. — Il suffit de suivre les comptes rendus des neuf assemblées générales pour voir que le syndicat a compris toute l'importance de son rôle en cette matière.

En 1888, c'est un vœu au sujet d'un projet de traité de commerce avec l'Italie, qui semble écrit d'hier, car, après avoir empêché, dans la mesure de ses moyens, la conclusion d'un traité à cette époque, il n'est que trop vrai que la convention commerciale signée, il y a deux ans, avec nos voisins des Alpes, pèse lourdement sur l'agriculture et principalement sur notre production vinicole.

Puis c'est un vœu contre l'impôt sur les assurances, un autre contre le droit sur les sulfates de cuivre, etc.

En 1889, c'est le vœu motivé sur la représentation de l'agriculture, qui sera repris ensuite toutes les années; et ainsi tous les ans des vœux importants sont émis dont beaucoup seront ensuite adoptés par les autres syndicats du Beaujolais et du Sud-Est, l'assemblée générale du Syndicat de Belleville ayant toujours lieu l'une des premières.

Souvent des pétitions ont été signées, notamment en 1889 (Voir l'Assemblée générale), et une autre fois par plusieurs milliers de signatures pour obtenir de la Compagnie P.-L.-M. la prolongation jusqu'à la gare de Belleville d'un service de trains légers sur Lyon. Toujours le syndicat s'est considéré comme le défenseur né des intérêts qui lui sont confiés ; souvent il s'est adressé directement aux pouvoirs publics; il y a trois ans, à l'occasion des terribles orages de grêle qui ont ravagé le Beaujolais, il obtenait que la Chambre augmentât de deux millions les secours accordés aux populations victimes de ces orages, et surtout, il faisait inscrire le Beaujolais, qui ne l'était pas avant son intervention, dans la liste des contrées devant bénéficier de ces premiers secours.

Enfin le syndicat, fidèle à son rôle de défense professionnelle se tenant absolument en dehors de toute ingérence politique, n'a pas hésité à rédiger et à soumettre aux candidats aux fonctions publiques son programme agricole.

Voici, comme exemple, celui présenté à l'élection législative du 11 mars dernier.

Monsieur,

Les syndicats agricoles ayant pour objet *l'étude et la défense des intérêts économiques et agricoles* (art. 3 de la loi de 1884), nous avons l'honneur de vous présenter le programme suivant, en vous demandant de bien vouloir nous faire savoir si vous vous engagez à le défendre au cas où vous seriez élu député.

« 1° Respect de la loi du 21 mars 1884 sur les syndicats professionnels, dans son esprit et dans toutes ses applications.

« 2° Représentation de l'Agriculture exclusivement professionnelle, sur des bases identiques à la représentation du Commerce et de l'Industrie.

« 3° Maintien du tarif douanier, et consultation des associations agricoles avant la signature de toutes conventions commerciales.

« 4° Défense de la viticulture contre la fraude, par l'application désormais plus énergique des lois existantes, sans transactions de régie ni remise d'amendes.

« 5° Faciliter le développement de la mutualité dans les campagnes, par le vote du projet de loi déposé par le député, ancien ministre de l'Agriculture, M. Viger.

« 6° Défense des contribuables ruraux :

« *A*. En poursuivant la suppression complète du principal de l'impôt foncier;

« *B*. En s'opposant à tout impôt basé sur la progression ou la dégression, dont la terre supporterait la plus grosse part;

« *C*. En arrêtant sans tarder les augmentations de dépenses budgétaires et en réclamant des économies devenues nécessaires.

. . . .

XII. — *Autres services ne se rattachant pas aux points énumérés ci-dessus.* — Le questionnaire suivi était si complet que nous ne voyons rien à signaler en dehors des questions posées, et ce n'est pas une mince satisfaction que, si complet qu'il soit, il n'y a pas un seul article sur lequel le Syndicat de Belleville n'ait pu fournir peu ou prou de détails propres à mettre en valeur l'ensemble de ses services; aussi attend-il avec confiance la décision du jury qu'il accceptera avec reconnaissance, quelle qu'elle soit, heureux, si elle venait à confirmer la décision du concours Chambrun et ce jugement de M. Deschanel qui, répondant à M. Jaurès, dans la séance de la Chambre des Députés du 10 juillet 1897, le qualifiait de *Syndicat modèle*; heureux, en tout cas, d'avoir contribué pour une large part à rendre possible la conclusion de ce beau discours qui, affiché dans toutes les communes de France, montre le syndicat agricole comme le seul et meilleur moyen de résoudre ce qu'il est possible de résoudre de la question sociale.

***

A la fin de ce long exposé qui résume la vie si active et si féconde du plus brillant syndicat de France, il semble difficile de rien ajouter.

Dans son syndicat, comme dans les deux Unions qu'il préside, M. Duport a déployé les merveilleuses ressources de sa grande intelligence et de son grand cœur; dans l'un comme dans les autres « à l'œuvre, on reconnaît l'ouvrier ».

Cité comme le syndicat modèle à la tribune du Parlement, le Syndicat de Belleville a le mérite plus grand d'être classé comme tel par ses pairs, par tous ceux qui, à l'exemple de M. Duport, consacrent leur temps, leur dévouement, leurs facultés, à cette grande œuvre sociale; ce syndicat est le modèle comme son président est le guide.

Heureux syndicat qui a un tel président, heureux président qui a un si beau syndicat!

Syndicat agricole et viticole du Bois-d'Oingt.

9 février 1888. — M. 2038

Président : M. LE MARQUIS DE CHAPONAY

Prix Chambrun : Médaille d'argent

Entrepôts. — Coopérative. — Bulletin. — Almanach. — Instruments. — Assurance-accidents. — Compte Bétail. — Crédit. — Enseignement. — Tribunal arbitral. — Aide mutuelle. — Caisse de secours. — Retraites.

Le Syndicat agricole du Bois-d'Oingt, comme les syndicats de l'Union Beaujolaise, est l'œuvre exclusive de l'initiative privée. Il ne doit sa naissance qu'à l'élan spontané de ses premiers membres, et son développement qu'à ses propres efforts et à l'appui bienveillant qu'il a trouvé auprès des syndicats voisins.

Il y aura bientôt douze ans, c'était au commencement de février 1888, dans une réunion tout intime, nous causions du mouvement syndical qui, en ce moment, remuait profondément notre région. Belleville, Beaujeu, Tarare, Saint-Genis-Laval avaient déjà leurs syndicats agricoles, Villefranche allait bientôt avoir le sien. Nous fûmes tous d'avis que, puisque les syndicats se multipliaient autour de nous, il fallait suivre le mouvement et organiser aussi un syndicat agricole au Bois d'Oingt.

Dès le lendemain et les jours suivants, des démarches furent faites auprès de nos amis, et le 7 février, soixante-dix propriétaires agriculteurs se réunissaient au Bois-d'Oingt, sous la présidence de M. le marquis de Chaponay. En peu de mots M. le président expliqua le but de la réunion. Le projet de création d'un syndicat agricole fut adopté à l'unanimité et, séance tenante, on procéda au vote des statuts et à la nomination d'un Bureau définitif.

Le 9 février, les formalités exigées par la loi du 21 mars 1884 étaient remplies à la mairie du Bois-d'Oingt, le nouveau syndicat était constitué définitivement et légalement. Son enfantement avait duré moins de huit jours.

Dépourvu de capitaux et d'expérience, n'ayant encore ni entrepôt ni employé, le syndicat du Bois-d'Oingt ne pouvait pas arriver, dès sa première année, à un chiffre d'affaires bien important. Voulant néanmoins remplir son programme et rendre des services, il organisa des conférences sur la reconstitution des vignobles et sur la vinification, puis une excursion viticole aux vignobles reconstitués de l'Hérault. En même temps, il s'empressait d'entrer dans l'Union Beaujolaise et dans l'Union du Sud-Est des syndicats agricoles, c'est-à-dire dans deux groupes de syndicats qui venaient de s'organiser, l'un à Villefranche et l'autre à Lyon et qui devaient, dans la suite, lui devenir si utiles.

La première Assemblée générale annuelle du syndicat eut lieu le 4 novembre 1888. A cette date, son effectif était de 223 membres ; son chiffre d'affaires avait atteint seulement 8.000 francs et sa caisse était toujours vide ; mais, du moins, il avait payé tous ses frais et ne devait rien à personne.

Si, au point de vue pratique, les résultats étaient modestes, à d'autres points de vue ils étaient plus importants. D'abord conférences et excursions viticoles avaient lieu au moment psychologique. Jusqu'en 1888, les viticulteurs du canton du Bois-d'Oingt étaient très indécis. Les uns continuaient à planter des vignes françaises, les autres se lançaient dans les producteurs directs; quelques-uns même étaient complètement découragés et restaient inactifs ; un petit nombre seulement essayaient et souvent avec timidité la greffe sur racines résis" tantes. Après 1888, le changement est complet : les plantations de vignes françaises et de producteurs directs diminuent brusquement pour s'arrêter bientôt et, dans tout le canton, on se met avec ardeur à planter des vignes greffées.

Grâce à l'Union Beaujolaise, le syndicat du Bois d'Oingt avait pu, dès le mois de juin, servir à ses membres un Bulletin mensuel. Ce Bulletin était, en effet, un organe indispensable pour établir des rapports étroits et fréquents entre les syndiqués et le Bureau chargé du fonctionnement du syndicat. Mais la question de dépenses menaçait d'en ajourner longtemps encore la création. Une ingénieuse combinaison due au président de l'Union Beaujolaise et notre entente avec les autres syndicats de cette Union permirent d'arriver au but plus vite que nous ne l'espérions, en diminuant notablement les frais.

Ce n'était là que le premier des services qu'allait nous rendre l'Union Beaujolaise. Quant à l'Union du Sud-Est, elle allait nous permettre dorénavant de grouper nos achats avec ceux des autres syndicats qui la composent, c'est-à-dire d'acheter par quantités très abondantes et, par suite, d'obtenir des prix meilleurs.

L'Assemblée générale du 4 novembre 1888, apporta aussi aux statuts, encore bien nouveaux, du Syndicat du Bois-d'Oingt, une modification importante. Prévoyant le cas où les syndiqués resteraient en petit nombre, et voulant assurer au syndicat des ressources suffisantes, l'Assemblée constitutive du 7 février avait fixé la cotisation annuelle au chiffre assez élevé de 5 francs. Mais, dès le premier exercice, les adhésions nouvelles avaient été assez nombreuses puisque le chiffre des syndiqués avait passé de 70 à 223. Les membres du Bureau pensèrent que les adhésions se multiplieraient beaucoup plus si la cotisation était abaissée. Sur leur proposition, l'Assemblée générale fixa à 3 francs seulement la cotisation annuelle, et décida en même temps que les vignerons, domestiques ou ouvriers au service d'agriculteurs déjà syndiqués seraient admis avec une cotisation réduite à 1 franc. L'expérience allait pleinement justifier cette réduction que la caisse, à peu près vide, du syndicat, pouvait faire regarder comme assez téméraire.

Plus calme que sa devancière, l'année 1889 fut uniquement consacrée à l'organisation intérieure du syndicat; il ne faut pas oublier que c'était l'année du boulangisme et des élections générales des députés

et que, comme toute chose ici-bas, le syndicat avait ses ennemis.
Ceux-ci affirmaient bruyamment que son rôle était plus électoral
qu'agricole et que ses fondateurs avaient surtout des arrière-pensées
politiques. En raison de ces accusations, le Bureau suspendit toute
conférence et toute manifestation extérieure.

Il fallait d'abord assurer le recouvrement des cotisations et la réception des ordres d'achat. On ne pouvait encore songer au recouvrement par la poste qui aurait blessé beaucoup de gens, ni à attendre
des ordres spontanés qui, faute d'habitude, ne seraient pas venus.
Cette double difficulté fut résolue grâce aux syndics communaux.
Dans chaque commune, le syndic eut pour mission de percevoir les
cotisations, d'en remettre les quittances et de concentrer les commandes de ses syndiqués.

Il fallait ensuite organiser la livraison et la répartition des marchandises entre les syndiqués. Ne pouvant faire les frais d'un entrepôt central ni d'un employé permanent, le Bureau traita avec divers
camionneurs qui furent chargés à la fois du transport et de la livraison, moyennant une double rémunération comprise dans le prix
payé par les syndiqués. La distribution des principales marchandises
put ainsi se faire au Bois-d'Oingt, à Theizé et à Chessy, sans que le
syndicat risquât de se trouver en perte.

A la suite d'une décision de l'Union Beaujolaise approuvant la
publication d'un Almanach pour 1890, le Bureau du syndicat vota les
fonds et prit les mesures nécessaires pour que chaque syndiqué reçût
dorénavant et gratuitement son almanach avant le premier janvier.

Il eut également à s'occuper d'un projet de création de pépinière
syndicale, pour laquelle une offre gratuite de terrain lui était proposée. Le projet était assez assez séduisant, mais, n'ayant pas de capitaux, le syndicat était obligé d'emprunter toute la somme à laquelle
se monteraient les frais d'installation et de culture de pépinière
jusqu'à la quatrième année. C'était assumer une responsabilité bien
dangereuse, car, si assuré que soit le produit d'une pépinière, il
est toujours un peu aléatoire. Un échec complet pouvait amener la
disparition du syndicat; un échec partiel le laissait pour longtemps
sous le coup d'une charge fort lourde. Aussi, après plusieurs discussions, le Bureau finit par décider l'ajournement du projet.

Enfin la question dont la solution demanda le plus de temps (elle occupa l'attention du Bureau pendant l'année entière), fut la création d'un
marché aux vins à Villefranche. Dès 1888, le syndicat du Haut-Beaujolais
créait, à Pontanevaux, un marché aux vins qui parut donner des résul-

tats satisfaisants. Mais Pontanevaux était trop éloigné pour les viticulteurs du Bois d'Oingt, et il nous fut demandé d'établir un marché, semblable, dans un centre qui fut mieux à notre portée, c'est-à-dire à Villefranche. Cette proposition fut acceptée avec un certain enthousiasme par le Syndicat du Bois-d'Oingt, mais assez froidement par le syndicat de Villefranche qui en pressentait mieux les difficultés.

Néanmoins l'accord se fit entre les deux syndicats pour l'organisation en commun d'un marché aux vins, qui s'ouvrit à Villefranche le 22 octobre 1889.

Le 10 novembre 1889, le syndicat du Bois-d'Oingt tenait sa seconde Assemblée générale annuelle. Le chiffre d'affaires, quoique en augmentation sensible, restait encore très faible ; il atteignait à peine 14.000 fr. Mais le nombre des adhérents avait plus que doublé puisqu'il dépassait 500, et enfin la caisse n'était plus vide, car la balance des comptes donnait un excédent de recettes de plus de 400 francs.

L'année 1890 fut marquée par deux évènements, l'un heureux et l'autre regrettable ; l'admission des agriculteurs de la région de l'Arbresle dans le Syndicat du Bois-d'Oingt, et l'échec du marché aux vins de Villefranche.

Le Syndicat du Bois-d'Oingt comptait déjà beaucoup de membres dans les communes de Saint-Germain, Sarcey et Bully. L'exemple de ces communes, appartenant au canton de l'Arbresle, entraînait peu à peu les autres et, de toutes les parties de ce canton, arrivaient des adhésions nouvelles. Avant de les accepter, le Bureau du Syndicat pensa qu'il ne pouvait s'adjoindre indirectement et sans bruit tout un canton voisin. Il demanda donc que les agriculteurs de la région de l'Arbresle fussent consultés dans une grande réunion publique où ils décideraient, en toute franchise et en toute liberté, s'ils voulaient faire partie du syndicat du Bois-d'Oingt, ou s'ils préféraient fonder un syndicat spécial. Cette réunion eut lieu le 27 avril, à l'Arbresle ; le projet de fonder un syndicat spécial fut repoussé et l'affiliation au syndicat du Bois-d'Oingt acceptée à la presque unanimité.

Le marché aux vins de Villefranche eut un début assez brillant, mais les syndiqués se lassèrent trop vite d'apporter leurs échantillons. Ceux-ci devenant de plus en plus rares, on rendit d'abord le marché mensuel, d'hebdomadaire qu'il était, puis on le ferma provisoirement. Cette fermeture provisoire fut en somme un enterrement.

Cette institution répondait cependant à un besoin réel, car le Beaujolais est assez mal organisé pour la vente de ses produits. On y pratique encore ce système rudimentaire où, selon l'année et les circonstances, c'est l'acheteur qui court après le producteur, ou le producteur après l'acheteur. Avec ce système, on vend le plus souvent très lentement et très mal.

Pourquoi, cependant, le marché aux vins de Villefranche n'a-t-il pas réussi ? Pour deux causes, l'une accidentelle et l'autre générale. La cause accidentelle, c'est que la récolte de 1889, peu abondante, mais de qualité supérieure, s'est écoulée rapidement et à des prix élevés. Le marché aux vins a été ouvert l'année où on pouvait le mieux s'en passer. La cause générale, c'est qu'il n'était ni dans les mœurs, ni dans les habitudes des viticulteurs et des commerçants de la région. Aussi, malgré un enthousiasme apparent chez les premiers, les uns et les autres l'ont vu se créer et tomber avec indifférence.

Installé dans des conditions très économiques, le marché aux vins disparut, sans apporter de troubles budgétaires aux syndicats qui l'avaient fondé. Il n'y eut que la déception morale. Le Syndicat de Villefranche, qui n'y avait coopéré qu'à regret et pour faire plaisir au Syndicat du Bois-d'Oingt, ne garda pas rancune à celui-ci de l'avoir entraîné à un échec. Quant au syndicat du Bois-d'Oingt, il se promit, un peu tard peut-être, de mettre, à l'avenir, moins de précipitation et plus de réflexion dans ses entreprises.

A l'Assemblée générale du 9 novembre 1890, le nombre des adhérents avait plus que doublé, il dépassait 1.000. L'encaisse montait à près de 800 fr., le chiffre des affaires avait aussi progressé, mais plus modestement, il atteignait à peine 20.000 fr. Le syndicat venait également de louer un petit appartement et de s'assurer le concours d'un employé, pendant deux demi-journées par semaine. C'était le commencement d'une organisation définitive. On pouvait dire que le syndicat était désormais dans ses meubles.

Avec l'année 1890, se termine la période d'enfance du syndicat du Bois-d'Oingt. Il avait encore rendu bien peu de services et, cependant, le nombre de ses membres avait augmenté au-delà de toute espérance. Ce résultat était dû à l'enthousiasme qu'excitait alors l'idée syndicale elle-même. On entrait dans le syndicat bien plus par sympathie pour la cause qu'il représentait, qu'en raison des bénéfices pratiques qu'on pouvait en retirer.

Avec l'année 1891, cette situation se modifia. Les adhésions devinrent un peu plus rares et surtout moins désintéressées, mais en revanche, les services rendus par le syndicat furent beaucoup plus étendus et beaucoup plus importants.

Le syndicat du Bois-d'Oingt doit aussi une partie de son développement à un bien vilain personnage, le mildiou. Ce qui le prouve, c'est que, en 1888, en 1889 et en 1890, les fournitures de sulfate de cuivre ont figuré pour plus des trois quarts dans l'ensemble des opérations. Il faut reconnaître que, bien entendu sans le vouloir, le mildiou a été, pour certains syndicats viticoles, un auxiliaire tout à fait opportun. Faisant son apparition au moment où ceux-ci se fondaient, il leur a fourni l'occasion de rendre immédiatement aux viticulteurs des services aussi urgents que précieux. C'est contre le mildiou que plusieurs syndicats, et notamment celui du Bois-d'Oingt, ont porté leurs premières armes, c'est sur lui qu'ils ont gagné leurs premiers succès.

Abordons l'année 1891 par la fin, c'est-à-dire par l'Assemblée générale qui eut lieu le 15 novembre. Le chiffre d'affaires de l'exercice écoulé s'était élevé à 53.000 francs ; le nombre des syndiqués à 1.208; mais l'excédent des recettes était retombé au-dessous de 500 francs. Nous verrons, dans un instant, la raison de ce recul.

L'augmentation si importante du chiffre d'affaires obligeait le syndicat à louer des entrepôts et magasins, et à s'assurer, pour l'année suivante, le concours d'un employé pendant plusieurs jours par semaine. C'était la conséquence de la création, à Villefranche, d'un Office commun aux syndicats de l'Union Beaujolaise.

Cet Office avait été organisé pendant l'hiver et fonctionna dès le printemps de 1891. Il consistait en un employé permanent auquel on assurait un traitement de 2.000 fr. soit 500 francs par syndicat. Lorsque le projet en fut soumis au Bureau du syndicat du Bois-d'Oingt, celui-ci fut d'abord effrayé de la dépense et était tout disposé à le rejeter. On lui proposait en effet une dépense ferme de 500 francs par an, et, comme compensation, de simples espérances. Cependant le président de l'Union Beaujolaise ayant posé à cet égard la question de confiance, le Syndicat du Bois-d'Oingt ne voulut pas lui refuser ce témoignage de sympathie et de reconnaissance. Du reste, toutes les craintes s'évanouirent bientôt. Dès sa première année, l'Office de Villefranche fit largement ses frais, et il est devenu depuis à la fois une source de profits, et un organe essentiel des syndicats beaujolais.

L'année 1891 fut encore marquée par la transformation du Bulletin qui abandonna le format du journal pour prendre celui, plus commode et plus durable de la brochure ; par une conférence à l'Arbresle sur l'emploi des engrais chimiques, et enfin par le renouvellement des membres du Bureau. Ceux-ci avaient été nommés pour quatre ans le 7 février 1888, et leurs pouvoirs allaient bientôt expirer.

Par une nouvelle modification aux statuts, le nombre des membres du Conseil fut porté de 10 à 16, afin qu'il fût mieux en rapport avec le nombre des syndiqués. A la presque unanimité de 450 votants, tout l'ancien Conseil fut réélu avec six nouveaux titulaires.

Il reste maintenant à expliquer pourquoi le Syndicat, avec un chiffre d'affaires qui avait presque triplé, diminua sa réserve au lieu de l'accroître. Cette diminution fut la conséquence d'achats prévisionnels de sulfate de cuivre.

Au mois d'août 1890, les prix du sulfate de cuivre paraissaient avantageux et le syndicat du Bois-d'Oingt, avec les autres syndicats de l'Union Beaujolaise, acheta à cette date la plus grosse partie de son approvisionnement. Contre toute attente, il y eut une légère baisse au printemps, c'est à dire à l'époque des livraisons. En somme on s'était trompé, tout en croyant bien faire et, pour que les syndiqués n'eussent pas à pâtir de cette erreur, on livra le sulfate de cuivre au prix courant en laissant à la charge du syndicat les transports, les frais d'entrepôt et les déchets résultant du détail. Voilà comment les excédents des années précédentes furent entamés.

Cet incident eut du moins l'avantage de mettre en relief une grosse lacune de l'organisation de nos syndicats. Un syndicat agricole ne peut rendre de sérieux services qu'en ayant ses entrepôts toujours garnis et en faisant des achats prévisionnels ; mais tout achat prévisionnel comporte des risques commerciaux qu'un syndicat doit absolument éviter. Pour trancher la difficulté, il faut qu'un syndicat ait à sa disposition un organisme ayant une existence propre et dont le rôle consistera précisément à faire des achats prévisionnels et à endosser les risques qui en résultent. Cet organisme, on l'a cherché et trouvé dans la création d'une Société Coopérative.

Cette création occupa le Syndicat du Bois-d'Oingt et tous les syndicats de l'Union du Sud-Est pendant plus de dix-huit mois. On commença par l'examen d'un projet grandiose, trop grandiose même, dû à la conception et à l'initiative de M. Rostand, directeur de la Coopérative de la Charente-Inférieure. La Coopérative de la Charente-Inférieure était déjà en pleine prospérité et faisait annuellement plus de quatre millions d'affaires. Encouragé par ce succès, M. Rostand songea à organiser une Coopérative non plus départementale, non plus même régionale, mais embrassant le territoire français tout entier. C'est ce qu'il appela la « Coopérative de France ».

Le projet de la « Coopérative » fut longuement discuté et examiné, sous toutes ses faces, soit par les syndicats de l'Union du Sud-Est, soit par l'Union elle-même. Mais tout ce travail allait devenir caduc par la mort de M. Rostand, arrivée au commencement de 1892. Avec lui, la grande Coopérative de France avait vécu.

Laissés à eux-mêmes, les syndicats de l'Union du Sud-Est bornèrent leurs efforts à la création d'une Coopérative simplement régionale qui serait la Coopérative du Sud-Est. La rédaction des statuts, la fixation des modes de participation des syndicats, le recrutement des actionnaires, le choix du personnel demandèrent plusieurs mois, et ce fut seulement au mois de janvier 1893 que la Coopérative agricole du Sud-Est fut définitivemsnt fondée.

Le syndicat du Bois-d'Oingt avait occupé les loisirs que lui laissait la question de la Coopérative, par l'institution d'une *Commission de conseils et de conciliation*. Cette commission est composée à la fois de praticiens et de jurisconsultes, et son but est suffisamment expliqué par son titre même. Contrairement à ce que nous avions pu croire au début, cette commission est journellement consultée par les syndiqués et les services qu'elle rend dépassent de beaucoup les prévisions les plus optimistes.

Ce fut là un moyen d'ajouter au syndicat du Bois-d'Oingt un élément convenant bien à son rôle et d'unir plus étroitement à lui un certain nombre de membres distingués du barreau de Lyon.

L'Assemblée générale de 1892 avait eu lieu le 16 octobre et on y constata que les progrès matériels du syndicat ne s'étaient point ralentis. Le chiffre d'affaires avait atteint 78.000 fr. et celui des adhérents 1.275. Quant à l'encaisse, elle dépassait 1.200 fr.; la brèche faite l'année précédente était amplement réparée. Aussi, pour faciliter le service des ordres et des livraisons, le Bureau décida que le traitement de l'employé serait augmenté, et que celui-ci serait à la disposition des syndiqués tous les jours jusqu'à midi.

L'année 1893 commençait sous des auspices assez favorables. Le syndicat, mieux assis et possédant quelques ressources, était peut-être en mesure de résoudre la question d'une pépinière syndicale, déjà discutée et ajournée une première fois. Comme en 1889, le Bureau suivit la voie de la prudence en repoussant le projet qui lui était soumis. Ce refus se motivait par deux raisons : la première, c'est que l'établissement d'une pépinière exige des dépenses initiales assez fortes, qu'un syndicat ne peut se permettre sans danger qu'autant qu'il est arrivé à un degré de prospérité que le syndicat du Bois-d'Oingt n'avait pas encore atteint. La seconde raison, c'est que le syndicat du Bois-d'Oingt, ayant adhéré à la Coopérative du Sud-Est, devenait débiteur envers elle d'une somme de 2 francs par membre, afin de rendre tous les syndiqués coopérateurs. Grâce à la générosité de son président qui, spontanément et gratuitement, fit l'avance du capital nécessaire, le syndicat du Bois-d'Oingt désintéressa immédiatement la Coopérative. Il n'en restait pas moins à sa charge une dette qu'il fallait amortir préalablement à toute nouvelle entreprise.

Délivré de la question de la Coopérative qui était définitivement tranchée, de la question des pépinières dans laquelle, par prudence, il refusait de s'engager, le Syndicat du Bois-d'Oingt put terminer son organisation intérieure. En premier lieu, l'agent du syndicat fut investi d'un rôle actif, en vertu duquel il acquit désormais la direction réelle des entrepôts et des livraisons de marchandises, sous le contrôle, bien entendu, des membres du Bureau. Pour rendre le contrôle plus complet et la marche des affaires plus ferme et plus rapide, le courtier de l'Office de Villefranche fut en même temps investi du rôle de directeur en chef de tous les agents des syndicats beaujolais. Le service des marchandises était ainsi assuré d'un fonctionnement régulier et ne risquait plus d'être suspendu par l'absence, la maladie ou le défaut de temps des membres du Bureau qui en étaient chargés.

En second lieu, le syndicat du Bois-d'Oingt, reconnaissant que les locaux qu'il occupait jusqu'ici étaient insuffisants, s'assura le loyer d'un immeuble bien plus vaste et pouvant satisfaire à tous les besoins, et il décidait en même temps que les bureaux seraient ouverts aux syndiqués tous les jours, du matin jusqu'au soir. L'entrée en jouissance de cet immeuble et l'ouverture permanente des bureaux devaient commencer avec la nouvelle année.

L'Assemblée générale de 1893 eut lieu le 15 octobre. Le chiffre d'affaires avait atteint 111.000 francs. Le nombre des adhérents était de 1412, et enfin les économies du syndicat avaient presque doublé, atteignant 2362 francs. Ce dernier résultat surtout était salué avec orgueil, la possession d'un petit pécule rend toujours fier lorsqu'on a vécu six années de péripéties et d'efforts. On croit déjà tenir la fortune !

Les vendanges de 1893 avaient été très abondantes. Aussi la réunion du 15 octobre fut particulièrement animée et joyeuse. On se croyait sûr de l'avenir, et pourtant c'étaient les jours d'épreuves qui allaient venir.

La marche de l'exercice 1893-94 fut en effet complètement troublée par suite de la disette des fourrages et de la mévente des vins. Forcés d'acheter pour l'entretien de leur bétail, sans pouvoir faire argent de leur récolte, les syndiqués ne purent que réduire à l'extrême limite tous les autres approvisionnements et consacrer toutes leurs ressources à acquérir des fourrages.

En cette triste circonstance, les syndicats du Beaujolais rendirent d'immenses services en trouvant le moyen de fournir, sans interruption, de la tourbe à 5 fr., de la paille à 9 fr., du foin à 14 fr. les 100 kilogs. Secondés puissamment par la Coopérative du Sud-Est, ils allèrent chercher la tourbe en Hollande, la paille dans la Drôme et la Provence, le foin dans les plaines du Bas-Danube ; ils purent ainsi limiter la hausse et sauver le bétail de leur pays.

. Mais ces livraisons de fourrages furent très laborieuses pour le Syndicat du Bois-d'Oingt. D'abord le canton du Bois-d'Oingt était encore dépourvu de chemin de fer et les wagons s'arrêtaient à Lozanne, à 12 kilomètres de distance, d'où difficultés toujours, impossibilité souvent, de vérifier les marchandises à l'arrivée. De plus, la plupart des wagons devaient se partager entre un certain nombre de preneurs qui, quoique convoqués en même temps, n'arrivaient jamais ensemble, d'où difficultés plus grandes encore d'opérer les livraisons.

En fin de compte, le syndicat dut se résigner à endosser bien des avaries, bien des déchets, bien des réclamations qui, en des temps moins troublés, fussent retombés sur d'autres.

Ce n'était là que la première partie de la difficulté. La mévente des vins étant complète, il devint bien vite impossible d'exiger rigoureusement le payement comptant au moins pour les fourrages devenus objet de première nécessité. Il fallut donc se relâcher de plus en plus de la règle, inscrite cependant dans les statuts, de ne livrer que contre payement et consentir des crédits nombreux et même fort longs.

Pour faire face à ses échéances, le syndicat fut amené à faire ce qu'il avait jusqu'alors toujours évité, il dut emprunter. Il emprunta successivement 5.000 fr. à la Caisse d'épargne de Lyon et 2.000 fr. à la Coopérative agricole du Sud-Est.

Aussi se demandait-on si les services rendus par le Syndicat n'allaient pas lui coûter la vie en l'obligeant bientôt à se mettre en liquidation.

Malgré ces inquiétudes, le Bureau procéda, avant la fin de l'année, c'est-à-dire avant le 31 août, à la réorganisation complète de l'entrepôt de l'Arbresle. Les marchandises s'y livraient encore d'après la méthode rudimentaire pratiquée à l'origine au Bois-d'Oingt. Cette méthode ne répondait plus au développement des livraisons. Un local fut loué pour constituer un entrepôt permanent et un employé à gage fixe y fut attaché. Toutefois les livraisons étant bien moins nombreuses qu'au Bois-d'Oingt, l'entrepôt ne fut ouvert que trois demi-journées par semaine.

L'inventaire de fin d'année fut un peu meilleur qu'on ne l'espérait. L'Assemblée générale de 1894 montre un léger progrès dans le nombre des adhérents qui étaient de 1.558, dans le chiffre d'affaires qui arrive à 115.000 fr. et même dans l'actif net qui s'élève à 2.939 fr. C'eût été rassurant, s'il n'y eût eu deux gros points noirs à l'horizon: la charge de 7.000 fr. résultant d'emprunts qui figurait au passif, et à côté de l'importance énorme et toute fortuite prise par les livraisons de fourrages la constatation inquiétante que tous les autres chapitres de livraisons, à une exception près, étaient en recul énorme.

Pour faciliter les services que le syndicat pouvait rendre à ses adhérents vignerons et ouvriers déjà nombreux, le bureau organise dès le début de l'année 1894-95 les fournitures d'outils de tous genres et objets d'agriculture qu'il se fait remettre en consignation par la Coopérative du Sud-Est. Le syndicat avait cependant l'habitude de procéder toujours par achats fermes. Si le système de consignation fut cette fois choisi, ce fut pour laisser la surveillance minutieuse qu'exige ce genre de marchandises à la Coopérative et ne pas charger davantage le travail déjà lourd des administrateurs.

La perturbation apportée au fonctionnement du syndicat par la crise de 1893-94 devait peser lourdement sur l'exercice suivant. Les achats et les besoins reprirent bien leur marche régulière ; il n'y eut ni erreur, ni déchets, ni déboires, mais les livraisons fourrages retombèrent brusquement à leur taux primitif et les autres chapitres ne remontèrent pas à leur niveau précédent. Quelques-uns même reculèrent encore. Pour la première fois, le Syndicat du Bois-d'Oingt constata un abaissement considérable de son chiffre d'affaires, qui de 115.000 fr. tomba à 75.000 fr.

Le nombre des adhérents était de 1636 et l'actif net de 3642 fr., l'un et l'autre en léger progrès. Toutefois il avait été impossible de commencer l'amortissement des emprunts de l'année précédente.

Que conclure de cette chute profonde du chiffre d'affaires ? Etait-ce un accident ou le commencement de la décadence ? Si les membres du Bureau étaient peu rassurés, les syndiqués gardèrent néanmoins leur ancienne confiance, et l'assemblée générale du 27 octobre 1895 réélit pour la troisième fois le Bureau tout entier et deux nouveaux titulaires remplacent deux administrateurs décédés.

En face de la situation créée par les deux dernières années, tous les efforts devaient se porter sur le relèvement du chiffre d'affaires et sur l'amortissement des sommes empruntées. Ce fut à peu près l'unique tâche à laquelle se consacra le bureau en 1895-96 et cette tâche fut facilitée par un évènement aussi heureux qu'utile qui eut lieu le 4 octobre 1895, l'ouverture de la voie ferrée de Lozanne à Lamure.

L'absence de chemin de fer avait certainement contrarié beaucoup le développement du syndicat, elle rendait même impossible un certain nombre d'opérations, elle avait été une des principales causes des ennuis de la campagne de 1894. Désormais, le Bois-d'Oingt avait une gare à proximité et le canton était traversé en sa plus grande longueur par une ligne desservant un grand nombre de communes. Le champ d'action du syndicat put aussitôt s'élargir.

Aussi l'assemblée du 8 novembre constata avec satisfaction que l'année 1895-1896 avait été une année de réparation et de relèvement. Les adhérents n'avaient pas beaucoup augmenté ; ils étaient 1733. L'actif net était resté presque stationnaire, il n'atteignait que 3.860 fr., mais le chiffre d'affaires s'était relevé à 107.000 fr., et l'emprunt à la Coopérative venait d'être remboursé.

Les jours d'épreuves étaient finis et, avec plus de raison qu'en 1893, on pouvait croire à l'avenir.

Avec l'année 1896 se termine la seconde période de l'existence du Syndicat du Bois-d'Oingt. Dans cette période, le syndicat avait surtout grandi par le développement de ses services matériels. La modestie de ses ressources, leur accroissement jusqu'ici très lent, la tourmente qu'il venait d'essuyer n'avaient guère permis à ses directeurs de s'occuper d'autre chose que des questions de marchandises. Au point où nous arrivons, le syndicat avait déjà fait beaucoup au point de vue matériel, mais très peu encore au point de vue professionnel et social.

Les marchandises dont l'achat et les livraisons avaient pris une allure régulière et normale, étaient très variées. Nous les classerons sous les chapitres suivants :

I. — *Insecticides ou matières similaires*, c'est-à-dire, sulfate de cuivre, bouillies sèches, verdet, soufres et matières diverses destinées à préserver les vignes, le vin et les fûts.

II. — *Semences*, c'est-à-dire, trèfle, luzerne, vesces, graines fourragères diverses, céréales, pommes de terre, etc.

III. — *Nourriture du bétail*, c'est-à-dire, paille, fourrages, tourteaux, son, sarrazin, avoine, pommes de terre, etc.

IV. — *Engrais*, comprenant notamment nitrate de soude, sulfate d'ammoniaque, superphosphate de chaux et d'os, chlorure de potassium, sulfate de potasse, sulfate de fer, scories, tourteaux, fumier, etc.

V. — *Articles de greffage*, comprenant raphia, greffons, greffes soudées, bois de greffage, tels que : Riparia ordinaire, Riparia Gloire, Vialla, Solonis, Rupestris, Hybrides divers.

VI. — *Articles de viticulture*, soit pulvérisateurs, soufreuses, sécateurs, paille pour redresser, échalas, pompes à vin, etc.

VII. — *Génie rural*, soit piquets, ronces artificielles, fils de fer, pelles, pioches, ratissoires, faulx, volants, serpes, instruments et outils divers.

Au point de vue professionnel, les œuvres du Syndicat se résumaient ainsi :

I. — Le Bulletin qui depuis juin 1888 était publié régulièrement, et l'Almanach de l'Union qui était chaque année distribué gratuitement à tous les membres.

II. — Les conférences qui furent organisées à diverses reprises sur des sujets d'actualités et qui eurent toujours un grand succès.

III. — Pétitions et vœux intéressant l'agriculture et émis ou appuyés dans les assemblées générales, et toutes les fois que des questions importantes étaient agitées dans la presse ou devant le Parlement.

IV. — L'assurance contre les accidents agricoles.

Ce dernier point demande quelques explications.

Jusqu'à ces dernières années, ce genre d'assurance n'était accessible qu'aux grands propriétaires. Parmi les exigences des compagnies, celle relative à la surface assurée qui devait être au moins de 140 hectares, écartait absolument les petits et même les moyens propriétaires. Le bureau de l'Union du Sud-Est, après de nombreuses tentatives et de longues discussions, réussit à se mettre d'accord avec la compagnie « La Providence », et obtint d'elle des concessions beaucoup plus douces. La surface des terrains assurés fut réduite à un minimum de cinq hectares et la prime fut calculée sur une base de 0 f. 50 par hectare. En retour, les syndicats agricoles durent faire eux-mêmes l'encaissement des primes, dont le total était versé à la compagnie par l'intermédiaire de la Coopérative.

L'assurance contre les accidents agricoles devint dès lors à la portée de tout le monde et le Syndicat du Bois-d'Oingt s'occupa de suite d'en faire bénéficier ses adhérents. Les premières polices furent inscrites en septembre 1898 et depuis cette date elles sont devenues nombreuses. L'utilité de cette assurance ressort bien de ce fait que plusieurs fois les indemnités payées par la Compagnie aux assurés du Syndicat du Bois-d'Oingt ont dépassé le total des primes payées par eux.

Au point de vue social, l'œuvre du Syndicat était encore plus restreinte, elle comprenait :

1º Une tribune du travail ouverte gratuitement dans le Bulletin, depuis les premiers mois de sa publication.

2º L'institution d'un comité de conseils et de conciliation qui fonctionnait depuis plusieurs années et rendait d'appréciables services.

C'était peu, et le rôle social du syndicat semblait suspendu. Absorbé par des préoccupations très graves et d'un ordre différent, le Conseil d'administration était bien près de croire que, pour le Syndicat du Bois-d'Oingt, les œuvres sociales devenaient sinon une utopie, du moins un rêve dont la réalisation paraissait indéfiniment ajournée.

L'heure de cette réalisation était au contraire arrivée et les œuvres sociales ou professionnelles allaient successivement éclore à la suite de l'exemple donné par le Syndicat de Belleville et de l'impulsion due à M. le comte de Chambrun.

C'était l'époque des fameuses conférences de Nice dont nous parlons longuement dans le second volume de cet ouvrage, et la pensée généreuse que le comte de Chambrun avait propagée dans la France syndicale avait soulevé de toute part une émulation et un enthousiasme de bon augure. C'était l'aurore du rôle social des syndicats agricoles qui se levait !

Le Syndicat du Bois-d'Oingt partagea l'enthousiasme général, et pendant l'année 1897 étudia à la fois la question du crédit agricole, de l'enseignement, des caisses de prévoyance contre la mortalité du bétail et des caisses de secours et de retraite.

C'était peut-être trop entreprendre à la fois. Aussi l'année 1896-1897 resta une année de discussions et d'études. La récolte était mauvaise, la gelée et la grêle l'avaient sérieusement compromise. Un nouvel ennemi, le black-rot exerçait pour la première fois ses ravages. Par prudence il convenait de ne pas aller trop vite et de choisir un moment plus favorable.

Au point de vue matériel le syndicat avait sensiblement prospéré. Le dernier adhérent inscrit portait le nº 1827 ; le chiffre d'affaires était de 122.000 fr., et l'avoir net atteignait 7393 fr., les économies de l'exercice 1896-1897 égalaient presque celles de tous les exercices antérieurs.

L'exercice 1897-1898 s'ouvrit par la proclamation des résultats du concours organisé entre les syndicats agricoles de France par M. le comte de Chambrun. Le Syndicat du Bois-d'Oingt avait obtenu une médaille d'argent et se trouvait ainsi classé dans un rang fort honorable. Récompense oblige, son Bureau mit un redoublement d'activité à résoudre quelques-unes des questions qu'il étudiait depuis un an.

La discussion sur l'organisation d'une caisse de secours et d'assistance fut la plus laborieuse, néanmoins elle aboutit la première en avril 1898. Le Bureau du syndicat vota les premiers secours au mois de juillet, et tous les mois désormais il eut des demandes plus ou moins nombreuses à examiner.

Le syndicat ne crut pas devoir ici s'inspirer de l'exemple des autres et il créa une institution sinon originale du moins d'un fonctionnement très simple et très rapide dont nous donnons les grandes lignes dans le 2ᵉ volume au chapitre de l'assistance.

Deux caisses distinctes furent créées, l'une pour le canton du Bois-d'Oingt et l'autre pour le canton de l'Arbresle. Ces caisses sont alimentées normalement par les subventions votées par le syndicat et par les cotisations versées annuellement par les membres aisés du syndicat.

Les secours sont accordés en argent, ils sont limités aux trois cas suivants :

1º Maladie du syndiqué entraînant une incapacité de travail de huit jours au moins ;

2º Appel du syndiqué sous les drapeaux comme réserviste ou soldat de l'armée territoriale ;

3º Naissance d'un enfant.

Généralement les caisses de secours sont instituées pour subvenir en tout ou partie aux frais du médecin ou du pharmacien. Le syndicat du Bois-d'Oingt ne crut pas devoir suivre ce système qui, pour fonctionner sur un territoire très vaste de tout un canton, exige des formalités assez compliquées et aurait été plus favorable aux intérêts des médecins et des pharmaciens qu'à ceux des syndiqués qu'on aurait à secourir.

Pour le crédit agricole la tâche du syndicat fut plus aisée. Le règlement de la caisse de crédit, organisée depuis longtemps par le Syndicat de Belleville, servit de modèle. Le recrutement des souscripteurs eut lieu pendant l'été, et à la fin de l'exercice tout était prêt pour l'assemblée constitutive de la caisse de crédit spéciale au canton du Bois-d'Oingt.

Une commission constituée par l'Union du Sud-Est, et dans laquelle le Syndicat du Bois-d'Oingt était représenté, s'occupa dans le courant de l'année de l'enseignement agricole; elle organise un système d'examen de fin d'année avec un programme que le syndicat peut appliquer dès le mois de juillet 1898. Le syndicat constitua à cette date deux jurys qui firent subir l'examen agricole du 1er degré à un certain nombre de jeunes élèves des écoles primaires.

Au point de vue matériel, la mauvaise récolte de 1897 pouvait faire craindre un recul dans le chiffre d'affaires. Il n'en fut rien. Le bilan présenté à l'Assemblée générale de 1898 accuse un chiffre d'adhérents de 1980, un chiffre d'affaires de 143.000 fr. et un actif net de 11.198 fr.

Le 2 novembre 1898, la caisse de dépôt et de crédit spéciale au canton du Bois-d'Oingt tenait son assemblée constitutive, et ses opérations commençaient avec le mois de janvier.

Le 17 mars 1899, une caisse de dépôts et de crédit, spéciale au canton de l'Arbresle, était fondée, et ses opérations commençaient immédiatement.

Ces deux caisses souscrirent trente parts à la caisse régionale de crédit agricole mutuel du Sud-Est. Les dix membres de leur Conseil d'administration souscrirent aussi des parts individuelles. Cette caisse régionale se constitua le 20 juin suivant.

En fait de crédit agricole, la tâche du syndicat était achevée.

Au concours organisé par le comte de Chambrun entre les travailleurs agricoles, le Syndicat du Bois-d'Oingt présenta trois candidats. L'un deux obtint une rente viagère de 200 fr. et les deux autres, chacun une médaille d'argent. Encouragé par ce résultat, le Bureau du syndicat vota en faveur de ces derniers une rente de 50 fr. que le président, M. le marquis de Chaponay, eut la générosité de porter à 100 fr.

Les résultats de ce concours furent proclamés à l'Assemblée générale du 13 novembre 1898; ils le furent plus solennellement encore à Villefranche, le 20 novembre 1898, jour de la fête mémorable des 10 ans d'existence de l'Union Beaujolaise.

Abordant la question des caisses de prévoyance contre la mortalité du bétail, le syndicat adopta le règlement élaboré par l'Union du Sud-Est. Des brochures donnant le texte et le commentaire de ce règlement furent distribuées, des conférences furent organisées et le 1er mai un premier compte bétail était ouvert à Theizé. A l'expiration de l'exercice 1898-99 six autres comptes étaient à la veille d'être formés.

Le mois de juillet ramène l'époque des examens agricoles pour le certificat de 1re année. Comme l'an passé deux jurys firent subir l'épreuve de l'examen à divers élèves.

Au point de vue des marchandises, les progrès constatés l'année précédente s'étaient maintenus. Le bilan présenté à l'Assemblée générale du 22 octobre constata un nombre de membres de 2.038, un chiffre d'affaires de 145.000 fr. et un actif net de 18.000 fr.

Le patrimoine du syndicat commençait à devenir important ; les 5.000 fr. empruntés à la Caisse d'Epargne de Lyon n'étaient pas remboursés, mais le Syndicat avait fait à la Caisse de Dépôt et de Crédit un dépôt presque égal, en sorte que cette dette était en fait à peu près éteinte. De plus, sur les 3.000 fr. avancés par le président, lors de la fondation de la Coopérative et qui, dans sa pensée généreuse, devaient revenir au fond de réserve de la caisse de secours, les deux tiers, c'est-à-dire 2.000 fr., étaient attribués par l'assemblée du 22 octobre à ce fonds de réserve. En résumé, le Syndicat liquidait ses dettes tout en augmentant son actif.

Nous sommes trop intimement mêlé à la fondation et à la vie de ce syndicat pour en faire l'éloge, mais il nous sera bien permis de dire qu'après avoir été passionnément attaqué au début, il est aujourd'hui l'un de ceux qui ont le plus contribué à l'apaisement social dans leur rayon d'action. Grâce à l'inépuisable générosité de son distingué président, ce syndicat a pu, sur le terrain des œuvres sociales, faire un grand pas, et un avenir prochain prouvera que sur ce terrain son ambition est insatiable.

L'un des plus prospères et des plus actifs de l'Union du Sud-Est, le Syndicat du Bois-d'Oingt tient brillamment sa place dans ce petit corps d'élite, qui, sous le nom d'Union beaujolaise, a si vaillamment planté sur notre terrain beaujolais le drapeau de la fraternité !

Syndicat agricole de Bron.

16 mai 1898. — M. 66

Président : M. JULES MAS.

Coopérative

Ce syndicat date du 16 mai 1898; il est donc encore trop jeune pour avoir pu songer à autre chose qu'à son organisation. Il compte 66 membres, dont 60 petits cultivateurs ou fermiers, qui tous font partie de la Coopérative agricole.

Sa cotisation est de 3 fr., ses affaires de 2 à 3.000 fr. Ce serait mal connaître le dévouement éclairé de son président à la cause agricole, que penser que ce jeune syndicat en restera là et qu'il n'aura pas à cœur d'être bientôt à la hauteur de ses aînés.

Syndicat agricole de Charly.

3 mars 1897. — M. 167

Président : M. ED. PRÉNAT

Entrepôt. — Coopérative. — Bulletin. — Almanach. Assurance-accidents.

Fondé en 1897, ce syndicat est un essaim du syndicat de St-Genis-Laval, il comprend aujourd'hui 167 membres (50 propriétaires faisant travailler, 70 petits cultivateurs travaillant par eux-mêmes, 47 fermiers ou ouvriers agricoles). Sa cotisation de 3 fr. lui permet d'assurer à ses adhérents le service gratuit du Bulletin et de l'Almanach de l'Union ; son rôle s'est borné là, non compris les 23.000 fr. d'achats professionnels qu'il fait chaque année pour le compte de ses sociétaires, et quelques assurances contre les accidents.

Ce syndicat peut faire beaucoup plus sous tous les rapports. Son président n'oubliera certainement pas que l'œuvre sociale agricole est aussi nécessaire que l'œuvre sociale industrielle. Il est, dans notre région lyonnaise, l'un des patrons qui ont le plus fait pour leurs ouvriers, nous lui demandons de porter cette généreuse initiative sur le terrain syndical, certain que nous sommes qu'il réussira là comme ailleurs.

Syndicat du Comice agricole de Lyon.

à Lyon

31 mars 1886. — M. 1.139

Président : M. Albert JOANNARD

Fils légitime de la plus ancienne et plus florissante association agricole du département du Rhône, ce syndicat n'existe, en réalité, que sur le papier, et quand le Comice de Lyon lui a donné le jour le 31 mars 1886, c'était bien seulement pour permettre à quelques-uns de ses membres de profiter des avantages procurés pour les achats professionnels par le courtier de l'Union du Sud-Est.

La création ultérieure de plusieurs syndicats dans la même circonscription a dégagé, par le fait, le comice de ce rôle purement matériel qui ne rentre guère dans ses attributions, et c'est par un accord tacite et voulu entre lui et ses membres que son fils le syndicat n'a pas grandi depuis treize ans qu'il est fondé.

Plus que tout autre, le Comice agricole de Lyon est à la tête de tous les progrès économiques et agricoles qu'il développe dans la plus large mesure possible, laissons-le à ce beau rôle et gardons-nous de l'en faire sortir.

Syndicat des cultivateurs et maraîchers de la Région Lyonnaise

A Lyon

20 juillet 1893. — M. 800

Président : M. Louis FORAY.

Ce syndicat, d'un genre tout spécial, a été fondé le 20 juillet 1893, il compte, à ce jour, 800 membres, tous petits cultivateurs travaillant de leurs mains.

Son but exclusif est de défendre les intérêts de ses membres et de faire cesser les abus qui frappent les maraîchers sur les marchés découverts de la ville de Lyon.

Vouée autrefois à la merci d'employés et d'intermédiaires sans scrupules, la vaillante population de la banlieue dont le travail journalier alimente cette grande bouche qui est Lyon, était condamnée d'avance ; on ne lui permettait que de se laisser exploiter, encore fallait-il ne rien dire.

Grâce à ce syndicat, les rôles sont changés et les intérêts des maraîchers sont entre bonnes mains.

Les résultats ont été immédiats, ce qui prouve, une fois de plus, que « l'union fait la force ».

Syndicat horticole lyonnais.

A Lyon

31 décembre 1898. — M. 124

Président : M. Benoit COMTE

Coopérative. — Bulletin. — Assurance-accidents. — Tribunal arbitral

Créé le 31 décembre 1898, ce syndicat, à peine âgé d'un an, compte déjà 124 adhérents tous horticulteurs, jardiniers ou apprentis. Il a dans son conseil tout ce que Lyon compte de notable dans le monde des fleurs et des jardins ; un seul amateur s'y est discrètement et utilement glissé, c'est notre ami M. L. Riboud, dont la grande compétence syndicale autant que juridique doit être pour le nouveau-né un élément rapide de succès.

Strictement horticole, le syndicat a pour but de faciliter à ses membres l'achat de tous les produits utiles à leur profession et de développer par des conférences l'enseignement et le goût de l'horticulture.

Il est encore bien jeune pour avoir pu songer à autre chose qu'à s'organiser, mais déjà il a utilisé, pour les outils et instruments, les services de la Coopérative du Sud-Est, laissant à l'adjudication le soin de lui indiquer ses autres fournisseurs.

Pour être à proximité de ses membres au moment des marchés, il a installé son bureau, n° 1, place d'Albon, à Lyon, dans un vaste local où se tient, chaque matin, un agent dont la mission est de recevoir les ordres des adhérents et de leur fournir les renseignements dont ils ont besoin. Ce local sert de salle de conférences, et, tous les samedis soirs, à 8 h. 1/2, après la journée finie, les maîtres de l'horticulture lyonnaise viennent, à tour de rôle, apprendre aux jeunes ouvriers et apprentis jardiniers, qui sont l'élément le plus assidu de l'auditoire, les nombreuses ressources de l'art horticole.

Après s'être occupé de former de bons horticulteurs, le syndicat a voulu témoigner sa sollicitude aux anciens et, désireux de les garantir eux et leurs ouvriers contre les accidents professionnels si fréquents qui les menacent, il a chargé l'un des siens, M. Riboud, d'arriver, avec la Compagnie La Providence, à une entente avantageuse pour faire bénéficier tous ses membres d'une assurance-accident économique et efficace. A l'heure où paraîtront ces lignes l'accord sera un fait accompli et le syndicat aura là, dans cette création, un élément important de prospérité et de succès.

En attendant qu'il les puisse prémunir contre les accidents, il les prémunit contre cet autre genre d'accidents qui s'appelle les mauvais payeurs et, moyennant le remboursement des frais de correspondance, il met à leur disposition un service de renseignements commerciaux, qui les renseigne, aussi directement que sûrement, sur le crédit de leurs nouveaux clients.

Enfin, et pour éviter le moindre germe de discussion entre ses sociétaires, il a organisé un comité juridique de consultations qu'il a chargé d'étudier et de régler tous les litiges dans lesquels un syndiqué se trouve être partie.

Nous ne voulons pas apporter nos maigres fleurs de rhétorique dans ce milieu qui produit ces fleurs merveilleuses qui font la gloire de l'horticulture lyonnaise, mais cependant il nous sera bien permis de féliciter sincèrement les fondateurs de ce syndicat d'avoir si rapidement réussi à amener leur œuvre à bien. Ils sont loin cependant de se déclarer satisfaits ; fidèles à leurs principes, ils aspirent toujours à mieux ; le champ qui s'ouvre devant eux est vaste, il sera fécond pour tous, car l'horticulture lyonnaise trouvera en eux des défenseurs autorisés autant que vaillants. Le syndicat a été créé pour réaliser l'union de tous en travaillant à rendre plus grand et prospère ce beau fleuron de notre agriculture locale ; mais qu'on ne vienne pas léser les intérêts de la profession ou de ceux qu'il a charge de défendre, car alors le lion montrerait ses griffes et sa devise :

Suis le lion qui ne mords point, sinon quand l'ennemi me poingt.

Syndicat agricole de Limonest-Neuville

A Fontaines-Saint-Martin

28 juin 1891. — M. 820

Président : M. ROUX DE BÉZIEUX.

Coopérative. — Bulletin. — Almanach. — Enseignement. — Assurance-accidents.

Rayonnant sur les deux cantons précités, ce syndicat, fondé le 28 juin 1891, a la très rare bonne fortune d'avoir comme présidents d'honneur les deux conseillers généraux dont l'un est aujourd'hui président du Conseil général. Si nous signalons ce cas, très exceptionnel, qui est aussi bien à l'avantage des élus que du syndicat, c'est pour regretter qu'ailleurs les représentants de nos populations rurales, ne voulant pas comprendre le but véritable de nos associations, se soient tenus systématiquement à l'écart, dans une réserve plutôt hostile. Nos syndicats n'en vont peut-être pas plus mal, mais qui sait, si en fréquentant plus assidument les hommes dévoués qui se consacrent à cette belle œuvre, nos représentants n'y eussent pas trouvé honneur et profit !...

En attendant qu'ils trouvent leur chemin de Damas, revenons au syndicat qui nous occupe ; il compte aujourd'hui 820 membres dont 7/8 de petits cultivateurs ou ouvriers agricoles ; tous paient une cotisation annuelle de 2 fr.

L'année d'après sa création, ce syndicat avait pensé pouvoir être utile à ses adhérents en ouvrant trois entrepôts dans les communes les plus importantes du canton, mais, à la création de la Coopérative du Sud-Est, les syndiqués eux-mêmes demandèrent leur suppression, préférant, grâce à leurs relations journalières avec Lyon, aller se servir sur place. Ces facilités ont influé grandement sur le chiffre des affaires qui, en progrès chaque année de 8 à 9,000 fr., a atteint pour le dernier exercice plus de 50.000 fr.

Recrutant surtout des horticulteurs et des maraîchers, le syndicat devait, l'un des premiers, essayer la vente des produits de ses membres ; les deux sections de Couzon et des Chères ont organisé l'expédition des fruits à Paris et obtenu des résultats satisfaisants puisque, dans le cours de cette dernière année, les envois ont atteint près de 10.000 fr. Cet exemple nous prouve que, quand il y a cohésion entre les associés, on peut toujours faire ce qu'on veut.

Rien d'étonnant, dès lors, que ce syndicat tienne la tête des syndicats unis dans le service des assurances-accidents agricoles pour la garantie desquels 40 % des membres ont profité des conditions si avantageuses offertes par la Coopérative.

Le Bulletin et l'Almanach de l'Union sont, depuis leur fondation, régulièrement servis à tous les membres dont l'enseignement théorique est complété par des conférences pratiques par les professeurs d'agriculture et les agronomes les plus en vue du département. Le syndicat a également organisé depuis deux ans des examens pour le certificat d'études agricoles primaires.

Les débuts de ce syndicat sont assez encourageants pour que nous puissions conseiller à son bureau d'aborder résolument les services d'ordre social ; il complètera ainsi d'une manière heureuse et profitable son œuvre déjà belle, mais qui ne saurait être complète sans l'assistance professionnelle.

Syndicat des Agriculteurs et Viticulteurs de la région de St-Genis-Laval

A SAINTE-FOY-LÈS-LYON

3 juillet 1887. — M. 1223

Président : M. A. GUINAND.

Prix Chambrun : 1000 francs.

Entrepôt. — Coopérative. — Bulletin. — Almanach.— Instruments. — Assurance accidents. — Compte bétail. — Enseignement. — Tribunal arbitral. — Aide mutuelle. — Inspection des vignes.

Le Syndicat des Agriculteurs et Viticulteurs de la région de Sain* Genis-Laval a été créé à Oullins, le 3 juillet 1887, sur l'initiative de son président actuel, M. Guinand. Les agriculteurs sentaient vivement le besoin de s'unir pour la reconstitution des vignobles de la région, ruinés par le phylloxéra depuis 1874 et achevés par le rigoureux hiver de 1879-1880 ; reconstitution particulièrement difficile dans les coteaux pierreux et à sols variables de la vallée du Rhône, et, aujourd'hui encore, à peine achevée.

L'initiative des fondateurs s'était d'abord limitée au canton de Saint-Genis-Laval, région adonnée spécialement à la culture des fruits et de la vigne et, plus particulièrement éprouvée par le fléau. Mais de nombreux habitants des cantons voisins de Givors et Mornant, attirés par les avantages de toute nature offerts par le syndicat, sollicitèrent leur admission, autorisée par les statuts (art. 3), mais ne conférant aucun droit de vote ou d'éligibilité.

Des syndics provisoires furent désignés dans quelques communes de ces deux cantons où le nombre des syndiqués était le plus considérable. Enfin, sur les demandes réitérées des deux cantons, réunis à celui de Saint-Genis-Laval par la connexité des cultures, l'identité des intérêts et ne formant avec lui qu'une seule et même région, l'Assemblée générale du syndicat décida d'annexer entièrement les deux cantons voisins et de modifier en conséquence le titre du syndicat.

Ce groupement a eu pour avantage de fortifier le syndicat en élargissant sa base, en étendant les services qu'il peut rendre et en développant les relations entre les trois cantons. Il présente un intermédiaire intéressant entre le syndicat cantonal, si avantageux au point de vue du groupement de ses membres et de leur solidarité, et le syndicat d'arrondissement, beaucoup plus puissant mais peut-être trop vaste.

En tous cas, il s'adapte très bien aux besoins de la région et sert, mieux que tout autre, ses intérêts.

Au 31 décembre 1899, le syndicat comprenait 1223 membres.

Le siège social du syndicat est fixé à Sainte-Foy-les-Lyon. Le siège administratif est à Lyon, centre de la région, 8, place de la Miséricorde. C'est là que se réunissent la Chambre syndicale et le Bureau, dont nous allons examiner les attributions.

Le Bureau, composé comme l'indiquent les statuts et dirigé par le président, représente l'administration générale du syndicat.

Chaque commune a un syndic aidé ou suppléé par un ou plusieurs syndics adjoints dans les communes populeuses ou étendues. C'est le représentant de la commune dans le syndicat et en même temps du syndicat dans la commune.

Connaissant parfaitement les habitants, il recrute parmi eux les membres nouveaux, les présente à la Chambre syndicale et la renseigne sur les conditions d'admissibilité des candidats. Il lui transmet aussi les demandes, les observations relatives au fonctionnement du syndicat et les améliorations proposées.

Après avoir discuté et voté dans la Chambre syndicale, il revient dans sa commune faire connaître, expliquer et appliquer les décisions prises, recueillir les cotisations, distribuer les almanachs et les publications diverses, enfin préparer les assemblées générales lorsqu'elles ont lieu dans le pays.

Les syndics, dans cette double fonction, ont donc à remplir un rôle des plus importants : ils sont la cheville ouvrière du syndicat ; c'est de leur activité et de leur dévouement que dépendent sa vie et son utile action.

La Chambre syndicale, composée du Bureau, des syndics ou syndics adjoints et du président de chacun des services annexes, se réunit régulièrement, le 1er samedi de chaque mois, au siège administratif. Chacun de ses membres reçoit, en temps utile, une convocation portant l'ordre du jour. Elle examine et accueille les demandes nouvelles, les démissions et radiations. Puis elle étudie successivement toutes les questions portées à son ordre du jour par le président ou proposées par l'un de ses membres. Elle prend toutes les déterminations importantes, arrête les comptes, présente les candidats aux fonctions électives, etc., en un mot, c'est l'élément délibératif du syndicat. Toutes ses décisions sont consignées dans un procès-verbal, rédigé par le secrétaire.

C'est dans cette séance que les syndics directeurs des entrepôts opèrent les versements des recettes faites, remettent leurs comptes mensuels au trésorier et transmettent les commandes de leurs syndiqués et les demandes de leurs entrepôts au secrétaire rédacteur qui les fait exécuter, sous la direction du président.

A ces réunions fondamentales et statutaires, les syndics des cantons de Givors et de Mornant peuvent plus difficilement être assidus, en raison de leur éloignement de Lyon. Aussi, à intervalles réguliers, et en se conformant aux convenances de tous, les syndics de ces divers cantons se réunissent au chef-lieu, sous la présidence du président ou de l'un des vice-présidents, reçoivent de lui toutes les communications relatives au fonctionnement général du syndicat, examinent la marche des entrepôts du canton et les modifications à y apporter, étudient enfin toutes les questions intéressant spécialement le canton.

Dans la plupart des communes, le syndic réunit, chaque mois, dans un local déterminé et fixe, tous les syndiqués pour causer avec eux des affaires du syndicat, leur donner toutes les indications ou avis utiles, recueillir leurs commandes et leurs réclamations, recevoir les cotisations, etc. Ces réunions, tenues un des dimanches du mois, toujours le même dans chaque commune et indiqué par le Bulletin, contribuent grandement à l'action du syndicat en établissant un lien habituel et permanent entre la Chambre syndicale et tous les syndiqués.

Indépendamment de ces assemblées particulières, le syndicat tient, chaque année, une assemblée générale en octobre ou en novembre, dans l'une des communes qui en font partie. Les assemblées avaient lieu autrefois, chaque saison, mais l'accroissement du syndicat en étendue, obligeant les syndiqués à un déplacement assez considérable, il n'est plus tenu qu'une assemblée, afin de ne pas abuser trop souvent de leur temps et de leur dévouement.

Dans ces réunions générales, annoncées par le Bulletin et par des avis individuels adressés à chaque syndiqué, il est procédé tout d'abord à l'administration du syndicat : approbation des comptes de l'exercice, vote du budget, élections conformément aux statuts. Le secrétaire rend compte des travaux effectués durant l'année, et le rapport de l'inspecteur des vignes résume les observations principales de cette branche importante du fonctionnement syndical. Puis, une allocution du président expose à tous les membres la marche générale du syndicat, celle de l'Union du Sud-Est à laquelle il est affilié, et des Sociétés annexes, Union des producteurs et des consommateurs, Coopérative, etc., enfin l'état de toutes les questions d'actualité qui intéressent l'agriculture.

Après cette première partie, intéressant plus particulièrement l'organisation intérieure du syndicat, vient l'accomplissement d'un de ses buts les plus importants, le perfectionnement de l'instruction agricole et la vulgarisation des progrès les plus récents de cette science. Des conférenciers, choisis parmi les professeurs d'agriculture et les agronomes les plus distingués de la région, ont bien voulu depuis l'origine du syndicat, venir donner aux agriculteurs le secours de leur parole et de leur science. Ces conférences, adaptées aux besoins et aux cultures, produisent les plus utiles résultats.

Après la conférence, un banquet, auquel chaque syndiqué peut prendre part, moyennant une modeste cotisation, réunit les membres présents. Des toasts et des chansons joyeuses terminent cette fête annuelle de l'agriculture.

Les ressources principales du syndicat proviennent, en grande partie, de la cotisation annuelle, fixée uniformément à trois francs. A la différence de quelques syndicats, qui ont établi des cotisations variables, correspondant à des droits différents, les fondateurs du Syndicat de Saint-Genis-Laval ont cru qu'il était préférable de n'établir aucune inégalité entre les membres de la famille agricole. Le taux peu élevé de cette cotisation la rend supportable par tous dans une région où la terre et le travail sont à haut prix ; et néanmoins, grâce à l'absolue gratuité qui préside à tous les services cette modeste annuité a suffi jusqu'à ce jour à équilibrer les budgets et à procurer aux syndiqués les avantages matériels dont nous allons parler.

Dès ses débuts, le syndicat de Saint-Genis-Laval n'a pas hésité à publier chaque mois un Bulletin contenant les notions les plus utiles à ses adhérents.

D'abord le compte rendu des séances du syndicat, des décisions prises, des élections, assemblées, etc.; les rapports y sont insérés, les conférences reproduites, chaque membre du syndicat peut donc sans peine se tenir au courant de tout ce qui intéresse l'association.

Un seconde partie non moins importante du Bulletin contient l'enseignement agricole : articles et comptes rendus fournis par les membres du syndicat eux-mêmes, ou choisis dans les meilleures revues agricoles. Ces enseignements, dégagés de toutes discussions trop scientifiques et parfois peu pratiques, présentent le grand avantage d'être donnés pour la région, par des hommes qui l'habitent et en connaissent le climat et les cultures.

Enfin le Bulletin comprend les offres et demandes du courtier de l'Union du Sud-Est, une tribune du travail pour les offres et demandes d'emploi et une revue commerciale contenant les mercuriales des denrées.

Le premier numéro de ce Bulletin a paru en novembre 1887. Jusqu'en 1891, il fut rédigé par les soins du Syndicat de Saint-Genis-Laval, auquel il était spécialement affecté.

A cette époque, l'Union du Sud-Est créa un Bulletin général pour tous les syndicats adhérents. Le Syndicat de Saint-Genis-Laval se hâta d'y participer en se réservant un nombre de pages, variable suivant ses besoins, pour y insérer ses communications personnelles.

Sous cette forme, le Bulletin est remis gratuitement à tous les membres du syndicat.

Gratuitement aussi leur est distribué, chaque année, un exemplaire de l'Almanach de l'Union.

Dès l'origine, le syndicat s'est préoccupé de l'importante question des achats en commun, avantage immédiat que les syndiqués savent fort bien reconnaître et qui augmente leur nombre.

Une commission des achats n'a cessé de fonctionner, procurant à tous les adhérents une notable économie. Elle a toujours été en relations étroites et fructueuses avec le courtier agréé de l'Union du Sud-Est et, depuis sa formation, avec la Coopérative agricole.

Les commandes importantes sont adressées, par les fournisseurs, aux membres qui les ont faites, et qui en prennent livraison directement, sans aucun transbordement intermédiaire. Mais ce mode de livraison étant impraticable pour les petits agriculteurs, que le syndicat a précisément pour but de favoriser, il a été successivement créé trois entrepôts en des locaux modestes, mais convenablement situés, à Oullins, Givors et Mornant, localités centrales desservant bien le territoire entier du syndicat.

Ils y trouvent, moyennant un prix indiqué par le Bulletin et rigoureusement payé comptant, les denrées agricoles les plus usuelles : outils à main, engrais chimiques, plâtre, sulfate de cuivre, etc.

Pour tous autres objets dont le syndicat ne saurait s'approvisionner à l'avance, s'interdisant rigoureusement toute opération commerciale, l'entrepositaire reçoit les commandes des syndiqués et les transmet à la commission des achats qui veille à leur exécution.

Chaque entrepôt tient une comptabilité distincte et fort simple. Elle consiste en un carnet de livraisons à feuilles doubles, dont une partie, remplie à chaque livraison, est remise à la partie prenante, la seconde feuille restant au carnet et servant de base à la comptabilité ; un livre d'entrepôt, registre d'entrées des marchandises et de ventes relevées sur le carnet de livraisons ; un livre de caisse et des feuilles mensuelles d'inventaire de denrées. Toutes ces pièces sont remises au siège central, chaque mois, lors de la réunion de la Chambre syndicale, qui les contrôle, établit la comptabilité générale et veille à ce que chaque entrepôt soit toujours suffisamment pourvu des denrées courantes.

Depuis un certain nombre d'années il a organisé la vente des fruits, dont la récolte est une des richesses de la région.

Une commission spéciale a été créée pour assurer les débouchés sur les marchés de Londres, elle veille aux expéditions qui sont faites avec le plus grand soin et qui ont donné, jusqu'ici, les plus satisfaisants résultats.

Le premier en France, le Syndicat de St-Genis-Laval a organisé chez lui l'inspection des vignes, sur les bases et règlements suivants.

En avril 1889, la Chambre syndicale décida de suivre l'exemple donné par certaines contrées viticoles de la Suisse où, depuis plus d'un siècle, existent des associations pour la bonne culture de la vigne ; leur centenaire a été célébré, à Vevey, par des fêtes très intéressantes. Ces associations ou confréries font visiter, chaque année, les vignobles de leurs membres par des inspecteurs qui suivent les cultures, les binages, l'ébourgeonnement, la taille, les façons et donnent à chacun des points servant, tous les dix ou douze ans, à établir un classement et à donner des prix ; les lauréats deviennent inspecteurs à leur tour et reçoivent, en cette qualité, un appointement très apprécié.

M. Guinand, après avoir reçu la visite de M. Vernet, consul de la Confédération Suisse à Lyon, qui voulait savoir ce qu'on avait fait dans notre région au sujet de la replantation des vignes, recevait, au mois d'avril 1889, M. Demierre, de Vevey, inspecteur viticole en Suisse, qui lui remettait fort obligeamment les règlements, feuilles de visite, carnet de vignerons, etc., des cantons de Vevey, de Lausanne, de Nyons et de l'enclave de Céligny. Il expliquait à M. Guinand l'avantage considérable que retiraient les Suisses de ces visites régulières et quels résultats magnifiques les vignerons et propriétaires en obtenaient. « Les vignes visitées, disait-il, ne sont pas comparables à celles qui ne le sont pas, et cette bonne réputation a une influence considérable au point de vue de la vente des vins ».

S'inspirant de ces renseignements et des documents fournis, la Chambre syndicale rédigea le règlement suivant pour l'inspection des vignes :

RÈGLEMENT DE L'INSPECTION DES VIGNES

TITRE I. — BUT. — ORGANISATION

ART. 1. — Dans le but d'encourager et de perfectionner la culture des vignes, de créer une bonne réputation aux vignobles du canton et de procurer à tous, par ce moyen, des avantages sérieux, il est organisé une inspection des vignes parmi les propriétaires et vignerons du syndicat de Saint-Genis-Laval qui adhèreront au présent règlement.

ART. 2. — Pour bénéficier des avantages de l'inspection, il faudra :

1° Faire partie du syndicat de Saint-Genis-Laval ;

2° Adresser au président, avant le 1er mars de chaque année, une demande sur feuille spéciale, que les syndiqués recevront, à cet effet, vers la fin février ;

3° Posséder au moins dix ares de vignes d'un seul tènement ;

4° Payer un droit annuel d'inspection de 5 centimes par are, sans, toutefois, que ce droit puisse dépasser 20 francs.

ART. 3. — La Chambre syndicale nommera l'inspecteur qui pourra être choisi parmi les grands prix, ainsi qu'il sera expliqué dans l'article 14, fixera ses honoraires et recevra, en séance, la promesse, qu'il fera par écrit et sur l'honneur, de procéder à l'inspection et de faire son rapport avec vérité, bonne foi et sans acception de personnes, fera le dépouillement du registre d'inspection, procèdera au classement, à la distribution des récompenses et veillera à tout ce qui pourra faire prospérer la bonne culture des vignes.

TITRE II. — INSPECTION

ART. 4. — Il sera fait, chaque année, au moins deux inspections, une au printemps et l'autre dans le courant de l'été, aux époques déterminées par la Chambre syndicale, autant que possible en avril et en août.

ART. 5. — La première aura lieu pour vérifier le remontage des terres, les fumures, la propreté du sol, le déchaussage, les provignages ou rebrochages, la taille, la première façon, les plantations, l'organisation et les soins donnés aux pépinières, la sélection des plants.

ART. 6. — La deuxième pour s'assurer si les vignes ont été bien relevées, rebinées, râclées, convenablement échalassées ou palissées, si l'ébourgeonnement a eu lieu, si le sevrage a été fait soit en pleine terre, soit en pépinière. La visite portera aussi sur l'organisation et la tenue des cuvages et celliers.

ART. 7. — L'inspection sera annoncée par les feuilles publiques à ce désignées et par lettres personnelles envoyées aux propriétaires, quarante-huit heures à l'avance.

ART. 8. — Les propriétaires et vignerons devront assister à cette visite ou s'y faire représenter.

ART. 9. — L'inspecteur sera accompagné par le syndic ou syndic adjoint de la commune. Ils pourront, en cas d'empêchement, se faire suppléer par un des syndicataires de la commune.

ART. 10. — L'inspecteur sera pourvu d'un carnet spécial où il inscrira les points et les observations.

Ce carnet sera visé, après la visite, par le syndic, ou le syndic adjoint ou le suppléant.

ART. 11. — Chacun des membres, dont les vignes seront inspectées, recevra gratuitement un manuel de bonne culture et tenue des vignes.

TITRE III. — DES PRIX

ART. 12. — Il sera distribué, chaque année, en Assemblée générale, des primes et récompenses à ceux des propriétaires ou vignerons qui auront obtenu le nombre de points suffisant.

ART. 13. — Le nombre des prix sera déterminé chaque année par la Chambre syndicale.

ART. 14. — Il y aura deux sortes de prix :
Les prix annuels et les grands prix qui seront accordés tous les cinq ans; un diplôme sera donné aux grands prix.

ART. 15. — Les prix devront porter sur l'ensemble du domaine.

ART. 16. — Une vigne notée *mal* empêche d'avoir un prix, lors même que les autres vignes seraient très bien notées.

— 346 —

Art. 17. — Un repas sera offert aux lauréats par les soins de la Chambre syndicale. Ils y occuperont une place d'honneur; tous les membres du syndicat sont admis à y souscrire.

Fait et délibéré à Sainte-Foy, par la Chambre syndicale, le lundi de la Pentecôte, le 10 juin 1889.

Le président : Guinand.

Après un examen sérieux de la question, la Chambre syndicale a décidé qu'il fallait diviser les façons de culture en deux grandes catégories :

I. — Les façons obligatoires et que tous doivent faire chaque année, c'est-à-dire :

1º La taille ;
2º L'ébourgeonnement et le pincement ;
2º Le piochage et le binage ;
4º Le sulfatage et la fumure.

II. — Les façons qui ne sont pratiquées que par quelques-uns, comme le minage, le greffage, la pépinière, la plantation, le rebrochage, le remontage des terres, l'échalassement. Nous disons pratiquées seulement par quelques-uns, car, en effet, dans les terrains plats le remontage des terres est inutile ; lorsque tout est planté, il n'y a plus besoin de miné, de pépinière, de rebrochage, etc.

Chacune de ces catégories fait l'objet d'un concours spécial.

La Chambre syndicale a également jugé utile de diviser les propriétés inspectées en trois divisions correspondant à leur étendue, afin de rendre les chances égales entre tous les concurrents.

3e Division comprenant les propriétaires possédant moins de 65 ares.

2e Division comprenant les propriétaires possédant plus de 65 ares et moins de 2 hectares.

1re Division comprenant les propriétaires possédant plus de 2 hectares.

Les notes vont de 0 à 12, mais, pour arriver à classer les concurrents avec plus de justice, il a été décidé qu'on donnerait une valeur différente aux diverses façons obligatoires et qu'on les classerait suivant leur importance.

La taille a été placée au premier rang, avec le coefficient 5.

L'ébourgeonnement et le pincement au deuxième rang, avec le coefficient 4.

Le piochage et le binage au troisième rang, avec le cofficient 3.

Le sulfatage et l'engrais au quatrième rang, avec le cofficient 2.

Toutes les autres façons non obligatoires au cinquième rang, avec le coefficient 1.

De la sorte, celui qui a la note 10 pour la taille obtient 50 points.

Celui qui a la note 10 pour l'ébourgeonnement obtient 40 points.

Celui qui a la note 10 pour le piochage obtient 30 points.

Celui qui a la note 10 pour le sulfatage obtient 20 points.

Celui qui a la note 10 pour les autres façons obtient 10 points.

L'inspection annuelle n'étant pas un concours, mais une simple constatation de l'état de la culture, la Chambre syndicale a décidé que tous ceux qui auraient la mention « très bien » auraient un premier prix ; que tous ceux qui auraient la mention « bien » seraient récompensés d'un deuxième prix ; que tous ceux qui auraient la mention « assez bien » auraient une mention.

Le concours spécial comprend tous les syndiqués, quelle que soit l'étendue de leur propriété, et la Chambre syndicale a décidé qu'il ne serait délivré qu'un seul prix à ceux des concurrents ayant obtenu au moins la moyenne de dix points.

Le grand concours a lieu, conformément aux règlements, tous les cinq ans, et il est organisé sur des bases différentes, les prix ne devant être donnés qu'au concours.

Cherchant à étendre de plus en plus les services du syndicat, la Chambre syndicale a fait l'acquisition d'un certain nombre de machines, mises à la disposition des membres moyennant une légère contribution. Six trieurs Marot, trois concasseurs, deux faucheuses, trois concasseurs avec trémie, une moissonneuse, pulvérisateurs, etc.

Chaque machine a un petit conseil d'administration qui en surveille le bon fonctionnement.

Une commission est chargée de veiller à la destruction des hannetons et de donner des primes à ceux qui les détruisent.

Le syndicat avait créé un marché aux vins à Vernaison, réunissant les échantillons de tous les produits du syndicat, mais il a dû fermer ses portes devant l'apathie et le mauvais vouloir des acheteurs et consommateurs. Et, cependant, cette création était des plus avantageuses pour les uns et les autres en mettant à leur disposition des vins sous la garantie morale du syndicat, leur assurant l'honnêteté du produit et leur évitant les pertes de temps occasionnées par les démarches à faire chez les propriétaires.

Une caisse de secours a été créée, en mai 1895, pour venir en aide aux membres du syndicat au moyen de l'assistance et subsidiairement au moyen de secours financiers. A la différence des sociétés de secours mutuels, tout le monde est appelé à y participer, mais personne n'y est obligé, comme aussi tous peuvent obtenir des secours, mais personne n'y a un droit absolu ; la commission est seule juge de l'opportunité de les accorder ou de les refuser.

La caisse fait exécuter les travaux des syndiqués malades, donne des allocations aux hommes mariés appelés à faire leurs périodes de

13 ou 28 jours et laissant une famille dans l'embarras, aux femmes en couches, pour des naissances légitimes. Bref, elle vient en aide à tous dans la mesure de ses moyens. Une commission spéciale administre cette caisse.

La caisse de crédit, fondée sous le bénéfice de la loi de 1894, fait des prêts pour les usages absolument agricoles, exigeant toujours une caution. Elle prête à 4 °/o et reçoit des dépôts qui ne peuvent excéder mille francs pour le même déposant et sont faits pour une durée d'un à trois ans.

Un conseil spécial dirige cette caisse; un comité d'escompte a mission de veiller au fonctionnement régulier de la Société dans l'intervalle des séances du Conseil.

Les prêts ne sont accordés qu'aux membres du syndicat.

La caisse est affiliée à la caisse régionale du Sud-Est.

Quatre communes, celles de Brignais, de Chaponost, de Saint-Genis-Laval et d'Irigny, ont un compte de prévoyance contre la mortalité du bétail bovin. Ce compte est réassuré à la Coopérative agricole du Sud-Est. Une commission spéciale est chargée de l'administration de ce compte. La Caisse d'Epargne de Lyon reçoit les fonds du compte à 3 °/o jusqu'à concurrence de 15,000 francs.

Grâce au traité fait par la Coopérative agricole du Sud-Est, les membres du syndicat peuvent bénéficier des bienfaits de l'assurance accidents qui, aujourd'hui, a une si grande importance.

Une caisse de retraites est en voie de formation et, sous peu, elle pourra fonctionner au grand avantage des vétérans de l'agriculture.

Le syndicat, qui a été primé au concours Chambrun, et qui avait obtenu une médaille d'argent et une somme de mille francs, a le plus vif désir d'organiser sans délai ce service des retraites agricoles.

Un comité du contentieux et un tribunal arbitral ont été organisés, mais, il faut le reconnaître, ils servent très peu aux membres du syndicat.

Une commission spéciale a été organisée pour promouvoir l'enseignement agricole dans les écoles de filles et de garçons; de nombreux examens ont déjà été passés depuis deux ans, soit de filles, soit de garçons, pour les deux degrés d'études.

Les jurys, composés exclusivement de membres du syndicat, comprenaient dix-huit examinateurs ou examinatrices, parmi lesquels les vétérinaires de la région, chargés d'interroger sur la partie du programme concernant les animaux domestiques. En outre des certificats et diplômes, le syndicat a décerné aux lauréats des livrets de caisse d'épargne, des outils tels que greffoirs et sécateurs, des nécessaires de travail pour les filles. Il fait, en outre, le service gratuit du Bulletin aux lauréats et aux maîtres.

De nombreuses conférences sur tous les sujets intéressant les agriculteurs ont été faites à tour de rôle dans les diverses communes, par les hommes les plus compétents et des spécialistes : vinification, taille de la vigne, greffage, culture maraîchère, replantation des vignobles, insectes nuisibles à l'agriculture, engrais, apiculture, etc.

La tribune du travail est gratuitement ouverte à tous les membres du syndicat, non seulement pour les offres et demandes d'emploi, mais encore pour les offres et demandes d'objets agricoles.

Le syndicat, qui forme aujourd'hui un beau régiment de 1.172 membres fait partie du corps d'armée de l'Union du Sud-Est et, en même temps est relié à la grande armée des agriculteurs, c'est-à-dire à l'Union Centrale des Agriculteurs de France.

« Dieu et Patrie, Union et Concorde », telle est la devise du syndicat. Il est devenu une grande famille où les uns et les autres ont créé de véritables liens d'affection, où chacun cherche le bien de tous en trouvant le sien propre.

Chaque jour une pierre nouvelle est ajoutée à l'édifice, grâce au dévoûment des fondateurs qui ne s'est pas encore démenti un seul instant. Les racines profondes que l'arbre a poussées font espérer que les fruits seront abondants.

Ce sera pour notre vaillant ami, M. Guinand, le zélé président de ce syndicat, la juste et légitime récompense des efforts incessants que, depuis 13 ans, il ne cesse de prodiguer, avec le plus complet désintéressement, à la cause agricole et syndicale.

Syndicat agricole de Tarare.

15 mai 1888. — M. 110

Président : M. Paul Bedin

Coopérative. — Bulletin. — Almanach,

Fondé, le 15 mai 1888, par le regretté Gabriel de St-Victor, ce syndical n'a pas pris toute l'extension qu'on était en droit d'espérer. Situé au centre d'une région des plus agricoles, rayonnant sur un territoire aussi vaste que mal desservi, ce syndicat se trouve mal placé pour rendre les services matériels, car le commerce local, qui est des plus importants, n'a pas de peine à vendre meilleur marché que lui. Comprenant ces difficultés, le syndicat se contente de passer à la Coopérative du Sud-Est les ordres de ses adhérents, mais il ne les sollicite pas, d'où un chiffre d'affaires fort restreint.

Annexe d'un Comice des plus anciens, en même temps que des plus prospères du Rhône, le Syndicat de Tarare doit, croyons-nous, s'appliquer à rendre plutôt des services économiques et professionnels que des services matériels et sociaux. Il doit, avant tout, créer dans chaque commune de sa circonscription un compte de prévoyance contre la mortalité du bétail ; car, dans ce pays où le bétail est l'une des principales richesses agricoles, c'est par là que le syndicat se rendra utile et sympathique. S'il réussit, ce qui est certain il verra bien vite son effectif doubler et tripler, et il pourra alors étudier par quels moyens il peut rendre à ses membres les services matériels qui sont, on ne saurait l'oublier, la clef de voûte de toute association syndicale.

Que ses administrateurs nous permettent, en ami et en voisin, de leur rappeler ce que disait à la fondation leur premier président, G. de St-Victor :

« On se syndique dans un certain milieu pour voler les pauvres ; nous nous syndiquons, nous autres, pour apporter à nos amis les agriculteurs tous les avantages que nous pouvons leur procurer. Le jour viendra où chacun saura où se trouve celui qui lui aura rendu service, aura défendu ses intérêts et se sera vraiment dévoué pour lui ».

Ce jour n'est pas arrivé encore pour les agriculteurs du canton de Tarare, mais nous espérons qu'il luira bientôt ; les administrateurs du syndicat ne demandent qu'à prodiguer leur dévouement et leurs conseils; aux intéressés à savoir en profiter. Ils n'ont qu'à y gagner.

Syndicat agricole de Thizy.

3 mai 1899. — M. 37

Président : M. L. MONCORGÉ.

Coopérative. — Compte bétail

Fils adoptif du Comice cantonal fondé il y a quelques années, ce syndicat remonte seulement au 4 mai 1899 ; c'est assez dire qu'il a eu à peine le temps d'affirmer son existence.

Dans la pensée de ses fondateurs, il devait limiter ses efforts à la constitution des comptes de prévoyance contre la mortalité du bétail, mais il ne s'en est heureusement pas tenu là, et nous comptons bien qu'à brève échéance il sera aussi prospère que ses voisins. Dans ce pays de grande culture où le bétail est une richesse importante, le premier acte du syndicat a été d'organiser l'assurance du bétail qui fonctionnera bientôt sous la vigilante et compétente direction de M. Frogel, qui à ses fonctions de secrétaire joint la profession de vétérinaire.

Le reste viendra ensuite et la propagation des engrais chimiques pour laquelle il trouvera dans la Coopérative un puissant auxiliaire, devra être le second point sur lequel le syndicat portera ses efforts ; le rôle social viendra ensuite et nous pouvons compter que son sympathique président réussira sur ce terrain aussi bien qu'il a réussi avec ses nombreux ouvriers.

Passé maître dans l'art de la mutualité et de la bienfaisance, il trouvera dans son syndicat une nouvelle occasion de faire le bien ; ce serait mal le connaître que douter un seul instant qu'il la laissera échapper.

Syndicat agricole de Thurins.

1er janvier 1892. — M. 80

Président : M. CLAUDE FOURNEL

Coopérative. — Bulletin. — Almanach. — Assurance-accidents.

Autrefois simple section du syndicat de Vaugneray, le Syndicat de Thurins s'est, depuis le 1er janvier 1892, constitué en syndicat indépendant, ayant son bureau, son administration ; il a rompu tous liens avec son ancienne famille. Il n'a pas eu à le regretter, puisque aujourd'hui l'ancienne section est plus nombreuse, plus importante qu'au moment de sa séparation. De soixante au moment de la séparation, ses membres sont aujourd'hui 80, et malgré que ce syndicat soit communal, il compte bien ne pas s'arrêter là.

Comprenant que c'est par les services matériels surtout que les syndicats peuvent attirer d'abord l'agriculteur, le syndicat a toujours eu à cœur de passer ses ordres par le courtier de l'Union du Sud-Est, et c'est avec empressement qu'il a adhéré, dès sa formation, à la Coopérative agricole qui est aujourd'hui son seul fournisseur. Grâce à sa proximité de Lyon, le syndicat a pu, jusqu'à ce jour, se dispenser d'entrepôts, un commissionnaire allant régulièrement à Lyon et amenant de la Coopérative, au fur et à mesure des demandes, toutes les marchandises commandées. C'est là, évidemment, une condition exceptionnelle pour obtenir le maximum de résultats avec le minimum de frais généraux. Aussi le chiffre d'affaires a-t-il augmenté de 2.000 francs depuis la création de la Coopérative, passant de 6.000 francs en 1892 à 8.000 francs en 1899. La cotisation de 1 fr. donne droit à l'Almanach de l'Union, bientôt peut-être au Bulletin.

Quelques assurances contre les accidents ont été contractées et nous aimons à penser que ce syndicat ne s'arrêtera pas là et qu'il aura à cœur de suivre le grand mouvement social qui entraîne dans un admirable élan de fraternité tous les syndicats qui l'entourent.

Sa réussite dans les services matériels est de bon augure pour l'avenir, et le jour où les agriculteurs de la commune, comprenant enfin leurs intérêts, s'associeront à lui, sans distinction, il sera à même, grâce à son organisation, de rendre des services considérables à tous ceux qui travaillent la terre et vivent de ses produits.

Syndicat agricole de Vaugneray.

25 février 1888. — M. 341

Président : M. Denis SOUPPAT

Coopérative. — Bulletin. — Almanach. — Assurance-accidents.

Ce syndicat date du 25 février 1888, il compte 341 membres (90 propriétaires faisant travailler, 232 travaillant par eux-mêmes, 19 ouvriers ou domestiques agricoles).

En échange d'une cotisation de 2.50, tous les syndiqués reçoivent le Bulletin et l'Almanach de l'Union.

La grande proximité de Lyon a permis à ce syndicat de simplifier tout rouage encombrant et coûteux, et ses membres viennent directement aux magasins de la Coopérative s'approvisionner suivant leurs besoins.

Ainsi dégagé de tout souci d'ordre matériel, ce syndicat doit chercher sur le terrain professionnel et social un autre élément de vitalité ; il y trouvera succès et prospérité.

Syndicat agricole des cantons de Villefranche et Anse

A VILLEFRANCHE

9 avril 1888. — M. 2,054

Président : M. JOSEPH CHATILLON

Prix Chambrun : Médaille d'argent

Immeuble. — Entrepôt. — Coopérative. — Bulletin, — Almanach. — Instruments. — Pépinières. — Assurance-accidents. — Compte bétail. — Crédit. — Bibliothèque. — Enseignement. — Tribunal arbitral. — Aide mutuelle. — Retraites.

Le Syndicat agricole des cantons de Villefranche et d'Anse a été créé par M. Terme, ancien député et maire de Denicé, le 9 avril 1888. Le dépôt des statuts à la mairie de Villefranche a eu lieu le 14 avril de la même année.

Ainsi que l'indique sa dénomination, il comprend les deux cantons de Villefranche et d'Anse.

Il comprend à ce jour 2,054 associés.

Grâce au développement des œuvres professionnelles et plus spécialement des comptes d'assurance contre la mortalité du bétail, qui existeront bientôt dans toutes les communes des deux cantons de Villefranche et d'Anse, ce qui amène environ 50 adhérents nouveaux par commune, le chiffre de 2,050 sera porté, lors de l'Assemblée générale prochaine, à 2.500 environ.

En vertu de son caractère mixte, le Syndicat de Villefranche reçoit dans son sein propriétaires et ouvriers agricoles, depuis les grands fermiers et les vignerons, jusqu'aux simples journaliers, avec cette différence, toutefois, que les propriétaires paient une cotisation de 3 fr. par an alors que les vignerons, fermiers et journaliers ne paient qu'un franc. C'est une répartition très équitable des charges de l'association qui plaide en faveur de l'esprit de solidarité professionnelle régnant parmi ses membres.

La classification des membres peut se faire ainsi :

Propriétaires faisant travailler : 1/10.

Propriétaires travaillant par eux-mêmes : 3/10.

Fermiers, vignerons, domestiques, journaliers : 6/10.

Par le nombre de ses associés, et on peut ajouter par le chiffre élevé de ses affaires, le Syndicat de Villefranche occupe sinon le premier rang dans l'Union Beaujolaise à laquelle il s'est affilié dès le début, du moins une place très honorable. Cette affiliation a été pour lui d'un puissant secours, il est juste de le reconnaître ici, et l'importance réelle, le développement considérable auxquels il est arrivé aujourd'hui, il le doit en grande partie à ses relations avec l'Union Beaujolaise et son président, M. Duport.

Les services rendus par le Syndicat de Villefranche sont de trois ordres différents :

Services matériels ; services professionnels ; services sociaux.

Services matériels. — Pour faire face aux dépenses multiples que nécessitait la lutte contre le phylloxéra et les maladies cryptogamiques, il s'agissait avant tout, de rendre des services matériels, d'alléger les charges qui pesaient sur les viticulteurs. Aussi, dès le 30 avril 1888, le Bureau décidait d'acheter du sulfate de cuivre et provoquait des commandes de la part des adhérents.

Cette première opération fut bien modeste, si on la compare à celles du même genre qui furent faites les années suivantes, puisqu'il ne fut livré que 9.872 kilos de sulfate de cuivre. Néanmoins, elle constituait un véritable service, puisque le prix de vente fut fixé à 60 fr. 50 les 0/0 kilos, alors que le commerce demandait 70 et 75 fr.

Encouragé par ce début heureux, le Bureau se hâta d'acheter pour le compte de ses membres, tout ce qui pouvait leur être immédiatement utile : porte-greffes américains, raphia, engrais chimiques, échalas, piquets en fer et en bois pour l'établissement des vignes sur cordons, outils de toute nature, etc.

La progression dans la vente aux syndicataires fut rapide et le chiffre d'affaires du dernier exercice s'est élevé à 220.632 fr. 20.

Le chiffre le plus haut a été atteint en 1893. L'excessive sécheresse qui caractérisa l'été de cette année, la difficulté de nourrir économiquement le bétail, amenèrent des demandes exceptionnelles de fourrage, tourbe, paille, tourteaux, avoine, son. Les articles de cette catégorie figurèrent aux recettes pour la somme de 55.827 fr. 85 centimes.

Il convient d'ajouter que l'importance des commandes de bois américains, qui avait atteint son maximum en 1803, devait nécessairement diminuer à mesure que se parachevait la reconstitution du vignoble, reconstitution à laquelle le Syndicat de Villefranche et d'Anse a contribué d'une façon remarquable, comme il est facile d'en juger, si l'on se reporte aux 8,000,000 de mètres de porte-greffes vendus dans ses entrepôts.

Il ne sera peut-être pas sans intérêt de donner le total des ventes de sulfate de cuivre et d'engrais chimiques, depuis la fondation du syndicat, car si les vignes américaines forment la base de la reconstitution d'un vignoble, le sulfate de cuivre et les engrais chimiques sont des éléments non moins nécessaires à sa conservation et à sa fertilité. Le total des livraisons a atteint 900 tonnes pour le sulfate de cuivre et il a produit, pour les engrais, une somme globale de 230.000 francs.

Aux vignes américaines, au sulfate de cuivre et aux engrais chimiques est venu s'ajouter le soufre, depuis les invasions intenses de l'oïdium. La vente annuelle est de 200.000 kilos. Il est, malheureusement à prévoir, en raison de la marche de plus en plus intense et générale de la maladie, que ce chiffre sera bientôt dépassé.

La rapidité avec laquelle sont effectuées les livraisons de soufre, la mise en vente d'une marchandise toujours scrupuleusement analysée et garantie, comme pour le sulfate de cuivre, ne constituent pas un des moindres services rendus par le Syndicat.

Enfin, un nouveau service matériel est actuellement rendu, d'une façon aussi parfaite que possible, par la vente des outils agricoles.

La qualité exceptionnelle de ces outils, leur bas prix qui défie toute concurrence attirent chaque jour dans les magasins un nombre considérable de syndiqués, et surtout de vignerons qui attestent ainsi par leur présence et l'importance de leurs achats, que la transformation et le développement de ce service correspondaient à un réel besoin. Il n'est pas téméraire de fixer à 25.000 francs la valeur des outils qui seront vendus pendant l'exercice en cours.

Tels sont les éléments essentiels constitutifs des services matériels rendus par le syndicat. Mais il est encore des éléments accessoires dont l'énumération serait ici déplacée, et élargirait trop le cadre de cette monographie. Ils seront qualifiés d'un mot: ils comprennent tout ce qui, de près ou de loin, peut être utile aux agriculteurs et viticulteurs de notre région.

Services professionnels.— Si les services sociaux n'ont été, comme nous le verrons, que le couronnement de l'édifice syndical, les services professionnels ont, au contraire, marché de pair avec les services matériels. Ils répondaient, en effet, à un besoin non moins impérieux, puisque, s'il importait de reconstituer le vignoble et de le défendre contre les maladies de toute nature qui l'assaillent, il n'importait pas moins de défendre les intérêts généraux de la profession, menacés, soit par le développement de la production vinicole à l'étranger, soit par des traités de commerce mal élaborés et qui pouvaient rendre inutiles tous les efforts de la viticulture française.

Ainsi, dès le 7 mai 1888, le Bureau organisait un concours de pulvérisateurs qui eut lieu, avec un plein succès, sur la place du Promenoir, à Villefranche. Un jury fut nommé, chargé de distribuer des récompenses et de faire un rapport sur les opérations, rapport qui, après avoir reçu la plus grande publicité, a été déposé aux archives.

La même année, une pépinière de porte-greffes de 60 ares était créée, grâce à la générosité de M. Pontbichet, alors président effectif du syndicat

Enfin, un Bulletin mensuel était fondé afin de grouper tous les membres de l'association et de les faire vivre d'une commune vie agricole. D'un format tout d'abord modeste, simple feuille de quatre pages, il est aujourd'hui devenu une élégante brochure de 26 pages.

L'année suivante, un marché aux vins était installé à Villefranche ; malheureusement, il ne donna pas les résultats que l'on en attendait et son existence fut éphémère. Les récoltes étaient alors peu abondantes, les vins très recherchés : la nécessité de mettre en relations producteurs et marchands n'était peut-être pas urgente. C'est là, ce nous semble, que réside la cause de cet échec, mais, dans un avenir que l'on ne saurait fixer, si la vente des produits viticoles devenait plus difficile, il est permis de supposer que cette institution retrouverait sa raison d'être.

L'année 1890 voyait encore s'ouvrir une enquête sur les Riparia dont l'affinité avec notre Gamay était mise en doute par des viticulteurs dont le nom faisait autorité. Les conclusions de cette enquête, favorables dans l'ensemble aux Riparia, n'ont pas été démenties par une nouvelle expérience de dix ans, et ont assurément contribué à tracer une voie sûre aux propriétaires et aux vignerons.

En 1892, une bibliothèque, exclusivement agricole et viticole, était installée au siège social. Un règlement très libéral la rend accessible à tous les membres de l'association. Elle renferme aujourd'hui 200 volumes catalogués comme suit :

Viticulture française, viticulture américaine, chimie agricole, horticulture, basse-cour, médecine et hygiène rurale, économie rurale' géologie, minéralogie, agriculture, entomologie, œnologie, histoire naturelle et voyages.

La bibliothèque contient encore un certain nombre de journaux traitant de questions agricoles et viticoles et une quantité considérable de Bulletins adressés, à titre de réciprocité, par des syndicats non seulement de la région du Sud-Est, mais encore des extrémités de la France. Ouvrages, journaux et bulletins peuvent être consultés du matin au soir, par les syndiqués. Une table spéciale est mise à leur disposition à cet effet.

Depuis 1891, l'Almanach de l'Union est remis gratuitement à chaque associé, et constitue, avec le Bulletin, le meilleur mode d'enseignement agricole.

Les besoins de la reconstitution du vignoble devenaient plus pressants, plus grande aussi la difficulté de se procurer des plants authentiques, et plus particulièrement du Vialla que le Midi envoyait presque toujours transformé en Clinton. C'est pourquoi, cette même année 1892, deux nouvelles pépinières de porte-greffes étaient plantées sur une surface de deux hectares, mise à titre gracieux à la disposition du syndicat, par M. le comte de Tournon, et par M. Benoît Blanc, propriétaires à Montmelas. Ces deux pépinières, auxquelles il faut joindre celle organisée par M. Pontbichet, en 1888, sont aujourd'hui en plein rapport et constituent pour la caisse du syndicat un sérieux revenu, qui s'est élevé, pendant l'exercice 1898-1899, à 1,655 fr. 55 c.

Ces divers services professionnels furent très appréciés. C'était un encouragement, pour les initiateurs, à faire mieux et plus encore. Aussi, dès que l'Union du Sud-Est, à l'instigation de M. Antonin Guinand, son vice-président, eut décidé de promouvoir l'enseignement agricole dans les écoles primaires de garçons et de filles, le Syndicat de Villefranche et d'Anse tint à honneur d'entrer immédiatement dans cette voie nouvelle.

Il se hâta d'entrer en relations tout d'abord avec MM. les Instituteurs, auprès desquels il reçut le meilleur accueil. Aussi, bien que l'enseignement n'eût été donné que depuis Pâques, trois instituteurs libres et quatre instituteurs appartenant à l'Etat exprimèrent le désir de présenter des élèves aux concours agricoles, conformément au programme élaboré par l'Union du Sud-Est. Malheureusement, au dernier moment, les Instituteurs de l'Etat reçurent de l'Académie l'ordre de s'abstenir, et les élèves des écoles libres subirent seuls l'examen.

Sur dix-neuf candidats, quinze furent admis à recevoir leur certificat agricole, dont trois avec la mention très bien, et six avec la mention bien.

C'était un résultat très encourageant. Aussi le Bureau, pour témoigner sa satisfaction aux lauréats, vota un livret de Caisse d'épargne de 10 francs aux trois élèves reçus avec la mention très bien, et un greffoir aux six élèves admis avec la mention bien.

Il convient d'ajouter que le Bureau du syndical, afin de bien établir son impartialité et le but essentiellement professionnel qu'il poursuivait, demanda à M. l'Inspecteur l'autorisation de récompenser les élèves qui avaient rédigé la meilleure copie agricole dans l'examen pour l'obtention du certificat d'études primaires. Cette intervention fut accueillie avec bienveillance, et des livrets de 10, 8 et 5 francs furent accordés à douze élèves, six du canton de Villefranche, six du canton d'Anse, dont les copies avaient été soigneusement corrigées en présence du président de la commission de l'enseignement agricole.

Pendant l'année scolaire 1899, l'attitude de l'Académie resta la même. Aussi, comme l'année précédente, les instituteurs libres présentèrent seuls des candidats. Dix sur douze furent admis. La moyenne des examens ne fut pas modifiée.

Il en fut de même, *a fortiori*, pour les examens du 2e degré. Deux écoles libres répondirent à l'appel. Malheureusement, le résultat fut médiocre, et un seul candidat reçut son diplôme. A quoi faut-il attribuer cet insuccès relatif? En grande partie, ce nous semble, à l'étendue d'un programme dont professeurs et candidats n'ont peut être pas suffisamment déterminé l'ampleur. Faut-il encore en accuser, dans une certaine mesure, la sévérité des examinateurs persuadés, pour la plupart, que l'indulgence serait un obstacle à une préparation suffisante, en même temps qu'elle diminuerait la valeur du diplôme agricole ? Mais il est hors de doute que les examens de la présente année scolaire revêtiront un tout autre caractère et seront couronnés d'un réel succès.

Enfin, à côté des écoles de garçons, les écoles libres de filles donnent aussi l'enseignement agricole. Trois candidates ont été présentées par l'école de Limas et ont été reçues d'une façon bien satisfaisante.

En somme, l'enseignement agricole se donne dans toutes les écoles libres ressortissant du Syndicat de Villefranche et Anse, et, si nos renseignements sont exacts, dans la plupart des écoles de l'Etat. N'est-ce pas le but que nous poursuivons, et n'avons-nous pas le droit d'affirmer que, grâce au mouvement d'opinion imprimé par les syndicats agricoles, l'instruction professionnelle sera bientôt à la portée de tous les enfants de nos campagnes ?

Au reste, les encouragements n'ont pas été ménagés aux instituteurs libres ou de l'Etat qui sont considérés comme membres de plein droit du syndicat, sans avoir de contribution annuelle à payer. Ils reçoivent gratuitement le Bulletin, peuvent puiser à volonté dans la bibliothèque, et reçoivent enfin à titre gracieux les engrais chimiques qui leur sont nécessaires pour leurs champs d'expériences scolaires.

Le crédit agricole, comme l'enseignement agricole, est un service professionnel d'institution récente. Il fonctionne depuis le 1er décembre 1898.

La Caisse a été créée au capital de 6.000 francs, représentés par 60 parts de 100 francs, dont un quart seulement a été versé. Le Syndicat de Villefranche, pour son compte, a souscrit trente parts ; les rente autres parts ont été attribuées à trente porteurs différents. Le capital versé n'est donc que de 1.500 francs, mais, malgré ce chiffre, on pourra consentir des prêts pour des sommes plus importantes en s'adressant à la Caisse régionale de Crédit agricole mutuelle du Sud-Est, de création toute récente, et qui peut faire des avances à des conditions très avantageuses. Deux mille francs ont été déjà empruntés à cette caisse régionale.

Le total des sommes prêtées s'élevait, au 15 octobre 1899, jour de l'Assemblée générale, à 1.750 francs. C'est un début, assurément modeste, mais il ne faut pas oublier que ces chiffres ne s'appliquent qu'à neuf mois d'un premier exercice. Nos populations viticoles ne sont pas encore habituées à prendre le chemin des caisses de crédit syndicales. Mais nul doute qu'elles n'y aient souvent recours, lorsqu'elles auront eu le temps de mieux apprécier les avantages qu'elles leur procureront.

Le service professionnel qui fait le plus d'honneur au Syndicat de Villefranche et d'Anse, et le met hors de pair parmi les 250 syndicats qui composent l'Union du Sud-Est, c'est, sans conteste, l'organisation des comptes de prévoyance contre la mortalité du bétail. Le mérite de cette organisation, il faut le dire ici, revient tout entier à M.Joseph Chatillon, son président.

En Beaujolais, la prévoyance contre la mortalité du bétail est organisée directement par les syndicats agricoles.

A cet effet, le syndicat centralise à part, dans un compte de prévoyance, les fonds que ses membres lui versent dans ce but déterminé.

Le compte est établi par commune ou par groupe de communes et il doit en être tenu un distinct pour chaque espèce d'animaux.

Actuellement, il n'en existe que pour les animaux de l'espèce bovine, mais les risques des chevaux seront prochainement garantis.

Ces comptes sont administrés par une commission de trois membres au moins, pris autant que possible parmi les participants, et qui reçoivent leur investiture du syndicat lui-même.

Le trésorier du syndicat a la connaissance de tous les comptes spéciaux ouverts dans sa circonscription et qui forment pour ainsi dire autant de caisses locales.

Aucune personnalité morale n'existe autre que celle du syndicat, dont le président représente tous les participants aux comptes de prévoyance. Le syndicat est également responsable des fonds versés par les participants.

Ceux-ci doivent faire inscrire tous les animaux de leur étable, en donnant leur estimation et, autant que possible, leur signalement et leur âge ; trois commissaires experts, pris parmi les participants, et désignés par eux en réunion générale, vérifient les déclarations et estimations, et fixent définitivement la valeur de chaque animal ; ce sont eux qui, au moment du sinistre, ont encore mission d'estimer l'animal au cours du jour.

La contribution annuelle est, en principe, de 1 0/0 de la valeur de chaque bête : elle est payable par semestre et d'avance.

En cas d'insuffisance des ressources pour faire face aux charges, la Commission administrative du compte de prévoyance, après autorisation du bureau du Syndicat, peut faire, chaque semestre, un rappel de contribution supplémentaire sans que le montant total de la contribution pour l'année puisse dépasser 2 0/0 de la valeur de chaque bête. La charge éventuelle que l'application de la mutualité peut imposer est donc limitée à 2 0/0, sans aucune solidarité entre les participants.

Ces derniers doivent, en outre, acquitter un droit d'entrée fixe au début, mais susceptible d'être augmenté proportionnellement aux ressources après l'ouverture du compte.

En cas de sinistre, le compte de prévoyance paie, jusqu'à concurrence de ses ressources, 80 0/0 de la perte nette. Cette indemnité est réglée par la Commission de prévoyance, dès qu'elle possède tous les éléments nécessaires pour lui permettre de l'établir exactement, et sauf restitution du trop perçu par le sinistré, si les ressources devenaient insuffisantes, pour régler, pendant le semestre, tous les sinistrés, dans la proportion de 80 0/0. Lorsqu'il y a, au contraire, excédent des recettes sur les dépenses, cet excédent est porté au fonds de réserve.

Les participants ne sont engagés que pour une année entière.

Chaque compte peut recevoir des dons et legs, avoir des membres honoraires, et demander des subventions à la commune, au département et à l'Etat.

Il peut aussi transférer une partie de ses risques, le quart ou la moitié, à la Coopérative agricole du Sud-Est, qui accepte de jouer le rôle de caisse de garantie vis à-vis de tous les comptes de prévoyance organisés par les syndicats qui lui sont affiliés.

Si la Coopérative participe pour un quart dans les sinistres, le compte doit lui verser un cinquième des contributions ; si elle y participe pour la moitié, il verse les deux cinquièmes.

Il convient de signaler la généreuse intervention de l'Union Beaujolaise des Syndicats agricoles qui, pour encourager la création des comptes de prévoyance dans sa circonscription, paie en leur acquit une partie de la redevance due à la Coopérative pour sa participation aux risques, soit les 3/4 la première année, la 1/2 la seconde année, le 1/4 la troisième année.

Telles sont les grandes lignes de l'organisation de la prévoyance contre la mortalité du bétail en Beaujolais.

M. Joseph Châtillon, qui s'est fait l'apôtre de ce service agricole, à la fois professionnel et social, a créé lui-même à ce jour 18 comptes dans la circonscription du Syndicat de Villefranche et Anse, dont il est président. La fin de l'année 1898 a constitué la période d'essai nécessaire pour marcher ensuite sans hésitation.

La multiplicité des créations qui caractérise l'année 1899, a prouvé que cette période de tâtonnement avait été de courte durée.

Voici l'ordre dans lequel ont été organisés les divers comptes.

Année 1898.

Limas	15 avril.
Denicé	1er mai.
Rivollet	1er août.

Année 1899.

Gleizé..	15 février.
Liergues...	15 mars.
Marcy..	1er avril.
Pommiers..	—
Charnay..	1er juin.
Lachassagne....................................	—
Cogny...	—
Blacé...	1er août.
St-Julien.......................................	1er novembre.
Arnas..	1er décembre.
Pouilly-le-Monial.............................	15 —

Année 1900.

Vaux...	1er janvier.
Salles..	—
Arbuissonnas..................................	—
Le Perréon....................................	1er février.

Soit au total :

18 comptes comprenant :

850 participants ayant fait assurer 1,700 animaux, pour une somme de 505,000 fr.

Si les vignerons sont venus se grouper nombreux sous la bannière de la mutualité assurance-bétail, ils ont trouvé dans de nombreux propriétaires de leur commune respective de précieux auxiliaires, sous le titre de membres honoraires. Et ce ne sera pas un exemple banal de solidarité professionnelle et sociale que celui donné par les viticulteurs beaujolais.

En quelques mois, dix comptes ont eu recours à la bienveillance des propriétaires et ont recueilli 1,310 francs. Lorsque cette intervention sera généralisée (et elle le sera dans le courant de la présente année) on peut estimer à deux mille francs environ les cotisations annuelles et volontaires des membres honoraires.

Les cotisations sont fixées à 5, à 10 et à 20 fr. Quelques comptes ont eu l'heureuse fortune de recevoir des dons s'élevant à 1000, 300 et 200 fr. Ce sont des actes généreux qui entraîneront certainement des imitateurs, lorsque l'œuvre aura produit tous ses fruits et sera, par conséquent, mieux appréciée.

Les communes n'ont pas voulu qu'on leur reprochât de ne pas

encourager ces associations appelées à rendre de si grands services aux vignerons, et la plupart d'entre elles ont inscrit dans leur budget une subvention qui varie de 50 à 100 fr.

Et, pour que la bonne volonté et le concours de tous ne puissent être mis en doute, l'Etat a déjà accordé une subvention de 500 fr. à 12 comptes indistinctement et quel que soit le nombre des participants, soit une somme totale de 6.000 fr.

Cotisations des membres honoraires, dons, subventions de l'État et des communes, voilà sans doute des avantages considérables pour les vignerons, et qui diminuent leurs charges d'assurance mutuelle. On sera même surpris que tous ceux qui possèdent du bétail ne fassent pas partie des comptes mortalité, lorsque nous aurons ajouté qu'ils bénéficient d'avantages appréciables concédés soit par les vétérinaires, soit par les pharmaciens.

Deux vétérinaires ont, en effet, réduit de 50 0/0 le prix de leurs visites et de leurs opérations. Un troisième n'a fait qu'une concession de 25 0/0 déjà appréciable.

Quatre pharmaciens ont consenti une réduction de 20 0/0 sur le tarif déjà réduit de 25 0/0 du Bureau de bienfaisance de Lyon, pour tous les remèdes destinés non seulement aux animaux, mais encore au participant et aux membres de sa famille.

L'exemple donné par les vétérinaires et les pharmaciens de Villefranche sera, nous en avons la certitude, suivi par tous leurs confrères sans exception. N'y va-t-il pas de leur intérêt, en effet, de se constituer d'un coup et sans effort une clientèle nombreuse, choisie, et dont les notes seront fidèlement acquittées tous les six mois?

Les sinistres subis par les différents comptes s'élevaient, de fin 1898 au 31 janvier 1900, à 22, se répartissant comme suit:

2 sinistres en 1898 ayant demandé pour être désintéressés une somme de fr. 199.

17 sinistres durant l'année 1899, une somme de fr. 2.514, 50.

3 sinistres au 31 janvier 1900, une somme de 488 fr. 60.

Tous ces sinistres ont été payés dans un délai de 48 heures, et plusieurs dans un délai de 24 heures.

Les recettes se sont élevées:

En 1898, à 2.820 fr. 76, et les dépenses à 414 fr. 10.

En 1899, à 10.987 fr. 22 pour les recettes et à 1.724 fr. 53 pour les dépenses, avec un boni de 9.262 fr. 69.

Les recettes totales ont donc été, depuis le 15 avril 1898 jusqu'au 1er janvier 1900, de 13.807 fr. 98.

Et les dépenses, pendant la même période, de 2.138 fr. 63.

Avec un boni de 11.669 fr. 95.

Résultat brillant, mais qui n'a pu être obtenu que grâce à l'intervention de l'Union beaujolaise et à la réassurance par la Coopérative, comme le prouve l'exemple suivant. Pendant l'année 1899, le compte Rivollet-Montmelas a eu à subir 8 sinistres. La somme à payer pour désintéresser les participants sinistrés s'élevait à 1.108 fr. 35 ; les contributions des participants se montaient seulement à 599 fr. 75, soit un déficit de 508 fr. 60. En conséquence, le fonds de réserve du compte eût été absorbé presque entièrement, et peut être eût-il fallu recourir à une contribution supplémentaire. Or, l'intervention de la Coopérative a évité la mesure extrême d'une contribution supplémentaire en même temps qu'elle permettait de conserver intact le fonds de réserve. La Coopérative est donc l'élément essentiel de la vitalité de ces caisses mutuelles ; elle rend certaine leur existence qui, avec des sinistres trop fréquents dès le début, serait le plus souvent précaire.

Il est de tradition, au Syndicat de Villefranche, de faire une conférence, d'une part, le jour de l'Assemblée générale qui a lieu chaque année au mois de novembre, et, d'autre part, toutes les fois qu'une question d'intérêt professionnel de quelqu'importance demande à être développée.

C'est ainsi que le mildiou, le black-rot, la cochylis, la pyrale, les engrais chimiques, le crédit agricole, les œuvres de mutualité, les moyens de combattre la grêle, etc., etc., ont fait l'objet de conférences distinctes données soit par les professeurs d'agriculture, soit par des propriétaires que leurs travaux avaient mis à la tête du mouvement agricole.

Sans compter les multiples conférences faites en dehors du siège social du syndicat, M. Joseph Châtillon, par exemple, s'est déjà rendu dans 21 communes, pour exposer aux vignerons l'organisation des comptes mortalité-bétail, et cette exposition constitue de véritables conférences.

En somme, ce mode d'enseignement est d'un emploi fréquent au Syndicat de Villefranche, et la possession d'une salle spéciale de réunions, depuis la fin de l'année 1899, ne pourra que le multiplier davantage.

Le Syndicat de Villefranche et Anse va expérimenter, cette année, le procédé employé en Italie et en Autriche pour combattre la grêle, et qui consiste à diriger contre les nuages orageux des détonations d'artillerie.

Une commission de trois membres a été nommée à la suite de la conférence faite par M. Guinand, vice-président de l'Union du Sud-Est, le 15 janvier 1900, commission chargée de faire une expérience d'où l'on puisse tirer des conclusions pratiques.

La commune de Denicé (canton de Villefranche) a été choisie pour être le centre de cette expérience, qui demandera une somme de 12,000 francs environ. Cette somme est déjà trouvée, grâce à la générosité de propriétaires convaincus de l'importance du but poursuivi.

A côté de cette expérience, qui sera faite sur une surface relativement considérable, 900 hectares, un propriétaire de Blacé, M. Louis Billard, qui fait partie de la commission de la défense contre la grêle, se propose d'essayer de protéger un vignoble de 125 hectares environ. Cet essai aura également son importance, parce qu'il permettra de se rendre compte si un viticulteur de bonne volonté et pénétré de l'efficacité du procédé ne pourra pas l'employer utilement sur son propre domaine, et ne pas être victime de l'inertie ou de l'ignorance de ses voisins.

Ces deux expériences ont été chaudement encouragées par le bureau et l'assemblée du syndicat. Le résultat en sera consigné dans le bulletin mensuel.

L'émission des vœux est une des attributions essentielles des syndicats agricoles qui jouent, en l'espèce, le rôle de Chambre d'agriculture, rôle dont l'importance n'a pas échappé au Syndicat de Villefranche et Anse. Aussi serait-il trop long d'énumérer tous les vœux qu'il a formulés depuis sa création. Qu'il suffise de dire que, de concert avec l'Union Beaujolaise, il n'a cessé de protester auprès des pouvoirs publics, toutes les fois que les intérêts agricoles ont été lésés, et de réclamer lorsque ces mêmes intérêts demandaient à être plus efficacement protégés. Son intervention n'a pas toujours été vaine, ainsi qu'en font foi notamment les discussions relatives aux tarifs douaniers.

Il continuera à faire entendre ses doléances jusqu'à ce que l'Etat ait réalisé ce vœu si souvent émis : la création des Chambres d'Agriculture, et qu'il ait donné aux cultivateurs un organe autorisé, comme il en a donné un aux commerçants par la création des Chambres de Commerce.

Services sociaux. — Les services sociaux constituent le couronnement de l'édifice syndical. Aussi, bien qu'ils aient toujours fait partie du programme élaboré par les organisateurs des associations professionnelles, leur caractère propre, les ressources relativement considérables qu'ils demandent, la nécessité de l'expansion des principes de solidarité mutuelle parmi les masses agricoles n'ont pas permis d'en faire bénéficier, dès le principe, les adhérents.

La première application, la mise en pratique de la solidarité sociale date de l'Assemblée générale de novembre 1898. Le Syndicat de Villefranche et d'Anse avait obtenu, dans le concours organisé par M. le comte de Chambrun entre tous les syndicats agricoles de France, une médaille d'argent et une rente annuelle de 200 francs, plus deux médailles de bronze. L'exemple donné par le généreux fondateur du Musée Social était trop entraînant, il répondait trop aux désirs les plus chers de tous ceux qui voulaient améliorer la situation du cultivateur, et ils répondaient trop à l'esprit unanime de notre association, pour que cet exemple ne fût pas de suite imité. Il le fut en effet, et le syndicat, dans la même assemblée générale, constituait deux rentes de 50 francs. Il faisait plus encore, puisque son président, M. Albert Pontbichet, que des raisons de santé invitaient à résilier ses fonctions, constituait à son tour quatre rentes annuelles de 50 francs, afin de laisser un gage tangible de l'affection qu'il conservait à l'association qu'il avait si habilement dirigée pendant 10 ans.

L'élan était donné. Pendant l'année 1899 le syndicat rendait perpétuelle la rente de 200 francs constituée par M. le comte de Chambrun, et faisait de ce chef un sacrifice de 5.384 15.

Pendant cette année 1899, grâce à l'initiative de son nouveau président, douze rentes annuelles de 50 francs étaient souscrites par douze propriétaires qui avaient compris l'importance de l'œuvre à accomplir.

De telle sorte que le syndicat de Villefranche et d'Anse distribue annuellement, le jour de son assemblée générale, une somme de 1.100 francs qui, au taux de 3 0/0, représente un capital de 36.600 fr., première étape dans une voie nouvelle et féconde..... les caisses de retraites pour la vieillesse.

Ces caisses seront organisées graduellement dans chacune des communes comprises dans la circonscription syndicale, dès que le décret portant règlement d'administration publique aura été rendu, et lorsque les statuts, mûrement étudiés, auront été mis au point.

Cela ne saurait tarder. C'est pourquoi, dans le courant de l'année présente, plusieurs caisses de retraite pour la vieillesse seront créées et nul doute qu'elles ne se multiplient rapidement, à l'instar des comptes mortalité-bétail, car elles répondent à un besoin plus urgent encore.

L'organisation de ces différents services matériels, professionnels et sociaux, leur extension rapide et leur importance font assurément le plus grand honneur au Syndicat de Villefranche et d'Anse ; toutefois il est, en outre, une particularité qui lui crée une place à part, parmi l'Union Beaujolaise, c'est la propriété d'un vaste local édifié par ses soins et qu'il occupe depuis le 15 octobre 1899. Voici en quelques mots la genèse de cette construction.

Devant la difficulté très grande de trouver un local bien aménagé et bien placé, le nouveau président du syndicat, M. Joseph Châtillon, conçut le projet de faire édifier une construction ad hoc ; son but était non seulement de faciliter, par une meilleure distribution intérieure, le service dans les bureaux, magasins et entrepôts, mais encore de réaliser, pour le compte du syndicat, une opération financière très avantageuse bien qu'à longue échéance.

Après autorisation obtenue en assemblée générale, et assisté de deux membres du bureau, il acheta pour le compte du syndicat, près de la gare, un terrain d'une superficie de 400 mètres, très bien situé pour rendre facile et économique la livraison des marchandises. Il fit dresser, par M. Giraud architecte à Villefranche, un plan qui fut mûrement étudié puis approuvé par le conseil d'administration. En huit mois les travaux étaient complètement terminés et l'immeuble était mis à la disposition du syndicat.

Afin d'acquitter les sommes relativement élevées qu'entraînait l'exécution d'un pareil projet, M. Chatillon avait emprunté à la Caisse d'Epargne de Lyon, au nom du syndicat et de concert avec deux de ses collègues du Bureau, une somme de quarante mille francs avec intérêts à 3 0/0 l'an, amortissable en vingt années. L'amortissement pourra se faire par anticipation au gré de l'emprunteur. L'emprunt est garanti, vis à vis de la Caisse d'Epargne, par la caution du président et de ses deux collègues du Bureau.

L'exécution de ce projet fera réaliser au syndicat une économie considérable, si l'on tient compte soit du prix élevé des locations à Villefranche (on ne trouvait pas un local à moins de 2.000 francs par an) soit des conditions très avantageuses concédées par la Caisse d'Epargne de Lyon (intérêts et amortissement s'élevent annuellement à 2.864 francs). 864 francs pendant 20 ans, tel sera le prix d'un local d'une superficie de 400 mètres comprenant au rez-de-chaussée deux bureaux pour les employés, un bureau pour le conseil d'administration, un vaste magasin, un entrepôt d'une égale superficie, et, au 1er étage une salle de réunion pouvant contenir environ 400 personnes.

Cette entreprise, qui a pu paraître téméraire à quelques-uns dans le principe, a reçu maintenant l'approbation de tous. L'extension qu'un nouveau projet de loi va sans doute donner aux associations syndicales en leur conférant des attributions plus étendues et une plus large capacité civile, montre que le Syndicat de Villefranche et d'Anse a été bien inspiré, puisqu'il a, en quelque sorte, pressenti l'œuvre du législateur.

Telle est la longue et instructive histoire de ce grand syndicat. Elle fait honneur à ceux qui l'ont créé, à ses deux premiers fondateurs, MM. Terme et Ponthichet, aujourd'hui disparus, comme aussi à son président actuel qui en fut toujours l'âme et la cheville ouvrière, M. Chatillon. Administrateurs passés ou présents ont leur part de gloire dans les succès merveilleux obtenus, ce serait mal connaître nos amis que penser qu'ils vont aujourd'hui se reposer sur des lauriers si rapidement conquis.

Sous l'active impulsion de son sympathique président, le Bureau du syndicat rêve de nouveaux succès, nos vœux les plus cordiaux l'accompagnent.

SAONE-ET-LOIRE

STATISTIQUE

CIRCONSCRIPTION des SYNDICATS	NOMBRE						PROPORTION DES	
	de Syndicats	de Syndiqués	Moyenne par Syndicat	Classification des Syndiqués			Rentiers du sol	Travailleurs du sol
				Propriétaires ne travaillant pas	Propriétaires travaillant eux-mêmes	Ouvriers travaillant chez les autres		
SYNDICATS de département...	»	»	»	»	»	»	»	»
d'arrondissement..	4	8.233	2.058	1.512	2.920	3.801	18.37	81.63
de canton......	4	1.199	300	147	755	297	12.26	87.74
de commune....	13	951	73	78	541	332	8 20	91.80
Totaux....	21	10.383	494	1.737	4.216	4.430	16.73	83.27

Syndicat des Agriculteurs de l'Abergement de Cuisery.

28 avril 1897. — M. 17

Président : M. PIPONNIER

Coopérative.

Fondé le 28 avril 1897, ce syndicat de 17 membres a une histoire
des plus modestes. Il a borné son rôle à faire profiter ses adhérents
de l'intermédiaire de la Coopérative et c'est à la succursale de Chalon
que ceux-ci vont s'approvisionner. Leurs achats sont peu importants,
leurs affaires peu nombreuses.

Souhaitons que le temps leur donne plus d'ampleur et que ce premier résultat incite les fondateurs de ce petit syndicat à poursuivre

sur d'autres terrains plus fertiles leur œuvre de rénovation agricole et sociale.

***

Syndicat des Agriculteurs Charollais.

A Paray-le-Monial.

13 août 1886. — M. 302

Président : M. MAGNIN

Coopérative. — Bulletin. — Almanach.

L'un des plus anciens de la région du Sud-Est, ce Syndicat, fondé le 13 août 1886, dans un pays de grande et bonne culture, ne semble pas avoir donné les résultats que ses fondateurs avaient pu espérer et qu'avait appelés leur dévouement incessant.

Son effectif se compose de 302 membres dont 75 grands propriétaires, 76 petits cultivateurs, et 151 fermiers et ouvriers agricoles. La cotisation est de 5 fr. pour les premiers, de 2 fr. pour les autres.

Principal, pour ne pas dire exclusif but de cette association, les achats atteignent annuellement un tonnage de 1.300.000 kilos de marchandises diverses composées principalement d'engrais et de produits pour le bétail. N'ayant pas d'entrepôts, il fait expédier directement aux intéressés, ce qui ne saurait faciliter le petit cultivateur qui peut difficilement acheter par wagon complet.

Par son affiliation à la Coopérative, ce syndicat aurait intérêt à organiser quelques dépôts dans les communes principales de sa circonscription, et il lui en coûterait peu de les tenir constamment approvisionnés des denrées agricoles les plus usuelles.

Il attirerait ainsi à lui toute la classe si intéressante des petits cultivateurs, qui est celle, sans aucun doute, qui doit retirer du syndicat les plus palpables avantages.

Sur le terrain professionnel, ce syndicat semble avoir été plus hardi et il a développé heureusement l'enseignement agricole dans les écoles de sa circonscription. Il a constitué, dans son sein, une section de l'enseignement qui s'occupe de la question, organise les concours-examens annuels, recrute les jurys locaux, décerne les récompenses. Celles-ci consistent en certificats d'instruction agricole primaire ou en livrets de caisses d'épargne pour les élèves et, pour les maîtres, en médailles.

Pour l'enseignement de second degré le syndicat suit les programmes de l'Union.

Grâce à la générosité d'un riche donateur, une propriété de 100 hectares a été mise à la disposition du syndicat pour y installer une école pratique d'agriculture, placée sous la direction des Frères des Ecoles Chrétiennes.

On le voit, le Syndicat des agriculteurs Charollais est mieux placé qu'aucun autre pour développer l'enseignement professionnel ; espérons qu'il y saura réussir.

Dans le domaine des assurances, l'action syndicale s'est bornée à faciliter les contrats des syndiqués avec l'Ancienne Mutuelle de Rouen pour l'incendie et avec la Providence, par la Coopérative, pour les accidents agricoles.

C'est, pour le moment, toute l'histoire de ce vieux syndicat ; on aurait pu l'espérer plus longue et plus complète en raison surtout de l'esprit d'initiative bien connu des membres de son Bureau. Pourquoi nos espérances ont-elles été déçues ? Parce que les agriculteurs charollais se sont désintéressés du syndicat en tant qu'influence et œuvre et qu'ils n'ont vu, dans cet instrument merveilleux de solidarité professionnelle, qu'un moyen pratique d'acheter meilleur marché.

Cette indifférence a refroidi le zèle des administrateurs du syndicat qui, voyant leurs efforts si mal compris, n'ont pas eu le courage de développer leur institution et d'en étendre les services.

C'est un sentiment fort humain, mais, nous permettant de rappeler à nos amis la haute mission qui leur incombe, nous leur crions : courage !

Faire le bien n'est pas toujours chose facile, et travailler pour ses compatriotes c'est s'exposer bien souvent à trouver plus d'épines que de roses, mais ce n'est point là une raison de faillir à son devoir.

Nos amis du Charollais ont le cœur trop haut placé pour ne pas écouter notre voix, et, comme leur dévouement est à la hauteur de leur bonne volonté, nous espérons qu'ils ne regretteront pas d'avoir prêté, à notre appel, une oreille attentive et bienveillante.

Syndicat agricole Autunois.

A AUTUN

18 juillet 1887. — M. 310

Président : M. DE CHAMPEAUX LA BOULAYE

Entrepôt.— Coopérative.— Pépinières.— Enseignement.

Ce syndicat, dont la fondation remonte au 18 juillet 1887, n'est affilié à l'Union que depuis quelques semaines. Situé dans un de ces départements que le règlement entre les Unions a qualifié de mixte, ce syndicat s'était contenté, jusqu'ici, de faire partie de l'Union de Bourgogne et de l'Union de Saône-et-Loire ; le soleil de l'Union du Sud-Est l'a peu à peu attiré et, faisant mentir le proverbe, il est allé au Midi d'où venait la lumière. Dès le premier jour de son entrée dans l'Union du Sud-Est, il a compris quel parti il pouvait tirer de la Coopérative et son premier acte fut de s'y affilier.

Situé dans un centre agricole des plus importants, ce syndicat compte 310 membres (162 grands propriétaires, 60 petits cultivateurs 83 ouvriers ou métayers). Les uns et les autres payent une cotisation uniforme de 2 francs qui leur donne droit au Bulletin fait en commun avec deux sociétés d'agriculture et d'horticulture du pays. Son entrée dans l'Union va lui permettre de profiter de l'Almanach, à des conditions exceptionnelles, il n'aura garde de laisser passer cette excellente occasion de faire à ses adhérents un cadeau utile et agréable.

Centralisant toutes les demandes d'achats, il a ouvert, à Autun, un dépôt où chacun des intéressés vient prendre livraison, au moment voulu ; le chiffre total d'affaires pour la dernière année a été de 20.000 francs ; il doit être, croyons-nous, facilement dépassé, grâce aux prix avantageux consentis par la Coopérative. Comme les syndicats beaujolais, et en même temps qu'eux, il a tenté, avec le même insuccès, la vente des vins de ses adhérents, comme eux il y a depuis longtemps renoncé. Il a préféré leur faciliter la reconstitution de leur vignoble et il a créé, dans le canton de Couches, des pépinières syndicales qui lui donnent assurément plus de satisfaction que le marché aux vins.

Outre les conférences qu'il fait le plus fréquentes possible dans les diverses communes de sa circonscription, il a secondé les tentatives de l'Union et essayé de propager dans les écoles l'enseignement agricole.

Comme ailleurs, il a trouvé beaucoup de bonne volonté chez les instituteurs libres, beaucoup de résistance chez les autres. « Nous voulons bien faire quelque chose, a-t-on répondu, mais nous ne pouvons pas le faire avec vous ! » Et pourquoi ? Quand la maison brûle, demande-t-on aux pompiers s'ils vont à la messe ou à la loge, s'ils sont pour ou contre le gouvernement ? L'histoire, a-t-on dit, est un perpétuel recommencement, et c'est sous les régimes dits de liberté que le citoyen en a le moins !

Le syndicat ne s'entête pas à lutter contre l'Université et, continuant son petit bonhomme de chemin, il étudie l'organisation d'une caisse rurale et d'un compte de prévoyance contre la mortalité du bétail. Sur ce terrain il n'a trouvé d'autres obstacles qu'un peu d'indifférence : il en aura plus facilement raison que de la mauvaise volonté.

Quand il aura doté chaque commune d'un compte de prévoyance il aura triplé, quadruplé même son effectif et il pourra alors utilement organiser, avec les mêmes cadres, ces sociétés de secours mutuels qui, à peine nées, sont déjà le rêve, l'idéal de tous les syndicats !

Le Syndicat d'Autun a trop d'hommes de cœur à sa tête pour rester en arrière et c'est parce que nous savons être entendus que nous leur crions : « En avant pour l'Agriculture et pour la France ! »

Syndicat agricole de Bussière, Milly et Pierreclos.

A BUSSIÈRES

27 octobre 1897. — M. 32

Président : M. Cl. SORNAY

Entrepôts. — Coopérative. — Bulletin. — Almanacn. Champs d'expériences.

Fondé, le 27 octobre 1897, entre les agriculteurs des trois communes précitées, ce syndicat comprend actuellement 32 membres (15 propriétaires faisant travailler, 15 petits cultivateurs, 2 vignerons). La cotisation uniforme est de 2 francs, payée au moment de la remise de l'Almanach de l'Union.

Jusqu'à ce jour ce syndicat a borné son rôle à l'achat des matières utiles à l'agriculteur dans sa profession, et il faut avouer que, sur ce terrain, il a obtenu de jolis résultats. La moyenne de ses affaires annuelles atteignant le chiffre de 10.000, fr., c'est par tête plus de 300 francs d'achats professionnels !

Rayonnant dans une région des plus viticoles, ce syndicat a créé des champs d'expériences pour pouvoir indiquer quels sont les engrais qui, dans la région, sont à conseiller, et il a constitué, au moment de l'invasion du black-rot, une commission spéciale chargée de surveiller la bonne exécution et la régularité des traitements.

L'action syndicale n'a pas été très étendue, mais elle a été utile et efficace parce que son bureau a su s'occuper d'abord des intérêts vitaux de ses associés. Il a, en ce faisant, gagné la sympathie de tous et il lui sera facile, maintenant, de développer, dans leur sens le plus large, les multiples créations qu'offre à l'agriculture l'association libre et syndicale.

Syndicat agricole et viticole de l'arrondissement de Chalon-sur-Saône

15 janvier 1887. — M. 7.063

Président : M. PROSPER DE L'ISLE

Prix Chambrun : Médaille d'argent

Entrepôts. — Coopérative. — Bulletin. — Almanach. — Champs d'expériences. — Assurance-Accidents. — Compte bétail. — Crédit. — Tribunal arbitral. — Laboratoire. — Enseignement.

Le Syndicat de Chalon-sur-Saône a été fondé au début de l'année 1887 Le premier procès-verbal du registre des délibérations porte la date du 15 janvier 1887.

Dès le début les fondateurs firent un très grand nombre de conférences, et cela avec le plus complet succès ; chaque déplacement dans les villages environnants donnait 40 ou 50 adhésions nouvelles et, dix-huit mois après sa création, soit vers le milieu de 1888, le Syndicat de l'arrondissement de Chalon-sur-Saône comptait 2,200 membres. Il resta environ deux ans à ce chiffre, de nouvelles recrues venant combler le vide des disparus ; mais alors le tassement commença...

Les fondateurs de ce syndicat, tous animés, au début, d'un très grand esprit de dévouement, avaient trop présumé de leurs forces et, par cela même, il en était résulté une organisation défectueuse qui condamnait l'œuvre dès sa naissance. Il avait été convenu, en effet, que chaque administrateur se tiendrait, à tour de rôle, un jour par semaine, au syndicat, pour recevoir les syndiqués et leur parler. De plus, chaque administrateur devait faire la correspondance du jour et décider dans une réunion de bureau, au moins hebdomadaire, des achats ou des ventes à faire. Tout au plus admettait-on, par économie, un employé à 600 francs par an, qui n'avait aucune initiative, et qui semblait n'être au syndicat que pour répondre, en cas d'absence éventuelle de l'administrateur de service.

Plus tard, ce premier employé à 600 francs fut doublé d'un excellent vieillard, plus que septuagénaire et qui, ancien instituteur et ancien employé au bureau de l'état-civil, ne pouvait posséder le moindre esprit commercial.

En même temps, le zèle des administrateurs, empêchés plus ou moins régulièrement par leurs occupations personnelles, se ralentissait de telle sorte que, le 17 juillet 1888, se tint la dernière réunion des administrateurs. Jusqu'à la date du 15 juin 1894 ne figure plus aucune délibération au registre des procès-verbaux de séances.

Dans cet intervalle, M. le président Benoît était resté à peu près seul à se rendre au syndicat. Il avait fait appel à de nouveaux dévouements et, alors qu'au début, il avait été entendu que tous les administrateurs devaient avoir domicile à Chalon, afin d'être toujours sur place, M. Benoît revenant sur cette décision, s'adressa aux agriculteurs ruraux. Deux nouveaux administrateurs, pas un de plus, se présentaient : MM. Joseph Buffe, qui accepta les fonctions de trésorier et s'en occupa activement pendant deux années, et L. Pinet, déjà trésorier de la Société d'Agriculture de Chalon, qui, ancien négociant et agriculteur, apportait au syndicat de solides connaissances spéciales.

En 1894, M. Joseph Buffe, démissionnant, se trouvait remplacé par M. Pierre Legrand, ancien commerçant, et nommé directeur appointé du syndicat. M Pierre Legrand s'était adjoint lui-même un sous-

directeur, mais tous ces hommes, presque octogénaires, manquaient
de ressort et surtout d'activité juvénile. Les syndiqués se retiraient
par centaines et M. Benoît lui-même, absorbé par ses très lourdes
occupations industrielles, renonçait, au début de 1894, à s'occuper
davantage de l'œuvre.

M. L. Pinet, menacé de se trouver seul, pour diriger une affaire à peu
près sombrée, prenait le parti de liquider le syndicat et congé était
donné au propriétaire de l'immeuble. Le 24 juin 1894 devait voir la
disparition du Syndicat agricole de l'arrondissement de Chalon-sur-
Saône.

Là s'arrête l'historique des premières années de ce syndicat, la
première période de son existence. Nous nous sommes étendu sur
ces années de début, sur ce beau départ et sur cette chute lamentable et fatale, afin de signaler, d'appeler l'attention sur un écueil que
beaucoup de syndicats agricoles ont déjà rencontré ou sont appelés
à rencontrer dans l'avenir, au fur et à mesure de leur création. Les
administrateurs de syndicats doivent, dès le premier jour, se persuader que leur bonne volonté n'aura qu'un temps ; tôt ou tard ils dis-
paraîtront et leur œuvre avec eux ; ils ne seront pas remplacés s'ils
n'ont pas pris la sage précaution d'édifier sur des bases solides, c'est-
à-dire de s'entourer d'un personnel jeune, intelligent et actif, appelé à
prendre la direction le jour où les nécessités inexorables de la vie
auront fait disparaître les organisateurs de la première heure.

Financièrement, la situation du syndicat était heureusement bonne
à la veille de la liquidation définitive projetée, ce qui pouvait mettre
encore un peu d'espoir au cœur de quelques hommes navrés d'une
liquidation que d'obstinés détracteurs ne manqueraient pas d'appeler
la banqueroute du dévouement désintéressé. Il suffisait peut-être
d'une circonstance quelconque, d'une lueur entrevue, pour tout
ranimer, pour raviver l'ardeur qui semblait éteinte ; cette circonstance se présenta, tel un aimant mystérieux qui finit tôt ou tard
par conduire les bonnes volontés les unes vers les autres.

C'est, en effet, vers la même époque, au début de juin 1894, que
M. Petiot, président de la Société d'Agriculture, et M. L. Pinet, délégués
à une réunion viticole tenue à Dijon, s'entretenaient avec les agriculteurs de cette ville de la question agricole et décidaient de tenter un
suprême effort pour faire revivre le Syndicat de Chalon. Dans ce but,
M. Petiot s'adressait à deux hommes nouveaux : M. Hubert Monin,
viticulteur à Dracy-le-Fort qui, depuis plusieurs mois, secrétaire de
la Société d'Agriculture, apportait un grand esprit de progrès dans

tout ce qui touchait à l'agriculture, puis à une nouvelle et grande
personnalité, M. Prosper de l'Isle qui, propriétaire à Givry, près
l'Orbize, venait, après avoir donné sa démission d'officier, prési-
der à la reconstitution d'un vignoble dévasté.

Tous deux ayant donné leur acceptation, M. Prosper de l'Isle
prenait, le 15 juin 1894, après une vibrante allocution prononcée à
l'assemblée générale, la présidence du *Syndicat agricole et viticole
de l'arrondissement de Chalon-sur-Saône*; M. Hubert Monin, devenait secrétaire général ; M. L. Pinet conservait les fonctions de trésorier. Quelques agriculteurs prêtaient leur nom pour constituer complètement un nouveau bureau et, le 15 juin 1894 se tenait, après six
ans moins un mois d'intervalle, une réunion où s'affirmait la nouvelle
et seconde période de l'histoire du syndicat.

Le bureau eut d'abord à se pourvoir d'un nouveau local trouvé
tout à côté de l'ancien. Puis de jeunes employés remplacèrent les
octogénaires. Comme il fallait aller modestement dans cette reconstitution, modeste était aussi l'appointement accordé au personnel.
Le difficile était surtout d'arrêter le tassement ; en août, le nombre
des syndiqués était tombé à 800...

Par des réunions-conférences tenues un peu partout, M. Prosper de
l'Isle, doué d'un grand talent de parole, arrivait à rallier les syndiqués en déroute et, dès le 1er janvier suivant, la période ascendante
s'affirmait de toute façon. La partie commerciale progressait particulièrement et un magasin plus vaste devenait nécessaire ; une location
pour six ans était faite sur la place et en face de l'hôtel de ville de Chalon.

L'actif du syndical qui, au 1er janvier 1894, laissait un boni de
6.868 fr. 55, était en constante augmentation à chaque inventaire :
9.075 fr. au 1er janvier 1895, 15.078 fr. 30, au 1er janvier 1896.

Le recrutement s'affirmait dans les mêmes proportions, les syndiqués, revenus par dizaines d'abord, se faisaient ensuite inscrire, chaque mois, par centaines.

En même temps que les opérations commerciales progressaient,
naturellement l'hostilité du commerce local s'affirmait et des plaintes
étaient même déposées au parquet. Pour éviter toute discussion, le
syndicat prit le parti de s'adjoindre une coopérative agricole, et
d'occuper des locaux plus vastes. Avant de constituer cette nouvelle
association, M. Prosper de l'Isle s'adressa à la Coopérative agricole
du Sud-Est, pour savoir si Chalon, resté jusqu'alors en dehors de
toute Union agricole, ne pouvait pas obtenir une succursale de la
Coopérative agricole de Lyon.

Dans le premier semestre 1897, les négociations étaient menées à bien, et le syndicat agricole passait toute sa partie commerciale à la Coopérative du Sud-Est. En juillet 1897, le local de la place de l'Hôtel-de-Ville était abandonné comme insuffisant et la succursale était installée quai de la Navigation.

Peu de mois plus tard, le syndicat louait tout à côté, un second rez-de-chaussée pour installer ses bureaux et services annexes.

Le chiffre d'affaires traité pendant le dernier exercice, par la succursale de la Coopérative du Sud-Est, a atteint près de 700.000 francs, laissant un excédent d'environ 20.000 francs.

Le personnel de la succursale de la Coopérative comprend trois employés aux écritures, un petit employé, trois vendeurs et quatre hommes de magasin. La comptabilité, tenue à Lyon, ne comporte pour Chalon que celle des achats ou ventes faits sur place, plus les livres d'entrée et de sortie de chacun des 400 articles en magasin. Tous les paiements se font à Lyon.

De son côté, le syndicat a pour personnel spécial un professeur d'agriculture, directeur, M. Truchot; un employé pour le recouvrement des cotisations; neuf dépositaires installés dans neuf localités différentes de l'arrondissement; cela pour la partie commerciale ou la partie théorique, tout au moins en ce qui concerne le professeur d'agriculture. Le syndicat possède, en outre, différents directeurs de services spéciaux, à la Caisse d'économie et de Crédit agricole, à l'assurance mutuelle contre la mortalité-bétail.

Pendant la dernière année, le syndicat s'est occupé d'améliorer les races chevalines et bovines de l'arrondissement, soit avec des étalons percherons, soit avec des animaux fribourgeois.

Au 1er juillet 1899, l'actif du syndicat dépassait le passif de plus de 30.000 fr. Le recrutement se fait à raison de 150 membres, en moyenne, pendant les derniers mois de 1899; au 1er janvier 1900, l'effectif dépasse de beaucoup 7.000, cela pour un seul arrondissement.

Le chiffre d'affaires de la succursale de la Coopérative est en progression constante, comme celui des dépôts du syndicat. Une partie de l'arrondissement, les cantons de Mont-St-Vincent et le très populeux canton ouvrier de Montceau n'ont encore que très peu de relations avec le syndicat, mais tout fait croire que d'un instant à l'autre ces cantons se rallieront, des négociations étant engagées à ce sujet en ce moment; le chiffre des syndiqués dépassera alors 10.000, cela probablement dès 1901.

L'organisation du syndicat est faite de telle sorte que si les hommes dévoués qui l'ont amené, en si peu d'années, à un tel degré de prospérité, viennent à disparaître, l'association pourra continuer sa marche sans le moindre tassement ou ralentissement, le fonctionnement de chaque service étant assuré soit par Lyon, soit par les directeurs de chaque service, soit par des dépositaires. Il suffira qu'un administrateur doué de quelque autorité morale maintienne la bonne harmonie actuellement existante, tant entre tout le personnel qu'entre les syndiqués.

Nous croyons devoir attirer particulièrement l'attention des administrateurs de syndicats sur cette partie de l'organisation du syndicat de Chalon. On a toujours dit que la prospérité d'un syndicat agricole dépendait de son président, parfois aidé d'un administrateur et rarement de deux; c'est la vérité absolue. Or, président et administrateur doivent prévoir que les nécessités fatales de l'existence les feront tôt ou tard disparaître, et que très probablement ils ne seront pas remplacés. Qu'ils songent donc à l'avenir et qu'ils le préparent en créant un personnel qui n'aura plus à suivre que la route vaillamment tracée.

Cela nous amène à insister sur ce dernier point; pour organiser ce personnel, il faut le bien payer et, pour le bien payer, il faut faire des bénéfices. Il ne faut donc pas viser uniquement le bon marché et les bas prix. Il faut, tout en vendant meilleur marché que les voisins, conserver une certaine marge qui parera d'abord à l'imprévu de toutes les opérations commerciales, et ensuite donnera la possibilité de consolider l'œuvre de l'édifice à chaux et à sable, autant que peut l'être œuvre humaine.

Cette vue d'ensemble jetée sur le syndicat, détaillons rapidement les principaux rouages de cette grande et active Association.

Coopérative. — Évidemment c'est de tous les services, celui de la partie commerciale, le plus important. Pour l'exercice allant du 1er juillet 1898 au 30 juin 1899, le chiffre des affaires s'est élevé à 676.965 fr. L'augmentation sur l'exercice précédent est considérable.

Naturellement, nous sommes amené à parler des conséquences de ce gros mouvement d'affaires, c'est-à-dire du bénéfice qui en est résulté. Pour la seule succursale de Chalon, ce bénéfice est de 17.719 francs, soit de 2,50 % sur le chiffre d'affaires.

Il y a à ce propos un point sur lequel nous avons déjà souvent insisté, mais sur lequel il faut toujours et encore revenir. Généralement, en France, et surtout dans le monde agricole, on n'admet les coopératives que comme associations devant vendre uniformément tous les articles aux plus bas prix. Si, par hasard, un négociant quelconque et, à plus forte raison, plusieurs négociants vendent aux mêmes prix, la coopérative est considérée immédiatement comme exploitant ses membres. Ceux-ci vont alors, avec un touchant ensemble, se servir, acheter chez des négociants, abandonnant la coopérative. A prix égal, ils donnent, presque toujours, la préférence au commerce. C'est leur droit assurément; nous sommes trop respectueux de la liberté d'autrui pour le leur contester. Mais on nous permettra bien de faire remarquer que c'est comprendre, d'étrange façon, la solidarité, la solidarité professionnelle tout particulièrement. Chose en vérité singulière, et qui prouve combien il reste de progrès à réaliser dans l'éducation de la mutuelle fraternité des individus, la solidarité, invoquée de nos jours, avec un si vigoureux et si unanime entrain, dès que les questions politiques ou ouvrières sont en jeu, se trouve subitement condamnée à l'isolement, à l'inertie, dès que la question économique se fait jour! Comme s'il y avait deux sortes de solidarités humaines : l'une affectée au rêve, l'autre à la réalité !

Dépots. -— Le syndicat possède dix dépôts, savoir : Blanzy, Boyer, Bresse-sur-Grosne, Cormatin, Demigny, Genouilly, Nanton, Sennecey, St-Germain-du-Plain, Verdun-sur-Doubs. Chaque dépôt est géré par une personne bien au courant du commerce, sous la surveillance d'un comité de surveillance local inspiré par le Conseil d'administration de Chalon.

Direction. — Depuis 1897, la direction du Syndicat est confiée à M. Ch. Truchot, professeur d'agriculture spécialement attaché au syndicat. M. Truchot, ingénieur agricole, diplômé de l'Ecole nationale d'agriculture de Montpellier, d'où il est sorti avec le n° 3, est chargé, en outre, du service des renseignements agricoles, de la direction du laboratoire, de la direction et de la surveillance des champs d'expériences.

Le service des renseignements agricoles est des plus importants, et comporte : 1° renseignements par correspondance; 2° renseignements verbaux. En 1899, ce service a donné 1200 renseignements écrits et plus de 3000 renseignements verbaux; il prend chaque jour un développement plus considérable.

Le Laboratoire syndical, créé depuis 2 ans, renferme tout le nécessaire pour effectuer les analyses de terres, engrais, vins, alcools, etc., pour effectuer les recherches micrographiques, etc. En 1899, le laboratoire a fait 180 analyses de terres, 40 analyses d'engrais et 400 analyses de vins.

Les champs d'expériences, au nombre de cinq, ont été organisés en 1899 sur différentes cultures, vigne, pomme de terre, céréales, dans les communes de Nanton, Sassenay, Varennes, Bragny et Givry. Les résultats obtenus, des plus satisfaisants, montrent aux cultivateurs la possibilité de produire plus par l'emploi judicieux des engrais chimiques.

Outre cela, M. Truchot est chargé de faire des conférences sur des sujets agricoles et viticoles dans les communes de l'arrondissement. Ces conférences sont environ au nombre de 25 à 30 par an, elles sont toujours très suivies par les populations rurales qui en apprécient toute l'importance.

BULLETIN — ALMANACH. — Après avoir eu, pendant plusieurs années, comme organe le *Bulletin de la Société d'Agriculture et de Viticulture de Chalon-sur-Saône*, le syndicat, depuis le 1er janvier 1895, possède un Bulletin spécial tiré aujourd'hui à près de 8.000 exemplaires de 48 pages.

Le *Bulletin du Syndical* est mensuel et tient les cultivateurs et les viticulteurs au courant des progrès réalisés, il s'efforce de faire appliquer les bonnes et nouvelles méthodes de culture. Le bulletin possède une *tribune du travail*, où sont insérées, gratuitement pour les syndiqués seuls, les offres et demandes d'emplois, les offres de ventes, de location, etc.

L'Almanach de l'Union complète chaque année l'enseignement du Bulletin.

ENSEIGNEMENT AGRICOLE. — Depuis 1898, le syndicat encourage l'enseignement agricole dans l'arrondissement. Au lieu de 99 élèves la première année, il a eu, en 1899, 225 candidats, soit 108 candidats à l'examen du certificat d'études agricoles primaires délivré par le Syndicat de Chalon; 42 candidats à l'examen pour l'obtention du diplôme d'études agricoles délivré, en seconde année, par l'Union du Sud-Est des syndicats agricoles; 66 candidats à l'examen du diplôme d'économie domestique (1er degré) délivré par le Syndicat de Chalon et 9 candidats pour le même diplôme, mais second degré, délivré par l'Union du Sud-Est.

Au Syndicat de Chalon existe une commission permanente de l'enseignement agricole composée de 17 membres.

A la suite des examens de second degré et du concours de bourses du Sud-Est, le Syndicat de Chalon paie 1/2 bourse à un élève de l'Ecole d'agriculture de Fontaines.

Caisse de crédit. — La caisse de crédit et d'économie, fondée depuis le 1er juillet 1898, avait peu travaillé les six premiers mois de son existence; depuis, dépositaires et emprunteurs ont appris à la connaître. Le capital-actions a dû être doublé, dernièrement, afin de permettre l'augmentation des dépôts, qui, d'après les statuts, ne peuvent dépasser de dix fois le montant du capital-actions. Ce capital est aujourd'hui de 10.000 francs donnant droit à cent mille fr. de dépôts.

Cette somme est employée, par moitié, soit à faire aux syndiqués des prêts à trois mois d'échéance et renouvelables, soit à couvrir le syndicat lui-même d'une partie des marchandises qu'il a dans ses dépôts, et dont le chiffre est de plus en plus élevé. Le côté prêt est certainement le plus intéressant ; il y a constamment une cinquantaine de mille francs avancés à la culture, à la petite culture, mais il semble que ce chiffre ne progressera guère tant que les prêts avec caution seront les plus usités. Le véritable système dans ces pays de petite culture doit être le prêt sur warrants. Et c'est pourquoi le Syndicat de Chalon a mis une telle énergie à demander la modification de la loi primitive, ce qui a été fait, et que, de nouveau, il insiste auprès des pouvoirs publics pour faire admettre le bétail assuré contre la mortalité au bénéfice du warantage, tout en demandant également une nouvelle réduction des frais incombant à l'établissement des warrants.

Assurance contre la mortalité du bétail. — Ce service est le dernier organisé. Son directeur, M. Bouret, vétérinaire à Sennecey-le-Grand, a commencé les conférences en mai 1899 et, dès le mois suivant, un grand nombre de polices d'assurances ont été signées. Le chiffre du bétail assuré s'est élevé rapidement à 180,000 francs. La commune d'Epervans est celle qui, de beaucoup, a souscrit le plus de polices.

Malgré le surcroît de mortalité occasionné par la fièvre aphteuse, la Caisse de prévoyance a bien fonctionné. En dépit de pertes toujours considérables en temps d'épidémie, la Caisse a, néanmoins, et malgré sa toute récente fondation, fait face à ses engagements et intégralement payé les sinistres. La somme totale versée dans la Caisse de prévoyance a été de 1.084 fr. 70, les indemnités de sinistres ont été de 1.174 fr. 40, nous devons ajouter, pour frais d'impression et divers, la somme de 228 fr. 25, soit un total de dépenses de 1.402 fr. 85 ; les recettes étant de 1,084 fr. 70, il y a donc eu une différence de 317 fr. 55 qui a dû être demandée à la Caisse de réassurance ; d'une incontestable utilité, cette Caisse spéciale de réassurance est fondée et entretenue par le syndicat.

Commission d'élevage. — Le syndicat ayant entrepris l'importante question de l'amélioration des races chevalines et bovines par l'introduction de reproducteurs, a nommé une commission d'élevage composée des sommités agricoles de l'arrondissement au nombre de 35. Cette commission est appelée à prendre une réelle importance, elle sera chargée, par la suite, de l'organisation des concours spéciaux de bétail.

Étalons et Taureaux. — Le syndicat, pour pousser plus activement les améliorations des races chevalines et bovines, possède à l'heure actuelle :

1° Deux étalons percherons de race inscrite au stud-book de la race percheronne ;

2° Quatre taureaux de race fribourgeoise pure.

Ces animaux sont en station dans les centres d'élevage et leurs services exclusivement réservés aux syndiqués.

Tribunal arbitral. — Ce service composé de quatre jurisconsultes éminents : MM. Delucenay, bâtonnier de l'ordre des avocats de Chalon ; Nivet, ancien bâtonnier ; Diconne et Guépet, avoués, est une juridiction purement volontaire, créée spécialement par l'assentiment des intéressés, pour affaire déterminée, dans les termes de l'article 1.003 et suivants du code de procédure civile.

Ce tribunal fonctionne régulièrement et rend de réels services puisque le nombre des procès parmi les cultivateurs a une tendance marquée à diminuer dans l'arrondissement. Puisse-t-il de plus en plus faire cesser ces haines, ces rivalités, ces jalousies entre voisins de campagne qui, naguère encore, étaient si fréquentes et si préjudiciables à la bonne harmonie qui devrait toujours exister entre gens de même profession et de même labeur.

Vieux serviteurs. — Le Syndicat de Chalon ayant obtenu, en 1897, au concours Chambrun, une médaille d'argent grand module, a été autorisé à présenter l'an suivant, au concours des travailleurs agricoles du *Musée Social,* quatre candidats ayant une moyenne de 60 ans de service dans la même exploitation. Ces candidats ont tous été récompensés ; l'un d'eux, doyen des candidats de France, a obtenu une rente viagère de 200 fr.; un autre, une médaille d'argent, à laquelle le Syndicat de Chalon a joint une somme de 80 francs. Enfin, à deux autres, a été décerné une médaille de bronze complétée par 50 francs.

En 1899, voulant persévérer dans cette voie de récompenser les vieux travailleurs du sol, le Syndicat de Chalon a donné des diplômes de bon travail agricole et des subventions à sept cultivateurs et à deux cultivatrices. Pour 1900, un crédit de 500 francs est affecté à un nouveau concours de vieux serviteurs agricoles.

En un mot et pour finir, comme un grand nombre de syndicats frères, le Syndicat agricole de Chalon-sur-Saône a travaillé, a grandi, a prospéré. En dehors, bien entendu, du zèle de son très sympathique Président et de ses administrateurs, de la science de son professeur spécial d'agriculture, de la droiture et du dévouement de ses employés, si le succès est venu éclatant, le Syndicat de Chalon le doit surtout à son entière indépendance d'idées et d'opinion, et au soin jaloux qu'il a pris de rester une association ouverte à tous, sans parti d'aucune sorte, en dehors de toute coterie confessionnelle ou politique.

Son idéal, le seul qu'il ait poursuivi depuis sa réorganisation, est de faire tomber les haines et les préjugés en s'efforçant chaque jour, d'accomplir l'œuvre indispensable de la réconciliation sociale. Et il a bon espoir de remplir cette noble tâche qui, malgré toutes les difficultés apparentes, est tâche facile encore au vrai zèle et à la bonne foi de ses administrateurs dont le désintéressement égale la sincérité.

Si aujourd'hui aveuglés par les passions politiques et la tyrannie de l'esprit sectaire, les adversaires du syndicat sont encore nombreux dans l'arrondissement de Chalon, il viendra un jour, prochain peut-être, où l'immense majorité mettant enfin au-dessus de toutes les ambitions mesquines, de toutes les passions de parti, de tous les préjugés serviles, de tout en un mot, la religion de la patrie, il viendra un jour, disons nous, où cette immense majorité dira du Syndicat agricole de Chalon, en lui rendant justice:

Qu'il aimait son pays et le faisait aimer !

C'est la récompense qu'attend, avec une ardente impatience, l'homme de grand cœur, de grand dévouement qui est à sa tête, nous souhaitons de toutes nos forces qu'elle ne tarde pas longtemps.

Syndicat agricole de Charolles.

9 juin 1899 — M. 350

Président: M. LE BARON DES TOURNELLES

Il est demeuré, nous écrit son secrétaire, si modeste depuis sa fondation, qu'il vaut mieux ne pas en parler quant à présent.

Il compte seulement quelques membres qui ne se souviennent sans doute pas, pour la plupart, qu'ils en font partie, puisque on ne les a pas réunis et on ne leur a demandé aucune cotisation.

Souhaitons qu'une main active et dévouée prenne la direction de cette association et lui fasse rendre, à l'exemple des syndicats voisins, les services de tout ordre que les agriculteurs du pays sont en droit d'en attendre.

Syndicat agricole d'Huilly.

20 août 1897. — M. 37

Président: MARQUIS DE LA SERVE

Instruments. — Champs d'expériences. — Enseignement. — Tribunal arbitral — Aide mutuelle.

C'est presque le type idéal du syndicat de commune.

Fondé le 20 août 1897 pour les seuls agriculteurs d'Huilly, ce syndicat compte aujourd'hui 37 membres (1 propriétaire faisant valoir, 27 travaillant de leurs mains, 10 fermiers). Les ouvriers, domestiques, journaliers, au service des membres du syndicat, font partie de droit sans payer de cotisation mais sans avoir voix délibérative.

Bien que jeune, le syndicat d'Huilly a déjà abordé tous les services que l'agriculteur est en droit d'attendre de l'association et il nous prouve, par son exemple, que ce ne sont pas toujours les petits syndicats qui sont les moins actifs et les moins utiles.

Il rend des services matériels à ses membres par le groupement de toutes leurs commandes recueillies chaque dimanche à la mairie. Ces commandes sont enlevées en gare par les intéressés ou détail-ées par un syndiqué qui met gratuitement son entrepôt et son temps à la disposition de ses collègues.

Le montant total de ses opérations, pendant le dernier exercice, s'est élevé à 13.515 fr. soit 365 fr. par tête ! C'est une moyenne considérable, la plus forte, croyons-nous, qui ait été signalée dans l'ensemble de l'Union.

Chaque année, le syndicat achète un instrument nouveau perfectionné qui vient s'ajouter à la collection déjà nombreuse des machines prêtées gratuitement aux associés.

Entre temps, le bureau a essayé d'organiser la vente du bétail et des grains ; cette tentative, quoiqu'ayant réussi, n'a pas pris grand développement.

Le champ d'expériences créé par le syndicat est exploité par un des membres, sous le régime du métayage ; il constitue une source de revenus sérieux et un enseignement des plus fructueux. C'est à ce même métayer que le syndicat remet chaque année les deux taureaux reproducteurs qu'il achète et qui, après un an, sont tirés au sort entre les adhérents, à charge par les gagnants, de rembourser le prix d'acquisition et de les tenir à la disposition gratuite de leurs collègues.

A côté de ces services, purement matériels, le syndicat a réservé une large part aux créations professionnelles et sociales.

L'enseignement agricole est donné, avec les encouragements du syndicat par le maître d'école, syndiqué lui-même, et si les élèves n'ont pas pris part aux concours organisés par l'Union, c'est que la population est, en principe, hostile à tous les certificats primaires ou agricoles.

La question du crédit a été résolue dans l'intérieur du syndicat, comme emploi de ses fonds disponibles et réalisation des fonds nécessaires à ses opérations. Avec ce double but, le bureau a décidé d'accepter des dépôts à 3 0/0 et de prêter aux syndiqués à 4 0/0. Pratiquement il a toujours des sommes disponibles en caisse et ses opérations de crédit se soldent, pour 1898, par un déficit de 13 fr.

Pour l'assurance-bétail, un compte de prévoyance a été organisé, ses statuts adoptés sans qu'aucune suite y soit donnée. Les syndiqués ont des besoins trop considérables pour n'être pas leurs propres assureurs et l'usage local des quêtes indemnise le petit cultivateur.

Sur le terrain purement social, le syndicat est arrivé à rendre l'aide mutuelle obligatoire pour tous ses membres et à leur faire donner à tous les soins du médecin et du pharmacien à des conditions des plus avantageuses. Le bureau s'est constitué en tribunal arbitral et, s'il n'a pas eu l'occasion de rendre des sentences, il a pu déjà prévenir plusieurs procès, régler plusieurs différends.

Tous les syndiqués se réunissent chaque dimanche à la mairie, au sortir de la messe. Ils reçoivent les communications qui les intéressent ; c'est la vie publique du syndicat étendue à la commune toute entière. Toutes les familles, sans exception, ont eu l'occasion de recourir à ses services, c'est le plus bel éloge qu'en guise de conclusion nous puissions faire de cette vaillante association.

Elle est pour nous tous un merveilleux exemple de la fécondité de nos associations, elle est la démonstration que le type communal est celui qui permet le mieux leur entier développement.

C'est pour beaucoup à son bureau et à son très dévoué président que nous devons ce brillant résultat dont profiteront, nous n'en pouvons douter, bien de ceux qui nous liront ; il est donc de toute justice que nous lui adressions nos très vives félicitations.

Syndicat agricole de Lacrost.

18 février 1896. — M. 43

Président: M. LÉTIENNE

Coopérative.

Fondé le 18 février 1896, ce syndicat n'est entré à l'Union que dans le courant de 1899 et 15 de ses membres seulement sur 42 ont accepté de devenir adhérents à la Coopérative.

Limités aux engrais et aux charbons, ses achats ne dépassent pas une moyenne de 1.200 francs par an.

Une assurance-bétail et une société de secours mutuels existant dans la commune depuis 15 ans, il n'a pas eu à s'occuper de ces deux questions, ses membres étant déjà tous affiliés aux sociétés communales.

Puisque le rôle du syndicat se trouve de ce fait porté principalement sur les services matériels, il semble que son Bureau doit, par des conférences, par les publications de l'Union, mettre tous ses adhérents à même de savoir quel puissant adjuvant ils peuvent trouver dans l'emploi des engrais chimiques ; s'il y réussit, il aura rempli sa tâche et il aura bien mérité de son pays.

Syndicat agricole et viticole de Mâcon.

30 avril 1887. — M. 510

Président : M. ALBERT DESVIGNES

Entrepôt. — Coopérative. — Almanach.

C'est le 30 avril 1887, sur l'initiative du sympathique rédacteur en chef du *Journal de Saône-et-Loire*, M. Ch. Deton, que le Syndicat agricole de Mâcon fut fondé par trente agriculteurs de l'arrondissement. Le même jour les statuts furent votés, le Bureau fut nommé et, en plaçant à leur tête M. de Benoist, maire de Grevilly, qui, le premier dans la région, s'était occupé de la reconstitution des vignobles par le greffage, les membres fondateurs assuraient d'avance le succès de la nouvelle création. Pendant douze ans, M. de Benoist a été l'âme et la vie du syndicat et, sans vouloir diminuer les mérites de ses collaborateurs, il est juste de reconnaître que c'est grâce à son dévouement de tous les instants que le syndicat a atteint aussi rapidement sa prospérité actuelle. Il faut féliciter les premiers organisateurs d'avoir si bien placé leur confiance ; les intérêts agricoles et viticoles de l'arrondissement de Mâcon étaient entre bonnes mains.

C'est par un acte de conciliation que le syndicat entre dans la vie publique et, comme il est toujours dangereux de diviser les efforts qui tendent à un même but, il prend l'initiative de demander au Comité du Syndicat agricole de l'arrondissement de Mâcon de fusionner avec lui et de ne former ainsi qu'une vaste association qui sera d'autant plus puissante qu'elle sera plus nombreuse et représentera tous les intérêts de l'arrondissement. Cette tentative eut plein succès, et à la fin de 1887, le Syndicat agricole et viticole de Mâcon restait seul mandataire des agriculteurs et viticulteurs mâconnais.

C'est à ce moment, et pour ses débuts, en présence des progrès rapides des ravages causés par le phylloxéra dans la région mâconnaise et bourguignonne pendant les deux dernières années, de la destruction presque complète qui menaçait ces vignobles dans un avenir très prochain, de la perspective des plantations nouvelles qui s'imposaient à bref délai, c'est à ce moment, disons-nous, que le syndicat résolut de s'affirmer par une grande initiative : la réunion au chef-lieu de Saône-et-Loire d'un Congrès national viticole.

Au moment où toute la région allait être obligée d'entrer dans la voie d'une large reconstitution, il lui avait paru du plus haut intérêt de déterminer les conditions qui pourraient assurer la réussite de la régénération du vignoble. Mettre en lumière les résultats obtenus dans toutes les parties de la France ; fixer les principes à l'application desquels sont subordonnés les succès ; rechercher les causes des échecs isolés ; former enfin une grande synthèse des conquêtes de la science et de la pratique, en tirer les conclusions et faire profiter les vignerons mâconnais et bourguignons des expériences de ceux qui ont été envahis les premiers, leur éviter ainsi les tâtonnements et les chances de mécomptes, tel fut l'objectif des promoteurs du Congrès.

On sait quel succès eurent ces grandes assises viticoles qui se tinrent les 20, 21, 22 octobre 1887 et dans lesquelles, sous l'habile présidence de M. le marquis de Barbentane, toutes les sociétés du monde viticole vinrent apporter aux vignerons mâconnais l'espoir et la confiance. Jamais congrès n'avait attiré autant de monde et réuni un auditoire aussi soucieux d'entendre la bonne parole qu'apportaient, des divers points de la France, les spécialistes qui ont, les premiers, lutté contre le phylloxéra, soit par les insecticides, soit en reconstituant leurs vignobles par les vignes américaines résistantes. Comme l'écrivait, quelques jours après, M. V. Pulliat : « L'effet produit par ce Congrès fut immense. Nous avons eu l'occasion de causer, à diverses reprises, avec bien des viticulteurs, venus des divers vignobles de France, et c'est bien là l'un des plus grands avantages de ces congrès viticoles. Tous déclaraient que ces réunions produisent le plus grand bien. Elles éclairent, nous disaient-ils, la situation si grave et si difficile où se trouve aujourd'hui la viticulture, elles remontent le moral de ceux qui pourraient se laisser aller au découragement, elles font entrevoir de nouveaux horizons plus rassurants, signalent les écueils que l'on pourrait rencontrer, elles rédigent le programme de la viticulture nouvelle. C'est dans ces réunions que les viticulteurs peuvent s'entendre, échanger leurs manières de voir sur toutes les questions relatives à la production et à la vente des vins, formuler des vœux en faveur de la viticulture, s'élever contre les charges de toutes sortes qui les accablent. »

C'est le Congrès de 1887, ce sont les récompenses, les leçons et les encouragements prodigués par lui qui ont donné l'élan à la reconstitution du vignoble mâconnais, aujourd'hui presque achevée.

Ayant ainsi déterminé la régénération du vignoble mâconnais, le syndicat a dû, dans la suite, s'occuper de la vente du produit de ce vignoble.

La première tentative en ce sens fut la création d'un marché aux vins, création votée par l'Assemblée générale de 1888, sur le rapport suivant de M. Ch Deton :

« A plusieurs reprises, la Chambre syndicale s'est occupée d'un projet qui, s'il était réalisé, donnerait à notre association une vie plus active encore et rendrait service à un grand nombre d'entre nous. Il s'agit d'un marché aux vins. Le cultivateur, qui a du blé ou des pommes de terre à vendre, les apporte au marché, il est assuré de trouver des acquéreurs à la grenette et de vendre les produits à leurs prix, suivant les cours. De même, le consommateur qui veut acheter du blé ou des pommes de terre peut, en allant à la grenette, se passer d'intermédiaire et ne pas payer ces produits au-dessus de la valeur à laquelle ils sont cotés. Il n'en est pas de même pour le vigneron. S'il a du vin à vendre, il est obligé d'attendre l'occasion chez lui et, lorsque cette occasion vient, il s'empresse de la saisir, souvent au détriment de ses intérêts. Lorsque le marchand ou le commissionnaire passent, le vigneron est obligé d'accepter le prix qu'ils offrent ou de garder son vin en cave. La plupart du temps, il cède au prix offert, parce qu'il a besoin d'argent et qu'il faut vivre. On voit, au contraire, des propriétaires garder en cave la récolte de plusieurs années, parce qu'ils n'ont pas trouvé d'acquéreurs. Et, d'autre part, l'embarras des consommateurs n'est pas moins grand. Un grand nombre d'entre eux, pour ne pas dire tous, au lieu de faire leur provision chez le marchand, préféreraient acheter directement leur vin chez le propriétaire ou le vigneron ; ils paieraient moins cher, car il faut bien que le commerçant vive et retire son bénéfice et ils seraient plus sûrs d'avoir un vin sans mélange ou sans coupage. Comment faire ? Parmi les consommateurs, il en est bien quelques-uns qui ont des amis dans le vignoble et s'approvisionnent chez eux, c'est la petite exception. Les autres ne peuvent pas se mettre à la recherche d'un propriétaire ayant du vin à vendre, le goûter chez lui, ou écrire pour que l'on apporte un échantillon ; tout cela, ce sont des dérangements, des frais, du temps et l'on préfère aller chez le négociant.

« Il en serait autrement s'il y avait un marché aux vins à Mâcon ; on irait à cette vinette, comme on va à la grenette. Producteurs et consommateurs y trouveraient chacun leur compte et nous atteindrions ainsi l'un des buts principaux de notre syndicat.

« Il y a une autre considération qui est peut-être plus importante encore.

« Aussitôt après la vendange, comment s'établissent les cours sur les vins ? C'est un peu au hasard. On apprend, de façon plus ou moins sûre, que tel commissionnaire ou tel négociant a acheté une cave dans telle commune et qu'il a payé à raison de tant la pièce ou la feuillette. Les voisins se disent: « Nous pouvons vendre tel prix ». Si l'on a vendu 120 fr. à Davayé, par exemple, les voisins de Prissé se diront: « Nous pouvons vendre 110 » — mais il n'y a pas de cours régulier, tout est basé sur des on-dit.

« Supposez, au contraire, le marché aux vins installé. Tous les propriétaires et vignerons associés au syndicat apportent, aussitôt après la récolte, des échantillons de leurs produits, avec des étiquettes indiquant la quantité à vendre et le prix demandé. Les négociants et les consommateurs particuliers arrivent, des affaires se traitent, des prix s'établissent, le syndicat publie dans son Bulletin les transactions faites et, d'après la moyenne des prix, établit les cours. Tout le monde est renseigné, tout le monde y trouve son compte.

« Les négociants, au lieu d'être obligés de courir les campagnes ou de s'en rapporter aux commissionnaires, peuvent rapidement faire leurs approvisionnements. Le propriétaire et le vigneron ne sont plus obligés de se morfondre en attendant la visite d'un acquéreur qui ne vient pas. Tels sont les divers avantages qu'offrirait l'installation d'un marché aux vins dans un centre comme Mâcon, où la simple annonce d'un marché se tenant régulièrement attirerait bientôt une affluence considérable de marchands. Bref, tous les membres de la Chambre syndicale s'appuyant, les uns sur les services que cette innovation rendrait aux producteurs et aux consommateurs, les autres sur les avantages que les négociants y trouveraient, ont conclu à la nécessité d'installer, dans les vastes magasins du Syndicat de Mâcon, un marché aux vins.

« L'installation en sera facile ; nous disposons d'un très vaste local qu'il sera peu coûteux et aisé d'aménager pour cette destination. Des rayonnages seraient établis, avec des cases réservées à chaque propriétaire ou vigneron qui pourrait y placer un échantillon de son vin dans un de ces petits tonnelets que l'on peut se procurer à bon marché et qui le maintiennent en bon état. Sur chaque case serait fixé un écriteau indiquant la provenance, la quantité à vendre et le prix du vin. Ce marché serait ouvert tous les samedis pendant deux ou trois heures. Ce sont des questions de détail à régler. Nous avons la conviction qu'avant peu de temps il serait très fréquenté. Cependant, la Chambre syndicale a pensé qu'avant d'inaugurer ce marché, il convenait de faire appel au concours de tous nos associés et de profiter de l'Assemblée générale pour demander à quelle date l'inauguration pourrait avoir lieu.

« Pour que le succès soit assuré, il faudrait que, dès le premier jour, les apports de vins fussent nombreux. Nous demandons donc à tous ceux d'entre vous qui ont du vin à vendre, d'apporter des échantillons dès le premier jour du marché. Vous n'y manquerez pas, car tous les membres de notre syndicat comprendront quel grand service cette création rendra, par la suite, aux producteurs, aux négociants, aux consommateurs et, par conséquent, à la fortune de notre pays ».

L'ouverture du marché eut lieu le 30 mars 1889.

Il se tint, tous les samedis, de 1 heure à 3 heures de l'après-midi, au siège social du syndicat, dans un vaste local spécialement aménagé dans ce but.

Afin de donner toutes facilités aux vendeurs comme aux acheteurs, la Chambre syndicale avait décidé qu'il ne serait perçu aucune taxe, malgré les frais relativement assez élevés que cette installation nouvelle entraînait pour le syndicat.

Les propriétaires de vins n'avaient qu'une seule formalité à remplir, la suivante : ils apportaient deux bouteilles d'échantillon de leur vin. Sur ces bouteilles étaient indiqués : 1º les quantités à vendre ; 2º le nom et le domicile du propriétaire ; 3º la provenance du vin.

Les vins rouges étaient répartis en trois catégories : 1º vins au-dessus de 150 fr. la pièce ; 2º vins au-dessous de 150 fr. la pièce, mais au-dessus de 100 francs ; 3º vins au-dessous de 100 francs.

Les vins blancs étaient répartis en trois catégories : 1º vins au-dessus de 100 fr. la feuillette ; 2° vins de 60 à 100 fr. la feuillette ; 3° vins au-dessous de 60 fr. la feuillette.

Un certain nombre de cases étaient affectées à chaque catégorie.

Le vendeur devait, en entrant, faire inscrire son nom par l'un des secrétaires du syndical, sur un registre spécial où étaient mentionnés le nom du propriétaire, la provenance du vin et la quantité à vendre.

Les échantillons étaient ensuite placés dans celles des cases affectées à leur catégorie et portant la lettre initiale du nom du vendeur.

Le marché étant absolument franc, les acheteurs et les vendeurs n'étaient tenus à faire aucune déclaration des opérations faites et des prix consentis. Cependant, dans l'intérêt public, afin de renseigner aussi bien les négociants et les consommateurs que les propriétaires et les vignerons, il était demandé que ces déclarations soient faites afin que les cours puissent s'établir et que le marché puisse acquérir l'importance qu'il doit avoir.

En plus de ce marché aux vins qui a dû, par la suite, fermer ses portes, le syndicat organise, chaque année, de concert avec les Sociétés viticoles du département, un grand concours de vins à l'occasion duquel de nombreuses récompenses sont décernées et, résultat plus pratique, d'importantes transactions passées.

En 1893, la production du vin, qui était descendue, en Mâconnais, à 40,000 hectos en 1884, s'est subitement relevée à 500,000 hectos. Le syndicat a contribué largement à cette reconstitution en facilitant aux propriétaires et vignerons l'achat des plants et des boutures. Chaque année il a acheté et livré à ses associés, avec des réductions de prix considérables, de 800 000 à 1.000.000 de boutures ; grâce à lui, les pépiniéristes de la région ont sensiblement diminué leurs prétentions.

En voyant leurs coteaux remplis de ceps luxuriants, vigoureux, chargés de grappes, les vignerons mâconnais se croyaient au bout de leur peines. Ils ont éprouvé une cruelle déception. Leurs caves se sont bien garnies, mais elles sont restées pleines ; ce bon vin qu'ils avaient ramené par leurs laborieux efforts, par leurs héroïques sacrifices, ils ne pouvaient pas le vendre.

Le syndicat, c'était son devoir, entreprit de les aider à lutter contre ce nouveau fléau de la viticulture qui était venu donner un démenti formel au vieux proverbe : « Abondance de biens ne nuit jamais ». Une première exposition fut organisée à Mâcon, les 4 et 5 octobre 1893, mais elle ne donna pas les résultats qu'on était en droit d'en attendre. Les exposants étaient nombreux, les vins des diverses catégories étaient généralement bons, les appréciations du jury de dégustation ont été plutôt élogieuses, mais ce qui a manqué ce sont les acheteurs. On a bien signalé quelques négociants venus du dehors, plusieurs même faisaient partie du jury, mais aucun d'eux n'a profité de l'occasion pour traiter une affaire importante.

Ayant à cœur, avant tout, de rétablir la réputation du vin de Mâcon, le syndicat décida de s'adresser alors à la consommation parisienne, en prenant part à l'exposition des vins du Concours général à Paris, 1894: « Nous faisons appel, écrivait M. de Benoist, dans le Bulletin de novembre, à tous nos adhérents pour qu'ils nous envoient, au plus tôt, deux bouteilles du meilleur vin qu'ils ont récolté cette année. Nous ne saurions trop leur recommander de prendre part à notre exposition, il y va de leur intérêt, de leur avenir. Nous allons entrer en lutte avec tous les vins de France, il importe que nous sortions victorieux de cette bataille ; une médaille collective obtenue à cet important concours, par le vin de Mâcon, peut contribuer, plus que tout autre moyen, à ramener à notre vignoble la faveur et la clientèle. »

A ses frais, sans demander aucun sacrifice à ses associés, le syndicat organisa une exposition remarquable et justement remarquée qui valut à la collectivité un diplôme d'honneur et, aux exposants, 34 médailles d'or, d'argent et de bronze. Pour mieux ramener l'attention sur les vins de Mâcon, pour les faire connaître tels qu'ils sont aux consommateurs, trop souvent trompés, le syndicat organisait, à Paris, à l'occasion du Concours, le banquet du *vin de Mâcon*. Il eut lieu chez Marguery, avec un certain retentissement, et la presse parisienne fit le plus grand éloge des vins exquis soumis à son appréciation. Ces diverses manifestations ne furent pas sans résultat, car les propriétaires et vignerons ont reçu, après l'exposition et le banquet, d'assez nombreuses demandes ; dans le seul canton de La Chapelle-de-Guinchay plus de 2,500 pièces ont été vendues dans le cours de février 1894.

Aussi, le syndicat, convaincu, par le résultat, de l'effet heureux d'une publicité bien comprise, étudia de nouveaux moyens de ramener l'attention autour des vins de Mâcon et d'en assurer la vente.

Il a ainsi obtenu, par l'intermédiaire de M. Deton, de plusieurs journaux parisiens, qu'ils affichent dans leurs salles de dépêches où afflue, chaque jour, une foule de curieux, une liste de propriétaires et vignerons ayant des vins à vendre, liste indiquant leurs adresses et les prix auxquels ils cèderaient leurs vins.

Il a ensuite, et c'est de ce côté surtout que son intervention pouvait être efficace, pris part à l'Exposition d'Anvers qui eut lieu de mars à novembre 1894. « On sait que, depuis longtemps, un important courant d'affaires s'est établi entre le Mâconnais et surtout le Beaujolais d'une part, la Belgique et la Hollande de l'autre. Par suite de certaines transformations de nos vins, de la diminution de leur production, des difficultés de la reconstitution, ce mouvement s'est ralenti. Il s'agit de montrer aujourd'hui que nous sommes en mesure de produire en abondance ces vins autrefois si recherchés, pour reconquérir les débouchés dont nous avons besoin ; l'Exposition d'Anvers, où se réuniront en foule des négociants et des consommateurs, va être pour cela une occasion hors ligne que nous aurions tort de laisser échapper. »

« Allons donc à Anvers, écrivait M. Deton, dans le Bulletin d'avril, nous y cueillerons de nouveaux lauriers, et nous aurons fait, pour la vente de nos vins, la meilleure des propagandes. En notre temps de lutte pour la vie, il faut savoir agir et se remuer. Les Bordelais ne manqueront pas d'exposer à Anvers, pourquoi leur laisser toujours le champ libre ? »

Depuis Anvers, le syndicat s'est associé aux autres sociétés viticoles et aux Chambres de commerce pour faire reprendre aux Suisses le chemin, quelque temps abandonné, des caves mâconnaises et il a pris une part active aux conférences, et aux fêtes organisées dans ce but à Mâcon en 1894.

Aujourd'hui, il prépare, de concert avec les sociétés viticoles de la Côte-d'Or, de Saône-et-Loire, du Rhône, l'exposition générale à Paris des vins de la Bourgogne, du Mâconnais et du Beaujolais ; souhaitons que tous ses efforts aboutissent au résultat tant désiré : à la réhabilitation des vins naturels de notre région.

Reconstitution des vignobles mâconnais, écoulement des vins de Mâcon, tel a été le premier et le plus important objectif du syndicat, mais un rapide examen de son organisation va nous montrer que son action ne s'en est pas tenue là.

Et d'abord, le syndicat fournit à ses associés toutes les marchandises dont ils ont besoin avec des réductions variant de 20 à 30 0/0 ; son mode de procéder est des plus simples, tous les achats étant faits par le président, sur simple lettre échangée avec les vendeurs.

Quand nous voulons passer des marchés, disait M. de Benoist à l'Assemblée générale de 1888, nous vous prions de vouloir bien nous donner approximativement la quantité de marchandises que vous désirez. Dans chaque commune, vous avez un membre correspondant auquel il vous est facile de transmettre ces renseignements et nous pourrions ainsi savoir promptement à quoi nous en tenir. Malheureusement, Messieurs, vous ne vous conformez pas à notre désir. Il s'ensuit que nous ne savons jamais le chiffre, même approximatif, qu'il vous faut, soit de sulfate de cuivre, soit d'engrais, soit de vignes américaines. Nous sommes alors obligés de passer des marchés conditionnels et nous ne traitons jamais dans d'aussi bonnes conditions que nous pourrions. Aidez-nous, je vous en prie, nous ne pouvons pas tout faire. C'est aux membres correspondants à nous transmettre ces renseignements dans le courant du mois de juillet ou d'août ; nous vous en serons très reconnaissants et c'est vous qui en profiterez ».

Malgré cette indifférence, très fréquente dans les syndicats, le Syndicat de Mâcon fait des transactions importantes qui atteignent annuellement de 160.000 à 200.000 francs. Depuis quelques mois, le syndicat s'est affilié à la Coopérative du Sud-Est, qui doit, à bref délai, nous n'en doutons pas, devenir son principal pour ne pas dire exclusif fournisseur.

Comme un peu partout, on a accusé le syndicat de nuire au commerce local ; son bureau n'a rien répondu, il a préféré agir et toutes les fois qu'il n'y a pas eu, des écarts trop grands entre les prix du commerce local et celui des autres fournisseurs, il a donné la préférence aux négociants de Mâcon.

Le Bulletin, de seize pages, paraissant tous les mois, est adressé à tous les associés ; il les entretient de toutes les questions agricoles et viticoles qui les peuvent intéresser, leur fournit tous les renseignements utiles et leur donne, par des annonces économiques, le moyen d'échanger leurs produits.

Il est complété, chaque année, par la distribution gratuite de l'Almanach de l'Union.

Tous ces avantages sont acquis par une cotisation annuelle de 2 fr. 50 pour les membres ordinaires, et de 10 fr. pour les membres fondateurs. L'effectif actuel est de 510 membres dont 100 fondateurs.

Le syndicat est administré par le président, assisté de quatre vice-présidents, deux secrétaires, d'une commission de publication du Bulletin et d'une Chambre syndicale composée de 36 membres qui se réunit tous les mois. Pour faire partie du Bureau ou de la Chambre syndicale, il faut être membre fondateur. Tous les trois ans, la Chambre syndicale procède à l'élection du Bureau et pourvoit elle-même au remplacement lorsque des vacances se produisent. C'est à la Chambre syndicale qu'appartiennent tous les pouvoirs et toute la responsabilité de l'administration.

Les membres du syndicat se réunissent tous les ans, en décembre, pour entendre le compte rendu annuel des opérations et le résumé de la situation. Ils n'ont pas de vote à émettre ni de décisions à prendre. Ils se trouvent bien de cette gestion car, chaque année, ils décernent, par acclamations, des félicitations au président et à ses collaborateurs. Avec une organisation aussi parfaite, avec un Bureau aussi dévoué, le Syndicat de Mâcon doit aujourd'hui chercher à grossir ses rangs, car plus ses adhérents seront nombreux, plus il fera du bien, plus il pourra aider à la lutte contre les fléaux qui ravagent les vignobles.

Espérons que chacun des associés aura à cœur d'amener au syndicat au moins un nouveau membre et de témoigner ainsi sa reconnaissance aux hommes dévoués et désintéressés qui ont pris l'initiative de cette heureuse institution.

En quelques mots bien sentis, M. Ch. Deton a résumé, lors d'une des dernières assemblées générales, les succès du syndicat et les raisons de ce succès; nous ne saurions mieux finir qu'en les reproduisant :

« Nous avons entendu avec le plus grand intérêt et le plus vif plaisir le compte rendu que M. le président nous a présenté concernant la situation du syndicat. Cette situation est des plus prospères. Le nombre de nos co-associés s'est encore accru ; le petit trésor syndical, notre patrimoine commun, s'est augmenté et chacun de nous s'est déclaré satisfait des économies et des avantages qu'il a réalisés par l'entremise du syndicat.

« Cette prospérité, Messieurs, nous la devons à M. de Benoist, le président du syndicat et aux membres du bureau, ses collaborateurs. Il est rare de trouver un dévouement aussi intelligent, aussi désintéressé, aussi persévérant que celui dont M. de Benoist fait preuve pour la défense de nos intérêts à tous. Il n'est donc que juste de lui exprimer notre reconnaissance et je propose, avec la certitude que ma motion sera bien accueillie, que l'on insère au procès-verbal de cette Assemblée le témoignage de notre gratitude pour M. le président du syndicat et pour les membres du bureau, ses collaborateurs ».

Au moment où nous écrivons ces lignes, M. de Benoist qui, pendant 12 ans, a été la personnification du syndicat, se retire, malgré les instances de tous ses collègues, laissant à d'autres le soin de continuer son œuvre si péniblement fondée. Dans sa retraite volontaire, il emporte la respectueuse sympathie de tous ses collaborateurs, de tous ses collègues qui n'auront garde d'oublier avec quel dévouement désintéressé il a conduit leur association aux portes du succès.

Il appartient à son successeur, M. Albert Desvignes, de compléter l'œuvre de son distingué prédécesseur et de développer, par la décentralisation, le rôle professionnel et social du syndicat. Il ne doit point oublier que si le premier service rendu par les syndicats a été de faciliter à leurs membres les achats et la vente, ce n'est là qu'un moyen d'arriver à la prévoyance et à l'assistance, but final de nos associations.

Il appartient au nouveau Bureau d'aborder résolument ce nouveau côté de sa haute mission, et l'exemple de certains petits syndicats de son voisinage doit lui donner, avec du courage, le désir de réussir. Nos vœux les plus sympathiques l'accompagnent, espérons qu'ils lui porteront bonheur !

Syndicat Agricole de Marcigny.

21 juin 1899. — M. 60

Président : M. AUBRY

Ce syndicat, de création toute récente, a surtout pour but de s'occuper de l'enseignement agricole. Il a été admis, le 30 décembre 1899, à l'Union du Sud-Est.

Trop nouveau encore pour avoir pu organiser beaucoup, il est riche surtout d'espérance et ses aînés ne peuvent que lui souhaiter bon courage.

Par son affiliation à la Coopérative agricole qui ne peut tarder, il aura la possibilité de rendre à ses membres des services matériels, sans peine et sans soucis pour ses administrateurs, qui auront ainsi le loisir de se consacrer aux œuvres économiques et sociales dont beaucoup du reste sont déjà à l'étude. Le syndicat de Marcigny, dirigé par des hommes dévoués et intelligents, a l'avenir devant lui. Le succès viendra, sans bien tarder.

Syndicat agricole de Matour.

24 octobre 1892 — M. 120

Président : M. LE COMTE DE DORTAN

Entrepôt. — Coopérative — Bulletin.

Fondé le 24 octobre 1892, ce syndicat de 120 membres a, jusqu'ici, fait exclusivement des affaires, dont le montant annuel atteint 6.000 fr. environ d'engrais achetés à la Coopérative du Sud-Est.

Dans ce pays de grande culture et d'élevage, il nous semble que l'action du syndicat pourrait s'étendre utilement à certaines créations professionnelles : le crédit, les assurances du bétail surtout paraissent bien de nature à trouver là de nombreux adeptes et à recruter au syndicat de nombreux adhérents.

Il est bien certain que si les services matériels sont la base, les assises de l'édifice syndical, les services économiques et sociaux sont le ciment qui lie toutes les pierres entre elles et sans lequel tôt ou tard la désagrégation se produit fatale et irrémédiable.

Les fondateurs du syndicat de Matour tiennent trop à leur œuvre pour la laisser décliner et ce serait mal les connaître que douter de l'avenir. Le ciment est sans doute déjà broyé, qu'ils n'attendent pas pour l'appliquer que la maison soit dégradée. Nos vœux les accompagnent et nous serons les premiers à aller pendre la crémaillère.

Syndicat agricole des cantons de Montcenis et du Creusot.

A MONTCENIS

11 juin 1887. — M. 717

Président: M. BOUTILLON.

Entrepôt.— Almanach.— Instruments.— Bibliothèque.

Le 11 juin 1887, cinquante-cinq personnes, réunies dans une des salles de la mairie du Creusot, décidaient qu'un syndicat agricole serait fondé pour les deux cantons de Montcenis et du Creusot. Ce syndicat aurait pour but d'assurer aux adhérents le minimum de prix et le maximum de qualité dans l'achat des engrais, des semences, instruments et autres objets utiles à l'agriculture, ainsi que la défense des intérêts agricoles. Les statuts furent donc rédigés séance tenante, le bureau composé. M. Schneider, directeur des usines du Creusot, était acclamé président d'honneur; M. Gustave Douhéret était nommé président effectif.

Les usines du Creusot ayant, dès le premier jour, consenti, au profit exclusif des membres du syndicat, une réduction importante sur leurs phosphates métallurgiques, le syndicat a recruté hors région un certain nombre d'adhérents et, par convention spéciale, quatre syndicats étrangers: les Syndicats des Agriculteurs Charollais, d'Autun, de la Clayette, du Bois-d'Oingt ont pu, avec l'autorisation des usines du Creusot, faire profiter leurs adhérents d'une réduction annuelle de 10 0/0 en payant au Syndicat de Montcenis une cotisation de 25 francs, représentant pour chacun le droit d'entrée de leurs membres.

Jusqu'au premier janvier 1894, les ressources syndicales ont été modestes; elles se composaient exclusivement des cotisations et droits d'entrée, ce qui représentait un revenu annuel de 400 francs, à peine suffisant pour payer les frais de bureau et d'impression.

Depuis, de nouvelles ressources sont venues s'ajouter au revenu annuel et, grâce à la générosité des usines du Creusot, qui ont décidé d'allouer au syndicat 0.50 par tonne de phosphate vendu, par son intermédiaire, aux membres hors canton, la caisse a doublé ses recettes et grossi sa réserve. Actuellement le syndicat compte 717 membres.

A côté des services d'ordre matériel, le syndicat n'a eu garde d'oublier les services professionnels et son premier président a eu l'heureuse initiative de susciter dans l'assolement local des réformes qui étaient nécessaires. En effet, depuis quelques années, la fertilité de la terre dans la région diminuait sensiblement, on récoltait bien un peu de paille, mais presque plus de grain, ce qu'il fallait attribuer, croyons-nous, à l'abus de la chaux, au manque d'engrais et à un assolement trop épuisant pour les terres. Il était donc urgent de remédier à cet état de choses, de rendre à la terre sa fertilité, l'augmenter même. Il fallait, pour cela, restreindre la culture, augmenter les plantes fourragères et, par le fait, l'élevage du bétail et la production des engrais. Pour y arriver, le syndicat a fait insérer dans les baux les conditions suivantes qui, si elles sont bien et intelligemment exécutées, auront pour effet une grande augmentation de rendement et une notable diminution du prix de revient.

Voici les conditions:

« Le preneur devra planter, chaque année, 300 mètres de haies vives, le long des chemins, le long des limites du domaine, puis aux endroits qui lui seront indiqués, pour clore les terres du domaine en dix parcelles à peu près d'égale contenance.

« Il devra chauler, chaque année, à raison de cinquante hectolitres de chaux à l'hectare, un dixième des terres du domaine, mettre dans ce dixième des terres tout le fumier de la ferme, puis suivre l'assolement de dix ans ci après indiqué:

Première année: Récolte sarclée ou étouffante.

Deuxième année: Seigle et froment, le seigle entrant pour un quart.

Troisième année: Trèfle.

Quatrième année: Seigle et froment, le seigle entrant pour un quart.

Cinquième année: Après nivellement à faux courante, et après avoir mis 2.000 kilogrammes de phosphate à l'hectare, avoine avec graine de foin de bonne qualité et en quantité suffisante pour faire de suite des prés.

Sixième et septième année: Les prés temporaires devront être fauchés

Huitième, neuvième et dixième année: Ils devront être paturés.

Onzième année: Ces prés sont labourés, chaulés et fumés, comme il est dit ci-dessus, puis on reprendra, pour les cultiver, l'assolement de dix ans indiqué plus haut.

« Le preneur devra, pendant chacune des cinq premières années de sa jouissance, semer en prés temporaires, comme il est dit ci-dessus, un dixième des terres du domaine, après y avoir mis deux mille kilogrammes de phosphate par hectare, en commençant par les terres les plus épuisées. Il fauchera ces prés les deux premières années, les fera pâturer les trois suivantes, puis les fera rentrer dans l'assolement.

« Le preneur devra, chaque année, pendant toute la durée du bail, même la dernière, mettre des phosphates sur les vieux prés, en commençant par les endroits les plus humides, à raison de 2.000 kilogrammes de phosphate par hectare et de deux hectares par an. »

A deux reprises, les membres du Bureau ont vu leurs pouvoirs confirmés, gardant à leur tête l'homme de bien et de devoir que la mort leur a enlevé subitement le 17 novembre 1893. Gustave Douhéret avait fondé le syndicat, il en était l'âme, et la mort l'a enlevé au moment où il allait enfin jouir du succès de son œuvre. Celle-ci, du moins, lui survivra, comme aussi survivra dans la mémoire de tous ses anciens collègues le souvenir de l'homme si bon, si généreux, qui fut de tout temps, lui aussi, leur affectueux conseiller.

Le 22 février 1894, l'Assemblée générale élisait président M. Boutillon et décidait la création d'une bibliothèque agricole à l'usage des membres du syndicat.

Depuis, la prospérité du syndicat est allée toujours croissant. Le chiffre d'affaires a augmenté dans de notables proportions et a obligé le syndicat à créer un dépôt-magasin permanent à l'usage de ses adhérents. De nombreux instruments perfectionnés sont mis à la disposition des syndiqués qui reçoivent gratuitement l'Almanach de l'Union.

Le succès des assurances-bétail en Beaujolais a décidé le syndicat à mettre à l'étude cette question d'un intérêt capital pour les agriculteurs de cette région et tout nous fait croire que l'été ne se passera pas sans que cette création ait pris corps, à la grande satisfaction des intéressés.

De la prévoyance à l'assistance il n'y a qu'un pas et le syndicat est trop bien placé à côté de ce grand centre industriel, où la générosité de la famille Schneider a fait éclore tant d'heureuses créations pour qu'il n'arrive pas à son tour à faire quelque chose pour de braves paysans.

Ce sera le digne couronnement de son œuvre syndicale, ce sera l'honneur, la récompense de son Bureau.

Syndicat agricole de Péronne.

Président : M. Ant. NEYRAND

14 décembre 1897. — M. 93

Entrepôt. — Coopérative. — Instruments.
Almanach. — Aide mutuelle.

Constitué le 14 décembre 1897, il compte 93 membres, dont 85 petits cultivateurs, fermiers ou domestiques. Tous payent une cotisation uniforme de 2 fr. 50, qui a permis l'affiliation en bloc à la Coopérative du Sud-Est et l'achat de différents instruments mis à la disposition des syndiqués. Son chiffre d'affaires atteint 10.000 francs.

Situé dans une contrée essentiellement viticole, ce petit syndicat, au moment de l'invasion du black-rot, n'a pas hésité à nommer des commissions d'inspection avec la mission de surveiller les traitements et de mettre les vignerons en état de défense contre leur terrible ennemi.

Le 1er juin dernier il a constitué une société de secours mutuels qui assure à tous les associés les soins du médecin et du pharmacien, pendant la vie et les frais funéraires après la mort.

Un petit tribunal arbitral de trois membres est chargé de régler les différends pouvant surgir entre les syndiqués. L'Almanach de l'Union est le cadeau de bonne année du syndicat à ses adhérents.

Ce bon début permet d'entrevoir pour ce syndicat des années plus prospères qui, en lui permettant de développer son rôle professionnel, lui procureront sans doute, avec une augmentation d'effectif, de nombreux éléments de succès.

Syndicat agricole de Préty.

27 janvier 1892. — M. 55

Président : M. CANAT DE CHIZY

Coopérative.

Fondé le 27 janvier 1892, ce syndicat est essentiellement démocratique, puisque, sur 55 adhérents, il ne compte pas moins de 42 fermiers, ouvriers ou domestiques. La cotisation est minime : 1 fr. 20 le chiffre des affaires est relativement élevé : 4.500 fr. environ.

Le syndicat n'a pas à s'occuper de l'assurance bétail, tous ses adhérents faisant partie de la Coopérative St-Isidore dont nous parlons au chapitre : *Assurance-Bétail* et dont les statuts sont à tant de point de vue si intéressants.

Son caractère distinctif qui le rend particulièrement intéressant est la création d'une caisse d'épargne dont le président va nous donner lui-même l'organisation et le fonctionnement :

« Je ne vous dirai rien que vous ne sachiez parfaitement en vous rappelant qu'une des plaies de l'agriculture est la désertion des campagnes par les jeunes gens. Le fils de famille, en rentrant après son service militaire, ne veut plus travailler dans la maison paternelle, où il croit ne pas gagner selon son mérite, et il va à la ville. Si, plus tard, il revient se marier dans son pays, ce qui est rare, il a perdu le goût du travail de la terre, n'a pu économiser assez d'argent pour son établissement et le nouveau ménage a peine à gagner sa vie.

« Je ne m'étendrai pas sur ce sujet, que vous connaissez bien. Le syndicat agricole de Préty s'en est préoccupé, et a cherché le moyen de rattacher la jeune génération à son pays, à la vie de famille et à l'agriculture.

« A cet effet, dès l'année 1894, une caisse d'épargne a été fondée pour et par les jeunes gens, qui peuvent être déposants dès qu'ils gagnent quelque argent par leur travail personnel.

« Cette association s'administre elle-même, au moyen d'un conseil composé de trois de ses membres, sous la surveillance supérieure du conseil du syndicat agricole.

« Voici quel est le fonctionnement et le but de cette création. Les versements sont de 0, 50 centimes par semaine. Quand le déposant a versé au moins 50 francs, c'est-à-dire au bout de deux ans sans interruption (sauf pendant son service militaire), s'il rentre au village, s'il y contracte mariage avec une fille de bonne réputation et du pays, autant que possible, s'il promet d'y rester, de s'y établir comme agriculteur, et s'il est agréé par le conseil de la Caisse d'épargne, il pourra recevoir de cette caisse une avance de 300 à 500 francs pour aider à son établissement, ou se procurer soit du matériel, soit du bétail dont l'acquisition sera contrôlée par le conseil du syndicat.

« Cette allocation est faite sous forme de prêt, remboursable par annuités de 100 francs au moins. On aurait voulu qu'elle ne portât pas intérêt, mais, comme il a paru nécessaire de donner aux déposants un revenu annuel de leur dépôt, pour qu'ils ne soient pas lésés, il a fallu décider que le prêt porterait intérêt à 3 %.

« Après son mariage, le bénéficiaire fait partie de droit du syndicat.

« Tout déposant à la Caisse d'épargne qui, pour une raison quelconque, veut retirer son capital, en a toujours le droit. Or il peut arriver, si deux ou plusieurs mariages se font dans une année, avec les conditions requises, que la caisse soit épuisée et ne puisse fournir ni la dotation matrimoniale, ni le remboursement des capitaux. Dans ce cas, la caisse rurale de Préty y pourvoira et, à son défaut, la caisse du syndicat agricole et les dons particuliers.

« Le conseil, du reste, aura toujours la facilité de ne pas accorder cette dotation ou de la proroger à l'année suivante : elle est éminemment facultative et ne constitue un droit pour personne.

« Il n'en est pas de même du remboursement des dépôts qui sera toujours fait à toute demande, comme dans toutes les Caisses d'épargne.

« Nous ne savons si cette création, qui nous semble nouvelle, aura le bon résultat que nous espérons, mais elle a été accueillie avec faveur. Les fonds disponibles atteignent dès à présent 500 francs et l'allocation peut se faire. Nous présumons déjà qu'elle aura lieu cette année ».

C'est là une forme particulière d'assistance ; elle vise surtout les jeunes gens, ce qui la différencie des autres. Mais, s'occuper de la jeunesse c'est lui préparer une heureuse vieillesse ; à ce titre le syndicat et son très distingué président doivent être chaudement félicités de leur initiative et de leur dévouement.

Syndicat agricole de Ratenelle.

19 mai 1895. — M. 82

Président : M. L. LUC

Prix Chambrun : Médaille de bronze.

Entrepôt. — Coopérative. — Bulletin. — Almanach. Instruments. — Compte bétail. — Aide mutuelle.

Sa création remonte au 19 mai 1895 ; il a, depuis, réuni 82 membres, tous petits cultivateurs, exploitant eux-mêmes leurs terres. Sa cotisation minime de 1 fr. lui a permis de faire beaucoup de choses, ce qui semblerait prouver que l'argent n'est pas toujours le nerf de la guerre.

Affilié à la Coopérative du Sud-Est, il lui achète à peu près exclusivement tous les produits qui lui sont demandés par ses membres et dont le total atteint 12.000 fr. environ, soit 150 fr. par tête. Le trieur lui appartenant est mis à la disposition de tous les syndiqués.

Par le Bulletin et l'Almanach, par des conférences et des conseils, il développe de son mieux l'enseignement professionnel de ses membres en attendant que le bon vouloir de l'Université lui permette de propager l'enseignement agricole à l'école primaire.

Sans caisse spéciale et par le simple jeu des fonds de sa réserve, il autorise ses membres à lui acheter leurs marchandises à crédit, l'intérêt n'étant dû qu'à partir du 3e mois.

L'un des premiers dans l'Union, il a organisé l'assurance-bétail qui fonctionne à la plus grande satisfaction des intéressés et, malgré que la cotisation ne soit que de 0,60 %, le fonds de réserve, en quatre années, a atteint 800 fr.

En attendant que la nouvelle loi lui permette de fonder une société de secours mutuels et une caisse de retraites, il a obtenu au profit de ses membres d'importantes réductions des médecins et pharmaciens et, pendant la maladie d'un des siens, le travail est assuré par l'aide mutuelle ou assistance manuelle.

Telle est, hâtivement esquissée, l'histoire de ce petit syndicat communal qui, en 4 ans, a réussi et fait ce que d'aucuns ont mis 10 ans à essayer sans succès. L'honneur en revient à l'esprit d'initiative de son jeune et dévoué président, à la confiance que lui ont témoignée ceux qui, dès le premier jour, ont répondu à son appel.

Syndicat agricole de Romenay.

2 janvier 1896. — M. 230

Président : M. LE BARON DE LA SERVE

Entrepôts. — Coopérative. — Bulletin. — Almanach Champs d'expérience. — Instruments. — Crédit. — Assurance accidents. — Enseignement.

Ce syndicat communal a été fondé le 2 janvier 1896 ; il compte aujourd'hui 230 membres (3 % grands propriétaires, 30 % petits cultivateurs, 67 % petits fermiers ou ouvriers agricoles). La cotisation est de 6 fr pour les membres honoraires, et de 3 fr. pour les autres.

Situé dans un pays de grande culture, ce syndicat a vu ses services matériels se développer très rapidement et l'importance de ses achats l'a obligé à avoir ses entrepôts ouverts tous les jours de la semaine. Le montant des ventes professionnelles qu'il fait à ses membres atteint 40.000 fr., soit près de 200 fr. par membre. Comprenant que son rôle n'était pas seulement de vendre mais encore de mettre à la disposition de tous les instruments perfectionnés trop coûteux pour un seul, il a acheté trois semoirs, un extirpateur, deux trieurs, un rouleur Croskill, deux charrues Brabant, toutes machines de première nécessité pour une culture intensive et que, sans le syndicat, bien peu de bourses de petits cultivateurs pouvaient se procurer. En 1900 il aura constitué entre ses membres une petite coopérative pour le battage de leurs grains. Comme complément, le syndicat a loué un vaste terrain d'un hectare, qui est le champ d'expériences du syndicat et l'éducateur pratique de ses adhérents. Enfin, il achète chaque année, sur place et avec toutes les garanties désirables, des taureaux Durham, Charollais, Montbéliard qui, revendus à perte aux associés, renouvellent les races bovines de nos pays pour le plus grand profit de la collectivité. On le voit, les services matériels sont bien compris et la méthode avec laquelle ils sont organisés est certainement pour beaucoup dans les bons résultats obtenus.

Les services professionnels, encore incomplets, sont en très bonne voie. Après avoir par ses champs d'expériences par le Bulletin et l'Almanach de l'Union, fait faire de réels progrès à la culture locale, il s'occupe de l'éducation des jeunes et organise l'enseignement agricole des garçons dans l'école libre de la commune. Aux concours de juillet 1898 et 1899 un certain nombre de ses candidats ont obtenu le certificat agricole et trois d'entre eux ont été reçus, cette année, aux examens du 2e degré.

En même temps il organise le crédit personnel, créant une caisse Raiffeisen à responsabilité illimitée; cette caisse, dont les directeurs se déclarent des plus satisfaits, est conduite par trois cultivateurs, aussi dévoués que prudents et, depuis 1897 qu'elle fonctionne, elle n'a subi aucune perte, effectuant chaque année une moyenne de 60 à 80 prêts.

De tous les services professionnels, ce sont les assurances qui sont le moins développées et ce syndicat n'a guère à son actif, de ce côté, que quelques contrats passés à la Coopérative pour garanties contre les accidents du travail.

Placé dans une commune où les sociétés de secours mutuels, d'aide mutuelle par le travail fonctionnent déjà, le syndicat n'a pas eu à y revenir mais il compte pouvoir, dès le 1er janvier 1900, mettre sur pied, d'une manière définitive, les statuts d'une caisse de retraites au profit de ses adhérents.

Et, maintenant, pour ceux qui s'étonneraient qu'en deux ans un syndicat communal ait pu réaliser tant de choses, nous ajoutons que tous les syndiqués se réunissent, chaque dimanche, au siège syndical où il y a buvette, billard, bibliothèque, journaux agricoles. C'est ce cercle qui a si puissamment développé l'esprit d'association dans le syndicat et, de l'avis de ses fondateurs, rien n'aurait pu être fait sans ces réunions du dimanche où, confondus dans une fraternelle égalité, cultivateurs et ouvriers apprennent à se connaître et à défendre leurs intérêts.

On le voit, ce syndicat a déjà touché heureusement toutes les gammes des services que nous sommes convenus d'attendre de l'association syndicale.

Il est aujourd'hui l'un des plus complets de l'Union et l'œuvre grande qu'il a déjà accomplie fait honneur à l'homme de bien qui lui a consacré son temps et ses brillantes facultés.

Il ne s'arrêtera pas en si bon chemin; longtemps encore il donnera aux syndicats voisins l'exemple de ce que peut produire le syndicat agricole bien compris et bien mené.

Syndicat agricole de Saillenard.

31 décembre 1896. — M. 80

Président: M. Pierre GAILLARD

Coopérative. — Aide mutuelle.

Sa création date du 31 décembre 1896. Composé de 80 membres dont 70 petits cultivateurs et 6 ouvriers, ce syndicat a, si nous en croyons son président, le caractère d'une association amicale plutôt qu'utilitaire et la crainte de se mettre à dos les commerçants de la localité l'a empêché de prendre l'extension qu'il aurait pu. Les scrupules de ce syndicat sont fort honorables, mais s'ils sont excusables sur le terrain des denrées de consommation, ils ne sauraient être admis pour tout ce qui touche à l'exploitation proprement dite du sol. Qu'à prix égal, il donne la préférence à ses compatriotes, rien n'est plus juste, rien n'est plus naturel, mais que par sentiment, dont au surplus on lui sera peu reconnaissant, il sacrifie les intérêts de ses membres, nous ne saurions l'admettre.

Il fait, malgré sa timidité, 3.000 fr. d'affaires annuelles; que serait-ce donc s'il était plus hardi?

Un moyen s'offre à lui de tourner la difficulté: qu'il commence par où les autres finissent, qu'il crée l'assurance-bétail, le crédit agricole mutuel, qu'il fasse profiter ses membres de l'assurance-accident et, peu à peu, les syndiqués lui forceront la main et le pousseront malgré lui à faire leurs affaires.

Déjà il a eu, sur le terrain social, une des plus heureuses initiatives en créant une société de secours mutuels qui assure aux sociétaires les soins en cas de maladie et les fait suppléer dans tous leurs travaux agricoles. Qu'il complète son œuvre humanitaire en donnant à ses membres les moyens d'économiser dans le présent, d'être assurés pour l'avenir et nous pourrons dire alors qu'il a rempli sa tâche.

Il a fait assez pour avoir droit à nos félicitations ; que son bureau ne voie dans nos critiques que le désir sincère que nous avons de lui être utile et de l'aider à faire mieux.

Syndicat agricole de Salornay-sur-Guye.

22 juillet 1897. — M. 119

Président : M. J. DUFOUR

Entrepôt. — Coopérative.

Constitué le 22 juillet 1897, il compte, à ce jour, 119 membres, tous affiliés à la Coopérative qui est leur unique fournisseur. Cette affiliation a été le point de départ d'une grande vitalité et le dernier inventaire a accusé un chiffre d'affaires total de 14.000 francs, soit environ 120 fr. par tête.

Ce syndicat, qui était autrefois une section de celui de Saint-Ythaire, ne bornera pas là ses efforts et il aura à cœur, lui aussi, de ne point se contenter de faire des affaires. La mission syndicale est plus haute et plus noble, ce serait mal la comprendre que de la ramener uniquement à une entreprise commerciale.

Syndicat agricole de St-Joseph.

AU MIROIR

23 décembre 1897. — M. 77

Président : M. JOSEPH LANGERON

Entrepôt. — Coopérative. — Almanach. — Instruments.

Datant du 23 décembre 1897, ce syndicat compte seulement 77 membres, à peu près tous petits cultivateurs ou fermiers. La cotisation est de 2 francs ; en la payant, le syndiqué reçoit l'Almanach de l'Union.

Les semences et les engrais sont la base des opérations du syndicat qui achète annuellement pour 8.000 francs environ, et comme le pays est, avant tout, pays de grande culture, le syndicat loue une machine à battre où tous les syndiqués apportent leur blé, s'aidant les uns les autres pour le battage et pour le triage qui suit.

A sa fondation, à la suite de la grêle de 1897 qui avait totalement ravagé les moissons, le syndicat, grâce à la généreuse intervention de son président, a pu avancer pour 2.000 francs de semences à ses adhérents ; il entrait dans la vie par un acte de haute solidarité, cela lui portera bonheur.

Syndicat viticole Sorlinois.

A SAINT-SORLIN

27 février 1894. — M. 56

Président : M. CH. DE CLAVIÈRE

Entrepôt. — Coopérative. — Almanach.

Créé dans le courant de l'année 1894, ce syndicat de 56 membres (12 propriétaires faisant travailler, 44 petits viticulteurs ou vignerons) s'est exclusivement borné à fournir à ses membres les produits qui leur sont nécessaires pour l'entretien et la défense de leurs vignes. Son chiffre d'affaires atteint 8.000 fr. ; l'Almanach de l'Union sert au 1er janvier d'accusé de réception à la cotisation de 4 francs.

Ce ne peut être qu'un début, encourageant certes, mais incomplet, car ses fondateurs sont de ceux qui voient autre chose dans leur œuvre qu'une simple affaire commerciale.

Syndicat agricole de St-Ythaire.

20 août 1894. — M. 30

Président : M. L'ABBÉ DESCOMBES

Entrepôt. — Crédit. — Coopérative. — Almanach.

Créé le 20 août 1894, ce syndicat qui rayonnait sur plusieurs communes se trouva, par suite de son éloignement de la gare, de la disposition du hameau, de l'accès difficile du siège social, en face de difficultés sérieuses et il ne dut qu'à son affiliation à la Coopérative du Sud-Est et aux prix avantageux qu'il obtint par elle au profit de ses membres, le succès que le dévouement de ses fondateurs n'eût pu seul amener. Sans amour-propre, cherchant avant tout l'intérêt de ses membres, il prend l'initiative de réunir en syndicat tous ses adhérents de la commune de Salornay, et quand, quelques mois plus tard, le grand Syndicat de Châlon vint établir un dépôt à Cormatin, il se hâta de lui affilier tous ses membres pour les faire profiter des avantages considérables offerts par cette puissante association.

Il se trouve donc aujourd'hui réduit à 30 membres dont les achats professionnels sont assurés par le Syndicat de Chalon, le syndicat de St-Ythaire ne s'occupant plus désormais que de la partie économique et sociale de sa tâche.

Bien que ne payant aucune cotisation, les syndiqués reçoivent gratuitement l'Almanach de l'Union et utilisent les services de la caisse rurale Raiffeisen-Durand constituée à leur profit par le syndicat.

D'ici peu, une assurance contre la mortalité du bétail viendra garantir tous les petits cultivateurs, qui sont la grande majorité de l'effectif, contre les risques sans nombre qui les peuvent atteindre et, d'ici un an, une société de secours mutuels complètera heureusement cet ensemble qui fait honneur à l'esprit d'initiative des fondateurs et du président actuel.

SAVOIE

STATISTIQUE

CIRCONSCRIPTION des SYNDICATS	NOMBRE						PROPORTION DES	
	de Syndicats	de Syndiqués	Moyenne par Syndicat	Classification des Syndiqués			Rentiers du sol	Travailleurs du sol
				Propriétaires ne travaillant pas	Propriétaires travaillant eux-mêmes	Ouvriers travaillant chez les autres		
de département...	1	2.550	2.550	700	1.200	650	27.45	72.55
d'arrondissement..	»	»	»	»	»	»	»	»
de canton......	2	240	120	»	240	»	»	100 »
de commune....	38	1.578	42	33	1.537	8	2.09	97.91
Totaux....	41	4.368	107	733	2.977	658	16.78	83.22

Syndicat des Agriculteurs de la Savoie

A Chambéry

23 janvier 1886. — M. 2.550

Président : M. le Comte de VILLENEUVE

**Entrepôts.— Coopérative.— Bulletin. — Almanach.
Champs d'expérience. — Assurance-accidents. —
Crédit. — Enseignement.**

Sa création fut décidée en automne 1885, dans une réunion du Comice agricole de Chambéry, sur la proposition de M. Marie-Girod, agent technique des hospices de cette ville. La sympathie et la confiance que ce jeune homme inspirait, par son esprit d'initiative et par son dévouement depuis longtemps éprouvé, lui assurèrent immédiatement le concours de toutes les notabilités agricoles et des représentants officiels du pays ; il pût aussi recueillir les adhésions de nombreux cultivateurs, avec lesquels ses fonctions de secrétaire du comice l'avaient mis en rapport.

La première réunion générale des adhérents eut lieu dans la salle des élections de l'Hôtel de Ville, le 23 janvier 1886 ; l'avis de convocation était signé par un comité provisoire composé du président de la Société centrale d'agriculture, du président du comice agricole de Chambéry, du professeur départemental d'agriculture, de M. le baron d'Alexandry et de Marie-Girod, secrétaire ; cinquante-huit membres étaient présents. M. Pierre Tochon, président provisoire, déclara le syndicat constitué et invita l'assemblée à procéder aux élections du bureau définitif.

M. Charles-Emmanuel Sylvoz, très aimé en Savoie, fut acclamé directeur honoraire ; on devait bien cette marque de reconnaissance au vieillard modeste et savant qui, pratiquant l'agriculture depuis un demi-siècle avec une sage méthode et un grand succès, donnait autour de lui un noble et utile exemple. Personne, du reste, ne suivit avec plus de sollicitude les débuts de l'association : il achevait, avec sa quatre-vingt-deuxième année, la reconstitution de ses vignes détruites par le phylloxéra, quand la mort vint le frapper le 18 février 1892.

M. Pierre Tochon, le président fondateur, l'avait précédé de quelques jours dans la tombe.

Le premier directeur élu du syndicat fut M. le baron Perrier de la Bâthie ; mais, dès le 13 mars de la même année, il crut devoir résigner ses fonctions, parce que ses occupations, comme professeur départemental d'agriculture, ne lui permettaient pas de consacrer assez de temps à la nouvelle société.

Après l'élection du Bureau, qui fut composé d'un directeur, de deux vice-directeurs, d'un secrétaire, d'un sous-secrétaire, d'un trésorier et de six syndics, M. Marie-Girod, confirmé dans la charge laborieuse de secrétaire, qu'il avait généreusement acceptée, soumit à l'assemblée un projet de règlement préparé avec soin, qui reçut l'approbation générale.

Le réglement comprend trente-deux articles, dont plusieurs, sans doute, sont empruntés aux statuts des syndicats agricoles qui ont profité les premiers des avantages offerts par la loi du 21 mars 1884 et dont l'organisation a servi de modèle aux autres.

Le règlement fixe à 5 francs la cotisation des membres fondateurs et à 2 francs celles des membres adhérents, il statue que toutes les fonctions des administrateurs élus sont gratuites.

Dans l'Assemblée générale du 5 janvier 1887, un nouveau directeur, M. le comte de Villeneuve, fut désigné à la place du professeur d'agriculture démissionnaire, mais les vice-directeurs et les membres du Bureau furent réélus et la plupart sont encore aujourd'hui à leur poste de dévouement.

Si l'on peut considérer, avec quelque raison, comme une cause du succès croissant de la Société, la confiance témoignée par les membres du syndicat à leurs administrateurs, à chaque nouvelle élection, on peut dire aussi que c'est là un témoignage irrécusable de l'union et de l'entente qui ont toujours régné entre tous.

M. Marie-Girod, qui avait des occupations professionnelles très absorbantes, fit agréer, au mois de juillet 1887, un successeur qu'il continua, du reste, à aider de son expérience et de ses conseils. Il resta membre très écouté du Bureau et donna, jusqu'au 29 décembre 1893, jour de sa mort, un concours inestimable à l'œuvre créée par lui, en dirigeant, avec un talent hors ligne, le Bulletin mensuel du syndicat.

En 1886, il avait dû se borner à adresser un certain nombre de circulaires à ses collègues, pour leur faire connaître le prix des marchandises mises à leur disposition et leur donner quelques renseignements utiles; vers le mois de novembre, il exposa au conseil combien il serait avantageux d'avoir une feuille périodique, publiant les procès-verbaux des réunions du syndicat et des assemblées générales, donnant les conditions obtenues des fournisseurs, avertissant au moment opportun les vignerons pour les traitements contre les maladies cryptogamiques, etc, etc. Cette feuille, ouverte à toutes les communications pouvant intéresser la culture, signalant les exemples donnés, les résultats acquis, était appelée à exciter, entre tous les syndiqués, une précieuse émulation et à établir entre eux un lien permanent et fraternel. Le Bureau se rendit facilement aux raisons exposées et le premier numéro du Bulletin paraissait le 1er janvier 1887.

Le Bulletin a grandi comme le syndicat, il est aujourd'hui l'un des plus importants et l'un des plus complets organes de la presse syndicale agricole. Cet organe fait connaître jusqu'aux extrémités du département l'œuvre syndicale; les articles qu'il publie, sur toutes les branches de l'agriculture et sur les industries qui s'y rattachent, sont lus avec fruit par les paysans, qui acquièrent ainsi peu à peu des notions scientifiques suffisantes pour rendre leur culture plus rationnelle et plus rémunératrice.

Dans sa chronique du 1er janvier 1891, M. Marie-Girod, jetant un coup d'œil sur le chemin parcouru depuis six années, s'exprimait ainsi : « Il faut d'abord rendre justice à nos cultivateurs, qui n'ont pas tardé à comprendre les avantages que leur offrait l'association ; ils sont venus à nous dès le commencement et le nombre des adhésions a augmenté rapidement, pour former, à ce jour, le nombre total de 1.700 membres, déduction faite des pertes.

« C'est beaucoup, mais c'est peu encore pour un département exclusivement agricole. Les cultivateurs appartenant aujourd'hui au syndicat peuvent être considérés — et sans flatterie — comme les plus intelligents, comme l'élite de notre population agricole. Ce sont eux qui donnent le bon exemple, c'est grâce à eux que les procédés de culture perfectionnés s'introduisent dans nos campagnes. Mais ils ont un autre devoir à remplir : c'est d'amener au syndicat le plus grand nombre possible de nouveaux membres pour les faire participer aux progrès et aux avantages de la mutualité. Dès 1886, le syndicat a introduit les engrais commerciaux dont l'emploi se propage rapidement. En 1887, on installait les bureaux du syndicat dans un local devenu bien vite trop étroit. L'année dernière, le siège de la Société fut transféré dans le local actuel, où on organisa successivement la bibliothèque, les collections de graines, d'engrais, de modèles d'instruments agricoles, le service de la vente sur échantillon de produits récoltés, etc.

« Le syndicat a propagé, en Savoie, les variétés de blé à grand rendement qui paraissent le mieux convenir à notre région, les espèces de pommes de terre les plus productives et les plus résistantes à la maladie, les graines fourragères de choix, les outils aratoires perfectionnés les plus propices à notre culture.

« Grâce au Bulletin, la lutte contre le mildiou a été entreprise partout avec succès, et nous avons pu indiquer et fournir aux vignerons les cépages américains qui, jusqu'à présent, paraissent le mieux s'adapter à nos terrains.

« Dans cette rapide récapitulation, nous ne devons pas oublier les avantages que retirent les sociétaires des nombreuses réunions où ils sont convoqués, pour voir fonctionner les instruments nouveaux, pour déguster les vins américains, pour apprendre à greffer, et des assemblées générales où la parole autorisée de M. le professeur d'agriculture et des membres du Bureau leur prodigue les instructions et les conseils. Chaque année a été marquée par des progrès de tout genre. L'une des innovations, de laquelle nous attendons le plus de résultats, est la désignation de représentants ou correspondants du syndicat dans les communes, chargés de faire connaître l'institution, de recruter des adhérents, de percevoir les cotisations, de grouper les commandes et de guider les cultivateurs de la localité dans la pratique des méthodes nouvelles. Toutes les innovations se perfectionnent par la pratique ».

En janvier 1892, le même chroniqueur se félicitait de l'action morale produite dans le pays par son œuvre : « En se renfermant strictement, disait-il, dans l'étude des questions professionnelles, en écartant toute idée de politique, le syndicat a conquis la bienveillance de tous les hommes, sans distinction d'opinions, qui aiment notre vieux pays de Savoie et désirent sa prospérité. Il leur a permis, en les rapprochant, de constater que le fossé qui les sépare est bien souvent peu large et la cordialité qui règne dans toutes nos réunions témoigne de l'apaisement des esprits ».

On voit, par ces citations, vers quel but le regretté fondateur du syndicat cherchait à diriger l'intelligence et l'activité de ses nombreux amis ; il a usé de toute son influence pour déterminer les jeunes gens, qui perdent trop souvent leur temps et leurs forces dans la vie oisive des villes, à habiter leurs terres et à devenir des agriculteurs de progrès. Directeur agricole des nombreuses propriétés appartenant aux hospices, M. Marie-Girod a joint la pratique à l'enseignement. La marche rapide que suit la reconstitution du vignoble savoisien est due, en grande partie, à l'exemple qu'il a donné et aux beaux résultats qui ont couronné ses efforts. Pourquoi la mort aveugle est-elle venue faucher, à la fleur de l'âge, cette existence si courte, mais déjà si utile à la cause agricole et syndicale ?

Le développement de nos syndicats est sans doute le résultat d'un besoin qu'avaient depuis longtemps les cultivateurs de s'unir, de s'entendre, de s'éclairer mutuellement, de se défendre contre les prétentions d'une nuée d'intermédiaires et d'exploiteurs sans vergogne, mais on sait, qu'ardents dans le travail et patients dans l'épreuve, ils manquent d'initiative. La loi du 21 mars 1884 fût restée lettre morte pour eux, si des hommes, qu'on peut appeler providentiels, n'étaient venus leur apprendre le parti à en tirer et n'avaient pris à leur charge le travail pénible et souvent ingrat qui accompagne toute organisation à ses débuts.

Le Syndicat de la Savoie est redevable de son succès au zèle de ses premiers administrateurs et surtout aux rédacteurs de son intéressant Bulletin. C'est dans ce dernier qu'on peut suivre, mois par mois, l'accroissement du nombre de ses membres.

Le 1er janvier 1886, le syndicat apparaissait avec une cinquantaine de membres, recrutés dans l'état-major agricole du pays, parmi ceux qui sont toujours prêts à donner l'exemple et à soutenir les œuvres utiles. Les uns entraînant les autres, ils sont aujourd'hui 2.550, dont 1.200 petits cultivateurs et 650 vignerons, domestiques, ouvriers.

Le chiffre des affaires du syndicat n'est pas en proportion de l'importance de son effectif, cela sera compris facilement par ceux qui ont parcouru ce pays, remarqué l'extrême division de son sol et la pauvreté relative de ses cultivateurs. Il y a beaucoup de fermiers en Savoie, travailleurs acharnés, qui vivent et élèvent des familles de 8 et 9 enfants sur 5 à 6 hectares de terre. Ils se sont établis avec presque rien, quelques *napoléons* gagnés dans le service ou donnés par leur famille ; en dehors de leurs bestiaux et de leurs instruments aratoires, leur capital d'exploitation est des plus réduits. Si ces braves gens donnent assez volontiers les quarante sous de cotisation, ils montrent moins d'empressement à acheter des engrais chimiques ou des outils perfectionnés. Il faudra donc encore quelque temps pour que le syndicat fasse d'importantes fournitures ; pour le moment, il n'a affaire qu'aux débrouillards, aux intelligents.

D'autre part, la création de nombreux syndicats communaux dans la Tarentaise et la Maurienne lui a enlevé un débouché important.

Son chiffre d'affaires actuel ne dépasse pas, année moyenne, 150 à 180.000 francs.

Depuis la fondation du syndicat, les statuts ont subi quelques changements de peu d'importance ; dans l'Assemblée du 1er juillet 1891, il a été voté que le nombre des syndics serait porté à dix ; cela a permis d'introduire au Conseil des représentants des arrondissements les plus éloignés.

Le 11 janvier 1894, il a été convenu à l'unanimité : 1o que le directeur et les vice-directeurs prendraient désormais la qualification de président et de vice-présidents, le titre de directeur étant réservé à l'administrateur rétribué ; 2o que les élections du Bureau auraient lieu à la réunion générale de l'été ; 3o que la cotisation annuelle serait réduite à 1 fr. pour les instituteurs et institutrices. Dans la même Assemblée de janvier 1894, l'essai d'un genre de crédit agricole, par l'intermédiaire du syndicat, a été voté à l'unanimité. Le projet de ce crédit, qui a reçu l'approbation de M. le ministre de l'agriculture et celle de la commission chargée de répartir les fonds alloués par l'Etat, pour venir en aide aux victimes de la sécheresse, moins nombreuses en Savoie qu'ailleurs, est ainsi conçu:

ART. 1. — Le Syndicat des agriculteurs de la Savoie se charge du crédit agricole dans le département, moyennant le versement de la somme de 32.000 fr., allouée à la Savoie, sur les cinq millions votés par le Parlement pour venir en aide aux victimes de la sécheresse.

ART. 2. — Tous les cultivateurs du département pourront bénéficier de l'organisation du crédit agricole, moyennant le versement d'un droit d'entrée de 2 fr. par an. Ils auront droit au service gratuit du Bulletin mensuel du syndicat, qui les renseignera sur l'emploi rationnel des engrais chimiques, des tourteaux et autres fourrages, sur le choix des semences et instruments aratoires.

ART. 3. — La somme ci-dessus de 32.000 fr. sera employée en achat de rente 3 0/0 perpétuel, dont les titres seront déposés à la Banque de France, contre l'ouverture d'un crédit en compte courant.

ART. 4. — Les délais pour le paiement seront de 3, 6 ou 12 mois. Les termes à trois mois seront sur simple facture, majorés de l'intérêt. Pour les délais au-delà de trois mois, le débiteur souscrira un billet à ordre comprenant capital et intérêts avec la signature d'une caution. Ce billet pourra être négocié.

ART. 5. — Tous les billets ou factures seront payables au siège du syndicat.

ART. 6. — L'intérêt à payer par les débiteurs sera de 4 0/0 ; ce taux pourra être modifié, chaque année, selon les résultats des opérations.

ART. 7. — Le Bureau du syndicat pourra exclure, du bénéfice de ces avances, les cultivateurs dont la solvabilité ne serait pas suffisamment établie ; il sera seul juge en la matière.

ART. 8. — Lorsque les fonds, dont disposera le syndicat, seront engagés dans les opérations en cours, sous la réserve d'un fonds de réserve suffisant, les avances seront suspendues provisoirement.

ART. 9. — La valeur des prêts ne pourra excéder la somme de 500 francs pour chaque emprunteur.

ART. 10. — Les prêts seront faits personnellement aux cultivateurs, à qui il sera interdit, sous peine d'exclusion, de revendre les marchandises comme de les acheter pour autrui.

Il ressort de ce projet que les prêts, consentis par le syndicat à ses membres et à tous les autres cultivateurs de la région, consistent en matières agricoles, fourrages, engrais, semences, etc.

Dans le cas où les administrateurs viendraient plus tard à juger que l'exercice de ce crédit complique par trop leurs opérations, ils seraient toujours à temps de provoquer la fondation d'une société qui s'en occuperait d'une manière spéciale et à laquelle ils remettraient les capitaux à eux confiés. Que le crédit ait lieu par le syndicat ou par une caisse indépendante, son influence sera toujours très grande sur l'activité de ses affaires. Beaucoup de cultivateurs timorés, voyant qu'on leur accorde des délais pour payer leurs dettes, se décideront à s'assurer de belles récoltes, par l'adjonction des engrais complémentaires à leur fumier de ferme.

Après avoir organisé les achats, il a voulu essayer la vente du vin, qui constitue la récolte principale de ses adhérents ; comme les nombreux syndicats qui l'ont tentée, il a abouti à un résultat négatif ; il se propose d'essayer à nouveau avec le concours de courtiers, nous croyons qu'il ne réussira pas davantage.

Vivant dans les meilleurs rapports avec la Société d'agriculture et le Comice agricole de Chambéry, il concourt, avec ces deux sociétés, à l'organisation de champs d'expériences dont il publie ensuite les résultats dans le Bulletin, comme aussi, avec elles, il a contribué puissamment à faire connaître et apprécier cette belle race tarentaise, pendant si longtemps méconnue.

Complément annuel de son Bulletin, l'Almanach de l'Union est toujours le gai compagnon des veillées d'hiver et en Savoie, plus qu'ailleurs peut-être, il est reçu avec joie par ces vaillants paysans, dont le travail est la seule jouissance.

De nombreuses conférences sont faites sous son patronage, tour à tour, dans toutes les communes de sa circonscription et, depuis 1899, il a organisé dans toutes les écoles l'enseignement agricole primaire et secondaire sur le programme de l'Union. Très suivis, les examens ont amené 111 candidats dont 101 de premier degré et 10 de second. Le syndicat a distribué à la première catégorie 65 diplômes sur 101, à a seconde 10 sur 10.

Dans le domaine de l'assurance, il n'a fait que profiter de son affiliation à la Coopérative pour mettre à la disposition de ses membres l'assurance-accidents, mais sous peu, il devra s'occuper sérieusement et activement de l'assurance bétail qui peut être pour lui un puissant élément de vitalité.

Sa trop grande circonscription lui rend son fonctionnement difficile, mais s'il parvient à organiser dans les principales communes un compte de prévoyance contre la mortalité du bétail, il y trouvera des cadres bien préparés pour l'aider dans sa multiple mission et bien faits pour lui permettre de la mener à bien.

Il doit faire de chaque commune une petite section presqu'autonome, organisant, sous son patronage et sa direction, l'assurance et l'assistance et, s'il y réussit, avec les éléments naturels de succès dont il dispose, il deviendra bientôt l'une des plus puissantes associations de notre région du Sud-Est.

Son bureau est un état-major dans lequel nous trouvons une élite d'hommes de cœur et d'initiative ; la tâche à laquelle nous les convions n'est pas au-dessus de leurs forces, elle ne doit pas être au-dessus de leur dévouement.

Syndicat agricole de N.-D. des Vignes

A AITON

11 décembre 1897. — M. 40

Président : M. François BERGER

Coopérative.

Fondé le 11 décembre 1897, ce syndicat se compose de 40 membres cultivant tous par eux-mêmes.

Il est affilié à la Coopérative agricole et ses membres vont se servir au dépôt de cette société, à Albertville.

Il n'a encore organisé aucun service professionnel ou social. L'avenir sera-t-il plus riche en résultats que le passé ? Il faut le souhaiter, car procurer à ses membres le droit d'user, et bien faiblement encore, des services de la Coopérative, ne doit pas suffire à l'ambition de ceux qui ont fondé cette petite association. Ils n'y trouveraient pas la juste satisfaction que méritent leurs efforts.

Syndicat agricole d'Albiez-le-Jeune.

20 septembre 1897. — M. 36

Président : M. Fr. CHAPPEL

Coopérative.

Sa création remonte au 20 septembre 1897 ; le chiffre de ses adhérents n'a jamais dépassé 36.

Affilié à la Coopérative, il a trouvé, dans la création du dépôt de St-Jean-de-Maurienne, la possibilité de rendre à ses membres un véritable service en leur procurant à bas prix et en excellente qualité, tout ce qui leur est nécessaire pour leur exploitation et leur ménage. Son chiffre d'affaires n'atteint encore que 2.000 fr., mais il grossira, sans doute, dans un prochain avenir, lorsque les indifférents et les sceptiques auront compris que, derrière le syndicat, il y a une œuvre et non une affaire.

Syndicat agricole d'Arèches.

12 octobre 1896. — M. 43

Président : M. François BLANC

Coopérative.— Almanach.

Fondé le 12 octobre 1896, il compte actuellement 43 membres, tous petits cultivateurs à petits besoins. Rien d'étonnant, dès lors, que son chiffre d'affaires à la Coopérative se limite à 1.500 fr. et que sa propagande se borne à distribuer, chaque année, l'Almanach de l'Union à ses membres.

La bonne volonté ne suffit pas toujours à donner le succès et les résultats obtenus sont souvent peu en rapport avec le dévouement déployé. C'est le cas de ce petit syndicat ; ce n'est pas, pour ses fondateurs, une raison de se décourager.

Syndicat agricole d'Aussois.

1er février 1899. — M. 72

Président : M. Louis CONVERT

Coopérative.

Ce syndicat communal, fondé le 1er février 1899, comprend aujourd'hui 72 membres travaillant tous par eux-mêmes, et inscrits à la Coopérative. Il est de formation trop récente pour avoir pu donner des résultats appréciables, mais il nous paraît bien parti, ses fondateurs sont pleins d'entrain ; ç'en est assez pour réussir.

Syndicat agricole de St-Maxime.

A BEAUFORT-SUR-DORON

1er janvier. 1898 — M. 75

Président : M. MAXIME VIALET.

Coopérative. — Bulletin. — Almanach.

Syndicat de commune, créé le 1er janvier 1898, il se compose de 75 membres tous cultivateurs exploitant par eux-mêmes. Sa cotisation de 1 franc est employée tout entière au service, gratuitement fait à tous les adhérents, du Bulletin et de l'Almanach de l'Union. Ses services, purement matériels, embrassent tout ce qui touche aux besoins de l'exploitation et du ménage. Son unique fournisseur est le dépôt de la Coopérative agricole à Albertville.

Situé dans une commune où les forêts occupent la plus large place, ce syndicat demande, depuis sa fondation, à l'administration forestière d'autoriser le pacage des moutons dans les sapinières, ce serait là, pour cette population peu aisée, une source sérieuse de revenus. Nous serions heureux que la publicité donnée à cette réclamation décidât l'administration des forêts à étudier la question et à la résoudre au mieux des intérêts de tous.

Syndicat agricole de Le Bois.

1er octobre 1899. — M. 14

Président : M. Aug. RUET

Bétail. — Aide mutuelle.

Sa fondation remontant au 1er octobre 1899, son histoire est forcément courte, mais, si nous en croyons le premier chapitre, nous avons tout lieu d'espérer que l'avenir lui réserve une suite des plus prospères.

Comprenant 14 membres, dont 12 petits cultivateurs travaillant eux-mêmes, ce syndicat a déjà fait pour 2,000 francs d'affaires, constitué l'assurance-bétail et l'assistance en cas de maladie. En quatre mois, il a réussi à faire ce que de grands syndicats de cantons n'ont pas même projeté depuis quinze ans qu'ils existent.

Il y a donc lieu de suivre attentivement cette petite association et, si « son ramage ressemble à son plumage, elle sera certainement le phénix des hôtes de l'Union ». Le plumage c'est le petit passé, le ramage c'est l'avenir sans borne qui s'étend devant elle ; souhaitons à l'oiseau syndical d'y trouver la paix et la prospérité.

Syndicat agricole de Bourg-Saint-Maurice.

14 novembre 1895. — M. 220

Président : M. Joseph JUGLARD

Coopérative.

Embrassant tout le canton de Bourg-Saint-Maurice, il date de novembre 1895, et son effectif actuel se compose de 220 membres, tous petits cultivateurs travaillant par eux-mêmes.

Affilié à la Coopérative, il achète, par son entremise, la plus grande partie des produits demandés par ses membres ; le dernier exercice atteint un chiffre de 20.000 francs. C'est l'indice d'une situation excellente qui a frappé certainement le Bureau, puisqu'en présence des résultats de l'année, celui-ci a supprimé toute cotisation.

L'exemption est peut-être imprudente, et nous aurions préféré la voir maintenue et appliquée à abonner tous les adhérents au Bulletin et à l'Almanach. C'était une dépense utile et, qui mieux est, agréable pour tous, car nous doutons fort qu'aucun syndiqué se soit plaint de cette affectation.

Dans le pays où il rayonne, les œuvres à créer sont nombreuses, elles ne se font pas de rien et si l'on s'habitue facilement à une cotisation toujours payée, on s'accommode moins facilement de la payer irrégulièrement.

Crédit agricole, assurance-bétail, caisses de retraite, tout cela est en Savoie de première nécessité et comme le Syndicat de Bourg-St-Maurice semble plein de généreuse ardeur, il n'aura garde de s'en désintéresser. Nous souhaitons que, sans revenir sur sa décision, il puisse les mettre sur pied, mais qu'il n'ait pas de fausse honte et que, plutôt que d'échouer, il rétablisse sa modeste cotisation. Légitimée par les nouveaux services que le syndicat est appelé à rendre, elle paraîtra naturelle ; au surplus n'est-elle pas le lien qui réunit, dans un faisceau cordial, tous les membres de l'Association ?

Syndicat agricole de Cevins.

3 décembre 1899. — M. 20

Président : M. Alexis VALAZ

Coopérative.

Bien que de création toute récente, puisqu'il date du 3 décembre 1899, il a déjà fait pour 4.000 fr. d'affaires, ce qui représente, pour ses 20 adhérents, une moyenne fort respectable de 200 fr. par tête. Son unique fournisseur est la Coopérative agricole du Sud-Est.

C'est, pour le moment, tout ce qu'il a fait, mais fondateurs autant qu'associés comptent bien ne pas s'en tenir là.

Les premiers débuts leur permettent d'espérer un avenir brillant, et comme il y a beaucoup de dévouement et de bonne volonté chez les uns comme chez les autres, le succès ne saurait manquer de répondre à leurs communs efforts.

Syndicat agricole de St-Antoine.

A Chamousset

28 juin 1897. — M. 67

Président : M. J.-M. JEANTON

Coopérative. — Almanach.

Sa création date du 28 juin 1897 ; ses membres, au nombre de 67, ont jusqu'ici utilisé les seuls services matériels. C'est la Coopérative qui est le fournisseur principal ; le chiffre annuel des opérations arrive à peine à 3.000 fr.

C'est, pour l'instant, le seul fait intéressant à signaler, car, en dehors de l'Almanach de l'Union qu'il distribue gratuitement, ce syndicat n'a pas encore trouvé le moyen et les ressources pour faire mieux.

Ce n'est pas du premier jour que l'on peut réussir et, dans ce terrain difficile de la Savoie, les idées neuves ne pénètrent pas toujours aussi facilement chez les syndiqués que chez leurs directeurs.

Ceux-ci ne doivent pas, pour cela, perdre courage et, en continuant à poursuivre avec dévouement l'œuvre à laquelle ils se sont dévoués, ils finiront bien par être vainqueurs de l'indifférence et de la routine.

Ce sera peut-être un peu long, ils n'en auront que plus de mérite.

Syndicat de Saint-François de Sales.

A St-Jean-d'Arves

6 janvier 1898. — M. 19

Président: M. Séraphin LANTERME

Bulletin. — Almanach.

Syndicat communal créé le 6 janvier 1898, il a abonné ses dix-neuf membres au Bulletin et à l'Almanach de l'Union. Affilié à la Coopérative, il fait peu d'affaires par lui-même. La plus grande partie de ses membres, sur la décision de la Chambre syndicale, se servent directément au dépôt de la Coopérative agricole, à St-Jean-de-Maurienne.

Syndicat agricole de Notre-Dame.

A Fontcouverte

1er novembre 1897. — M. 45

Président : M. Jean-Pierre COVAREL

Coopérative. — Bulletin. — Almanach.

Composé de 45 petits cultivateurs, ce syndicat a été fondé le 1er novembre 1897 ; le but de ses promoteurs était de réagir contre la cherté exagérée des denrées de consommation et de procurer à très bon marché les marchandises professionnelles de première qualité. En payant une modeste cotisation de 1 fr., les syndiqués ont droit au service régulier du Bulletin et de l'Almanach de l'Union, et bénéficient des avantages considérables que leur offre la Coopérative du Sud-Est, avec laquelle ils font environ 3.000 fr. d'affaires. Il faut croire qu'ils en tirent satisfaction, puisque le président nous écrit : « La Coopérative nous fournit de meilleures denrées que nos épiciers, elle nous les livre à meilleur marché, c'est ce qui nous touche le plus ».

Le syndicat n'a, malheureusement, pas assez d'argent pour compléter, par les services économiques et sociaux, son œuvre matérielle, mais il est plein d'ardeur et de volonté ; c'est plus qu'il n'en faut pour arriver au succès.

———

Syndicat agricole de Frontenex.

12 avril 1898. — M. 21

Président : M. Jean BIGUET-PETIT

Champs d'expériences.

Ce syndicat communal de 21 membres, tous petits cultivateurs, a été créé le 12 avril 1898 ; sa cotisation est de 2 francs, son chiffre d'affaires est de 800 francs.

Placé dans un pays qui a été, pendant bien longtemps, dépourvu de tout enseignement agricole, ce syndicat a créé plusieurs champs d'expériences pour les cultures principales et ce sont les résultats ainsi obtenus qui ont eu le plus facilement raison de tous les préjugés et de toutes les hésitations

Grâce à lui, les engrais chimiques et la sélection des semences sont entrés dans les mœurs agricoles, c'est un service considérable qu'il a rendu par là à ses compatriotes.

———

Syndicat agricole d'Hauteluce.

14 février 1897. — M. 40

Président : M. LACHENAL-CHORDET

Coopérative.

Ce syndicat de 40 petits cultivateurs a été créé le 14 février 1897 ; sa cotisation est de 2 fr., ses affaires se montent à 1.000 francs environ.

Située dans un pays de hauts pâturages, cette modeste association n'a qu'un champ d'action très limité, et il faut lui savoir gré d'avoir implanté dans cette région l'emploi des engrais chimiques qui ont permis d'accroître le rendement et, par là même, les petits bénéfices d'une intéressante population.

Syndicat agricole de St-Bénézet.

A HERMILLON

24 mars 1897. — M. 100

Président : M. DURBET

Coopérative. — Bulletin.

Fondé le 24 mars 1897, comptant une centaine de membres payant une cotisation de 1 fr., et achetant ensemble tout ce dont ils ont besoin pour leur exploitation et leur ménage, c'est là toute l'histoire de ce petit syndicat. Le dépôt de la Coopérative agricole du Sud-Est à St-Jean-de-Maurienne, est son principal fournisseur.

Syndicat agricole de St-Pierre.

A JARRIER

6 mars 1897. — M. 27

Président : M. ÉTIENNE DÉQUIER

Coopérative.

Constitué le 6 mars 1897, il se compose de 27 membres. A proximité du dépôt de St-Jean, ouvert, à l'intention de tous les syndicats de la Maurienne, par la Coopérative, il y fait tous ses achats qui se montent à 1.500 fr. annuellement. Les denrées de consommation occupent dans ce total une place importante.

28

Son bureau s'occupe actuellement d'organiser un compte de prévoyance contre la mortalité du bétail ; s'il y réussit, son avenir est assuré, car il trouvera là le moyen le plus sûr de faire entrer dans la tête rebelle des indifférents, les avantages de l'association syndicale.

Syndicat agricole de St-Antoine de Padoue.

A MARTHOD

14 mars 1898. — M. 28

Président : A. POENCIN.

Bulletin. — Coopérative.

Fondé depuis le 14 mars 1898, ce syndicat n'a pas encore d'histoire ; il s'est borné à fournir à ses 28 adhérents, par le canal de la Coopérative du Sud-Est, les marchandises dont ils ont besoin.

Syndicat des Agriculteurs de Mercury-Gemilly.

20 avril 1897. — M. 128

Président : M. LESOT

Coopérative. — Bulletin. — Almanach.

Sa création remonte au mois d'avril 1897 ; il a recruté, depuis, 128 adhérents, dont 125 sont petits cultivateurs ou fermiers.

Avec une cotisation de 1 fr., il sert à tous ses membres le Bulletin et l'Almanach de l'Union, achète pour leur compte, à la Coopérative du Sud-Est, toutes les marchandises professionnelles dont ils ont besoin, soit 5.000 fr. annuellement.

Appropriant ses services aux besoins spéciaux du pays, il a fait les plus louables efforts pour hâter la reconstitution des vignobles et organisé, dans ce but, une école de greffage qui complète heureusement, et de la manière la plus pratique, l'enseignement agricole donné à l'école sous le patronage et avec les encouragements du syndicat.

Syndicat agricole de Montailleur et St-Vital.

A MONTAILLEUR

24 avril 1899. — M. 55

Président : M. J. DAMIAN

Coopérative. — Almanach.

Sa création très récente, 24 avril 1899, ne lui permet pas d'avoir une très longue histoire et il n'en sera pas, pour cela, plus mal partagé.

Comptant 55 membres, tous petits cultivateurs travaillant euxmêmes, il a réussi, en moins de 6 mois, à acheter à la Coopérative du Sud-Est pour plus de 6.000 fr. de marchandises, soit près de 120 fr. par tête.

C'est un début qui promet pour l'avenir et nous serions très surpris si ce premier succès n'avait pas pour résultat de grossir son effectif.

La cotisation annuelle est de 1 fr. ; en échange, chaque syndiqué reçoit l'Almanach de l'Union où il apprend à connaître et à aimer toutes ces œuvres qui sont l'honneur et la gloire de nos vaillantes associations. En le faisant lire à ses voisins il fait des prosélytes. C'est ainsi que par l'union on fait la force.

Syndicat agricole de Montaimont et St-Avre

A St-Avre

19 avril 1898. — M. 105

Président : M. Jean TRONEL

Syndicat communal, créé en 1898, il compte 105 membres.

Ce chiffre, relativement élevé, semble indiquer que sa création a été accueillie avec faveur et il faut espérer que son bureau ne fera pas regretter aux premiers associés leur sympathique adhésion.

Syndicat agricole de St-Jean-Baptiste.

A Montgellafrey

16 janvier 1898. — M. 60

Président : M. Jean-Antoine ANDRÉ

Coopérative.

Syndicat communal, fondé le 16 janvier 1898, il compte 60 membres. Eloignée des voies de communication, cette association, comme beaucoup d'autres de ces régions, aurait eu peine à continuer les services matériels, les seuls dont elle se soit occupée. Heureusement la création, à St-Jean, d'un dépôt de la Coopérative agricole du Sud-Est, à laquelle tous les membres du syndicat sont affiliés, leur permet de se procurer, les jours de marché, les engrais et les denrées de consommation dont ils ont besoin.

Il faut espérer que cette facilité donnera à ce syndicat un regain de vitalité et lui permettra, un jour, de s'occuper des services professionnels et sociaux.

Syndicat agricole de Montvernier.

27 mars 1898. — M. 27

Président : M. Pierre VERNIER

Coopérative.

Créé le 27 mars 1898, il a réussi à recruter dans ce petit pays 27 membres, dont le seul but est de profiter de leur affiliation à la Coopérative pour s'approvisionner au dépôt de St-Jean de tous les produits qui leur sont utiles pour leur exploitation et pour leur ménage.

Le montant total des achats atteint annuellement 2.000 fr.

Avec ses faibles ressources, le syndicat ne peut évidemment se lancer à corps perdu sur le terrain économique et social, mais pourquoi ne profite-t-il pas de son affiliation à la Coopérative pour garantir le bétail de ses adhérents contre les risques de la mortalité? Ce serait là un grand service à rendre qui lui attirerait, sans aucun doute, de nombreuses recrues.

Syndicat agricole de Notre-Dame.

A MYANS

19 janvier 1898. — M. 29

Président : M. BERNARD

Coopérative.

Syndicat communal créé le 19 janvier 1898. 29 membres. Est affilié à la Coopérative. Peu d'affaires. Pas de services sociaux. Il n'a donc pas encore d'histoire.

Syndicat agricole de N.-D. de Bellecombe.

16 janvier 1898. — M. 20

Président : M. A. CHATELAND

Bulletin. — Compte bétail. — Aide mutuelle.

Datant du 16 janvier 1898, il compte 20 membres travaillant tous par eux-mêmes et payant une cotisation annuelle de 2 francs.

Le chiffre de ses membres ne lui permet pas de faire de grosses affaires, mais ses services n'en sont pas moins utiles à tous. Non content de procurer à ses adhérents tout ce dont ils ont besoin pour leur exploitation et leur ménage, il a constitué au profit des propriétaires une petite caisse de prévoyance contre la mortalité du bétail et au profit des familles pauvres une petite société de secours mutuels qui les garantit contre la maladie et le chômage involontaire.

C'est la famille agrandie à toute la commune, c'est la fraternité érigée en principe entre tous les membres.

Syndicat agricole de N.-D. de Briançon.

22 septembre 1895. — M. 56

Président: M. F. ALLEMOZ

Coopérative. — Almanach.

Petit syndicat d'une petite commune de la Savoie, il a été constitué le 22 septembre 1895. Depuis cette époque, il a recruté 56 membres, tous très petits cultivateurs. Leurs besoins sont, comme leurs goûts, modestes, puisqu'entre eux tous, ils arrivent à peine à faire un chiffre annuel d'affaires de 700 francs. C'est 12 à 13 fr. par tête !

Ce résultat qui, dans une autre région, pourrait être ridicule, est ici presque satisfaisant et il a fallu beaucoup de ténacité et beaucoup de dévouement de la part de ses fondateurs pour l'obtenir.

L'Almanach de l'Union est peut-être le seul délassement de ces rudes et vaillantes populations auxquelles nous adressons, de tout cœur, nos encouragements les plus sympathiques.

Syndicat agricole d'Orelle.

15 février 1897. — M. 40

Président : M. L'Abbé FRANCOZ

Entrepôt. — Coopérative. — Bulletin. — Almanach. Instruments. — Enseignement. — Assurance-accidents.

Le Syndicat des Agriculteurs de la Savoie avait déjà jeté de profondes racines dans le département lorsque lui sont venus de petits frères qui bientôt seront légion. La Tarentaise avait donné le signal de l'émancipation. La Maurienne suivit bientôt. On était, en effet, trop loin du centre pour profiter des bienfaits de l'association. Orelle, petit village ignoré, où venait de s'installer une puissante usine, sentit, le premier, ce besoin. Les conditions économiques et agricoles s'y trouvaient tout à coup profondément modifiées. Il fallait songer à l'avenir.

Un comité d'initiative se réunissait à la mairie, au mois de février 1897 ; il recueillait aussitôt 20 adhésions et, le 15 du même mois, le syndicat se trouvait régulièrement constitué. Sa circonscription se trouvant très limitée, puisqu'il n'espère pas s'étendre hors de la commune, l'arbre n'a guère pu grandir. Cependant, malgré les vides creusés par la mort et par les désertions, il comprend, en 1900, quarante membres, tous travaillant eux-mêmes leur petit domaine, à l'exception du président.

L'argent n'afflue pas à la caisse. Toutefois, grâce à une sévère économie, l'excédent des recettes provenant des cotisations, fixées à deux francs pour chaque adhérent, et des boni qui lui reviennent de la Coopérative du Sud-Est, le syndicat a pu se constituer un petit

— oh ! petit — patrimoine : ses instruments de pesage, une soufreuse et un fond de caisse d'une centaine de francs. Bien que pauvre, le syndicat a pourtant été utile à ses membres.

Pour les services matériels, il s'est inquiété d'abord des besoins de l'agriculture locale et, à cet effet, il a créé un entrepôt des principaux instruments nécessaires. Il les achète quelquefois directement, mais il a surtout recours aux bons offices de la Coopérative du Sud-Est, dont il n'a qu'à se louer soit pour ses instruments : faulx, pulvérisateurs, soufreuses, pressoirs, etc., soit pour ses engrais chimiques, ses sulfates et ses produits de consommation. Bien que modestes, ces achats (ils s'élèvent à environ 2.000 fr. par an) ont pu compenser les preneurs de leurs cotisations, étant donné qu'on leur a laissé toujours une grande latitude pour leurs remboursements.

Le syndicat n'est pas situé dans un pays de vignobles. Pourtant, avant la terrible invasion des maladies de la vigne, chacun récoltait son vin. Peut-être buvait-on moins alors qu'on avait du vin ? Mais un syndicat est pratique ; avant d'examiner ce qui devrait être, il voit ce qui est et comme ses adhérents aiment mieux leur vin suret que les meilleurs crus, le syndicat s'est adressé à ses voisins pour la fourniture des plants et il a donné une vive impulsion aux soins de la vigne.

Franchissant les limites des affaires, le syndicat a voulu également s'adresser à l'intelligence. Vu son petit nombre il n'a pu se payer le luxe d'un bulletin spécial ; mais, malgré sa petite bourse, il a dû subir les exigences de l'Assemblée qui lui a imposé les frais de l'abonnement de tous ses membres au Bulletin de l'Union.

L'enseignemsnt professionnel n'y est pas négligé non plus. Le pré-sident a présenté 14 élèves à l'examen du 2ᵉ degré de l'enseignement agricole ; 12 ont obtenu la note bien, 2 la note passable et la commission supérieure de l'enseignement agricole a jugé bon de lui attribuer une médaille d'argent en récompense de son dévouement à la cause de l'agriculture. En effet, ses élèves ne sont pas les seuls à profiter de ses leçons. Tous ses loisirs il les consacre aux agriculteurs, indiquant à l'un l'usage et les effets des engrais chimiques, visitant le rucher d'un autre pour le mettre au courant des méthodes modernes de l'apiculture ; ici montrant, loupe en main, le développement des maladies cryptogamiques de la vigne et enseignant leurs remèdes, là, pratiquant le greffage.

Et, certes, si le syndicat, malgré sa jeunesse, n'a pas rendu plus de services économiques à ses membres, ceux-ci, du moins, se rappel-

leront les nombreuses conférences qui leur ont été données sur l'utilité et le fonctionnement des laiteries, des caisses rurales de crédit, de
retraite pour la vieillesse ou de mutualité pour le bétail. Ceux-là
surtout qui ont eu la sagesse de s'assurer contre les accidents peuvent dire si on a cherché à les tromper. Sur neuf polices contractées,
trois accidents ont été l'objet de secours.

Quant aux services sociaux proprement dits, le syndicat n'a guère
pu y songer, à moins qu'on ne veuille lui tenir compte du service de
placement et de consultation gratuite que son Bureau offre à tous
dans la mesure de ses moyens. Il a pu ainsi être utile pour la question d'impôt et faire obtenir justice contre le fisc. La modicité de
ses ressources ne lui a pas permis de secourir efficacement les
malheureux. »

Dans sa modestie, le président, dont nous avons tenu à insérer *in
extenso* l'historique, fait par lui, n'a oublié qu'une chose : la part
considérable qui lui revient dans l'heureuse transformation que le
syndicat a fait subir à ce petit pays. S'il n'a pu faire davantage, il ne
faut pas en chercher la cause ailleurs que dans le manque de ressources, car son dévouement et le vif désir qu'il a de se rendre utile
n'ont pu suffire à lui permettre d'aller plus loin. Ce n'est, bien
entendu, qu'un retard de quelques mois, car, le succès ne peut tarder à venir récompenser d'aussi laborieux efforts.

Syndicat agricole de Queige.

28 décembre 1897. — M. 24

Président : M. Joseph FOSSERET

Coopérative.

Sa création date du 28 décembre 1897; il compte aujourd'hui 24 membres; tous, sauf le président, cultivateurs travaillant de leurs mains.

La cotisation est de 2 fr., les services sont purement matériels,
mais comprenant même les denrées de consommation. Le chiffre
total d'affaires s'élève à 1.500 fr. ; tout est fourni par la succursale
établie, à Moûtiers, par la Coopérative du Sud-Est.

Syndicat agricole de St-André.

2 mars 1898. — M. 16

Président : M. André DUFOUR.

Coopérative.

Créé le 2 mars 1898, il ne compte que 16 membres, tous affiliés à la Coopérative agricole du Sud-Est, dont le dépôt de St-Jean-de-Maurienne leur rend de grands services.

> Petit poisson deviendra gros
> Pourvu que Dieu lui prête vie.

Le syndicat de St-André fera de même, nous l'espérons.

Syndicat agricole de Saint-Jean d'Arves.

18 février 1898. — M. 60

Président : Jean-Baptiste Riccaz.

Créé le 18 février 1898, ce syndicat, qui compte 60 membres, était en principe affilié à la Coopérative. Ses affaires sont peu importantes.

Il est à souhaiter qu'il fusionne avec celui d'Entraigues, même commune, pour n'en faire qu'une association, qui trouverait peut-être, dans cette union, la vitalité qui semble lui manquer.

Syndicat agricole de Saint-Jean-de-Belleville.

15 mars 1896. — M. 50

Président: M. J.-C. BERMOND

Entrepôt. — Cooperative. — Almanach. — Tribunal arbitral.

Petit syndicat de commune il a recruté depuis sa fondation, 15 mars 1896, une cinquantaine de membres, travaillant tous par eux-mêmes leur propriété. Il faut croire qu'ils sont de bonne qualité, puisque, dans le cours du dernier exercice, ils ont acheté, par tête, pour 250 francs de marchandises purement agricoles.

C'est là un chiffre qui a bien son éloquence et qu'ils sont rares, même dans les plus prospères, les syndicats qui y arrivent! Si l'honneur en doit revenir, pour une bonne part, à la Coopérative du Sud-Est qui a su mettre à la disposition de ce syndicat des produits de première qualité à des prix inconnus dans le pays, il faut bien reconnaître aussi que la fidélité de tous les adhérents à leur syndicat a singulièrement facilité ce résultat.

Les membres du Bureau y doivent aussi trouver leur part, puisque c'est grâce à leur expérience personnelle et aux résultats inattendus qu'ils ont obtenus, que l'emploi des engrais chimiques a pu se généraliser dans cette commune où, jusqu'ici, le fumier mal fait avait été la seule fumure.

Ayant déjà organisé la coopération pour la production du fromage de Gruyère, le syndicat va essayer la vente de cet excellent produit, et, comme sa bonne étoile semble le favoriser, il réussira peut-être là où tant d'autres ont si péniblement échoué. Avant de rien tenter, il a commencé à améliorer la race laitière du pays et maintenant qu'il a, par ce moyen, réussi à améliorer la qualité de ses fromages, il peut, sans crainte, essayer de leur trouver un écoulement rémunérateur.

Composé exclusivement de praticiens qui aiment mieux la pratique que toutes les leçons données à l'école, il n'a, pour le moment, rien tenté du côté de l'enseignement; il est probable que s'il avait trouvé quelque bonne volonté chez le personnel enseignant, il aurait essayé quand même, mais... c'est ici comme ailleurs.

Il s'est donc, pour le moment, borné à donner l'Almanach de l'Union qui, pendant les longues soirées d'hiver, amuse en instruisant.

Plus hardi sur le terrain de l'assurance, il a compris qu'il avait un réel service à rendre en mettant ses membres à l'abri des risques de la profession et en les garantissant contre la mortalité de ce bétail qui est leur principale fortune, aussi son Bureau occupe-t-il les loisirs de l'hiver actuel à organiser des comptes de prévoyance et à faire connaître à tous les avantages si réels que leur offre la Coopérative pour l'assurance personnelle.

Il a heureusement complété son œuvre, déjà grande, par l'organisation d'un tribunal arbitral auquel tous doivent se soumettre, et par la constitution de l'aide mutuelle qui assure à tout sociétaire malade le travail régulier de son lopin de terre.

Comme on le voit, ce petit syndicat, en moins de 4 ans, a réussi à faire ce que beaucoup d'autres, en 10 ans, n'ont pas encore réalisé ; il est, pour tous les retardataires, un exemple frappant de ce que peut produire le dévouement uni à la volonté. Dans un milieu des plus ingrats, le syndicat a fait pénétrer le progrès agricole et, dans ces braves cœurs de Savoyards, peu sensibles cependant, il a semé les germes féconds de cette fraternité sociale qui est la plus belle conquête de l'association libre du XIXe siècle.

Syndicat agricole de Saint-Marcel.

3 février 1896. — M. 40

Président : M. J.-F. REVET

Coopérative.

Fondé en 1896, ce syndicat de 40 membres, tous petits agriculteurs, exploitant par eux-mêmes, est peu prospère, et il faut toute l'énergie de son bureau pour l'empêcher de tomber. La création d'une succursale de la Coopérative du Sud-Est, à Moûtiers, lui a donné un regain de vigueur en lui facilitant ses achats, espérons que le temps donnera un peu de cohésion aux éléments qui le composent et en fera un tout viable et actif.

Syndicat agricole de St-Michel de Maurienne.

10 février 1898. — M. 20

Président : M. César ROCHET

Coopérative. — Aide mutuelle.

Créé le 10 février 1898, il comprend aujourd'hui 20 membres adhérents. Comme ses voisins de la Maurienne, il fait tous ses achats à la Coopérative qui, par ses dépôts installés sur place, lui donne toutes facilités pour les faire bons et bien. Composé de cultivateurs à petites ressources, il fait à peine pour 700 francs d'affaires, ce ne saurait être son dernier mot.

Sous peu, il fera fonctionner un compte de prévoyance contre la mortalité du bétail, qui ne peut manquer de lui amener beaucoup d'adhérents,— si tant est que le pays pauvre et plutôt industriel offre de ce côté beaucoup de ressources — et depuis sa fondation il pratique, avec ses maigres ressources, l'assistance aux malades sous forme d'aide par le travail et de petits secours en nature.

Si peu que ce soit, c'est déjà un résultat et, étant donné la nature du pays où il est obtenu, il y a lieu d'en féliciter sincèrement tous ceux qui ont coopéré à l'obtenir.

Syndicat agricole de St-Nicolas-la-Chapelle.

17 janvier 1898. — M. 30

Président : M. Ambroise AJOUX

Coopérative. — Bulletin. — Almanach.

Créé le 17 janvier 1898, ce petit syndicat communal compte 30 cultivateurs travaillant eux-mêmes et payant une cotisation annuelle de 1 fr. en échange de laquelle ils reçoivent l'Amanach de l'Union.

Pour lui faciliter ses achats, la Coopérative du Sud-Est approvisionne son dépôt sous forme de consignation; le chiffre d'affaires est encore peu important.

De création trop récente pour avoir pu utilement développer ses services, ce syndicat, plein de bonne volonté, est désireux de faire quelque chose ; c'est tout ce que nous pouvons, pour le moment, lui demander.

Syndicat agricole de St-Rémy.

1er avril 1898. — M. 11

Président : M. Martial SAUNIER

Almanach.

Il a été constitué le 1er avril 1898; il compte à ce jour 11 membres, tous petits cultivateurs. Moyennant une cotisation de 2 fr. grâce à laquelle il reçoit l'Almanach de l'Union, chaque syndiqué peut acheter, par son intermédiaire, tous les produits dont il a besoin pour son exploitation et son ménage. Le chiffre d'affaires annuel ne dépasse pas 300 fr.

On comprend aisément que, dans ces conditions, le syndicat n'ait pu créer d'œuvres annexes, mais comme son bureau a foi dans le succès prochain, un compte mortalité-bétail et une société de secours mutuels vont être sous peu de jours constitués.

C'est peut-être pour ce brave petit syndicat le seul moyen d'attirer à lui tous les indifférents ou tous les égoïstes qui n'ont pas voulu y aller tant que ce n'était qu'une œuvre, mais qui s'y précipiteront dès qu'il s'agira de défendre leur bourse ou leur bétail.

Dans les syndicats, il ne faut pas faire de sentiment et leurs administrateurs doivent se bien persuader que, pour réussir, il faut s'attaquer aux intérêts et non aux sentiments.

Syndicat agricole de St-Sigismond.

29 mars 1899. — M. 28

Président : M. J.-Aug. VIBERT

Coopérative. — Bulletin. — Almanach. — Enseignement.

Fondé le 29 mars 1899, il compte actuellement 28 membres (8 propriétaires faisant travailler, et 20 petits cultivateurs).

A peine âgé d'un an, il n'a pu faire autre chose que des projets, mais il a l'ardent désir de les réaliser et déjà, au moment où nous écrivons ces lignes, il a pu préparer l'organisation de l'assurance-bétail, qui fonctionnera d'ici peu au profit de ses membres.

En attendant, et grâce au dépôt qu'a installé la Coopérative à Albertville, il a pu faciliter tous les achats professionnels de ses adhérents et les exécuter à des prix bien inférieurs à ceux habituellement pratiqués dans sa région.

Par ses soins et avec son patronage, l'école libre de la commune a organisé l'enseignement agricole et fait recevoir 9 élèves aux examens de l'Union en 1899.

Comme carte de visite il a envoyé à chacun de ses adhérents l'Almanach de l'Union et leur a ainsi mis sous les yeux le programme agricole et social qu'il entend exécuter. Nous sommes sûr qu'il ne fera pas comme nos députés et qu'il tiendra mieux qu'eux les promesses qu'il a faites à ses électeurs.

Syndicat agricole de Saint-Sorlin d'Arves.

12 janvier 1898. — M. 14

Président : M. Joseph COCHE

Coopérative.

Syndicat communal, créé le 12 janvier 1898, il ne compte que 14 membres qui utilisent les services offerts par le dépôt de la Coopérative agricole du Sud-Est de St-Jean-de-Maurienne.

Syndicat agricole de Salins.

15 septembre 1898. — M. 22

Président : A. BENOIT SOFFRAY

Coopérative. — Almanach. — Champs d'expériences.

Créé le 15 septembre 1898, ce syndicat de 22 membres, tous petits cultivateurs, n'a encore organisé que les services matériels par lesquels seuls il peut amener à lui les paysans de cette région. Pour la première année, le chiffre d'affaires a été de 1.000 fr. fournis par la Coopérative agricole (dépôt de Moûtiers). Ce chiffre est un chiffre d'attente car les champs d'expériences organisés par le syndicat chez quelques-uns de ses membres ont tellement affirmé l'utilité des engrais chimiques que leur emploi ne peut que se généraliser. L'Almanach de l'Union sert de quittance à la cotisation de 1 fr.

Syndicat agricole de Tessens.

28 mai 1899. — M. 18

Président : EVARISTE BÉRARD

Coopérative.

Fondé le 28 mai 1899, reçu dans l'Union du Sud-Est, le 6 juillet suivant, le Syndicat agricole de Tessens a fait admettre à la Coopérative ses 18 membres, tous propriétaires travaillant eux-mêmes leurs terres.

Il leur procure des engrais et des outils agricoles, et par le dépôt de la Coopérative du Sud-Est établi à Moûtiers, il leur fournit les denrées de consommation.

Bien dirigée, composée d'hommes s'aimant et s'estimant, cette jeune association a l'avenir devant elle. Le succès est assuré.

Syndicat agricole de Notre-Dame

A Valmeinier

18 janvier 1898. — M. 73

Président : M. l'Abbé FÉJOZ

Coopérative. — Bulletin. — Crédit. — Aide mutuelle.

Fondé le 18 janvier 1898, ce petit syndicat de commune doit à l'intelligente initiative de son président, autant qu'à sa générosité, d'avoir fort bien réalisé ce que l'on est en droit d'attendre de lui.

Composé de 73 membres, tous petits propriétaires exploitant eux-mêmes, et payant une cotisation de 2 fr., il leur procure tous les produits utiles à leur exploitation et toutes les denrées nécessaires à l'alimentation de leurs ménages. Le plus souvent, c'est la Coopérative du Sud-Est qui le fournit.

Non content d'approvisionner ses adhérents, il a organisé la vente de leur produit principal: le beurre, et, en mettant ses membres en relations directes avec le consommateur ou le petit marchand, il a déjoué les manœuvres de certains gros courtiers qui pensaient bénéficier de leur ignorance des prix, de leur éloignement des villes. Le pays tout entier a profité de l'heureuse tentative du syndicat et, en faisant les affaires de tous les habitants de la commune, celui-ci a prouvé l'utilité de son rôle et l'ampleur de ses services.

Trop pauvre pour avoir des champs d'expériences lui appartenant en propre, il a fait faire des essais d'engrais sur les propriétés les plus en vue; c'est ainsi qu'il a fait pénétrer, dans ce pays routinier, l'emploi des engrais chimiques, du nitrate de soude notamment.

Par une subvention de 50 fr., il a décidé la commune à faire l'achat d'un taureau de race tarine pure qui sera un puissant améliorateur du bétail local, principale richesse du pays. Là encore c'est le syndicat qui agit, c'est tout le monde qui en profite.

Pour permettre à ses adhérents de se tenir au courant de tout ce qui peut favoriser le progrès agricole, le syndicat leur sert gratuitement le Bulletin de l'Union, dont des conférences périodiques et publiques complètent l'enseignement ; dans les écoles, les instituteurs se font les auxiliaires du syndicat en apprenant à leurs élèves les principes de l'agriculture moderne.

Sous le patronage de l'Association, un groupe de syndiqués a constitué une petite société pour le battage en commun; et une petite caisse de crédit, dont le créancier est presque exclusivement le président, permet à tous les ménages peu fortunés d'acheter les denrées alimentaires dont ils ont besoin et qu'ils payent, sans intérêt, au bout de six mois, d'un an même, quand leur récolte est réalisée.

D'ici quelques semaines, un compte de prévoyance sera en plein fonctionnement, garantissant tous ces braves paysans contre la mortalité de leur bétail qui est, le plus souvent, leur seule et unique fortune.

Complément heureux de tant d'utiles créations, l'assistance mutuelle donne à chacun des syndiqués les secours du médecin et du pharmacien ; elle assure un enterrement convenable à tous ceux que les soins n'ont pu préserver de la mort; elle garantit à toutes les familles, trop misérables pour en acheter, le pain et les aliments de première nécessité.

Enfin, pour parer à l'émigration qui atteint cette région dans une proportion désastreuse, le syndicat étudie les moyens d'assurer à tous ses compatriotes un travail pour les longs mois d'hiver.

Ce projet, à la veille d'exécution, donne aux administrateurs du syndicat l'espoir — puisse-t-il ne pas être vain — de voir s'arrêter à peu près totalement le courant d'émigration qui, très accentué il y a quelques années, semble diminuer depuis la fondation du syndicat.

En résumé, ce petit syndicat, l'un des plus méritants et l'un des plus complets de notre Union, prouve combien la circonscription communale est favorable à l'idée syndicale et combien de ressources le dévouement peut trouver dans la loi libérale du 21 mars 1884. Nous engageons les grands syndicats à ne pas dédaigner l'exemple qui lui vient d'en bas et à se souvenir que comme au temps du bon La Fontaine : « On a souvent besoin d'un plus petit que soi ».

Syndicat agricole de Villars-sur-Doron.

21 juillet 1898. — M. 13

Président : M. Joseph CHAMIOT-CLERC

Coopérative.

Créé le 21 juillet 1898, ce syndicat composé de 13 membres a été admis à l'Union du Sud-Est, en avril 1899.

Il utilise largement le dépôt créé à la même époque à Albertville par la Coopérative agricole du Sud-Est dont tous ses adhérents font partie. Engrais, outils, denrées de consommation, farines, seigle, etc. sont livrés sur un bon du président aux membres qui viennent eux-mêmes s'approvisionner à Albertville.

Le Syndicat de Villars-sur-Doron ne s'en tiendra pas là. Son président, homme actif et intelligent, secondé par une chambre syndicale dévouée étudie les œuvres d'assurances. Souhaitons que bientôt le rêve devienne réalité et que dans ces belles montagnes de la Savoie, les fruits de l'arbre social soient aussi nombreux et aussi savoureux que dans les autres syndicats de l'Union.

Syndicat agricole de Notre-Dame des Champs.

A VILLAREMBERT.

8 décembre 1897. — M. 12

Président : M. CLÉMENT ROCHE

Coopérative. — Bulletin. — Almanach.

Syndicat de commune, fondé le 8 décembre 1897, il compte aujourd'hui 12 membres, tous petits cultivateurs travaillant par eux-mêmes.

Plein de vie et de généreuses idées, ce petit syndicat est appelé devenir des plus prospères, car il y a, entre tous ses membres, cett véritable cohésion qui fait l'union et la force.

Moyennant une cotisation de 2 francs, tous les syndiqués reçoivent le Bulletin et l'Almanach de l'Union et sont affiliés à la Coopérative du Sud-Est. Le montant des achats effectués à celle-ci a atteint, cette année, 1.600 francs, soit 150 francs par membre. La création d'une caisse de crédit, en formation, facilitera singulièrement les services matériels et augmentera notablement leur importance ; de là naîtront, dans la suite, les services sociaux qui semblent bien indiqués dans une petite association où tous les membres sont frères et où celui qui possède ne doit pas oublier celui qui travaille.

HAUTE-SAVOIE

STATISTIQUE

CIRCONSCRIPTION des SYNDICATS	NOMBRE						PROPORTION DES	
	de Syndicats	de Syndiqués	Moyenne par Syndicat	Classification des Syndiqués			Rentiers du sol	Travailleurs du sol
				Propriétaires ne travaillant pas	Propriétaires travaillant eux-mêmes	Ouvriers travaillant chez les autres		
SYNDICATS de département...	1	1.977	1.977	193	1.670	114	9.76	90.24
d'arrondissement..	»	»	»	»	»	»	»	»
de canton......	»	»	»	»	»	»	»	»
de commune....	»	»	»	»	»	»	»	»
Totaux....	1	1.977	1.977	193	1.670	114	9.76	90.24

Syndicat agricole de la Haute-Savoie.

Mars 1886. — M. 1.977

Président : M. LE COMTE DE VILLETTE

Entrepôts. — Coopérative. — Bulletin. — Almanach.

En mars 1886, une réunion d'agriculteurs de la Haute-Savoie, désireux de profiter de la loi du 21 mars 1884, décida la création d'un
syndicat agricole.

Ce syndicat devait être destiné à grouper les intérêts isolés, à
servir d'intermédiaire désintéressé entre les producteurs et les
consommateurs, à faire bénéficier ses associés de toutes les remises

qu'il obtiendrait, ne prélevant qu'une somme minime pour couvrir ses frais de fonctionnement.

Le syndicat offrirait ses services à ses associés, sans gêner leur indépendance.

Dans l'étude des statuts de leur association, les membres du syndicat projeté sont partis du principe qu'un syndicat professionnel agricole est une union de personnes s'associant pour exercer plus fructueusement et plus facilement leur profession, le grand propriétaire venant en aide au petit cultivateur et recevant en échange son concours.

Chaque sociétaire doit voir son action dans l'association, réglée sur l'importance de sa consommation, de sa production. Mais l'intérêt, le plus minime en lui-même, est souvent très grand pour le cultivateur qu'il concerne ; il faut donc que les intérêts du plus petit comme du plus grand soient complètement sauvegardés.

En résumé, le principe sur lequel reposerait l'association serait celui-ci :

« Union de la grande, de la moyenne et de la petite culture pour la défense commune de leurs intérêts, sous réserve, en faveur de chacune, d'un droit de sauvegarde personnelle. »

Pour essayer d'atteindre ce but, l'association serait divisée en trois groupes de sociétaires : les membres fondateurs, qui paieraient une cotisation annuelle de 18 fr. ; les membres titulaires, dont la cotisation serait de 6 francs, et les membres associés dont la cotisation serait annuellement de 1 fr. (Dans les assemblées générales qui ont suivi la fondation du syndicat, ces chiffres ont été changés pour les titulaires qui paient 5 fr. et les associés qui paient 2 fr. par année.)

Liberté serait laissée à chaque postulant de choisir le groupe dans lequel il voudrait entrer, et tout sociétaire resterait constamment libre de changer de groupe. Ces catégories ne seraient pas fermées, elles seraient, au contraire, toujours ouvertes à des admissions nouvelles comme aux changements de groupes réclamés par les sociétaires. La liberté serait assurée, dans chaque groupe, par le mode de votation qui constituerait un droit de veto laissé à chaque catégorie de sociétaires. Les membres fondateurs, créateurs du syndicat, auraient le droit de dissolution.

Après avoir pris les résolutions dont les principes résumés se trouvent ci-dessus, l'assemblée nomma un comité provisoire de six membres, chargés d'élaborer des statuts, de recueillir des souscriptions et, le cas échéant, de remplir les fonctions d'administrateurs provisoires jusqu'à la constitution définitive du syndicat et la nomination de la Chambre syndicale.

Ce comité accepta la charge qui lui était confiée et nomma président M. le vicomte B. de Boigne, lauréat de la prime d'honneur de la Haute-Savoie en 1884, agriculteur distingué autant que modeste et travailleur ; il s'occupa, avec beaucoup de dévouement, de la création de la société projetée, aidé par cinq agriculteurs désignés en même temps que lui.

En avril 1888, les statuts furent déposés à la mairie de Ballaison, près Douvaine, et le syndicat, dont le siège social était provisoirement chez le président, commença à fonctionner.

Le 12 octobre 1888, eut lieu, à La Roche-sur-Foron, une assemblée générale où tous les membres souscripteurs, à cette date, furent convoqués.

Cette assemblée approuva définitivement les statuts et nomma la Chambre syndicale qui, se réunissant immédiatement, nomma son bureau.

Mais le vicomte de Boigne ayant déclaré personnellement qu'il ne lui était pas possible d'accepter les fonctions de président définitif, M. le comte de Chevron-Villette, conseiller général, propriétaire à Giez, près Faverges, fut élu président de la Société, fonction qu'il occupe en ce moment, ayant été constamment réélu.

A l'Assemblée générale qui constituait définitivement le syndicat, le chiffre des adhésions était de 798 et le chiffre des affaires était, pour quatre mois (du 15 avril au 15 octobre 1888), de 15.050 francs, comme l'indique un rapport de gestion présenté par un ingénieur agronome chargé de la direction des affaires. Quelques mois après, la direction fut confiée à M. G. de Saint-Bon, et le siège social du syndicat transporté à Annecy, chef-lieu du département. D'après le compte-rendu présenté à l'Assemblée générale de 1889, le nombre des adhérents avait presque doublé et était de 1,505 et celui des affaires à peu près quadruplé. Peu de temps après, on adjoignait au directeur un ingénieur agronome et de nombreuses conférences étaient données dans diverses parties du département et produisaient d'excellents résultats.

Depuis cette brusque extension, produite en 1889, le nombre des sociétaires a augmenté continuellement chaque année (il est actuellement de 1.977), mais d'une façon assez lente pour les raisons expliquées plus bas. Le chiffre des affaires a, lui aussi, suivi une progression constante et de 89,630 francs qu'il était en 1889 il est arrivé, pour 1899, à 230.000 francs.

Les raisons qui rendent plus spécialement lent l'accroissement du chiffre des adhérents et des affaires du Syndicat agricole de la Haute-Savoie sont de deux sortes.

D'abord, la coexistence d'un autre syndicat, ensuite la configuration du département et sa situation spéciale au point de vue douanier (près de trois arrondissements sont zone franche), deux circonstances qui rendent une association agricole départementale plus difficile à exister que partout ailleurs.

La différence des cultures pratiquées, depuis la vigne jusqu'aux pâturages alpestres, fait aussi que les agriculteurs n'ont pas les mêmes besoins; ils peuvent difficilement s'unir pour des achats.

La montagne demande seulement des farines, quelques denrées de grosse épicerie et des engrais chimiques en très petite quantité ; aussi, depuis l'existence du syndicat qui a fait baisser les farines d'environ 5 francs par balle de première qualité, les montagnards n'ayant plus d'intérêts immédiats et palpables et ne comprenant pas, pour la plupart, qu'ils doivent ce résultat à la Société, résultat qui s'évanouirait si elle disparaissait, se retirent en grand nombre. Par contre, les régions de plaines adhèrent toujours en plus grand nombre et arrivent, malgré les défections dont il est question, à compenser et même à augmenter le nombre des membres de l'association.

Si le syndicat peut être considéré comme prospère au point de vue des services matériels, il ne semble pas que sur le terrain économique et social il ait fait preuve jusqu'à présent d'une égale vitalité.

Au point de vue économique il s'est contenté jusqu'à présent de servir gratuitement à ses membres le Bulletin et l'Almanach de l'Union et de faire des conférences agricoles dans les principales communes de sa circonscription. Il se promet bien d'organiser, à brève échéance, avec le concours de l'Union, l'enseignement agricole, mais nous ne croyons pas qu'il ait encore rien fait dans ce sens.

Comme crédit et comme assurances, nous ne trouvons rien à son actif, et cependant, il nous semble que le syndicat gagnerait beaucoup à étudier sérieusement la dernière au moins de ces deux questions qui, dans ce pays d'élevage, nous semblent de première utilité. C'est peut-être sa trop grande circonscription qui l'arrête, mais, en Savoie comme ailleurs, les comptes de prévoyance contre la mortalité du bétail qui doivent être communaux, peuvent être le début d'une décentralisation heureuse.

Qui sait si, dans cette décentralisation communale, le syndicat ne trouverait pas un remède à ce piétinement sur place dont son bureau se plaint ?

Les grands syndicats départementaux sont de moins en moins en progrès et, pour leur maintenir l'influence qu'ils doivent avoir, il faut absolument que leurs administrateurs les sectionnent par canton et par commune afin que chacun des syndiqués puisse aborder facilement celui qui doit recevoir ses plaintes comme ses desiderata.

Le Syndicat de la Haute-Savoie a la bonne fortune de compter dans son bureau plusieurs hommes d'élite dont le dévouement à la cause agricole ne fait doute pour personne, pourquoi ne chargerait-il pas chacun d'eux de la direction spéciale de telle ou telle partie de son programme, qui l'enseignement, qui le crédit, qui les assurances, qui le compte-bétail, qui les caisses de retraite ?

Ainsi organisé, ainsi amélioré, ce syndicat n'aura plus à redouter de concurrence et il doit trouver dans sa situation spéciale l'énergie et le stimulant qui le conduiront au succès.

Il a, depuis dix ans, progressé sur bien des points, il ne doit pas considérer sa tâche finie, car il n'a rempli que la partie la plus facile, la moins noble de sa mission.

Il a rempli ses devoirs à l'égard de ceux qui possèdent, il lui appartient aujourd'hui de venir à ceux qui n'ont pas et de leur distribuer largement, sous forme d'enseignement et d'assistance, cette manne intellectuelle et morale, qui est le complément indispensable de toute œuvre syndicale.

TITRE II

LES UNIONS LOCALES

UNION

DES SYNDICATS AGRICOLES DES

ALPES DAUPHINOISES

Siège social : QUET-EN-BEAUMONT (Isère)

Fondation : 10 novembre 1895. — Syndicats unis : 7

Président : M. Georges JAY

L'Union des syndicats agricoles des Alpes Dauphinoises a été fondée, à Cordéac (Isère), par les directeurs des trois Syndicats du Beaumont (Isère), du Dévoluy (Hautes-Alpes) et de Cordéac (Isère). Le bureau provisoire, nommé par cette Assemblée constitutive, se composait d'un président : M. Dournon Pierre, président du Syndicat de Cordéac, d'un secrétaire : M. l'abbé Baret, président du Syndicat du Beaumont, et d'un trésorier : M. Laurent Pierre, trésorier du Syndicat du Dévoluy.

Les fondateurs adoptèrent les statuts de l'Union Beaujolaise, gracieusement mis à leur disposition par M. Emile Duport, président de cette Union. Il fut ajouté que les délégués des syndicats unis seraient convoqués en assemblée deux fois par an et que chaque syndicat supporterait les frais de voyage de ses délégués. Ces statuts furent déposés le 10 novembre 1895, à la mairie de Quet-en-Beaumont, siège social de l'Union.

Le 9 janvier 1896, l'Union prononçait l'admission de trois nouveaux syndicats: ceux du Haut et du Bas-Champsaur (Hautes-Alpes), ainsi que celui du Monestier-de-Clermont (Isère). Enfin, le 1er juin 1897, l'Union recevait un septième candidat : celui de Valbonnais (Isère).

Au premier janvier 1898, l'Union groupait 2.600 agriculteurs appartenant à sept syndicats cantonaux.

Les fondateurs de cette Union s'étaient proposé un double but : provoquer la création de nouveaux syndicats agricoles dans tous les cantons de sa circonscription, puis faciliter la direction et le développement des syndicats unis.

Pour créer de nouveaux syndicats, il fallait tout d'abord en faire connaître les avantages aux populations rurales. C'est pourquoi l'Union fit donner de nombreuses conférences, près de 50, pendant le seul hiver de 1896-97. Les délégués de l'Union parcoururent toutes les montagnes et les vallées, depuis les pics de la Moucherolle, jusqu'à l'extrémité du Champsaur, prêchant partout l'union des intérêts et des cœurs. Les communes de Château-Bernard, St-Paul-lès-Monestier, Roissard (canton de Monestier-de-Clermont), de Cordéac, La Croix-de-la-Pique, Pellafol (canton de Mens), de la Mure, Mayres (canton de la Mure), de Valbonnais, Siévoz (canton de Valbonnais), d'Agnières, St-Etienne, St-Didier (canton de St-Etienne-en-Dévoluy), onze communes du canton de Corps et près de trente communes du Haut et du Bas-Champsaur reçurent la visite des missionnaires agricoles. Les agriculteurs étaient convoqués dans un local quelconque, à la mairie, à l'école, au presbytère ou à l'auberge, et pendant deux ou trois heures, ils écoutaient les délégués de l'Union exposant les précieux avantages matériels, intellectuels et moraux obtenus dans d'autres régions par l'association professionelle.

Avant de se séparer, on établissait une nouvelle section de syndicat et on désignait des chefs pour la diriger.

Fonder un syndicat agricole est chose relativement facile. La difficulté consiste à faire vivre ce syndicat autrement que sur papier, à lui faire rendre les services qu'on a le droit d'attendre de lui.

C'est dans le but de leur venir en aide dans cette œuvre lente et difficile, que l'Union convoquait, deux fois par an, les directeurs des syndicats unis. Ces réunions eurent lieu tour à tour au siège social de chaque syndicat : à Cordéac, le 6 janvier 1896 ; à Agnières-en-Dévoluy, le 22 mai 1896 ; à Corps, le 26 octobre 1896 ; à Laye, le 18 mai 1897; enfin à N-D. de la Salette, le 9 novembre 1897.

Dans ces réunions, chacun apporte le compte rendu des services matériels, intellectuels et moraux organisés pendant le dernier semestre ; chacun raconte ses essais, les résultats obtenus, et trop souvent aussi, ses insuccès et ses déceptions. Les uns se plaignent de l'opposition des commerçants et des politiciens, les autres de l'indifférence des sociétaires, mais tous promettent de poursuivre l'œuvre syndicale, soutenus par cet espoir : rien ne résiste au dévouement loyal et persévérant !

Hélas ! le dévouement s'est-il lassé ?... ou bien les populations de ces montagnes ne sont-elles pas encore mûres pour la liberté d'association ?... Le fait est que, depuis 1898, la plupart des syndicats de l'Union sont allés en déclinant.

Deux ont été injustement soumis à la patente ; d'autres ont vu leurs directeurs se décourager devant l'indifférence des sociétaires ; en sorte qu'au 1er janvier 1900, à part deux ou trois, tous les syndicats de l'Union n'existent plus que sur le papier.

L'Union survivra *quand même*, dans l'espoir de relever les syndicats à demi rompus et de ranimer la flamme du dévouement dans le cœur de ceux qui aiment l'agriculture.

UNION BEAUJOLAISE

DES

SYNDICATS AGRICOLES

Siège social : VILLEFRANCHE-SUR-SAONE (Rhône)

Fondation : 30 mai 1888. — Syndicats unis : 4

Président : M. Emile DUPORT

NOMS des QUATRE SYNDICATS	NOMBRE				PROPORTION DES	
	de Syndiqués	Classification des Syndiqués			Rentiers du sol	Travailleurs du sol
		Propriétaires ne travaillant pas	Propriétaires travaillant eux-mêmes	Ouvriers et vignerons travaillant chez les autres		
Beaujolais (Haut)	878	245	303	330	27.90	72.10
Belleville-sur-Saône........	2.782	373	1.475	934	13.41	86.59
Bois-d'Oingt..............	2.038	204	1.019	815	10.01	89.99
Villefranche et Anse........	2.054	205	616	1.233	9.98	90.02
Union Totaux....	7.752	1.027	3.413	3.312	13.25	86.75

L'un des premiers convertis par la loi de 1884, l'un des premiers organisés, le Beaujolais enfantait, coup sur coup à la fin de l'année 1887 et dans les trois premiers mois de l'année 1888, quatre syndicats cantonaux embrassant la totalité de sa circonscription. Les promoteurs de cette quadruple naissance avaient bien eu un instant l'idée de créer un syndicat d'arrondissement ; ils en furent vite dissuadés, d'abord parce que l'arrondissement de Villefranche, comprenant plus que le Beaujolais, ne répondait pas exactement à ce que l'on voulait former, ensuite et surtout, parce que si toutes les formes sont bonnes, à condition qu'elles abritent quelques hommes de cœur et de dévouement, il était déjà incontestable que la vraie forme syndicale ne devait pas être étendue à une trop large circonscription.

Moins fort peut-être que les associations plus nombreuses et plus étendues, le syndicat cantonal a, du moins, cet avantage, inappréciable à nos yeux, d'être exclusivement composé de gens de même terroir, ayant des intérêts identiques, des connaissances communes, ayant entre eux cette solidarité étroite de goûts et d'intérêts sans laquelle il ne saurait exister ni union, ni amitié. Méfiants par nature, nous aimons bien, nous autres paysans, connaître ceux que nous chargeons de nos intérêts et, si nous ne pouvons, à notre guise, les voir, les consulter, souvent même les *disputer*, nous ne sommes que très médiocrement satisfaits ; nous ne le sommes pas du tout si la société dans laquelle nous entrons place à sa tête des inconnus que nous n'avons jamais vus.

C'est assez dire que le canton est, pour nous, la meilleure unité de circonscription, car, dans le syndicat cantonal, tous les agriculteurs se connaissent, se rencontrent à chaque instant, peuvent apprécier réciproquement leur valeur personnelle, la situation de leurs affaires, ont enfin des besoins identiques auxquels il est possible de trouver une satisfaction commune, toutes conditions excellentes pour faire naître ce sentiment de solidarité qui est la base de toute corporation.

Le syndicat cantonal ainsi compris, ainsi constitué, est quelque chose ; le bienfait de l'association se manifeste dès le premier échelon. Si parfaite que soit son organisation, si dévoués que soient ses administrateurs, le syndicat cantonal n'est cependant qu'un syndicat qui vit à l'écart, se faisant humble et petit parce qu'il a conscience de sa faiblesse, se dissimulant pour échapper aux attaques intéressées des malveillants ; il lui manque, pour devenir une association qui marche en pleine route et en pleine lumière, sans forfanterie, mais sans crainte, sachant répondre, par la franchise même de son allure, aux calomnies et aux dénonciations, il lui manque, disons-nous : l'Union, c'est-à-dire la Force.

Les syndicats du Beaujolais l'avaient compris ainsi et, lorsque, ayant trouvé leur formule et organisé leurs moyens d'action, ils purent fonctionner avec plus de spontanéité en s'adaptant aux nécessités locales, une aspiration nouvelle se révéla parmi eux et les poussa à organiser un groupement plus étroit, destiné à accroître leur importance dans la sphère même où ils gravitaient. Ce groupement avait pour raison d'être l'étroite communauté d'intérêts des syndicats qui le devaient composer. Ces syndicats ont, en effet, un centre commun : Villefranche ; ils ont la même culture dominante : la vigne ; ils ont, par conséquent, les mêmes produits, les mêmes idées, les mêmes besoins. Non contents de jeter les bases de l'Union du Sud-Est, dont ils furent les premiers fondateurs, et à laquelle ils assignaient un rôle plus général, régional plutôt que local, rôle que nous étudierons plus loin, les quatre syndicats frères reconnurent la nécessité d'une union toute locale, dont l'influence se manifesterait sur place et qui aurait pour objet la recherche de progrès spéciaux, la représentation d'intérêts communs, qui offrirait enfin aux associations plus de facilités pour s'entr'aider, se faire bénéficier mutuellement des fruits de leur expérience, traiter avantageusement leurs affaires professionnelles, se sentir les coudes en un mot.

Aussitôt entrevue, la fondation de l'Union devint un fait accompli et, sur l'initiative de M. Emile Duport, président du Syndicat de Belleville, les quatre Syndicats de Belleville, le Bois-d'Oingt, Haut-Beaujolais, Villefranche créaient, le 30 mai 1888, l'Union Beaujolaise à Villefranche-sur-Saône. Grâce à l'entente qui existait dès cette création entre les syndicats unis, jamais naissance ne fut moins laborieuse et pourtant, comme Minerve, dont il faut lui attribuer la sagesse, l'Union est venue au monde armée de toutes pièces, car les syndicats en devant faire partie et devant seuls la composer à l'avenir, l'ont formée d'eux-mêmes. L'état civil de cette naissance a été établi par une déclaration régulière faite, le 1er juin suivant, à la mairie de Villefranche. Il y a exactement douze ans que l'Union est fondée.

Peut-être, à la suite de l'étude que nous allons faire de ces premières années, nos lecteurs trouveront-ils que le nouveau-né a été un enfant prodige ? Ce sera, pour nous tous qui avons été ses fondateurs, pour celui surtout qui fut son père et son éducateur, la meilleure récompense du passé, le plus précieux encouragement pour l'avenir.

Avant d'entrer plus intimement dans l'étude de cette œuvre qui s'appelle l'Union Beaujolaise, il nous paraît utile de jeter un coup d'œil d'ensemble sur son existence, en résumant, au jour le jour, sa vie, ses œuvres, ses succès, certain que nos lecteurs prendront plaisir à suivre la marche rapide de la première Union syndicale qui se soit constituée en France.

Ainsi que l'écrivait, en 1889, dans le *Journal de l'Agriculture*, M. F. Bernard : Les syndicats sont bien plus compétents pour défendre les intérêts collectifs de leurs membres que les Chambres consultatives d'agriculture, qui n'ont à peu près jamais fonctionné ; on ne saurait donc méconnaître l'importance des vœux qu'ils peuvent émettre au sujet des questions économiques qui les intéressent. L'action collective est, on le sait, incomparablement plus puissante que l'action individuelle, et M. Deusy, l'un des plus actifs propagateurs de l'idée syndicale, s'appuyait fort justement sur ce point, lorsqu'il disait, au début de sa campagne de 1884 : *Nous sommes le nombre, nous serons la force !* Ce n'est pas que les décisions des syndicats, pas plus, du reste, que celles des Chambres de commerce, qui sont cependant recrutées à l'élection et légalement organisées, puissent obliger le gouvernement, mais un courant d'opinion reposant sur des intérêts respectables, sur des bases solides, quand il est propagé par des collectivités, ne tarde pas à s'imposer à l'attention publique et l'on en arrive toujours à forcer les gouvernants à en tenir compte, et le plus souvent à obtenir satisfaction.

Suivons donc pas à pas l'Union Beaujolaise, en enregistrant ses gestes et ses vœux.

1888. — Année de fondation, elle est très bien remplie par la création du Bulletin, qui devient l'organe commun des quatre syndicats en restant le journal de chacun d'eux, par la création du marché aux vins de Pontanevaux et par l'organisation du système des adjudications, depuis lors abandonné.

Préoccupée des négociations engagées entre la France et l'Italie, redoutant les effets désastreux qu'aurait, pour les vins du Beaujolais, le renouvellement du traité, l'Union adresse au ministre du Commerce *un vœu contre le renouvellement du traité avec l'Italie.*

A la même époque, elle appelle l'attention des pouvoirs publics sur l'injuste répartition de l'impôt qui grève les assurances-incendie, répartition si injuste que l'humble maison du cultivateur paie jusqu'à 10 fois plus que l'immeuble luxueux du rentier citadin. Elle demande, en conséquence, qu'à l'avenir *l'impôt soit prélevé sur le capital assuré et non sur le montant de la prime.*

En décembre, sur les menaces *d'un traité avec la Grèce,* le président de l'Union envoie une protestation indignée à M. Turrel, député de l'Aude, chargé de défendre à la tribune les intérêts de la viticulture. « Avec M. Guyot, écrit-il, nous désirons que les malheureux puissent boire de la piquette au lieu d'eau pure, mais nous ne voulons pas que l'on puisse vendre de la boisson de raisins secs pour du vin naturel ayant acquitté toutes les charges de notre système actuel de régie. Nous demandons l'égalité, rien que l'égalité, ceci obtenu et le vin de raisins secs ne se vendant que sous ce nom, nous ne redoutons aucune concurrence, fût-elle étrangère ». On se souvient que, par 11 voix de majorité, le traité fut repoussé, mais nous l'avions échappé belle !

1889. — L'Union commence l'année par une lettre adressée au ministre de la guerre et demandant que *des congés d'un mois soient accordés aux fils de vignerons à l'époque des greffages.* Rejetée une première fois, cette demande fut prise en considération l'année suivante et depuis, des congés sont accordés, chaque année, au printemps, à tous les militaires ayant leur diplôme de greffeur. L'Union a, la première, plaidé la cause des vignerons, il est juste de signaler ici son intervention et les résultats obtenus.

Le 29 décembre, l'Union émet un vœu — renouvelé depuis, chaque année, et toujours avec le même insuccès ! — sur la *représentation de l'agriculture* par des Chambres élues sur le même modèle et avec les mêmes attributions que les Chambres de commerce.

1890. — Toujours croissant, son effectif arrive à 2.500 membres ; sa prospérité suit la même progression et c'est avec raison que son président peut dire : « Partis modestement, il y a un peu plus de deux ans, pour un but qui nous paraissait peu distant, nous avons vu, chaque année, aux détours de la route, ce but se rapprocher sans doute, mais grandi au point que nos dévouements s'en seraient effrayés si, dès le premier jour, nous l'avions vu tel. Puisant aujourd'hui dans les résultats acquis la certitude de l'atteindre, nous trouverons dans notre fière devise : « Le sol, c'est la Patrie » l'énergie nécessaire pour continuer l'œuvre si belle et si patriotique de nos syndicats. »

En mars elle organise, à Beaujeu, un concours de greffage, dont la réussite inespérée montre combien les syndicats deviennent sympathiques en Beaujolais.; dans le cours de l'été, elle fait une vaste enquête sur la tenue des vignes américaines injustement décriées, et réussit à rendre la confiance aux découragés et à la faire naître chez les hésitants ; à la fin de l'année, l'Union compte 3.176 membres; elle a à son actif le premier concours de pulvérisateurs qui ait été organisé à Belleville, et la création d'un second marché aux vins à Villefranche.

Les agriculteurs beaujolais commencent à comprendre qu'ils sont en face d'une œuvre agricole et rien qu'agricole et, fiers des premiers résultats obtenus, les fondateurs de l'Union sont encouragés à faire davantage pour le plus grand bien de leur cher Beaujolais.

Le 24 février, le Bureau de l'Union transmet aux ministres compétents un vœu en faveur du *relèvement des droits sur les raisins secs*, droits qui devront être l'équivalent par 100 kil. de ceux acquittés en France pour la production de trois hectolitres de vin.

En juillet, les syndicats unis prennent l'initiative d'une pétition pour demander :

1° Des droits de douane suffisamment compensateurs ;

2° La réforme de l'impôt foncier ;

3° La répression de la fraude sur les produits agricoles fabriqués ou falsifiés ;

4° La représentation agricole.

Présentée au moment où commençait l'agitation qui allait, pendant un an, précéder les réformes douanières, cette pétition arrivait bien à son heure : c'était le moment, pour les agriculteurs, de faire entendre hautement la voix de la justice et de la raison : c'était le salut de la viticulture que le Beaujolais demandait.

Au mois d'octobre, à l'occasion de son Assemblée générale, l'Union renouvelle ses vœux habituels et, s'associant à la campagne si énergiquement menée par le Syndicat économique agricole, contre l'impôt foncier, demande la *suppression du principal de cet impôt*.

1891. — L'effectif réuni des quatre syndicats dépasse 4.000, et déjà ce groupement provincial est le plus important qui se connaisse. Dès cette année, le Bulletin prend le format de la revue qu'il a conservé depuis, et l'augmentation considérable des frais d'impression est largement compensée par le produit des annonces et par la satisfaction qu'éprouvent tous les syndiqués de cet heureux changement. Sur l'initiative de l'un de ses membres, M. Silvestre, l'Union crée un petit Almanach qui va faire rapidement son chemin, puisque c'est le même qui a donné naissance à ce grand garçon auquel nous consacrons un chapitre spécial de cet ouvrage.

Suivant de près les discussions de la Commission des douanes, ne perdant jamais de vue les intérêts de ses membres, l'Union n'a rien négligé, pendant cette année de transition, pour obtenir de nos députés la juste application de droits compensateurs à la frontière.

Courant février, sur l'annonce que la commission des douanes, cédant aux exigences des Chambres de commerce, va peut-être sacrifier quelques produits agricoles, l'Union adresse à M. Méline une énergique protestation contenant l'intention formelle des viticulteurs beaujolais d'obtenir une équitable protection en face des produits étrangers.

Fin novembre, l'Union s'unit à l'Union des Syndicats des Agriculteurs de France pour réclamer, à nouveau, la suppression du principal de l'impôt foncier.

1892. — Longtemps envisagé comme un rêve irréalisable, le chiffre de 5.000 est atteint dans le cours de l'année. Le Bulletin, sous son nouveau format, est plus coûteux, mais plus en rapport avec l'importance de nos associations et avec ses 22 pages, il coûte, grâce à la publicité, moins cher que l'ancien journal à 4 pages. Pour faire pénétrer dans l'esprit de ses syndiqués toute l'importance du crédit agricole, l'Union organise une grande conférence dont l'orateur, notre ami M. Milcent, a été unanimement apprécié et applaudi. La semence était jetée, elle sera peut-être, comme toutes les bonnes graines, lente à germer, mais nous verrons plus loin qu'elle a largement fructifié.

La réforme douanière étant, depuis le 1er février, un fait accompli, l'Union s'inquiète, au mois d'août, de certaines menées des viticulteurs espagnols qui, ne pouvant entrer leurs vins, veulent forcer la porte pour leurs vendanges alcoolisées et, s'associant au Syndicat des Viticulteurs de France, elle demande que les raisins de vendange soient soumis d'abord au droit de douane de 8 fr. par 100 kilos, ensuite au droit ordinaire sur l'alcool.

Plus tard, à son Assemblée générale d'octobre, l'Union vote une protestation motivée contre *le projet de convention avec la Suisse* convention qui menaçait d'être la fissure par laquelle se préparait à passer toute l'armée libre-échangiste et que, grâce à la ténacité du groupe agricole, le Parlement a eu la sagesse de repousser. Plus que tout autre, la Suisse mérite notre amitié, mais puisqu'il est convenu

que notre tarif minimum est à l'usage exclusif des nations amies,
pourquoi ne l'avoir pas pris pour base de l'arrangement ? C'est une
faute grave de la part des négociateurs, dont les deux pays aujour-
d'hui subissent les conséquences.

Le même jour, et à la suite de la conférence remarquable de
M. Milcent, l'Union émet le vœu qu'une loi sur le *crédit agricole*
soit au plus vite élaborée et adoptée.

1893. — L'année voit l'effectif de l'Union porté à 5.500 adhérents,
chiffre dont la progression constante prouve la faveur dont les syndicats beaujolais jouissent auprès des populations qui ont compris
toute l'utilité de ce groupement professionnel.

Désireuse de faciliter le développement, en Beaujolais, du crédit
agricole, la Caisse d'Epargne de Lyon offre aux syndicats unis son
concours désintéressé, obéissant, en cela, à ce rôle vraiment social
d'utiliser à la production du sol une partie des économies qui en
proviennent.

Toutes les créations de l'Union sont de plus en plus prospères et
son distingué président peut, avec fierté, à l'Assemblée générale du
25 octobre, constater que l'amour du pays et le dévouement sont les
leviers puissants qui ont permis à nos syndicats de naître comme
ils leur permettront de vivre, pour être la sauvegarde de l'ordre et
de la paix sociale.

Profitant de l'admission des vins au Concours agricole, admission encore toute platonique, puisqu'aucune récompense n'en était
la sanction, l'Union adresse, courant février, au ministre de l'agriculture, un vœu tendant à ce qu'à l'avenir le concours ait lieu, non seulement sur les vins de l'année, mais aussi sur ceux des années précédentes et que des récompenses soient décernées dans toutes les catégories.

Courant août, après entente avec l'Union du Sud-Est, l'Union Beaujolaise soumet à tous les candidats députés *le programme agricole* qu'elles ont arrêté ensemble et publie, dans les journaux de la
localité, les noms de ceux qui l'ont accepté. Limitée au seul terrain
économique, l'intervention de l'Union était naturelle ; c'était son droit
et son devoir de prendre ainsi publiquement en mains les intérêts
professionnels de ses 5.000 adhérents.

Enfin — et c'est là son dernier vœu — l'Union proteste énergiquement contre *l'homologation du tarif de 28 fr.* la tonne demandée en
faveur des vins étrangers ou provenant de points extrêmes, par les
Compagnies de chemins de fer.

1894. — Si l'Union Beaujolaise prend une part directe à l'Exposition de Lyon en se plaçant aux côtés ou, pour mieux dire, sous le drapeau du Sud-Est, elle n'en a pas moins joué un rôle prépondérant dans le Congrès national des Syndicats agricoles, organisé à l'occasion de cette Exposition. Elle a eu la satisfaction d'avoir contribué puissamment à mettre en vedette les syndicats agricoles, non seulement dans la presse française, mais encore dans la presse étrangère. L'association mixte, telle qu'elle est pratiquée en Beaujolais, avec toutes ses conséquences a été, en effet, très recommandée comme la seule force capable de résister aux dangereuses utopies du collectivisme.

Cette même année, l'Union Beaujolaise voit se développer, dans le syndicat de Belleville, la pratique de la solidarité professionnelle; en effet, il y est décidé qu'une somme annuelle de 1.500 francs sera employée soit à aider ceux des membres de ce syndicat tombés malades, soit à soutenir par une petite pension les vieillards et les orphelins, afin de pouvoir les garder au pays.

Enfin, il convient de signaler sa participation à l'Exposition des vins, lors du Concours agricole de Paris ; mais l'attitude, systématiquement hostile du jury, expression vivante du haut commerce des vins, a rendu presque nulles les conséquences d'une initiative qui aurait procuré de grands services aux producteurs et aux consommateurs.

En présence de l'augmentation toujours croissante de ses membres, l'Union décide que, dorénavant, 5 délégués par syndicat feront partie de son Conseil ; elle est en même temps saisie de la démission de son président qui, nommé récemment président de l'Union du Sud-Est, veut se consacrer tout entier à ses nouvelles et très absorbantes fonctions.

A l'unanimité, comme bien on pense, le Conseil refusa cette démission. Nous comprenons mal, en effet, l'Union Beaujolaise sans son président M. Duport, et depuis qu'ensemble ses quatre syndicats l'ont fondée, son président l'a tellement et si heureusement personnifiée que, sans lui, elle deviendrait incomplète, nous allions dire imparfaite. Tous ses amis de la première heure ont été heureux de la haute marque d'estime et d'amitié que ses pairs lui ont décernée, tous sont fiers d'avoir été ses premiers, mais non moins chers soutiens. De ce jour, il appartient à ses vaillants collaborateurs beaujolais de devenir ses meilleurs soldats et de constituer une garde du corps d'élite autour de celui qui porte si haut et si ferme le drapeau syndical, drapeau qui n'abrite aucune ambition, aucune arrière-pensée et sur les plis duquel se détache, seule, la noble et généreuse devise qui est la sienne et la nôtre : « Le sol, c'est la Patrie ».

1895. — L'Union Beaujolaise voit le nombre de ses membres augmenter sensiblement et dépasser 6.000, au point que l'on peut dire avec raison qu'elle a recueilli dans sa circonscription l'adhésion unanime de ceux qui s'intéressent à la terre.

Forte de l'autorité morale qui s'attache naturellement à une aussi puissante association, elle donne à son rôle économique une extension de plus en plus grande. Elle multiplie ses vœux, dont elle a la satisfaction de voir quelques-uns pris en considération en haut lieu.

Vœux *contre la fraude* dans la fabrication clandestine *des vins de raisins secs ;*

En faveur de la *représentation de l'Agriculture ;*

Pour la *rétrocession des concessions de phosphates* données, en Algérie, à titre de carrières;

Pour la concession, en faveur des syndicats agricoles, du droit de *soumissionner à toutes les adjudications de l'Etat,* notamment pour les fournitures alimentaires à la Guerre et à la Marine.

Et, comme couronnement de ses travaux de l'année 1895, elle tente l'organisation des assurances-accidents, afin de rapprocher propriétaires et vignerons dans le but de les garantir mutuellement contre les conséquences financières des accidents agricoles.

1896. — L'année 1896 voyait s'ouvrir, devant la Chambre des Députés, les discussions irritantes relatives au projet d'*impôt global et progressif sur le revenu.* Persuadée que ce projet devait entraîner, notamment pour les populations viticoles, un accroissement sensible des charges fiscales, l'Union Beaujolaise s'est empressée de faire parvenir jusqu'à M. Cochery, ministre des finances, les protestations de ses membres, protestations qui ont été écoutées avec beaucoup d'intérêt, et qui certainement ont été prises en considération.

Elle ne se lasse pas de renouveler ses vœux en faveur de la *représentation de l'agriculture,* d'appeler l'attention des pouvoirs publics sur la stricte application de la loi relative à la fabrication *des vins artificiels,* et elle insiste tout particulièrement pour que l'on utilise la phénophtaléine afin de reconnaître les vins de raisins secs, et de rendre ainsi possible l'application de la loi Griffe; d'émettre enfin une série de vœux dont la portée n'échappera pas aux amis de l'agriculture.

Mais son attention est surtout attirée par la présence du black-rot qui vient de faire son apparition dans le vignoble beaujolais. Elle organise de suite des conférences, et fait appel à la science de M. le professeur Viala, dont les conseils, donnés devant un nombreux auditoire, sont immédiatement communiqués, par le Bulletin de l'Union, à tous les viticulteurs beaujolais. La lutte était courageusement commencée, et par tous. Aussi, a-t-on le droit de dire qu'une fois de plus l'Union beaujolaise s'est montrée à la hauteur de la situation, qu'elle devait à la confiance de ses compatriotes.

Il ne faut pas oublier les efforts qu'elle tente pour faire comprendre les services que rendrait l'organisation d'assurances contre la mortalité du bétail, et pour donner à cette organisation un caractère pratique.

Fidèle interprète de la reconnaissance publique, le Bureau de l'Union se rend en corps aux funérailles du grand vigneron beaujolais, V. Pulliat; elle et ses syndicats s'associent, dès le premier jour, à la souscription ouverte pour élever un monument à la mémoire de l'homme modeste, du grand cœur, qui avait sauvé ses compatriotes, malgré eux peut-être, de la ruine par le phylloxéra.

1897. — Le fait capital de l'exercice 1897 c'est le succès considérable remporté par l'Union beaujolaise dans le concours Chambrun.

Les quatre syndicats du Beaujolais obtinrent, en effet, trois médailles d'argent et le premier prix. Or, il faut remarquer, et c'est ce qui rend leur triomphe plus éclatant, que le concours Chambrun avait lieu entre 1676 syndicats comprenant environ 800.000 membres et que, sur ce nombre de 1676, 153 seulement restèrent en ligne. L'Union beaujolaise obtenait donc sans conteste la première place.

Cette première place, elle l'a, du reste, occupée de toute façon, puisque son président, M. Duport, a été appelé à l'honneur de prendre la parole devant la société d'élite venue pour assister à la distribution des récompenses, et qu'il a eu la satisfaction de provoquer, de la part de M. Méline, alors chef du gouvernement et président de la réunion, la reconnaissance publique et officielle de l'action bienfaisante de nos syndicats agricoles.

Comprenant maintenant 7.000 membres, l'Union tend de plus en plus à étendre le cercle de son action économique. Cette action s'est surtout manifestée à l'occasion du *dégrèvement de 25 millions* du principal de l'impôt foncier, à commencer par les plus petites cotes. Les pétitions nombreuses qu'elle adressa, à cette occasion, à la Chambre des Députés, et l'accueil favorable qu'elles reçurent, sont un témoignage indiscutable de l'activité et de l'influence de nos syndicats.

Comme par le passé, l'Union Beaujolaise ne cesse d'émettre les vœux dont la réalisation lui paraît utile à la prospérité viticole, en même temps qu'elle encourage les viticulteurs dans la lutte contre le black-rot ; elle fait ainsi marcher de pair son rôle agricole et son rôle économique.

Pour tout dire, l'année 1897 comptera parmi les mieux remplies, puisqu'elle a vu jeter les bases premières de l'organisation de l'assurance contre la mortalité du bétail et de l'enseignement agricole primaire.

1898. — Dix ans se sont écoulés depuis la fondation des quatre syndicats constituant l'Union Beaujolaise et son distingué président, M. Duport, a pu dire avec raison, que jamais « cette association n'a été plus vivante, plus prospère, car devant elle s'ouvre large et longue la route vers les grandes œuvres sociales ». Ce qui caractérise en effet l'année 1898, c'est précisément le développement des œuvres sociales dont le germe avait été déposé dans les travaux des années antérieures.

La fête magnifique, organisée pour célébrer le dixième anniversaire de l'Union et qui a réuni dans un banquet grandiose plus de 1.200 convives, a consacré, pour ainsi dire, cette marche en avant vers l'idéal de la solidarité professionnelle. Grâce à la générosité de M. le comte de Chambrun et de quelques membres de nos syndicats, grâce à des subventions consenties par les syndicats eux-mêmes, des rentes, dont l'importance et le nombre ne pourront que s'accroître dans l'avenir, ont été distribuées à de vieux cultivateurs invalides et indigents.

Cette fête mémorable qui restera un événement non seulement dans notre histoire syndicale, mais encore dans notre histoire beaujolaise, doit trouver ici sa place. Voici comment la résumait le Bulletin du 1er décembre suivant :

L'Union Beaujolaise célébrait, le dimanche 20 novembre dernier, le dixième anniversaire de sa fondation.

Dès le matin, Villefranche présentait une animation inaccoutumée. Des groupes nombreux de cultivateurs se pressaient sur la place de la Sous-Préfecture, aux abords de la salle des fêtes, où devait avoir lieu l'Assemblée générale, et mise gracieusement, par la municipalité, à la disposition des organisateurs.

A 10 h. 1/2, la salle était littéralement pleine, à ce point que plusieurs centaines de personnes se voyaient privées du plaisir de prendre part à cette grande manifestation agricole.

A l'heure fixée, M. Duport monte sur l'estrade et vient occuper le fauteuil de la présidence.

Autour de lui se groupent les invités et tous les délégués des syndicats.

Après l'exécution d'un brillant pas redoublé par la fanfare de Theizé et du *Chant des Syndicats* par la Chorale des Enfants de Brouilly, M. Duport invite les 15 lauréats du concours Chambrun à monter sur la scène. Aucun d'eux ne manque à l'appel ; puis, il prononce le discours suivant :

Mesdames, Messieurs,

Mes premières paroles seront pour vous féliciter de ce que vous êtes venus en grand nombre témoigner de votre estime pour les syndicats agricoles du Beaujolais, et de votre intérêt pour l'œuvre sociale qu'ils se sont donné la mission d'accomplir. Votre présence à cette fête est plus qu'un encouragement ou une approbation, elle est une véritable manifestation de sympathie dont nous vous sommes profondément reconnaissants.

Vous trouverez tout naturel que nous adressions également nos remerciements à la municipalité qui a bien voulu nous donner cette belle salle des Fêtes, pour marquer hautement les liens puissants qui unissent nos campagnes au chef-lieu de notre vieille province. Ces remerciements s'adressent tout particulièrement à M. le maire, le docteur Lassalle, qui a tenu à nous permettre ainsi de donner toute la solennité désirable à la distribution de médailles et de rentes viagères à de vieux cultivateurs qui les ont obtenues au concours.

Je veux encore adresser un salut spécial aux notabilités agricoles qui ont répondu à notre appel puis, me tournant vers M. Germain Martin qui représente au milieu de nous M. le comte de Chambrun, je lui dis : Entendez nos acclamations en l'honneur du grand philanthrope dont la généreuse initiative a organisé ce concours, vous jugerez des heureux résultats déjà produits par son exemple, et faites les lui connaître, ce sera pour lui, j'en suis sûr, la plus douce récompense (*Applaudissements*).

De ce concours, je crois utile de faire un très rapide historique.

Dans les premiers mois de 1897, M. le comte de Chambrun, qui avait entendu parler vaguement des syndicats agricoles, mais qui ne connaissait ni leur fonctionnement, ni leurs aspirations, résolut de les étudier ; pour ce faire, il invita les principaux présidents d'Unions ou de syndicats à venir à Nice lui en exposer les principes et les grandes lignes.

Nous répondîmes à cet appel de tous les points de la France, estimant que nous ne devions point nous dérober à ce désir sincère du grand sociologue qui avait fondé le Musée social. Nous lui dîmes ce que nous avions fait et surtout ce que nous espérions faire, il en fut enthousiasmé et nous promit son aide.

Ceux qui s'y trouvaient, et dont je vois quelques-uns à mes côtés aujourd'hui, MM. Guinand, Riboud, de Fontgalland, pourraient vous dire avec quelle attention il nous écouta et aussi avec quelle netteté il nous expliqua ce qu'il voulait faire en faveur des ouvriers agricoles.

Son plan était le même que celui appliqué aux ouvriers de l'industrie : organisation d'un premier concours entre les syndicats pour choisir les associations les plus méritantes, puis attribution de rentes viagères et médailles à de vieux travailleurs présentés par ces associations.

Ainsi fut fait.

Le 31 octobre 1897, le résultat du classement entre tous les syndicats agricoles de France était proclamé en présence de M. Méline, alors président du Conseil des ministres, et nos syndicats du Beaujolais figuraient tous au nombre de ceux jugés dignes d'une médaille. L'un d'eux, celui de Belleville, avait même le très grand honneur d'être classé le premier de tous, précisément pour avoir su inaugurer le rôle éminemment social de l'association syndicale dans nos campagnes (*Applaudissements*).

Au cours de l'année 1898, les syndicats récompensés étaient invités à présenter de vieux travailleurs pour l'obtention de rentes et médailles.

Après une première élimination il restait encore 176 candidats entre lesquels le jury dut faire un choix difficile pour l'attribution de 35 rentes viagères de 200 francs et de 45 médailles d'argent.

Nos syndicats du Beaujolais furent des plus heureux puisque, dans le classement final, ils ont obtenu chacun une rente de 200 francs, plus six médailles d'argent et cinq médailles de bronze (*Applaudissements*).

Tout le mérite en revient assurément à cette forte race de vignerons dont nous sommes si justement fiers. Les titres exceptionnels des principaux lauréats en fournissent la preuve. Les titulaires des médailles de bronze ne sont guère moins méritants ; ils n'ont eu que le tort de se trouver habiter où de semblables exemples de stabilité et de labeur ne sont point rares. C'est pourquoi nos syndicats, aidés par de généreux donateurs, dont je ne veux point citer les noms afin de ne rien enlever à la simplicité de leur bonne action, ajoutèrent à ces médailles une rente viagère plus ou moins importante suivant leurs ressources ; aussi, n'est-ce plus seulement quatre rentes que nous allons avoir la joie de distribuer, mais bien quinze rentes, représentant une somme annuelle de 1.500 francs pour un capital de 50.000 francs (*Applaudissements*).

Ce n'est là qu'un premier résultat, nous espérons plus encore dans un avenir relativement rapproché, soit grâce à de nouveaux dons, soit par le libre jeu de véritables caisses de retraites pour la vieillesse.

Honneur soit donc rendu à M. le comte de Chambrun, dont la pensée généreuse a tracé la voie dans laquelle d'autres se sont engagés après lui ; mais honneur aussi à ces vieillards qui ont su conquérir les premières places dans ce concours, par leur vie toute de labeur et de probité !

Ils sont un exemple qu'il est salutaire, à notre époque, de montrer aux jeunes générations éprises de la vie des villes ; puisse-t-il être suivi ; nous serions alors plus rassurés sur l'avenir de notre pays ; le paysan laborieux, aimant le sol qu'il cultive, est, en effet, la véritable force de notre France qui reprendrait bien vite, avec l'aide de Dieu, sa place à la tête des nations.

Des applaudissements chaleureux accueillent ces paroles qui ont le don de faire vibrer l'auditoire, parce qu'elles éveillent tous les nobles sentiments de l'âme.

M. Germain Martin, secrétaire du Musée social, et représentant M. le comte de Chambrun, se lève à son tour pour faire l'éloge de M. Duport et des syndicats agricoles dont il est l'âme, et s'exprime ainsi :

Monsieur le Président, Mesdames, Messieurs,

Je suis heureux d'assister, comme représentant du Musée social, à cette solennité, où les quatre syndicats de l'Union Beaujolaise fêtent leur décennat et le succès de leurs lauréats au concours Chambrun.

Cette réunion des membres de quatre syndicats considérables et par le nombre de leurs affiliés et par l'importance de leurs institutions, évoque en moi un souvenir que je ne saurais taire.

Vos présidents n'ont certainement pas oublié la date du 31 octobre 1897. Ce jour-là, le Syndicat de Belleville-sur-Saône fut classé le premier, dans un concours institué, comme l'a dit une voix autorisée, par « l'homme de grand cœur et de haute intelligence qui a si bien compris les besoins de son temps et qui donne un si noble exemple de désintéressement et d'amour de l'humanité » (*Applaudissements*).

Le rôle du Musée n'est point, en effet, de diriger des œuvres sociales comme la vôtre, mais d'en constater les résultats, afin de donner, lorsqu'il le peut, un témoignage public à vos mérites et de citer, en tout cas, votre exemple aux hommes de bonne volonté. Aussi a-t-il été assez heureux de faire consacrer votre entreprise par le jury le plus compétent qui soit en pareille matière, le Conseil de l'Union des Syndicats des Agriculteurs de France.

Quelques années après la promulgation de la loi de 1884, vous vous appliquiez, selon le vœu du législateur, à la défense des intérêts économiques de votre profession. L'achat des engrais commerciaux fut une de vos premières occupations, et le groupe du Sud-Est se montra tout à fait ingénieux en organisant une Coopérative dont je n'ai pas à vous dire les bienfaits.

La reconstitution du vignoble de ce coin du Beaujolais n'est-elle pas en grande partie votre œuvre ? Les pépinières syndicales, les achats collectifs de plants américains, les conférences, les concours de greffage ont donné une vive impulsion à l'entreprise viticole.

Vous n'avez pas négligé les autres branches de l'exploitation rurale : la vente des denrées, les institutions de crédit et d'épargne, les assurances contre l'incendie et les accidents vous ont préoccupés.

Mais, vous savez mieux que moi ce que valent ces œuvres ; je me contente de les rappeler, ayant hâte de déclarer que votre plus haut mérite pour le Musée social et pour son fondateur, le comte de Chambrun, ce grand Français, est d'avoir tenté, les premiers, comme l'a écrit mon maître M. Léopold Mabilleau, « une œuvre sociale, en appliquant l'association aux énergies fondamentales qui soutiennent la vie du pays, et en constituant ainsi le principe intérieur d'équilibre et de progrès qui manquait jusqu'ici à notre démocratie » (*Applaudissements*).

Le Musée se plaît à citer comme modèle les œuvres sociales que vous avez organisées et, tout particulièrement, le tribunal arbitral qui, selon les termes du beau rapport de M. le comte de Rocquigny, « sert aussi de commission de contentieux ». N'a-t-il pas concilié un très grand nombre de différends et contribué ainsi efficacement à maintenir la paix entre cultivateurs ? C'est un remarquable exemple donné par le Syndicat de Belleville et son président qui, par sa bienfaisante énergie, est devenu un des chefs les plus autorisés de la coopération et de l'assistance agricoles. Nous savons tous qu'il désire voir participer « l'association à la constitution de retraites dont les bénéficiaires seraient de vieux agriculteurs » (*Applaudissements*).

C'est une innovation non seulement heureuse, mais admirable, que l'organisation de l'assistance mutuelle et professionnelle des malades, des vieillards et des orphelins par vos groupements. Le cultivateur indigent a trouvé d'abord, sous la forme de journées de travail, faites par les soins du syndicat, pour remettre sa culture en état, non pas une aumône mais l'aide que se doivent des associés. Puis, en 1894, grâce à la bonne administration du syndicat, une caisse spéciale a été pourvue d'une dotation ; elle a pu assister ainsi des nécessiteux de tout âge.

Cette année, le généreux fondateur du Musée social, fidèle aux liens intimes qui, depuis ses jeunes années, l'attachent à la vie rurale, a pensé, à juste titre, que le labeur des champs mérite d'être glorifié et récompensé. C'est pour cela qu'il vous a aidés à doter de rentes viagères de 200 francs plusieurs des vôtres, dont il est bon de citer les noms : Claude Lagardette, Laurent Damiron, François Damiron, Claude Botton et autres dont je regrette de n'avoir pas les noms sous les yeux. (*Applaudissements*).

Ne sont-ils pas les héros du travail ; ne peut-on pas dire d'eux qu'ils sont des hommes qui font honneur à l'humanité ? Ils nous ont montré par leur vie de probité une voie que nous nous efforcerons de suivre.

Messieurs, nous relirons souvent le magistral rapport de M. Georges Maurin, qui relate les états de service de ces vétérans de l'agriculture ; ce sera pour nous une joie de revoir les médaillons de ces vieux ouvriers ; notre âme se fortifiera à ce spectacle, reprendra courage et oubliera un instant les tristesses du présent, de même que l'orphelin abattu se sent plus fort après que ses regards se sont attardés sur l'image de ses parents aimés et vénérés (*Applaudissements*).

Laissez-moi, Messieurs, vous remercier de la noble et touchante pensée qui vous a poussés à perpétuer le souvenir de l'acte généreux du comte de Chambrun. Vous avez, en vous imposant un lourd sacrifice, transformé un titre de rente qui n'était que viager, en titre durable qui s'appellera « fondation Chambrun ». Vous contribuerez ainsi à conserver dans la mémoire des hommes le nom d'un des plus grands esprits de notre temps, et aussi d'un des plus grands cœurs (*Applaudissements*).

Le fondateur du Musée social et vous-mêmes, Messieurs, avez bien mérité de la reconnaissance des travailleurs. Mais est-ce à dire que votre tâche est achevée ? Telle n'est pas votre pensée et je sais que vous ne craignez pas la fatigue. Rudes laboureurs et vignerons, la longueur du sillon n'est pas faite pour vous déplaire, et si le crépuscule interrompt votre travail, vous le reprenez le lendemain avec d'autant plus d'ardeur qu'une nuit bienfaisante a réparé vos forces. L'aurore vous retrouve aux champs, tous, même octogénaires, comme nous l'a appris M. Georges Maurin.

Eh ! bien, Messieurs, apportez à l'œuvre sociale la même ardeur que vous montrez dans vos travaux agricoles; continuez l'entreprise d'assistance mutuelle que vous avez commencée; développez la.

Au mois d'avril dernier, le Parlement votait une loi depuis longtemps désirée et qui, dans l'esprit de ceux qui l'ont inspirée (qu'il me soit permis de vous rappeler ici les noms des apôtres de la mutualité, MM. Hippolyte Maze, Siegfried, Audiffred, Lourties, Cheysson), devait permettre aux agriculteurs de fonder des caisses de retraite d'autant plus prospères que les bonnes volontés se grouperaient en d'importantes unions et formeraient des caisses autonomes, capables d'assurer ces retraites jusqu'à présent désirées, mais insuffisamment servies.

Ces hommes ont vu, dans l'initiative privée, l'élément puissant qui apporterait le bien-être au travailleur fatigué par les ans. Ils ont pensé, et avec raison, que dans notre pays de France, les qualités natives : la générosité, l'initiative personnelle, l'épargne, permettront aux groupements individuels de faire une œuvre qu'à l'étranger on a dû confier à l'Etat, mais que nous autres nous avons l'orgueil de tenter librement.

L'idée est pratiquement juste, et j'ajoute qu'elle est scientifique.

Notre monde ne résulte-t il pas d'un agrégat d'infiniment petits; en est-il pour cela moins solide et moins beau ?

Vous aurez donc fait une grande œuvre, Messieurs, si, à côté de ces syndicats et de ces Unions qu'on apprécie d'autant plus qu'on les connaît davantage, vous organisez des sociétés de secours mutuels, des unions de mutualités qui assureront un soulagement aux malades, une existence heureuse aux vieillards.

A l'homme qui chaque jour peine pour arracher à la terre avare ses richesses, vous aurez évité l'isolement moral de l'hospice; il atteindra, au sein de sa famille, l'âge où les caresses des petits-enfants et leur frais sourire égaient la face usée du vieillard et lui font oublier les durs labeurs de toute sa vie.

Développez cette œuvre admirable de l'assistance aux orphelins que vous avez créée.

Gardez aux champs vos vieux; qu'ils reconnaissent chaque matin leurs collines, leur clocher; qu'ils respirent toujours l'air pur et contemplent le ciel de leur enfance; vous fortifierez ainsi deux amours que tout Français doit avoir au cœur : celui de sa famille et celui de la France.

Vous serez encore une fois de plus en conformité avec votre devise : « Le sol c'est la Patrie ».

Vous aurez fait ainsi œuvre de paix sociale, et vous pouvez d'autant mieux obtenir ce résultat que vos syndicats, par essence, ne peuvent qu'être mixtes. Point de conflits entre les propriétaires et les travailleurs de la terre; vous partagez les mêmes fatigues, vous ressentez les mêmes peines et les mêmes joies. Vos associations ne connaissent pas les dissentiments profonds qui règnent dans les villes, entre la classe ouvrière et le patronat. Bien plus, je dirai que chez vous tout tend au triomphe d'un patronat, mais d'un patronat qui n'a rien de dur et d'amer et dont personne ne voudra médire, car il s'incarne en l'association qui patronne ses membres pour leur venir en aide et leur assurer le bien-être (*Applaudissements*).

Messieurs, le Musée social et plus particulièrement son délégué agricole,

M. le comte de Rocquigny dont vous connaissez le dévouement à votre œuvre, son directeur, M. Léopold Mabilleau qui, dans l'article d'une de nos grandes revues, a pu apprendre avec son talent habituel à beaucoup de profanes que vous existiez et quels étaient vos mérites, le comité de direction qui m'envoie ici, vous observent et vous félicitent, tous, (lauréats ou non, peu importe, car chez vous il devrait y avoir autant d'élus que d'appelés), tandis que l'illustre sociologue qui a fondé cette Maison de la rue Las Cases, ouverte à tous, pauvres ou riches, grands et petits, vous encourage et me charge de vous exprimer, selon ses propres termes, l'ardente sympathie que ressent pour vous « son vieux cœur d'ami du peuple ».

Ce discours est vivement applaudi.

Après M. Martin, M. le comte Lejéas, président de l'Union de Bourgogne et de Franche-Comté, remercie en excellents termes les organisateurs de cette fête du travail des champs, et rend hommage à M. Duport, dont il vante le patriotisme et le dévouement.

M. Beauregard fait ensuite l'appel des lauréats dont les noms sont couverts de bravos enthousiastes. Ce sont :

Syndicat agricole de Belleville. — 1º Lagardette (Claude), 79 ans, 66 ans de services consécutifs dans la même exploitation, une médaille d'argent et une rente viagère de 200 francs de M. le comte de Chambrun.

2º Dubost (Pierre), 73 ans, 60 ans de services, médaille d'argent du comte de Chambrun et une rente annuelle de 100 francs créée par le syndicat.

3º Chanrion (Philippe), 75 ans, médaille de bronze du comte de Chambrun et une rente annuelle de 100 francs créée par le syndicat.

Syndicat agricole du Bois-d'Oingt. — 1º Damiron (François), 69 ans, 59 ans de services consécutifs dans la même exploitation, une médaille d'argent et une rente annuelle de 200 francs de M. le comte de Chambrun.

2º Thonnelier (Jean-Claude), une médaille de bronze du comte de Chambrun et une rente de 100 francs créée moitié par M. le marquis de Chaponay, moitié par le syndicat.

3º Guerry (Pierre), une médaille de bronze du comte de Chambrun et une rente de 100 francs créée moitié par M. le marquis de Chaponay et moitié par le syndicat.

Syndicat agricole du Haut-Beaujolais. — 1º Botton (Claude), 103 ans, 70 années de services consécutifs dans la même exploitation une médaille d'argent et une pension viagère de 200 francs de M. le comte de Chambrun.

2º Ruet (Philibert), 71 ans, 59 ans de services, un médaille d'argent.

Syndicat agricole de Villefranche et d'Anse. — 1º Damiron (Laurent), 84 ans, 70 ans de services consécutifs dans la même exploitation, médaille d'argent et rente annuelle de 200 francs par M. le comte de Chambrun.

2º Vial (Jérôme), médaille de bronze par M. le comte de Chambrun et rente de 50 francs par le syndicat.

3º Garry (Benoît), médaille de bronze de M. le comte de Chambrun et rente de 50 francs par le syndicat.

Fondation de M. Pontbichet. — Quatre rentes annuelles de 50 francs à MM. Matillon (Antoine), d'Arnas; Pardon (Sébastien), de Salles; Delaye (Jean), de Cogny, et Perraud (André), de Morancé.

Le public acclame les lauréats, qui reçoivent des mains de M. le président et de M. Germain Martin, les pensions et médailles qui leur ont été décernées.

M. Duport présente ensuite à l'Assemblée M. Bonvalot, l'explorateur dont le nom est familier à tous les Français et qui, pour faire la conférence annoncée, est revenu la veille même de Berlin. Il fait l'éloge de ce vaillant pionnier de la civilisation, qui s'est fait ce qu'il est, grâce à son opiniâtre volonté. Bonvalot, dit M. Duport, est fils de paysans Francs-Comtois, il a gardé les troupeaux pendant sa jeunesse : c'est un rural.

M. Bonvalot fait alors une conférence des plus applaudies sur les moyens d'organiser la défense coloniale de la France ; on comprendra qu'il nous est impossible de la reproduire ici.

Citons seulement ses dernières paroles :

« Je n'ai pas la force suffisante pour développer davantage ma pensée. Je ne sais même si, dans la confusion de mon exposé, vous en aurez pu comprendre l'essentiel...

Comprenez qu'il faut que nous nous associons pour obtenir ces réformes. Entr'aidons-nous, nous souvenant de ce mot dit par un Allemand à ses compatriotes qui venaient alors d'être battus par les armes françaises : « Rappelez-vous, vous qui vous laissez aller au découragement, qu'un pays n'est grand qu'autant qu'on considère la vie des autres citoyens comme la sienne propre ».

Laissez faire ceux qui veulent faire. Ne découragez pas, au moins, si vous n'agissez pas. Que ce ne soit plus une honte d'avoir des idées. »

De chaleureux applaudissements accueillent l'énergique conclusion de la conférence de M. Bonvalot. M. Duport remercie le conférencier en termes émus, et propose à l'Assemblée de donner une sanction à ses paroles en adoptant le vœu suivant tendant à la création d'une armée coloniale :

« Les membres de l'Union Beaujolaise des Syndicats agricoles réunis en Assemblée générale,

« Considérant que l'organisation d'une armée coloniale est une réforme urgente ;

« Qu'en effet, le manque d'une véritable armée coloniale cause la mort inutile de nombre de nos soldats trop jeunes pour supporter les atteintes de climats souvent meurtriers ;

« Que, notamment, au cours de la campagne de Madagascar, la mortalité pour les troupes de la guerre a été en moyenne de 40 %, dépassant 60 % pour certains corps ;

« Considérant que ce sont nos campagnes qui fournissent le plus grand nombre de nos soldats, que, dès lors, et en plus de l'intérêt national, celles-ci ont un véritable intérêt professionnel à sauvegarder la vie de leurs enfants ;

« Emettent le vœu que les pouvoirs publics s'occupent sans plus tarder de faire aboutir le projet de création d'une armée coloniale. »

La séance est levée au milieu d'un réel enthousiasme.

Un cortège se forme, précédé de la fanfare de Theizé et de la chorale de Brouilly, pour se rendre à la salle du banquet, place du Promenoir. Plus de mille hommes se pressent en rangs serrés, et la tête de la colonne débouche déjà sur la place du Promenoir que la queue se trouve encore dans la rue de l'Hôpital.

Le banquet est servi à une heure moins un quart. L'immense tente, qui occupe une bicherée (plus de 1.000 mètres carrés), abrite 1166 convives ! C'est un spectacle féerique. Des drapeaux français et russes sont suspendus de distance en distance ; au fond, vers les tables d'honneur, les écussons des quatre syndicats dont on fête l'Union.

M. Duport préside la table d'honneur centrale, ayant à sa droite le docteur Lassale, maire de Villefranche, et M. Germain Martin, représentant du comte de Chambrun ; à sa gauche M. Bonvalot, comte Lejéas, Prosper de l'Isle .. en face de lui, le centenaire Botton et sa petite-fille.

Les autres tables d'honneur sont occupées par les membres du bureau, les rentiers et les invités de chaque syndicat.

La presse occupe une table spéciale où sont représentés tous les journaux de Lyon et de la région, et même plusieurs organes parisiens.

Au champagne M. Duport ouvre la série des toasts :

Messieurs,

« Dans tous nos banquets agricoles nous avons pour règle invariable de porter notre premier toast à la patrie ; aujourd'hui, c'est avec une émotion particulière, vous le comprendrez, que je vous convie à laisser échapper de vos mille poitrines ce seul cri en un souffle puissant capable de traverser les mers pour aller agiter les plis du drapeau tricolore jusque dans nos plus lointaines colonies, partout où il flotte !

Vive la France ! »

De toutes les poitrines s'échappe ce cri sacré. On crie également : « Vive l'armée ! Vive Bonvalot ! »

La fanfare de Theizé attaque la *Marseillaise* et l'*Hymne russe*. Tous les convives se lèvent et se découvrent. Le moment est solennel.

Les acclamations ayant cessé, M. Duport continue :

« J'ai déjà remercié la municipalité de sa gracieuse hospitalité, mais puisque j'ai l'honneur de la voir représentée à ce banquet par son digne maire, M. le docteur Lassalle, je vous propose de lever nos verres en l'honneur de Villefranche, capitale du Beaujolais, notre petite patrie.

Ne pouvant saluer individuellement tous nos invités, tant ils sont nombreux, ni remercier tous ceux qui ont aidé à l'éclat inusité de cette belle fête, chorale ou fanfare, je les réunirai tous en un seul toast, ne faisant qu'une seule exception pour notre conférencier, le grand explorateur et surtout l'ardent patriote (*Bravos*).

A nos invités ! à Bonvalot !

Mais il reste une dernière santé à porter et mon cœur est tout ému. Je veux boire aux vétérans, et tout d'abord à M. le comte de Chambrun, le généreux philanthrope, que je vous propose de nommer aujourd'hui vétéran d'honneur des Syndicats agricoles de l'Union Beaujolaise.

Je veux boire ensuite au doyen de nos vétérans, au père Botton, que je vois là en face de moi, accompagné de cette gracieuse enfant, sa petite fille qui a voulu lui donner ses soins attentifs jusque dans cette immense salle de banquet (*Ovations*).

L'aïeul, représente un passé de travail, la jeune fille c'est l'avenir plein de promesses.

Écoutez, mon enfant, quelque jour lorsque vous serez mariée, entourée de vos enfants, vous leur raconterez avec une juste fierté que vous avez dîné, vous seule femme entre plus de mille hommes, venus pour honorer leur ancêtre. Cela leur sera une utile leçon (*Applaudissements*).

Buvons également à nos vieillards ; déjà ils sont quinze à cette table ; que tous les ans dans nos banquets ils viennent, plus nombreux si possible, s'asseoir comme aujourd'hui à la table d'honneur, y recevoir l'hommage de nos vivats pour leur existence laborieuse et honnête.

Puisse la Providence leur donner à tous une longue et paisible vieillesse, pour qu'ils soient longtemps l'exemple vivant de ce que peut produire l'union du travail et de la propriété par l'association libre, dans les syndicats agricoles.

A nos vétérans ! A la paix sociale !

Des cris enthousiastes de : « Vive Duport ! Vive la France ! », accueillent ces paroles entraînantes.

M. Germain Martin se lève pour porter le toast au Président de la République. En qualité de délégué de M. le comte de Chambrun il rend hommage à M. Duport, la vivante expression des syndicats agricoles.

M. Châtillon, président du Syndicat de Villefranche et Anse, porte la santé de l'infatigable président de l'Union Beaujolaise et celle si chère au Syndicat de Villefranche, la santé de M. Pontbichet, le généreux bienfaiteur des vieillards. A ce moment M. Pontbichet entre dans la salle du banquet, où tous les convives lui font une ovation brillante, témoignage de la sympathie générale.

M. Silvestre, secrétaire général du Syndicat du Bois-d'Oingt, porte le quatrième toast avec cette allure spirituelle, ce style élégant que nous connaissons. Il boit aux promoteurs des Syndicats de France, à ceux qui tendent les bras aux déshérités de la fortune, aux cultivateurs, la dernière réserve de la patrie, aux vétérans qui reçoivent aujourd'hui la juste récompense d'une longue vie de labeur et d'honnêteté.

M. Prosper de l'Isle salue M. Duport au nom des Bourguignons, et M. Bonvalot, le héros de l'expansion coloniale.

M. Wies, président de l'Union des Dombes, porte un toast plein d'humour : il vient, au nom du pays de l'eau, tendre la main, ou plutôt le verre, au Beaujolais, le pays du vin. Il boit à l'Union de la Dombe et du Beaujolais.

Enfin M. Giuliani, directeur du *Réveil du Beaujolais*, remercie M. Duport des paroles élogieuses adressées à la presse, qui s'associe de tout cœur à l'œuvre des syndicats, œuvre toute de patriotisme et de régénération sociale.

Il est 3 h. 1/2, la série des toasts est terminée. Les convives se lèvent et quittent lentement la salle avec une dignité et un calme parfaits. Tous garderont le souvenir de cette fête inoubliable, fête de la fraternité de nos campagnes beaujolaises.

Les bases de l'assistance mutuelle étant ainsi solennellement posées, elles reçoivent de suite un développement considérable par la création de plusieurs sociétés d'assurance mutuelle contre la mortalité du bétail, et par l'organisation définitive du crédit agricole dont les services sont de suite appréciés par les intéressés.

Dans un autre ordre d'idées, l'enseignement agricole, dont les programmes ont été élaborés par l'Union du Sud-est, est donné dans un grand nombre d'écoles et avec tant de succès qu'à la fin de l'année scolaire des examens ont pu être passés par un nombre relativement élevé de candidats.

1899. — Dès lors, il ne reste plus à l'Union Beaujolaise qu'à développer résolument ses œuvres sociales, dont plusieurs fonctionnent déjà normalement, et dont quelques autres ont seulement leurs grandes lignes tracées. L'année 1899 nous fait assister à ce travail de développement et de création.

Les rentes viagères se multiplient.

Les caisses de retraite n'attendent, pour être créées, que la publication du règlement d'administration publique qui doit suivre la promulgation de la loi et l'élaboration de statuts appropriés.

Les comptes de mortalité-bétail s'organisent aisément : déjà ils sont au nombre de 30.

Le crédit agricole est de plus en plus utilisé et, grâce à la caisse régionale, est appelé à rendre de réels services.

Tel est le bilan de l'année 1899 ; il montre que l'Union prend de plus en plus en mains la cause de ses membres et qu'elle réussit à la servir avec autant de succès que de dévouement. Les vœux nombreux qu'elle a émis le jour de son assemblée générale sont le témoignage certain de son incessante activité.

Aussi, les 7.752 membres qui composent à ce jour l'Union Beaujolaise sont-ils fiers d'appartenir à une association qui est devenue la protectrice puissante de leurs intérêts professionnels et un guide sûr dans la voie du progrès viticole.

Et, maintenant que nous avons retracé la vie de l'Union, pénétrons plus avant dans ses œuvres et détaillons un peu ses services.

L'Union Beaujolaise, pour employer une comparaison familière, a édifié aujourd'hui une construction solide et confortable, fondée sur la loi de 1884, et dont les quatre murs sont les quatre syndicats beaujolais; au rez-de-chaussée nous trouvons les services matériels, au premier les services professionnels et économiques, au second les services sociaux; la toiture est faite de concorde et de fraternité et le drapeau tricolore qui flotte à ses pignons rappelle à tous que les syndicats beaujolais sont, comme leurs membres, fidèles à leur devise: « Le sol c'est la Patrie ».

Entrons donc dans la maison et faisons-en une rapide inspection.

*
* *

C'est une banalité de répéter que l'origine des syndicats agricoles comme aussi leurs succès si rapides auprès des agriculteurs sont dûs, en très grande partie, à l'intérêt matériel que ceux-ci y ont vu et trouvé. Cela n'a rien d'étonnant, les ruraux sont des gens pratiques avant tout; ils ont raison de dire: *primo vivere, deinde philosophari*.

Première raison d'être du syndicat, les services matériels devaient être aussi le premier objectif de l'Union Beaujolaise; elle n'a eu garde de se dérober et si, dans les ventes des produits de ses membres, elle n'a obtenu que d'incomplets résultats, elle a, du moins, pour les achats, réussi au-delà de toute espérance.

Achats. — Il ne peut être nié que plus une commande est importante et plus aussi le fournisseur peut consentir un prix réduit; il est non moins constant que les adjudications stimulent le commerce et permettent d'obtenir les conditions les plus avantageuses.

En groupant dans une seule adjudication tous les ordres de même nature réunis par chaque syndicat, ce double résultat était certain; on diminuait ainsi, dans de notables proportions, les frais nécessités par les adjudications partielles, on allégeait surtout le travail des administrateurs délégués, on arrivait enfin à ce résultat capital, nécessaire pour la réussite de toute adjudication : la réunion des ordres à date fixe.

Ce résultat s'obtiendra d'autant mieux qu'une adjudication est au bout, que la règle est générale dans la région et que les administrateurs délégués peuvent refuser les ordres des retardataires.

Les groupements pour les expéditions, de difficiles ou impossibles qu'ils étaient, se font rapidement et sans peine, la surveillance des qualités est également plus facile et moins coûteuse en cas d'analyses ou de difficultés ; enfin, l'adjudication commune fait disparaître ce qu'il pourrait y avoir de fâcheux dans le cas où les achats d'un syndicat seraient, à un moment donné, plus avantageux que ceux de son voisin, ce qui est possible et même certain.

Établis dans la même région, tendant au même but, les syndicats de l'Union Beaujolaise devaient éviter toute apparence et toutes chances de désunion ; c'est pourquoi, avec beaucoup de raison, ils ont adopté, pendant les premières années, la pratique des adjudications communes, pour lesquelles ils avaient établi le règlement suivant :

ART. 1er. — Les syndicats unis, convaincus que l'économie et la sécurité dans les achats doivent s'obtenir par le groupement, s'engagent à faire passer, par les adjudications de l'Union, tous les ordres réunis en temps utile.

ART. 2. — Chaque année l'assemblée générale de l'Union décidera quels sont les articles soumis à l'adjudication ; elle fixera, en même temps, l'époque approximative de ces adjudications.

ART. 3. — Les ordres, dans chaque syndicat, devront être remis quinze jours avant l'adjudication.

Les ordres ainsi réunis seront transmis sans délai, par les administrateurs délégués de chaque syndicat, à l'administrateur délégué de l'Union

ART. 4. — Les adjudications devront avoir lieu quinze jours avant les époques d'envoi, mais elles pourront être fixées plus tôt.

ART. 5. — Les syndicats, sous leur responsabilité individuelle, pourront en le déclarant au cahier des charges, demander, en prévision d'ordres ultérieurs, des quantités supérieures aux ordres réunis au moment de l'adjudication.

ART. 6. — Les adjudications auront lieu par pli cacheté adressé au siège social. — Le bureau, au jour fixé, tranchera l'adjudication en faveur des fournisseurs paraissant présenter le plus de garanties, sans que le prix le plus bas entraîne de droit sa décision.

ART. 7. — L'administrateur délégué de l'Union, de concert avec les autres administrateurs, dressera, pour chaque nature d'adjudication, un cahier des charges qui restera déposé au siège social de l'Union et aux sièges sociaux des syndicats unis. Ce cahier des charges pourra servir pour plusieurs adjudications successives de même nature et pour plusieurs fois.

ART. 8. — L'administrateur délégué de l'Union fera toute la publicité nécessaire ; elle sera payée sur la caisse de l'Union.

ART. 9. — Le cahier des charges comportera toujours, pour toutes les adjudications, les clauses suivantes :

Les livraisons seront faites directement aux syndicats unis qui, achetant pour le compte de leur membres, resteront individuellement chargés d'envoyer le détail des expéditions et d'en surveiller l'exécution, comme c'est directement qu'ils en règleront le montant aux adjudicataires.

Toutes difficultés de ports, retards, règlements, etc., sauf celles concernant la qualité des marchandises livrées et leurs prix, seront réglées de syndicat à fournisseur. L'Union se réserve de veiller à l'exécution de l'adjudication en ce qui concerne et la qualité et le prix.

ART. 10. — Les frais d'analyse ou de justice pouvant résulter de la surveillance de qualité et de prix seront payés par la caisse de l'Union.

Ce système d'adjudications, si bien réglé qu'il ait été, ne pouvait être que provisoire, en raison surtout de l'impossibilité où se trouvaient les syndicats unis de recueillir, à l'avance et en temps utile, les ordres de leurs membres. Beaucoup de syndiqués — n'est-ce pas la majorité ? — ne se font pas une idée exacte de ce qu'est un syndicat agricole. Il en est qui prennent le syndicat pour un grand détaillant dont le magasin doit toujours être fourni de toutes les matières nécessaires à l'agriculture et chez qui l'on n'a qu'à se présenter pour être immédiatement servi. Cette conception est tout à fait fausse ; loin d'être un détaillant, le syndicat ne peut devenir ni vendeur ni acheteur, il sert seulement d'intermédiaire entre les syndiqués et les fournisseurs, recevant les demandes des uns et les offres des autres.

Pour profiter des avantages de l'adjudication, il eût donc fallu vaincre la routine invétérée de ceux qui en devaient bénéficier et réussir à obtenir d'eux des ordres prévisionnels.

C'était trop demander ; l'Union jugea plus simple de changer de méthode et d'installer un courtier. Le 16 décembre 1890, la nouvelle organisation devenait définitive par la nomination de M. Janot comme courtier agréé des Syndicats de l'Union Beaujolaise.

La prospérité toujours croissante de l'Union, l'heureuse réussite qui a constamment marqué tous ses achats, le développement progressif de toutes ses œuvres annexes ont, depuis, prouvé combien l'Union avait eu la main heureuse en portant son choix sur M. Janot auquel, il faut le reconnaître, elle doit pour beaucoup les heureux résultats obtenus.

Comment fonctionne l'office des syndicats beaujolais, comment opère son courtier? Il nous semble utile de l'indiquer ici au moins sommairement.

Chacun des syndicats unis a à sa tête un agent spécialement chargé de la partie commerciale et des entrepôts. C'est lui seul qui est chargé de recevoir les ordres et de livrer les marchandises commandées par les membres de l'association. Le bureau étant là pour représenter les intérêts de tous, il n'intervient jamais qu'en cas de contestations entre le syndicat et ses fournisseurs, ou entre le syndicat et ses acheteurs. Dans chaque syndicat, l'administrateur délégué a tout pouvoir du bureau pour surveiller l'agent commercial, ses livres et ses opérations.

Au dessus des quatre agents spéciaux se trouve immédiatement le courtier de l'Union qui, lui, reçoit chaque jour les commandes de ses surbordonnés, les classe, les exécute, groupant ses ordres pour les achats, obtenant ainsi des réductions importantes sur les prix des marchandises. Le courtier n'est, en réalité, que l'exécuteur des commandes, les expéditions étant toujours faites au syndicat lui-même, et les traites payées directement par le syndicat.

Par la situation des marchandises en entrepôt qui lui est régulièrement envoyée tous les 15 jours par les agents de chaque syndicat, le courtier, toujours au courant des besoins, veille, sous la direction de l'Administrateur délégué, à ce que les entrepôts soient toujours pourvus des marchandises les plus usuelles, les plus nécessaires. C'est donc le double rôle d'acheteur et d'approvisionneur que remplit le courtier des syndicats beaujolais. Cette situation, depuis la constitution de la Coopérative, s'est quelque peu modifiée, les agents du syndicat passant le plus souvent leurs ordres à la Coopérative directement; le rôle du courtier ne s'en est pas trouvé amoindri, et s'il n'est plus acheteur que pour certaines marchandises, il est resté, pour ainsi dire, l'inspecteur de la Coopérative, avec la mission spéciale de guider les employés de nos syndicats dans leurs achats et de tenir constamment approvisionnés leurs entrepôts respectifs.

Les affaires réunies des quatre syndicats ayant atteint, en 1899, le chiffre très respectable de 700.000 fr., on conçoit bien que le courtier puisse déjà obtenir de sérieuses concessions du commerce ; il opère, cependant, rarement seul et, le plus souvent, c'est en les joignant à ceux, beaucoup plus importants, de la Coopérative du Sud-Est, qu'il exécute les ordres qui lui ont été passés. Personne ne s'en plaint, syndicats et courtier y trouvant leur bénéfice.

Il y a lieu, cependant, de faire une réserve en ce qui touche l'achat des plants américains, achat que le courtier des syndicats beaujolais pratique seul. L'organisation de ce service nous semble assez intéressante pour que nous nous y arrêtions quelques instants.

Deux systèmes ont été pratiqués, le premier depuis la fondation jusqu'à 1894 ; le second de 1894 à nos jours. Pendant la première période, voici comment on opérait. Chaque année deux ou trois délégués, experts en la matière, étaient désignés par chacun des syndicats unis ; sous la conduite du courtier, qui avait préalablement passé des marchés provisoires avec ses vendeurs ; ils visitaient, courant août-septembre, les pépinières achetées et ratifiaient le marché, après cette visite sur feuilles, si les bois leur paraissaient remplir les conditions requises. Dans chacune des pépinières visitées, tous les pieds non authentiques étaient contre-marqués et laissés à part au moment de la taille. Celle-ci n'avait lieu qu'en leur présence et c'est généralement en décembre que les délégués partaient à nouveau pour surveiller la taille des pépinières qu'ils avaient visitées et reconnues et assister au triage et à la mise en paquets. Tous les bois étaient à nouveau soigneusement reconnus avant leur mise en paquets et les paquets, à leur tour, pourvus d'une étiquette donnant le nom des cépages, les nom et adresse du vendeur et le nom du délégué. Ainsi faits, les paquets étaient placés en wagon sous la surveillance du délégué qui le cadenassait lui-même et en envoyait la clef à l'agent du syndicat destinataire.

Mais, dira-t-on, les délégués, ainsi envoyés à de grandes distances, doivent coûter beaucoup et les plants ainsi achetés revenir fort cher ? Oui, s'il s'agissait de quelques milliers de boutures, mais lorsque ces frais sont répartis sur des millions de boutures, ils se réduisent à très peu de chose et n'ont jamais dépassé trois francs le mille, restant souvent bien au dessous de ce chiffre. Pourquoi ne pas ajouter que, même avec les frais de délégués, les prix du courtier ont été de 25 % inférieurs à ceux du commerce local ?

Grâce à ces mesures, rigoureusement suivies, les syndicats de l'Union ont pu livrer à leurs membres, de 1889 à 1894 près de 10.000.000 de mètres de bois de greffage, sans que jamais aucune réclamation sérieuse leur soit parvenue. Si l'on veut bien considérer que ces 10.000.000 de mètres ont pu faire 40.000.000 de greffes, dont la moitié, au bas mot, a pu être plantée, avec toutes garanties de pureté et d'authenticité, on reconnaîtra quel service immense l'Union a rendu aux vignerons du Beaujolais dans la reconstitution de leurs vignobles.

A la longue, les circonstances s'étant modifiées, on décida de changer le mode d'opérer. L'Union, ayant ses fournisseurs attitrés et pouvant s'approvisionner à des pépinières régulièrement visitées depuis quatre ans, n'avait plus à craindre des tromperies sur la qualité de ses marchandises, elle avait au surplus tous droits de vérification à l'arrivée et faculté absolue de refuser tous les bois qui n'étaient pas conformes aux conventions. C'était là un avantage sérieux sur le premier procédé qui n'autorisait pas le refus à l'arrivée, les délégués mandataires de l'Union ayant accepté au départ les marchandises. On conçoit, dans ces conditions, combien il pouvait être dangereux, si scrupuleusement choisis qu'ils puissent être, de se confier à des délégués, qui après tout, étaient des hommes et combien une heure d'oubli pouvait être nuisible aux syndicats unis !

Le nouveau règlement, tout en donnant les mêmes garanties aux acheteurs, réalisait une économie notable et laissait au seul courtier de l'Union la charge et la visite des pépinières et de la vérification des bois. Voici, au surplus, sur quelles bases il était établi :

1° Le Syndicat se réserve absolument le droit de faire visiter les vignes sur lesquelles seront taillées les boutures vendues pour en vérifier l'état, l'authenticité et faire, au besoin, contremarquer les ceps mélangés ;

2° Le Syndicat aura toujours le droit de se faire représenter à la taille ou à l'arrachage, ainsi qu'à la mise en longueur et grosseur, opérations qui ne devront pas se faire sans que préavis lui en ait été donné huit jours pleins et d'avance ;

3° Les boutures sont à mettre en longueur de 1 mètre, taillées sous l'œil, au diamètre minimum de 0 m. 006 au petit bout pour toutes variétés, sauf pour les Viallas et Rupestris qui pourront n'avoir que 0 m. 005 1/2 au petit bout. Les paquets, bien attachés, seront de 200 boutures exactement comptées et seront rendus franco gare de départ ;

4° Les bois sont achetés sans grêle ni anthracnose, greffables sur toute leur longueur ;

5° Aucune expédition ne sera faite sans ordre préalable du courtier qui aura droit de refus à l'arrivée si les bois ne sont pas conformes ;

6° Les livraisons devront être terminées avant le 1er février.

Comme on le voit, les vendeurs ne sont plus sous le contrôle permanent des délégués mais ils ont l'épée de Damoclès suspendue sur leur tête et ils savent que le courtier vient souvent les surprendre dans la taille ou le choix des boutures.

Ils savent que de mauvaises livraisons leur resteraient pour compte, ils savent, d'autre part, par un procès intenté à des fournisseurs indélicats, que le président ne badine pas, ils ont donc tous contracté l'excellente habitude de livrer bon et beau.

Depuis 1894, les livraisons se sont faites par millions de mètres, souvent même sur des variétés rares et chères ; pas le moindre accroc n'est survenu et dans ce résultat qui fait honneur aux vendeurs, il y a lieu de faire entrer pour une large part l'intelligent zèle du courtier des syndicats unis, M. Janot.

La reconstitution des vignobles est aujourd'hui un fait accompli et comme son courtier n'est pas homme à se reposer, il a porté, depuis quelques années, tous ses efforts sur les achats des fourrages, des pailles, des échalas.

Pendant la calamiteuse sécheresse de 1893-1894, c'est lui qui, pour le compte de la Coopérative du Sud-Est, est allé à Marseille prendre livraison de ces fameux foins achetés sur les bords du Danube qui ont enrayé la ruine de nos éleveurs ; c'est lui qui est allé un peu partout, dans les pays de production, chercher tous ces succédanés du foin auxquels on a fait si largement appel pour l'alimentation du bétail.

La sécheresse heureusement passée, et la reconstitution du vignoble faisant de la culture du blé une rareté dans notre région, le courtier s'occupe, depuis plusieurs années, avec plein succès, de la fourniture de la paille dont nos vigneronnages font une si importante consommation. Chaque année il se rend dans les pays de production (Bresse, Forez, Franche-Comté) et achète sur place les quantités qui lui sont commandées par les syndicats unis. Ceux-ci payant moins cher une marchandise meilleure, cela seul suffirait à légitimer l'existence du courtier.

Nous le répétons, en terminant, le courtier des syndicat beaujolais est, malgré la création de la Coopérative, nécessaire. Au courant des besoins de chacun, vivant au milieu de la grande famille beaujolaise, il guide les administrateurs délégués des syndicats dans leurs achats, en les tenant journellement au courant des fluctuations des prix et il surveille avec eux les opérations des agents spéciaux placés sous sa direction.

Son activité, son dévouement, sa constante bonne humeur ont fait du courtier un ami pour tous ceux qui coopèrent à l'administration des syndicats beaujolais, nous sommes heureux de trouver l'occasion de le lui dire publiquement.

C'est donc avec raison que les syndicats de l'Union Beaujolaise ont créé un office et installé un courtier, et si, au début, ils ont hésité devant la dépense qu'allait nécessiter cette organisation, ils ne sauraient trop se féliciter de s'être rendus aux sages raisonnements de leur président, M. E. Duport, et d'être entrés avec lui dans la voie si féconde qu'il leur a si heureusement ouverte et au cours de laquelle ils ont trouvé la solution du problème difficile : *Acheter bon et bon marché*.

Ventes. — L'agriculteur étant surtout un producteur et demandant, pour être consommateur, d'écouler facilement ses produits, il était naturel que l'Union fît quelques tentatives en ce sens et essayât, elle aussi, d'obtenir quelques résultats. Possédant à sa tête une pléiade d'hommes dévoués ayant la foi dans l'œuvre syndicale, l'Union était bien placée pour réussir ; le succès, cependant, a refusé de répondre aux espérances et, comme bien d'autres, les syndicats beaujolais, si avancés qu'ils soient au point de vue professionnel, en sont encore à chercher la véritable formule de la vente des produits agricoles.

Les essais faits méritent cependant d'être consignés, au moins dans leurs lignes les plus générales.

Nous ne parlerons pas, bien entendu, des ventes faites chaque année par le courtier et portant sur quelques produits spéciaux tels que fourrages, greffes, semences, et nous nous arrêterons seulement à la récolte principale, pour ne pas dire unique, du Beaujolais : le vin.

La loi de 1884 donnant aux syndicats le moyen de faire ce qu'une personne seule ne pourrait tenter, le devoir et le but d'un syndicat devant être de rendre service à ses membres, il convenait, dans une région viticole aussi importante que la nôtre, d'ouvrir des marchés aux vins où vendeurs et acquéreurs trouveraient leur profit.

Pour mener à bien semblable entreprise, il fallait :

Pour les vendeurs : des emplacements vastes au centre de la région et d'un accès facile.

Pour les acquéreurs : l'assurance, avant tout, de ne trouver sur les marchés que des vins de la région garantis naturels.

Villefranche, pour le Bas-Beaujolais, Pontanevaux, pour le Haut Beaujolais, étaient tout désignés pour devenir les deux centres cherchés ; leurs marchés aux vins s'ouvraient à Pontanevaux le 15 octobre 1888, à Villefranche le 21 octobre 1889.

L'un et l'autre étaient soumis au règlement suivant :

L'entrée du marché sera gratuite pour tous les membres des syndicats de l'Union Beaujolaise.

Ne seront admis que les vins récoltés sur le territoire du département du Rhône et présentés par le propriétaire ou le vigneron.

Ne seront admis que les vins provenant de la fermentation du jus de raisins, sans addition de sucre ; les vins dits de 2e cuvée, de raisins secs, etc., etc, en seront formellement exclus. Les vins procédés, c'est-à-dire dont le moût est additionné de sucre, sont aussi provisoirement exclus.

Le propriétaire vendeur devra, en entrant au marché, être muni de deux échantillons de grandeur convenable, qu'il remettra à l'employé de service, lequel, après avoir reconnu le bon état du dit échantillon, inscrira sur un registre spécial : le nom du propriétaire, son domicile, la provenance, la quantité à vendre et le prix demandé. Ces divers renseignements seront signés séance tenante par le déposant qui devra préalablement mettre sur les bouteilles des étiquettes portant ces mêmes renseignements. Aussitôt après l'inscription, un numéro d'ordre sera mis sur les échantillons, dont l'un sera à la disposition des dégustateurs et l'autre réservé pour la garantie de l'acheteur.

Un échantillon ne sera soumis à la dégustation qu'après ces formalités bien remplies.

Dans le cas où il serait reconnu que l'échantillon présenté ne se trouverait pas dans les conditions exigées pour être soumis à la dégustation, ce dernier serait immédiatement retiré et le nom du propriétaire pourrait être affiché dans la salle, puis son exclusion prononcée par une Commission composée des présidents des syndicats, à la majorité des voix.

Le marché aux vins sera ouvert le lundi à Villefranche, le jeudi à Pontanevaux, de une heure à quatre heures. Aussitôt après la fermeture, le relevé des vins restant à vendre sera fait ; cette liste, abstraction faite des noms des propriétaires, contiendra les mêmes renseignements que ceux portés sur les échantillons et il lui sera donné toute la publicité possible.

Le relevé des ventes figurera chaque mois dans les Bulletins des syndicats unis.

Ramener à nous le commerce, rapprocher le producteur de l'acheteur et faciliter les transactions pour le plus grand profit de l'un et de l'autre, tel a été le but réel de la création de nos marchés aux vins. C'est donc grandement à tort que certains — intéressés à cela probablement — y ont vu une arme de guerre dirigée contre le commerce.

Le commerce a besoin d'acheter, l'agriculture a besoin de vendre ;

au lieu de se combattre, ne vaut-il pas mieux s'entendre et, pour cela, n'est-il pas utile d'avoir des locaux et des réunions périodiques où l'on soit sûr de se rencontrer ? L'existence d'un marché aux vins est avantageuse pour le viticulteur qui aura plus de facilité à se défaire de ses récoltes en venant les offrir à jours fixes, au centre du pays qu'il habite, dans une ville d'un accès facile et où toutes ses affaires l'appellent fréquemment. Cette création est plus avantageuse encore pour le négociant, le marchand de vin, le restaurateur, le débitant qui seront à même de pouvoir se renseigner de suite, sans frais et sans déplacement inutiles, sur le vin d'une région tout entière et avec une garantie complète de provenance et d'authenticité.

Malgré leurs avantages, malgré les garanties offertes à l'acheteur, malgré les efforts des organisateurs, les deux marchés aux vins de Pontanevaux et Villefranche, l'un après trois ans, l'autre après deux ans d'une existence pénible et difficile, ont dû fermer leurs portes devant l'indifférence des acheteurs et, faut-il le dire, devant la négligence des vendeurs.

C'est sur ces tentatives infructueuses qu'est restée l'Union Beaujolaise, non pas qu'elle ait perdu tout espoir de réussir tôt ou tard, mais parce qu'elle ne croit pas que l'heure du succès soit encore venue. Si, depuis la fermeture de ses marchés, l'Union n'a rien fait elle-même, il est juste, toutefois, de faire mention d'un essai entrepris, sous son patronage, par l'un des syndicats unis : le Syndicat du Haut-Beaujolais.

Persuadé qu'il y a possibilité de rapprocher producteur et acheteur à l'avantage de l'un et de l'autre, trompé dans sa première attente par l'insuccès du marché de Pontanevaux, M. le comte de Saint-Pol, président du syndicat du Haut-Beaujolais, résolut, en 1891, de tenter la vente directe en supprimant les intermédiaires. A cet effet, il créait un office à Fleurie ; un agent intéressé était mis à sa tête et recevait mission de susciter les commandes, de les recevoir, de veiller à leur exécution tant dans l'intérêt du vendeur que de l'acheteur, de goûter les vins, de faire faire, sous ses yeux, soutirage et expédition, après avoir préalablement imprimé sur le fût la marque du syndicat constituant en l'espèce le certificat d'origine.

C'est, évidemment, donner à l'acheteur toute garantie. Le comprendra-t-il bien ? Le Syndicat du Haut-Beaujolais a réussi : son office de vente des vins est de plus en plus prospère, mais si des résultats sont possibles pour les vins fins, sont-ils aussi certains pour les vins ordinaires ? Nous ne le croyons pas et si, l'on veut faire quelque chose, c'est du côté des sociétés coopératives de consommation que l'effort doit être tenté. « Ce serait, comme le dit fort justement M. le comte de Rocquigny, le premier pas fait vers la suppression des intermédiaires parasites — nous ne disons pas de tout intermédiaire, car il y en a d'utiles, dans le commerce des vins plus qu'ailleurs — l'aurore d'une entente générale entre le consommateur et le producteur, afin de les aboucher directement, de manière à rendre pour le premier, la vie moins onéreuse, pour le second la vente plus rémunératrice ; ce serait, en même temps, la plus sûre façon d'empêcher les tromperies et les falsifications qui nuisent à l'acheteur et ont pour le producteur cette conséquence si grave de ruiner la réputation de ses produits... »

De nombreux pourparlers ont eu lieu entre syndicats et coopératives, ils n'ont donné jusqu'ici aucun résultat vraiment pratique.

Il nous est donc permis de dire en constatant tous ces insuccès, — personnellement nous avons toujours considéré que là était la véritable solution — les syndicats viticoles ne doivent pas perdre de vue que leur grand acheteur doit être longtemps encore le commerce de gros : c'est donc à le ramener à eux, à lui faire perdre l'habitude d'aller en Espagne ou en Italie que leurs efforts doivent tendre. Plus que jamais la viticulture a besoin du commerce honnête ; plus qu'à toute autre époque elle ne peut le combattre sans aller à l'encontre de son véritable intérêt.

Nous en avons fini avec les services matériels rendus à ses membres par l'Union beaujolaise. S'ils sont peu appréciables dans les ventes, ils sont, du moins, considérables dans les achats ; pour les uns et les autres elle est en bonne voie. Bien acheter et bien vendre, c'est la première raison d'être des syndicats et l'Union beaujolaise n'aurait garde d'oublier ce double rôle ; son passé nous est garant qu'elle le saura remplir avec plein succès.

****

Dans l'esprit du législateur, la loi de 1884 n'avait pas seulement pour but de créer des associations d'intérêts devant procurer aux agriculteurs des avantages matériels, elle devait encore et surtout favoriser le développement du progrès agricole et contribuer par là au relèvement si nécessaire de l'agriculture nationale. Cette mission, les syndicats du Beaujolais l'ont généreusement comprise, habilement menée à bien ; nous allons voir par quels moyens ils y sont arrivés.

Bulletin. — L'idée génératrice de l'Union Beaujolaise fut la création d'un Bulletin commun. Enfants d'un même sol, ayant mêmes souffrances, mêmes intérêts, mêmes besoi n) u s devions tout naturellement nous rapprocher pour la défense commune. Un Bulletin était tout indiqué pour devenir ce trait d'union et établir, entre les syndicats réunis, ces rapports d'amitié et de solidarité qui, s'affirmant de plus en plus et de jour en jour, ont fait et feront longtemps la force de l'Union.

Venus au monde sans dot et sans rentes, trop jeunes pour avoir fait fortune, les syndicats du Beaujolais, par économie autant que par intérêt, adoptèrent, dès l'origine, le principe d'un Bulletin commun, en utilisant celui de Belleville. Ce Bulletin naissait presque en même temps que l'Union : le 1er juin 1888. De cette époque jusqu'au 1er janvier 1891, le Bulletin de l'Union eut la forme du journal quotidien, 4 pages in-folio.

Ayant un double but et devant à la fois défendre les intérêts de chaque syndicat et ceux des syndicats réunis, il fut scindé en deux parties : l'une commune aux quatre syndicats, l'autre spéciale à chacun d'eux. La première page était spéciale, les trois autres étaient communes. Chaque syndicat avait le droit de composer, comme bon lui semblait, les premières pages de son Bulletin qui, du reste, portait exclusivement son titre. Les frais étant communs, la dépense était répartie, chaque trimestre, au prorata du tirage ; il en était de même du produit des annonces. Pour la rédaction de la partie commune, l'Union avait établi un roulement trimestriel entre les syndicats qui, à tour de rôle, étaient ainsi chargés de sa rédaction et de sa composition. Ce Bulletin coûtait peu, il donnait également peu et l'Union grandissant en même temps que les syndicats, nous prîmes l'initiative, en novembre 1890, d'un changement de format. Nous eûmes bien quelque peine à entraîner nos collègues de l'Union qui, plus prudents et plus positifs, craignaient tous un supplément considérable de dépenses, plus de difficultés aussi dans la composition, mais la réforme était si utile, notre projet si tentant, que la victoire resta du côté des moins sages. L'avenir devait nous prouver qu'il est encore vrai que *audaces fortuna juvat* et que l'Union avait bien fait de suivre le plus jeune de ses membres.

Chargé exclusivement de la rédaction du nouveau Bulletin, depuis sa transformation, nous sommes bien à même d'en apprécier les résultats ; ils sont tellement satisfaisants que nous n'hésitons pas à les publier. Le Bulletin des Syndicats unis se compose actuellement de 20 pages de texte, grand in-8°; 4 pages sont restées spéciales à chaque syndicat qui les remplit à sa guise et sous sa responsabilité, 16 sont communes, leur composition étant soumise chaque mois, avant impression, à l'approbation du Bureau de l'Union. En dehors de ces 20 pages de texte, le Bulletin comprend 16 pages de couleur dont 12 d'annonces et 4 de couverture. Les 2 premières pages de couverture sont réservées à l'entête du Bulletin, à la composition du Bureau et de la Chambre syndicale, les deux autres à des annonces; il y a donc en tout 14 pages d'annonces. Grâce au zèle déployé par le courtier, M. Janot, qui est seul chargé de la publicité, les annonces ont couvert, en 1899, le tiers des frais totaux du Bulletin dont le coût par année et par membre, franco à domicile, ne dépasse guère actuellement 0 fr. 35 à 0 fr. 40.

C'est là un résultat qui a bien sa valeur et nous ne croyons pas qu'aujourd'hui l'Union puisse regretter d'avoir amélioré son Bulletin, beaucoup plus en rapport que le précédent avec l'importance toujours croissante de ses quatre syndicats. Reflet de l'Union, le Bulletin est désormais à sa hauteur; l'un et l'autre ont grand air, bonne venue, on voit qu'ils vivent à la campagne et que, malgré leur croissance rapide, ils ne connaissent pas cette maladie moderne, si terrible: l'anémie. Aux syndicats moins heureux nous recommandons ce remède infaillible : progrès et dévouement.

Almanach. — Pour compléter l'enseignement théorique donné par le Bulletin, l'Union ne pouvait manquer d'utiliser ce merveilleux instrument de propagande agricole qui s'appelle l'Almanach. Gai et bon enfant, mêlant toujours l'utile à l'agréable, l'almanach est un livre toujours apprécié dans nos campagnes ; le distribuer gratuitement ne pouvait qu'être goûté de ceux qui en profiteraient. La première année, 1891, l'Union s'entendit avec l'administration d'une publication locale, qu'elle fit sienne par ses articles et son inspiration, mais ce n'était qu'un essai car, au double point de vue économique et syndical, il y avait mieux à faire. Elle ne tergiversa pas longtemps car, en 1892, elle avait son almanach propre, fait par elle et pour elle, et qui, tiré à 5.000 exemplaires, avait été assez habilement conduit pour ne rien coûter ni aux caisses syndicales, ni aux syndiqués. La publicité seule en avait fait les frais.

Depuis, l'Union, plus généreuse que la fourmi, a mis son enfant en nourrice chez l'Union du Sud-Est ; nous verrons plus loin que, pour être devenu citadin, il n'en est pas moins resté, comme les enfants des vignerons bourguignons, « gros, jouflu et bien portant. »

Enseignement professionnel technique. — A côté de l'enseignement agricole général donné par le Bulletin et l'Almanach, l'Union a placé l'enseignement professionnel, et en faisant la reconstitution des vignobles beaujolais, en développant la lutte contre les maladies cryptogamiques, en provoquant l'emploi raisonné des engrais chimiques, elle a rendu au pays un service considérable que personne ne saurait contester.

L'un des premiers atteints par le phylloxéra, l'un des plus rapidement ravagés, en raison de la nature même de son sol, le Beaujolais avait peu fait encore pour sa reconstitution quand naquit l'Union Beaujolaise. Ce n'était pas cependant sans que la Société régionale de viticulture de Lyon et son distingué secrétaire général d'alors, M. V. Pulliat, n'aient fait tous leurs efforts pour l'entraîner dans la voie des cépages américains, mais les grands propriétaires seuls avaient suivi, les vignerons et les petits propriétaires restant incrédules. L'Union avait donc un rôle à remplir : rôle double, puisqu'il s'agissait non seulement de répandre la culture des vignes américaines, mais encore de bien déterminer quelle nature de cépage il fallait planter.

Procédant par méthode, elle débute par des conférences faites au siège de chaque syndicat et dans lesquelles elle fait insister sur la nécessité de garder les vieux cépages par le greffage, dans lesquelles aussi elle s'élève avec une sage énergie contre la tendresse, alors si manifeste, qu'on affichait un peu partout à l'égard des producteurs directs. Partout ses conférenciers démontrent l'importance d'une reconstitution rapide, la nécessité d'opérer cette reconstitution avec ce vieux et bon Gamay qui, en faisant la qualité et la réputation des vins beaujolais a été, par là même, l'orgueil et la fortune du pays. Comme suite à cet enseignement théorique, l'Union organisait, en 1888, aux vignobles de l'Hérault, une importante excursion, dont nous prenions nous-mêmes, avec notre ami, M. Demours, administrateur délégué du Syndicat du Bois-d'Oingt, la direction. Cette visite de huit jours aux plus importants domaines reconstitués du Languedoc ouvrit les yeux aux derniers incrédules, inspira à tous nos compagnons de voyage la ferme conviction que les vignes américaines, seules, pouvaient réparer le désastre immense causé par l'invasion phylloxérique. Les résultats constatés étaient si frappants qu'ils se transmirent vite de bouche en bouche et, pour la première fois peut-être, dans le Bas-Beaujolais surtout, on prit la chose réellement au sérieux. Mais, comme il ne s'agissait pas seulement de dire qu'il fallait planter des vignes américaines, et qu'il fallait encore faciliter le choix et l'achat des porte-greffes, l'Union organisait, la même année, son service de délégués, dont nous avons vu plus haut tous les heureux effets, et créait, dans ses syndicats, des pépinières de porte-greffes dont elle établissait ainsi le règlement :

Art. 1er. — Tout terrain, offert pour servir de pépinière syndicale de porte-greffes, doit être l'objet d'une convention sous seing privé entre le cessionnaire et le président qui reçoit.

Art. 2. — Nulle offre ne peut être acceptée, si la cession du terrain n'a pas une durée de dix ans. La cession peut être gratuite ou moyennant une redevance annuelle d'un dixième du bois produit. A l'expiration, comme en cas de dissolution du syndicat avant le terme de dix ans du traité, le terrain est rendu dans l'état où il sera, complanté d'américains, sans indemnité d'aucune part.

Art. 3. — Dans chaque syndicat, une Commission de trois membres, nommés par le Bureau, est chargée de l'administration des pépinières syndicales.

Art. 4. — Les frais de minage, achat de bois, cultures en général, grèvent seuls le prix des bois, que la Commission fixe annuellement sans bénéfice aucun. Les frais des deux premières années seront supportés, en totalité, par les bois et les racinés vendus pendant les cinq premières années. Ceux vendus pendant les cinq dernières ne supporteront plus que les frais de culture annuelle.

Art. 5 — Pendant les deux premières années, les intervalles entre la plantation, pour profiter du minage, pourront être utilisés à l'enracinement de boutures qui seront ensuite vendues aux syndiqués au prix coûtant.

Art. 6. — Les demandes de bois ne pourront être faites que par des syndiqués ne vendant ni bois, ni greffes. Elles devront être remises à la Commission spéciale avant le 1er février de chaque année.

Art. 7. — Tout ce qui n'a pas été prévu au présent règlement sera réglé par la Commission spéciale.

L'essor était donné, il s'agissait de le régler pour le plus grand bien du pays en donnant aux intéressés les moyens d'aller droit et vite au but entrevu. Ce fut la raison d'être de l'enquête sur les porte-greffes entreprise par l'Union dans l'été de 1890 et terminée le 4 août de la même année, en séance publique à Villefranche. Cette enquête était d'autant plus nécessaire et opportune que des plaintes reproduites par la presse spéciale s'étaient faites plus nombreuses pendant l'hiver 1889, jetant le doute et l'inquiétude parmi ceux d'entre nos syndiqués qui s'occupaient de la reconstitution de leurs vignes par les vieux porte-greffes ; il importait donc que les faits avancés pussent être contrôlés sans parti pris et avec toutes les garanties que donne l'expérience acquise. Soixante-quinze grands propriétaires, répartis sur 40 communes, ayant répondu au questionnaire de l'Union, il fut possible d'arriver à cette conclusion précise « que les vieux porte-greffes les plus anciennement et les plus employés en Beaujolais, tels que: Viallas, Riparias à larges feuilles, Solonis, Yorks et Rupestris à larges feuilles très sélectionnés et très adaptés au sol, permettent de poursuivre courageusement la reconstitution de nos vignobles. Il est possible, probable même, que, par l'hybridation, on trouvera des porte-greffes supérieurs, mais il est prudent d'attendre que ces nouveaux venus aient reçu la seule consécration certaine, celle du temps. »

Entre temps, au printemps de la même année 1890, l'Union organisait, à Beaujeu, un concours de greffage et de plantation entre tous les élèves diplômés des écoles de greffage, habitant les cantons de sa circonscription. C'était la mise en pratique de l'enseignement qu'elle avait si soigneusement répandu, le commencement de son œuvre de propagande. Elle avait successivement appris et montré sur place à ses adhérents ce que valaient les vignes américaines, elle leur avait donné ensuite les moyens de reconnaître et d'acheter celles qu'elle leur conseillait, elle terminait en leur montrant comment s'opéraient le greffage et la plantation ; l'œuvre a été complète, elle a donné les meilleurs résultats; le beau vignoble entièrement reconstitué du Beaujolais en est la meilleure preuve.

Le Beaujolais était à peine maître du phylloxéra qu'un nouvel ennemi s'abattait sur son vignoble, menaçant de lui faire autant de mal que le premier, si l'on n'y prenait garde. Venu, lui aussi d'Amérique, le mildiou trouva, heureusement pour nous, dès son arrivée en France, un adversaire redoutable : le sulfate de cuivre. Grâce aux syndicats, ce produit conquit assez vite droit de cité dans nos campagnes, et c'est là le cas de répéter « que si nos syndicats ont porté leurs premières armes contre le mildiou, c'est aussi contre lui qu'ils ont gagné leurs premières victoires ».

Il ne s'agissait pas cependant, de fournir seulement à nos syndiqués le remède, il fallait encore leur donner l'instrument, d'où la raison d'être du concours de pulvérisateurs tenu à Belleville le

— 503 —

19 mai 1889. Notre région étant la plus riche en constructeurs spéciaux, on comprend quel intérêt pouvait avoir ce concours. Oser prendre part à un concours pareil, n'était-ce pas déjà un véritable brevet d'excellence ? Comme bien on pense, les visiteurs furent nombreux, les achats plus nombreux encore ; le concours porta ses fruits, non seulement dans la région, mais encore dans la France entière, grâce à la publicité de notre Bulletin.

Plus tard est venue la question des engrais chimiques sur laquelle l'Union, par son Bulletin et par ses conférences, n'a cessé, depuis sa fondation, d'appeler l'attention de ses membres. De toutes les branches du travail national, l'agriculture est, sans conteste, celle qui a progressé le moins vite et le moins sûrement ; aussi, pendant que sa sœur aînée, l'industrie, touchait, par le perfectionnement de son outillage et de ses produits, aux hautes cimes du progrès, l'agriculture, jusqu'en 1884, s'est traînée dans les ornières de la routine. Depuis les syndicats, la situation s'est nettement modifiée, et l'emploi des engrais entrant, avec eux, dans la pratique courante, nous voyons peu à peu l'agriculture prendre son essor et devenir résolûment progressiste. Elle sortira de la routine en perfectionnant ses modes de culture et diminuant ses frais de main-d'œuvre, afin de produire beaucoup et dépenser peu. Progressiste, elle le sera aussi le jour où, ayant augmenté ses rendements d'une façon notable par l'emploi judicieux des engrais chimiques, elle arrivera à produire assez pour vendre bon marché.

C'était le rôle de l'Union Beaujolaise de faire entrer dans cette voie l'agriculture locale ; nous croyons qu'elle a bien rempli son rôle et, qui mieux est, qu'elle a obtenu de sérieux résultats.

Le phylloxéra vaincu, le mildiou réduit à l'impuissance, on aurait pu croire que le vigneron allait enfin pouvoir retirer de ses vignes l'intérêt de l'argent qu'il avait dépensé à leur reconstitution, mais l'Amérique nous guettait et, un beau matin, elle nous dotait de ce petit présent qui s'appelle le black-rot. Le nouveau venu n'était point un inconnu, mais beaucoup croyaient qu'il avait été inventé par les marchands de bidons, à court d'ennemis à combattre. L'invasion foudroyante de 1895 vint rappeler, hélas ! tous nos esprits à la réalité et l'on comprit avec terreur que le jeune et distingué professeur de viticulture, M. Perraud, avait eu raison de jeter le cri d'alarme.

Au milieu de l'émotion profonde qui s'était emparée de toute la population, l'Union pensa, non sans raison, qu'il lui appartenait de provoquer une importante réunion viticole, afin de permettre à chacun de savoir ce qu'il avait à redouter de ce terrible ennemi et ce que, pour s'en défendre, il avait à faire. Le 1er décembre, l'Union organisait une imposante réunion à Villefranche où elle faisait entendre M. le professeur Viala, l'homme de France le plus qualifié pour parler du black-rot et des remèdes à lui opposer.

Après avoir fait indiquer à ses membres, par une voix des plus autorisées, la marche à suivre dans la lutte nouvelle qu'ils avaient à soutenir, l'Union, par une campagne active menée par son Bulletin, par ses quatre syndicats, s'efforça de mettre chacun à même de se défendre et c'est peut-être bien à ses efforts, joints à l'active et intelligente défense des intéressés que nous pouvons aujourd'hui regarder avec moins de pessimisme l'avenir viticole du Beaujolais.

Encore une fois, le vigneron est vainqueur, mais déjà apparaissent à l'horizon deux vieilles barbes qui grillent d'envie de revenir faire connaissance avec lui : l'oïdium et la pyrale. Nous avons, Dieu merci ! des armes bien chargées, les soufreuses pour le premier, les chaudières pour la seconde, sont toutes neuves ; nous mêmes nous sommes en garde, car les invasions de 1899 sont pour l'avenir une leçon et une nouvelle preuve que le vigneron doit toujours être prêt à de nouveaux combats.

Nous serions incomplet si nous passions sous silence la dernière initiative de l'Union qui, en novembre dernier, déléguait un des siens, M. A. Guinand, au Congrès italien de Casal-Montferrat, chargé d'étudier les moyens de protéger les vignes contre le plus grand des fléaux : la grêle.

Revenu convaincu par les résultats obtenus dans plus de 1.200 stations de la Haute-Italie, M. Guinand, dans une conférence faite à Villefranche, le 15 janvier, intéressa vivement tous ses auditeurs et faisant passer dans leur esprit la conviction profonde qui l'animait, l'Union décidait que, dès l'été 1900, une station de tir serait établie dans la commune de Denicé, — l'une des plus fréquemment visitées par la grêle. Espérons que la foi robuste de notre ami Guinand ne sera pas déçue et que les artilleurs beaujolais nous permettront désormais de nous moquer de la grêle et de ses désastreux effets.

Enseignement agricole primaire. — Après s'être occupée de l'enseignement technique de ses membres, l'Union, suivant le mouvement inauguré par l'Union du Sud-Est, fait les plus louables efforts pour propager à l'école primaire, chez les enfants, l'enseignement agricole. Partout les écoles libres répondirent avec empressement à notre appel et, chaque année, un certain nombre d'élèves ont subi nos examens et ont obtenu des certificats ou des diplômes. Malheureusement, il n'en fut pas de même dans les écoles de l'État. Dans tous les syndicats des démarches pressantes furent faites, dès 1898, auprès de l'inspection académique pour que celle-ci autorise les instituteurs à coopérer à l'œuvre entreprise par l'Union. Partout la réponse fut la même : l'Académie ne voulut pas s'associer ouvertement à nos efforts, dont le but désintéressé et exclusivement professionnel était cependant au-dessus de toute discussion. En 1899, sur de nouvelles instances, les instituteurs, malgré le désir d'un grand nombre, se sont vu refuser, pour la seconde fois, l'autorisation de présenter des élèves aux examens de nos syndicats.

Ce refus nous causerait une véritable peine si nous ne savions qu'il n'entraîne pas la condamnation de nos efforts, mais qu'il est plutôt l'affirmation d'une action parallèle à la nôtre.

L'enseignement agricole se donne déjà dans beaucoup d'écoles rurales et, si nous nous en référons aux circulaires ministérielles adressées aux instituteurs durant la dernière année scolaire, il tendrait plutôt à perdre son caractère facultatif pour devenir obligatoire.

N'est ce pas, en somme, le but que nous poursuivons et n'avons-nous pas le droit d'affirmer que, grâce au mouvement d'opinion imprimé par l'Union et les Syndicats unis, l'instruction professionnelle sera bientôt à la portée de tous les enfants de nos campagnes ?

Crédit agricole. — C'est une banalité de constater que l'agriculture a besoin de crédit, et ce serait mal connaître les agriculteurs que de ne pas avouer que le capital d'exploitation est généralement insuffisant pour permettre au cultivateur de tirer le meilleur parti de sa terre et de réaliser les opérations avantageuses dont le progrès lui a enseigné la convenance et que la concurrence lui impose. Désignés, dès leur création, comme les instruments naturels de ce crédit, les syndicats agricoles ont répondu avec beaucoup d'empressement à l'appel qui leur était fait et, aujourd'hui, les syndicats de l'Union Beaujolaise ont constitué, chacun dans leur sein, une caisse de crédit mutuel.

C'est, comme toujours, le Syndicat de Belleville qui est parti le premier, et les trois autres syndicats n'ont fait que suivre ses traces lui empruntant sa parfaite organisation basée sur la loi du 18 novembre 1894. Nous retrouverons, au chapitre spécial, tout ce qui a trait à la constitution de ces caisses qui, à peine créées, ont donné les plus heureux résultats.

Sans doute, les opérations ne sont pas encore très importantes, mais elles iront en augmentant d'année en année, lorsque nos agriculteurs auront compris que demander et user du crédit, c'est, en somme, absolument la même chose que d'aller à l'entrepôt y chercher des engrais ou du sulfate ; dans un cas comme dans l'autre, c'est utiliser l'un des services mis à la portée de tous par l'association. Au surplus, les demandes peuvent se produire sans crainte d'épuiser les ressources, puisque celles-ci sont doublées par la caisse régionale de crédit agricole mutuel du Sud-Est dont nos quatre caisses font partie.

Autrefois, le cultivateur probe et travailleur trouvait, dans nos campagnes, sur sa simple parole, tout l'argent nécessaire ; puis les émissions de valeurs qui se sont produites ont coûté gros aux bourses villageoises ; on en est, croyons-nous, heureusement revenu, mais alors la peur des mauvais placements a fait affluer les dépôts dans les Caisses d'épargne où ils cessent de produire ; aussi est-il vraiment sage de faire revenir cet argent dans nos campagnes. Un jour — souhaitons qu'il ne soit pas trop éloigné — les caisses rurales pourront recevoir directement nos économies pour les employer sous nos yeux, ce sera le meilleur moyen de résister au socialisme, le seul moyen peut-être d'opérer la réconciliation, si désirée, du capital et du travail.

Bibliothèque syndicale. — Dans chacun de nos syndicats, nous trouvons la Bibliothèque syndicale, non pas de ces bibliothèques princières aussi riches par la quantité que par la valeur des ouvrages qu'elles renferment, nous n'avons chez nous que quelques rayons de sapin blanc et une ou deux centaines de volumes. N'y cherchez pas ces belles reliures avec fers qui font l'ornement des bibliothèques particulières, les livres qui sont là s'adressent à l'intelligence, non aux yeux. Voyez-vous dans une vitrine, et sous clef, ces nombreux copie-lettres ? Ils résument le travail du président, du secrétaire, de l'administrateur délégué, ils représentent l'histoire de l'Association dont cette caisse de fer, qui est là tout près, renferme les archives.

Voulez-vous maintenant le règlement de cette bibliothèque ? Il est là sur les murs, lisez avec nous :

Art. 1er. — Une bibliothèque est créée dans les bureaux du syndicat.

Art. 2. — Cette bibliothèque est placée sous la surveillance d'un bibliothécaire nommé par le conseil d'administration.

Art. 3. — Le bibliothécaire est chargé de présenter la liste des principaux ouvrages à acquérir et, de concert avec le Conseil d'administration, il décide chaque fois quels sont ceux dont il est possible de faire l'acquisition. Il dresse le catalogue de tous les ouvrages contenus dans la bibliothèque, il les fait immatriculer et marquer du sceau du syndicat. Tous les ans, il fait un inventaire. Il veille enfin à la stricte observation du règlement.

Art. 4. — Tous les membres du syndicat ont le droit, soit d'emprunter gratuitement des ouvrages à la bibliothèque, soit de les consulter sur place. Pourtant, certains ouvrages ne pourront pas être emportés ; ces ouvrages seront mentionnés dans le dernier article du règlement.

Art. 5. — On ne peut emprunter à la bibliothèque plus d'un ouvrage à la fois.

Art. 6. — Chaque ouvrage ne peut être gardé plus de quinze jours à domicile. Toute nouvelle période de quinze jours recommencée entraîne l'obligation de payer un droit de 0 fr. 50 par ouvrage.

Art. 7. — L'employé du syndicat tient un registre spécial sur lequel sont consignés les noms et adresse de l'emprunteur, avec le numéro matricule, le titre des ouvrages, l'indication de leur bon ou mauvais état, le jour de leur mise en mains.

Art. 8. — L'employé mentionne sur ledit registre les détériorations qui sont le fait de l'emprunteur, et le bibliothécaire, de concert avec le Conseil d'administration, fixe le montant de l'indemnité à payer. Cette indemnité ou amende est consacrée à l'entretien de la bibliothèque.

Art. 9. — Tout volume perdu entraîne pour l'emprunteur l'obligation de payer le prix de ce volume.

Art. 10. — Jusqu'à nouvel ordre, la bibliothèque sera ouverte en même temps que les bureaux. — Une grande table avec tout ce qui est nécessaire à la correspondance, est mise à la disposition des membres du syndicat fréquentant la bibliothèque. Ils trouveront également sur cette table des revues et journaux non politiques.

Art. 11. — L'employé du syndicat est entièrement à la disposition de toute personne désireuse d'obtenir quelque renseignement agricole.

Art. 12. — Ne peuvent être emportés :

1º Les revues et journaux périodiques ;
2º Les grands dictionnaires d'agriculture ou autres ;
3º Les ouvrages volumineux ou de prix et généralement tous ceux désignés ultérieurement et dont la liste sera affichée dans la salle de lecture.

Commission de conseils. — Tribunal arbitral. — Et, maintenant, laissons les membres du syndicat à leur lecture et passons dans la salle du Conseil, en même temps salle du Tribunal arbitral. Salle sévère, dépourvue de tout luxe et de toute décoration ; une table en sapin, recouverte du tapis vert traditionnel, deux douzaines de chaises et c'est tout. C'est là qu'ont lieu les réunions mensuelles du Bureau et du Conseil ; c'est là aussi que se réunit, ou doit se réunir — c'est si peu souvent — le Comité de contentieux du syndicat. Mais, nous direz-vous, à quoi bon mêler la procédure et les articles du code aux affaires du syndicat? Ecoutez plutôt M. de Rocquigny. « Une des plus utiles attributions des syndicats agricoles consiste à maintenir la concorde entre leurs membres, en conciliant et en réglant les différends qui peuvent les diviser au sujet de leurs intérêts professionnels. Prévenir les procès qui appauvrissent les cultivateurs et perpétuent les rancunes dans les villages, donner des avis et consultations pour éclairer les syndiqués sur leurs droits et leurs devoirs, même à l'égard des tiers, c'est l'application du patronage professionnel que le syndicat exerce sur tous les adhérents dans leur intérêt commun. N'existant que par eux et pour eux, le syndicat leur doit tous les services et c'est surtout en matière contentieuse qu'il peut efficacement les aider de ses lumières et de son impartialité ; c'est une des formes de l'assistance mutuelle ».

Nous n'avons rien à ajouter aux paroles de l'éminent économiste, sinon les règlements qui régissent, dans les syndicats de l'Union, la conciliation et l'arbitrage.

RÈGLEMENT DE LA COMMISSION DE CONSEILS ET DE CONCILIATION

Art. 1. — La Commission de conseils et de conciliation, instituée par le syndicat aura pour objet : de répondre aux questions qui pourront lui être adressées par les membres du syndicat, sur toutes les difficultés nées et sur celles qu'ils pourraient craindre de voir naître, au sujet de leurs intérêts agricoles ou fonciers.

Art. 2. — Les membres de cette Commission seront choisis par le Bureau du syndicat.

Art. 3. — La Commission se composera de membres élus : le nombre n'en sera pas limité. Elle nommera son président et son secrétaire, qui seront rééligibles. Elle sera seule juge de la date des convocations et de toutes les mesures à prendre pour affirmer son but et son utilité.

Art. 4. — Les fonctions des membres de la Commission seront gratuites. Il ne pourra être alloué que des frais de déplacement, qui seront mis à la charge de qui il appartiendra.

Art. 5. — Toute demande de consultation sera adressée au Bureau du syndicat, qui la transmettra à la Commission de conseils et de conciliation.

Art. 6. — Le président de cette Commission, saisi de la demande, chargera de la réponse à fournir celui de ses membres qu'il jugera le plus apte à en instruire l'objet.

Art. 7. — L'avis demandé sera fourni par écrit et transmis le plus tôt possible au président de la Commission.

Art. 8. — Cet avis sera porté à la connaissance de l'intéressé, par le rapporteur ou par un membre du syndicat que le président aurait chargé de ce soin ou même par ce dernier.

Art. 9. — Si un ou plusieurs membres de la Commission sont appelés à s'occuper d'un litige, ils éviteront d'exprimer leur opinion ; s'ils n'entrevoient pas la possibilité d'amener un accord et après avoir épuisé tous les moyens de conciliation, ils devront proposer l'arbitrage comme moyen de régler le différend ; s'il est accepté, ils l'organiseront.

Art. 10. — La Commission aidera le Bureau du syndicat dans la solution de toutes les questions légales ou litigieuses et son président assistera à toutes les réunions de ce Bureau.

Art. 11. — Elle dressera un règlement pour tous les détails relatifs à son fonctionnement et elle pourra toujours et en tout temps le changer et le modifier selon les circonstances.

Si, comme le fait entrevoir l'article 9, la commission de conciliation ne peut arriver à mettre d'accord les parties, et que celles-ci acceptent l'arbitrage, l'affaire pendante est portée devant le tribunal arbitral dont l'organisation est ainsi réglée :

RÈGLEMENT DU TRIBUNAL ARBITRAL

Art. 1er. — Le Bureau de chaque syndicat, à la majorité de ses membres, nomme pour trois ans un conseil de cinq membres, dont deux sont choisis parmi les syndiqués anciens magistrats, avocats et avoués, ceux-ci même en service, et les trois autres parmi les syndiqués propriétaires ou cultivateurs sans profession.

Art. 2. — Ce conseil, qui prendra le nom de tribunal arbitral, élit son président, dont la voix est prépondérante en cas de partage, trois membres au moins devant être présents pour donner des avis ou rendre des jugements.

Art. 3. — Le tribunal reste seul juge du lieu de ses réunions qu'il tiendra, soit dans le canton, soit à Lyon, des dates de convocation, de l'utilité d'entendre les parties, de visiter les lieux, d'appeler des témoins et, en un mot, de prendre toutes les mesures utiles pour éclairer son opinion.

Art. 4. — Dans les questions professionnelles seulement, les services gratuits du tribunal arbitral peuvent être demandés, soit à titre consultatif comme avis, soit à titre définitif comme jugement.

Art. 5. — A titre consultatif, les syndiqués seuls peuvent, par l'entremise du président de leur syndicat, s'adresser au tribunal arbitral.

Art. 6. — A titre définitif, les syndiqués, en cas de difficultés entre eux, peuvent s'en remettre à la décision du tribunal arbitral demandée par l'intermédiaire du président de leur syndicat et, s'ils appartiennent à deux syndicats, ils peuvent choisir la juridiction de l'un ou de l'autre. De même, dans le cas d'un différend entre un syndiqué et une personne non syndiquée, le tribunal arbitral peut être appelé à juger les faits. Dans ces différents cas, les parties doivent auparavant déclarer et signer, sur un registre spécial, qu'elles acceptent le jugement à intervenir.

Art. 7. — Tout avis doit être donné, tout jugement doit être rendu dans le délai d'un mois à compter de la demande remise au président.

Art. 8. — Tout syndiqué qui, après avoir demandé la juridiction du tribunal arbitral, refuserait d'accepter le jugement, sera rayé du nombre des associés et le jugement sera inséré au Bulletin suivant. Si le jugement n'est pas accepté par une personne non syndiquée ayant préalablement déclaré accepter la juridiction syndicale, publication sera donnée au Bulletin de cet engagement et de sa violation.

Art. 9. — En cas que le syndicat soit consulté sur une question professionnelle, c'est le conseil arbitral qui formulera la réponse.

Art. 10. — Les frais pouvant résulter de ce service judiciaire, dont tous les emplois sont gratuits, seront supportés par la caisse du syndicat.

Nous devons à la vérité de reconnaître que si la commission de conseils est appelée souvent à donner des avis, le tribunal arbitral n'est que peu utilisé.

Souhaitons qu'il en soit ainsi longtemps encore, et que la concorde règne partout, mais comme il ne nous semble pas que ce rêve soit réalisable, souhaitons plutôt que nos syndiqués apprennent à se servir de cette justice gratuite et vraiment juste que nous mettons à leur disposition.

Assurance-accidents. — Bien que la loi nouvelle ne vise que rarement et tout à fait exceptionellement l'agriculteur, il n'en est pas moins certain qu'en fait les tribunaux se montrent généralement disposés à étendre les responsabilités civiles et agricoles, accordant souvent, malgré la différence des risques, aux ouvriers de la terre les mêmes indemnités qu'aux ouvriers de l'industrie, d'où la nécessité de chercher une garantie dans l'assurance.

Dès le jour où la Coopérative du Sud-Est eût organisé cet important service, l'Union entamait une active propagande dans ses syndicats pour développer cette branche spéciale de ses services de prévoyance. L'activité toujours en éveil de son courtier trouvait là un aliment

nouveau et il faut reconnaître que si, dans le total des polices souscrites, l'Union beaujolaise tient une large place, c'est à M. Janot
qu'elle le doit.

En Beaujolais, malheureusement, comme ailleurs, nous sommes
forcés de constater que trop de propriétaires méconnaissent les bienfaits de l'assurance. On ne songe à s'assurer que lorsque un malheur
est arrivé et jusque là on espère qu'il n'arrivera rien. C'est là une
grosse imprudence, surtout quand, avec une prime insignifiante,
on peut être absolument tranquille pour soi, pour sa famille, pour
tous ses employés, vignerons ou journaliers.

La prime se payant à l'hectare, il ne saurait y avoir de pays où
l'assurance soit plus avantageuse que dans le Beaujolais où la propriété est petite et le sol d'une grande valeur.

Assurance contre la mortalité du bétail. — Sur ce terrain,
l'Union Beaujolaise ne craint pas de concurrence. C'est un de ses vice-
présidents, M. Riboud, qui a conçu ce merveilleux règlement qui a été
— c'est là son plus bel éloge — copié sur tous les points de la France
et c'est un autre de ses vice-présidents, M. Châtillon, qui a été le véritable apôtre, dans la région, de cette utile création. Au moment où nous
écrivons, 30 comptes sont organisés dans les quatre syndicats,
celui de Villefranche, à lui seul, en ayant pour sa part 22. L'Union, du
reste, a singulièrement facilité leur création. On sait que la Coopérative garantit aux comptes 50 % de leurs pertes contre le versement
de 40 % des cotisations ; or l'Union Beaujolaise, pour permettre aux
comptes ouverts par ses syndicats de constituer plus facilement des
réserves, a décidé de prendre à sa charge une partie des frais de la
réassurance. C'est ainsi qu'un compte créé en 1899 sera réassuré à la
Coopérative jusqu'à concurence de 50 % en versant seulement 10 %
la première année, 20 %, la seconde, 30 %, la troisième, l'Union versant la différence, soit 30 % la 1re, 20 % la 2e, 10 % la 3e.

Facilités ainsi, les syndicats beaujolais ne peuvent manquer de voir
bientôt, dans chacune de leurs communes, un compte contre la mortalité du bétail, et il apparaît nettement que c'est par ces comptes qu'ils
habitueront le cultivateur, et surtout les vignerons, à utiliser l'association dans la forme communale, la meilleure assurément au
point de vue social.

***

Si nos lecteurs ne sont pas essoufflés par cette marche rapide, si
leur attention n'est pas fatiguée par de si multiples créations, qu'ils

nous suivent au deuxième étage de la grande maison de l'Union Beaujolaise, ils y trouveront peut-être des enseignements qui leur feront oublier l'ascension pénible que nous leur imposons.

Le mobilier est tout à fait neuf sauf, cependant, certains placards déjà anciens qui renferment l'aide mutuelle et le placement des ouvriers agricoles, les deux premières créations de nos syndicats Beaujolais sur le terrain social.

L'aide mutuelle, heureusement appliquée pour la première fois par le président dans son Syndicat de Belleville, date de 1888 ; elle a pour but de faire faire, aux frais du syndicat, le travail du vigneron malade par ses co-syndiqués de la même commune. C'est donc l'assistance en nature donnée sous sa forme la plus morale et la plus fraternelle.

Le placement des ouvriers agricoles sans travail date lui aussi de la fondation même de l'Union, de 1888. Donner du travail à ceux qui en manquent, placer le vigneron qui, pour des raisons personnelles, veut changer de maître, n'est-ce pas prévenir l'assistance, avec la misère ? Grâce à la publicité du Bulletin, qui ne donne jamais de noms, grâce aux relations qu'ils ont avec les syndicats voisins, les syndicats de l'Union ont pu placer déjà des centaines d'ouvriers, des centaines de familles ; jamais il n'y a d'émeute contre leurs bureaux de placement, car, toujours et en tout, leurs services sont gratuits, leur intervention désintéressée.

Pendant plusieurs années, et malgré que ce soit bien là le but auquel ont toujours tendu tous leurs efforts, les fondateurs de l'Union n'ont pu qu'espérer le jour prochain où des circonstances favorables leur permettraient de réaliser leur rêve de tous les jours : l'Assistance aux vieux travailleurs.

La généreuse initiative du comte de Chambrun, le vote de la loi du 1er avril 1898, ont été les deux étincelles qui ont fait jaillir de notre sol beaujolais la lumière sociale : grâces leur soient rendues !

La création, par le Comte de Chambrun, de glorieuse mémoire, de rentes viagères de 200 francs dont une vint écheoir à chacun de nos syndicats, fut le point de départ d'un élan magnifique de solidarité sociale et, grâce à des bienfaiteurs dont le nom reste gravé dans tous les cœurs, nos syndicats peuvent aujourd'hui montrer avec orgueil ce qu'aucun autre groupement en France n'a pu réaliser : la constitution, dans leur sein, de 26 rentes viagères formant ensemble une annuité de 2,100 francs représentant un capital de bien près de 80,000 francs !

C'est beau, disait M. Duport dans son dernier rapport à l'Assemblée générale de 1899, mais c'est insuffisant ; il faut faire grand et, pour cela, il faut compléter l'assistance par la prévoyance.

« Je voudrais, ajoutait-il, que nos syndicats utilisent leurs ressources naissantes pour offrir à toute personne généreuse voulant créer une rente viagère, de rendre celle-ci perpétuelle par le versement d'un capital de mille francs pour une rente de 50 francs, de deux mille pour une rente de 100 francs, le syndicat ajouterait dans le premier cas 500 francs, et dans le second cas 1.000 francs, pris sur ses réserves.

« Le capital ainsi porté à 1.500 francs ou à 3.000 francs, suivant le cas, serait employé immédiatement en un achat de rente 3 % perpétuel sur l'État et au nom du syndicat, les arrérages en seraient utilisés au paiement annuel d'une rente correspondante. Ces rentes porteraient le nom du donateur et pourraient être stipulées, soit en faveur d'un homme, soit en faveur d'une femme, réservées à une ou plusieurs communes, ou être laissées absolument à la disposition du Syndicat, quant au choix du titulaire à désigner. Ces rentes pourraient être constituées par des dons ou par des legs, et si elles constituaient seulement des rentes viagères, elles pourraient être consolidées par testament, dans les mêmes conditions que par donation.

« Ce serait là, j'en ai la conviction profonde, une source nouvelle de libéralités, dont l'abondance n'étonnerait que ceux qui doutent de la bonté du cœur humain, comme ils doutent de tout.

« Ensuite, comprenant bien que pour faire suffisamment grand, il faut faire appel en même temps à la prévoyance — il est du reste moral d'apprendre à l'individu à se montrer prévoyant — je voudrais créer dans chacune de nos communes des comptes de retraites recevant des versements individuels à inscrire sur des livrets nominatifs en vue d'assurer à leur titulaire une rente à partir de 65 ans. Le syndicat verserait, de son côté, au fond collectif de ces comptes de retraites, une somme à déterminer, proportionnée aux versements individuels recueillis, et les fonds de cette masse serviraient à augmenter le montant des retraites, surtout pour ceux appelés tardivement à jouir des avantages de la mutualité : ces mêmes comptes communaux pourraient recevoir les dons et rentes qui leur seraient spécialement affectés pour être employés sous la surveillance et la garantie du syndicat.

« Tout cela est possible et ce but de nos efforts me semble plus facile à atteindre que bien d'autres, ne voudrez-vous pas le tenter ? Je ne puis le croire et, fier de la confiance que vous avez toujours témoignée à votre président, je vous invite à fonder sans plus attendre nos premières caisses de retraites ; l'heure est venue d'oser et, j'en ai la certitude, bientôt d'autres caisses surgiront ; nulle terre, en effet, n'est plus généreuse que notre terre du Beaujolais. Nos pères ont laissé d'utiles fondations, montrons-nous dignes d'eux, et quelque jour nos arrières-petits-neveux nous glorifieront à leur tour pour avoir accompli une œuvre infiniment bonne ».

Telle est l'œuvre sociale de nos syndicats beaujolais.

Ce n'est là, nous le reconnaissons, que le commencement de notre œuvre de fraternité; quand et comment la poursuivrons-nous? Bientôt, nous l'espérons, car le jour où nous pourrons assurer au paysan infirme ou malheureux le pain de ses vieux jours et la mort tranquille à l'ombre de ce vieux clocher près duquel il a toujours vécu, ce jour-là nous serons bien près d'atteindre le but final. C'est, du reste, un devoir pour nous et, de même qu'il appartient aux favorisés de la fortune de secourir les pauvres de toutes les professions, de même aussi il nous appartient, à nous que le sol favorise, de tendre la main à ceux qui, moins bien partagés, n'en ont pas moins passé toute leur vie à travailler et à arroser de leurs sueurs cette même terre restée si ingrate pour eux.

Ah! le jour où nous payerons ainsi notre dette à la terre sera un beau jour pour nos syndicats beaujolais et si, par des lois humanitaires, nos députés veulent bien, eux aussi, pratiquer la politique « du pauvre homme », ce sera vraiment le cas de dire : Tout va bien, dans nos syndicats.

*
* *

A la fin de cette courte monographie, qui rend bien imparfaitement la vie si active et si utilement remplie de l'Union Beaujolaise, il nous semble utile de faire ressortir les caractères distinctifs de ce groupement local qui est assurément et sans conteste le groupement modèle de l'association syndicale en France.

1° Nulle part, sur notre terre de France, la loi de 1884 n'a groupé sur une aussi petite circonscription — moins de la moitié de l'arrondissement de Villefranche — une aussi forte proportion d'adhérents agricoles qui se traduit, au moment où nous écrivons ces lignes, par le total net de 7.752 syndiqués, dont 6.725 sont des travailleurs.

2° Depuis la fondation de l'Union, le Bureau n'a jamais oublié ses réunions mensuelles et, comme il est facile de le contrôler par la collection des procès verbaux, 144 réunions ont eu lieu du 28 mai 1888 au 30 avril 1900.

3° Nulle part, il n'existe une Union locale, datant de douze années et présentant une cohésion plus parfaite. Les quatre syndicats qui la composent sont tous des ouvriers de la première heure, mais plus heureux que les ouvriers de l'Écriture, quoique partis les premiers, ils sont arrivés les premiers. Tous ils ont rempli la mission complète qui leur incombe, puisque, sans aucune exception, ils ont tour à tour bâti leur rez-de-chaussée avec les achats, la vente, construit leur premier étage avec l'enseignement, le Bulletin, l'Almanach, les bibliothèques, les pépinières, les champs d'expériences, le crédit, les assurances-accidents et les comptes bétail, la protection contre la grêle, puis élevé leur second étage avec l'assistance sous la forme d'aide mutuelle et de retraites aux vieillards.

4º Enfin, c'est à l'influence prépondérante de l'Union que sont dues la fondation puis la direction heureuse de l'Union du Sud-Est et de la Coopérative, et si nous la signalons malgré sa criante évidence, c'est que nous y voyons l'un des plus beaux titres de l'Union à une spéciale et haute récompense.

Ce sont les conclusions que nous déposons à la barre du jury de l'Exposition universelle, confiants que nous sommes dans sa justice et dans sa haute équité.

*
* *

Nous sera-t-il permis d'ajouter, en terminant, que si l'Union du Sud-Est est la grande fille de notre cher président, M. Duport, l'Union Beaujolaise est sa fille de prédilection, sa Benjamine !

C'est avec elle qu'il a fait son premier début dans la vie syndicale, c'est là qu'il s'est préparé au grand rôle qu'il joue dans le monde syndical dont il est le vaillant apôtre, c'est là qu'il a gagné ses épaulettes de colonel avant de devenir le brillant général de ce grand corps d'armée qu'est l'Union du Sud-Est.

L'Union Beaujolaise est son œuvre, elle est sa gloire et celui qui a l'honneur aujourd'hui de tenir la plume serait renié par ses collègues s'il ne saisissait pas l'occasion de lui adresser ici, au nom de tous, l'expression de l'affectueuse reconnaissance des paysans beaujolais.

« Hier nous n'étions rien, demain nous serons tout ; car nous saurons rester agriculteurs et patriotes ». Nos syndicats, sûrement, doivent défendre les intérêts spéciaux de notre région, de notre profession ; mais faire cela c'est assurer en même temps la grandeur du pays.

UNION

DES SYNDICATS AGRICOLES

DE LA DOMBE

Siège social : TRÉVOUX (Ain)

Fondation : 5 juin 1898. — Syndicats unis : 10

Président : M. G. DUCURTYL.

Cette petite union, qui ne compte qu'une année d'existence, n'a pas encore d'histoire. Elle fut créée, en 1898, sur l'initiative de la Chambre syndicale du Syndicat de l'arrondissement de Trévoux, avec le concours des Syndicats de Béligneux, de Guéreins et de Sathonay. Le but que poursuivaient ses fondateurs était surtout la création d'une union morale entre tous les syndicats agricoles de l'arrondissement de Trévoux, pour leur permettre de concerter leurs efforts et de provoquer, par la mise en action de toutes les bonnes volontés, l'échange des idées et la contagion du bon exemple, la création, dans toute la région de la Dombe, de syndicats à circonscription limitée qui paraissent devoir être les agents les plus actifs et les plus utiles du progrès social et agricole.

Sans doute, les syndicats de l'arrondissement de Trévoux peuvent trouver dans l'affiliation à l'Union du Sud-Est, dont ils font tous partie, tous les services matériels et économiques qui répondent aux besoins de la vie syndicale, mais, comme le disait le président du bureau provisoire dans son rapport à l'assemblée générale constitutive de l'Union :

« Les associations sont une image de la famille. Elles ont, comme
« elle, besoin, pour vivre et se développer, d'une vie plus intime qui

« mette en présence, en contact fréquent tout au moins, ses membres
« épars que la diversité des intérêts matériels ou les préoccupations
« égoïstes de l'existence tendent à éloigner les uns des autres. C'est
« donc, en quelque sorte, la vie de famille, le foyer qu'il nous faut créer,
« pour réchauffer notre zèle au contact des généreux efforts que chacun
« développe isolément dans l'intérêt de son syndicat ; pour soutenir
« nos revendications par la combinaison de toutes nos influences, quand
« l'intérêt de l'un d'entre nous est en danger ; pour étudier en commun
« ces mille questions d'intérêt local qui nous préoccupent tous, sans
« être particulières à aucun de nous, mais qui ne sauraient intéresser
« les syndicats des régions voisines et qui ne peuvent, par conséquent,
« entrer dans le cadre déjà si bien rempli des études de l'Union du
« Sud-Est.

« C'est aussi, disait-il encore, et principalement, l'amélioration de
« la Dombe agricole que nous voulons étudier ensemble, mettant
« en commun nos bonnes volontés, nos forces, notre amour enfin
« pour le sol de cette petite patrie, dont la prospérité, si précieuse
« et si intimément liée à la grandeur de la France elle-même, doit
« être l'objet de notre constante sollicitude ».

Empruntant, pour partie, ses statuts à ceux de l'Union du Sud-
Est, l'Union des Syndicats agricoles de la Dombe fut primitivement constituée, à la date du 25 septembre 1897, entre les quatre
syndicats de Trévoux, de Béligneux, de Guéreins et de Sathonay.

L'Union fut organisée dans son assemblée générale tenue à
Trévoux le 5 juin 1898. L'Union comprenait alors les Syndicats de
Trévoux, Béligneux, Guéreins, Sathonay, Thoissey, Parcieux et
Massieux, Bourg-Saint-Christophe et Mas-Rillier de Miribel, soit
environ un millier d'adhérents.

Le 8 juin, le dépôt légal ayant été effectué à la mairie de Trévoux,
l'Union de la Dombe était régulièrement et définitivement constituée.

Depuis cette époque, plusieurs syndicats communaux se sont créés
dans l'arrondissement de Trévoux et deux d'entre eux, ceux de
Villieu et de Sainte-Croix, ont demandé leur affiliation à l'Union.

Le mouvement en faveur des syndicats à circonscriptions limitées,
que la création de l'Union avait pour but d'encourager, se dessine
donc nettement, pour le plus grand profit des agriculteurs de la
région qui, chaque jour, apprécient davantage les services que
peuvent leur rendre les syndicats depuis qu'ils les trouvent à
leur portée et sous la main, dans la commune même qu'ils habitent.

Dans le but de propager l'idée syndicale et de contribuer à l'éducation des agriculteurs par la contagion de l'exemple, le Bureau de l'Union a décidé qu'une réunion générale serait tenue à tour de rôle au siège social de chacun des syndicats unis, afin de prendre une leçon de choses par la comparaison des efforts et des résultats obtenus par chacun d'eux.

L'Union a formulé un certain nombre de vœux touchant aux intérêts généraux de l'agriculture et quelques-uns intéressant d'une façon plus spéciale la région de la Dombe.

C'est ainsi qu'elle s'est associée au vœu émis par les grandes associations agricoles pour demander la règlementation de l'introduction en France des chevaux d'Amérique. L'arrondissement de Trévoux produit un grand nombre de chevaux, déjà estimés, dont il faut favoriser la vente, en entourant l'importation des chevaux étrangers de toutes les garanties de nature à paralyser une déloyale concurrence.

Elle a émis également un vœu en faveur de la répression du vagabondage qui, tout particulièrement dans l'arrondissement de Trévoux, en raison de la proximité d'une grande ville, constitue un danger permanent pour les personnes et pour les biens, en même temps qu'il est une charge très onéreuse pour les cultivateurs. Leur bourse est, en effet, mise journellement à contribution par les aumônes que la crainte et souvent les menaces les obligent à donner.

L'Union a formulé aussi, sur la demande d'un des syndicats adhérents, un vœu d'intérêt purement local. Le champ de tir du camp de Sathonay exposait les paysans travaillant dans leurs terres, situées dans le rayon du tir, à des dangers tels qu'ils étaient obligés d'en négliger la culture pendant la majeure partie de l'année. Ce vœu a été formulé et appuyé auprès de l'autorité militaire, dans le but d'obtenir des modifications indispensables pour assurer la sécurité des personnes pendant la durée du tir. Des modifications importantes ont été apportées à l'installation du stand, modifications qui diminuèrent certainement dans une large mesure les dangers d'accidents. L'Union se félicite d'avoir, par son intervention, contribué, pour une importante part, à cet heureux résultat.

Si donc cette association n'a pas une assez longue existence pour présenter, dès maintenant, un tableau instructif d'œuvres utiles, elle a cependant, dans une certaine mesure, rempli le but que s'étaient proposé ses fondateurs. Elle a groupé déjà un certain nombre de syndicats de l'arrondissement de Trévoux, facilité leurs rapports, opéré entre tous leurs membres un rapprochement d'où naîtront l'estime et la confiance ; elle a préparé, par conséquent, l'œuvre d'apaisement social et de solidarité qui est le but poursuivi par les syndicats agricoles. Elle a surtout provoqué le mouvement en faveur des syndicats à circonscription restreinte qui, depuis sa fondation, se sont déjà multipliés.

Son influence continuera à s'exercer dans ce sens, afin que, bientôt, chaque commune rurale soit pourvue d'une de ces associations syndicales qui mettent en pratique les œuvres de mutualité et d'assistance par lesquelles, avec le concours de toutes les bonnes volontés, s'affirmera la paix sociale favorisée par l'amélioration du sort des travailleurs de la terre.

UNION

DES SYNDICATS AGRICOLES

DE LA DROME

Siège social : VALENCE (Drôme)

Fondation : 27 juillet 1887. — Syndicats unis : 37

Président : M. A. DE FONTGALLAND

Les agriculteurs de la Drôme avaient mis un empressement remarquable à user de la loi du 21 mars 1884. Dès le 1er septembre de cette année, un syndicat était fondé à Die (c'est, par la date de sa naissance, le cinquième de toute la France) et, trois ans après, une douzaine de syndicats couvraient le département tout entier. Ils étaient tous communaux ou cantonaux, tous à circonscription restreinte.

Les syndicats à circonscription restreinte offrent un grand avantage moral. Très rapprochés des agriculteurs, ils pénètrent mieux et plus vite dans les masses de la population, ils ont avec elle des relations d'affaires plus intimes et une communion d'idées plus étroite. Mais ils présentent aussi un inconvénient assez grave, au point de vue pratique: leur clientèle est trop faible pour leur permettre de passer de gros marchés et ils ne rendent pas des services matériels aussi importants que les syndicats à circonscription plus étendue.

Pour obvier à ces inconvénients, les syndicats de la Drôme ont, de bonne heure, songé à former entre eux une Union, conformément à l'article 5 de la loi du 21 mars 1884 et, le 9 juillet 1887, M. de Fontgalland, président du syndicat de Die et promoteur du projet, adressait à ses collègues une convocation, dans laquelle il faisait ressortir l'intérêt immédiat que présentait cette organisation.

« Cette réunion, écrivait-il, a pour but d'étudier les moyens d'organiser l'Union des syndicats de la Drôme. Cette Union aura pour objet général de servir aux syndicats unis de centre de relations et de leur procurer les moyens et renseignements nécessaires pour les faire profiter de marchés avantageux en groupant les commandes. Elle recueillera et communiquera aux syndicats unis toutes les indications propres à les éclairer, sur la situation respective des récoltes, sur les offres et les demandes et guidera ainsi les sociétaires dans leurs opérations et marchés ».

C'était, en deux mots, le but de l'Union. Les intéressés le comprirent, puisque, fondée le 17 juillet suivant, l'Union était légalement constituée le 27 du même mois par le dépôt des statuts à la mairie de Valence.

Nous venons de le voir, l'objet de l'Union peut ainsi se résumer:

1o Défendre les intérêts économiques et agricoles des syndicats unis;

2o Arriver, par le groupement des ordres, à des achats aussi avantageux que possible des denrées nécessaires à l'agriculture ;

3o Aider à l'écoulement des produits agricoles;

4o Favoriser la création de nouveaux syndicats ;

5o Donner des avis et des conseils sur les questions professionnelles aux syndicats unis ou à leurs membres.

Comment est administrée l'Union ? Par une Chambre syndicale de six membres qui, pour la rapidité des affaires, nomme dans son sein un bureau de trois membres, auquel elle délègue tout ou partie de ses pouvoirs. Le Bureau est, en quelque sorte, la commission permanente de l'Union: la Chambre syndicale est nommée par l'Assemblée générale qui se réunit tous les ans et qui statue sur toutes les questions importantes. L'Union de la Drôme n'est pas une union fermée; fondée par neuf syndicats elle en comprend aujourd'hui vingt-quatre, et tous les syndicats, qui se créeront dans l'avenir, sur le territoire de la Drôme, pourront y être admis.

Par son objet et par son administration, l'Union de la Drôme ressemble à toutes les autres; elle a cependant, dans son allure, une physionomie tout à fait originale qu'elle doit à la direction ferme et énergique de son très distingué président.

M. de Fontgalland a su, en effet, faire accepter par tous les syndicats placés sous ses ordres une discipline presque militaire; il a su acquérir sur tous une autorité incontestée, qui est obéie avec une ponctualité et une exactitude remarquables. Ainsi, les syndicats unis n'ont pas eu besoin d'installer de courtier commun pour le groupement des ordres et l'exécution des marchés. C'est le président de l'Union qui, toutes les fois que besoin est, se fait donner directement par les présidents des syndicats le total des ordres pour chaque catégorie de marchandises. C'est le président qui, par des circulaires fréquentes et détaillées, tient chaque syndicat au courant des prix et le renseigne sur les conditions des marchés. Enfin, c'est le président de l'Union qui, soit par adjudication avec cahier des charges, soit par des traités amiables, conclut les achats ou du moins les a conclus jusqu'à ce jour.

Toute l'histoire de l'Union se trouve dans ces circulaires du président; avec elles, point n'est besoin de réunions mensuelles, point n'est besoin de Bulletins; le chef de file pense et agit pour tous et pour tout. Il est donc intéressant de les étudier attentivement et ce sera la meilleure monographie de l'Union de la Drôme que les résumer rapidement.

Pour plus de clarté, nous suivrons les divers articles du programme de l'Union, voyant sur chacun d'eux ce qu'elle a fait et comment elle l'a fait.

I. — Défendre les intérêts économiques et agricoles des syndicats unis.

Une opinion erronée, bien faite pour arrêter la marche ascendante des syndicats et leur développement régulier, consiste à assigner pour but presque unique à leur activité, à leur sphère d'action, les opérations qui procurent à leurs membres des avantages purement commerciaux; à tel point que la plupart des syndicataires, oubliant le rôle que ces sociétés sont appelées à jouer dans le pays, au point de vue général des intérêts économiques et professionnels, s'habituent trop à considérer les bénéfices particuliers, matériels et tangibles comme le dernier mot de l'œuvre des syndicats.

Sans doute, ces avantages que les syndicataires trouvent dans les achats en commun d'engrais, de semences sélectionnées, d'instruments aratoires, etc., sont assez considérables pour fixer l'attention du public agricole, mais ces sociétés ne rempliraient qu'une partie de leur tâche, et la moins importante, si là devait se borner leur horizon.

Il appartient aux présidents des syndicats de faire envisager aux membres qui les composent l'importance d'une action énergique et collective dans les questions économiques qui intéressent le monde agricole. Les syndicats doivent avoir pour programme la défense des intérêts économiques et professionnels et, dans la revendication des droits de l'agriculture, aucun syndicataire, nous disons plus, aucun agriculteur ne doit se désintéresser de cette grande cause qu'il a mission de défendre.

« La vie publique de l'agriculture, disait, dans son cours d'économie rurale, l'éminent agronome Lecouteux, ce n'est pas seulement une plus grande activité collective, ce n'est pas seulement l'affirmation du progrès au village, ce n'est pas seulement l'union aux champs; c'est l'agriculture prenant possession de tous les grands centres, dans la capitale même du pays, partout enfin où le nombre fait autorité et pèse sur les pouvoirs publics. On dit souvent que les absents ont tort, presque toute l'histoire de l'agriculture méconnue est là. »

Ce langage est une réponse à ceux qui bornent le rôle des syndicats à des affaires d'intérêt d'un ordre privé. Avec Lecouteux, le débat s'élargit ; la vie publique de l'agriculture, c'est la vie des syndicats. Qui pourrait s'y tromper? De là, la nécessité pour tout syndicataire d'être l'apôtre de l'idée syndicale si bien définie par l'illustre professeur.

La cause agricole ne sera triomphante et, par suite, la prospérité de l'agriculture ne renaîtra que si la grande majorité des agriculteurs, ralliés aux syndicats, usent de la puissance que leur confère le nombre pour changer le régime économique qui les opprime et les ruine, pour obtenir, des pouvoirs publics, une représentation réelle de leurs intérêts, un allègement à leurs charges trop lourdes.

Dès le premier jour, l'Union de la Drôme l'avait compris et elle n'a jamais failli, depuis, à cette partie essentielle de ses devoirs et de son programme.

Mais, avant de détailler son intervention auprès des pouvoirs publics, il importe de rappeler ici avec quelle violence l'Union et les Syndicats de la Drôme ont été attaqués et dénoncés aux ministres compétents. Dans les premiers jours de 1888, la Chambre de commerce de Valence, se faisant le porte-parole des négociants du pays, adressait au ministre du Commerce une longue pétition demandant

que les syndicats soient soumis à la patente et que leurs présidents
soient sérieusement surveillés. Le 11 mai de la même année, M. Pierre
Legrand, alors ministre du Commerce et de l'Industrie, faisait à
M. Maurice Faure, député de la Drôme, la réponse suivante :

Vous avez bien voulu appeler mon attention sur une pétition par laquelle
un groupe nombreux de commerçants du département de la Drôme signale
le tort que leur causent certaines opérations auxquelles se livrent les syndicats agricoles de la région, comprenant un grand nombre de sociétaires
hostiles aux institutions républicaines.

Les pétitionnaires ont exprimé le désir de voir ces associations soumises
aux charges commerciales ordinaires. Leur pétition est appuyée par un
vœu de la Chambre de commerce de Valence.

Deux questions sont donc soulevées par votre lettre et par les correspondants dont vous avez bien voulu me soumettre les plaintes : 1° les tendances politiques d'un groupe professionnel dissimulant son action à l'abri de
la loi du 21 mars 1884 ; 2° les opérations commerciales entreprises par le
même groupe de syndicats au détriment des commerçants patentés.

Sur le premier point, l'attention de mon administration avait déjà été
éveillée par M. le Préfet de la Drôme et, à la suite de ces communications,
j'avais eu l'occasion d'examiner avec mes collègues de l'Intérieur et de la
Justice, quels seraient les cas où l'intervention du gouvernement pourrait
paraître justifiée contre des syndicats dont les membres ne se contenteraient pas d'user librement de la loi, droit qui appartient à tous les citoyens, mais couvriraient d'un prétexte professionnel une véritable propagande politique que la loi du 21 mars n'a ni prévue ni autorisée. A ce point
de vue, Monsieur le Député et cher Collègue, vous n'avez pu douter un
seul instant de la vigilance et de la sollicitude du gouvernement.

Mais il ne vous échappera pas que c'est surtout à raison de la concurrence
faite par les associations dont il s'agit au commerce de la région, que ces
sociétés ont suscité, de la part des pétitionnaires, la protestation sur laquelle vous avez bien voulu appeler mon attention.

« Les soussignés, disent les négociants de la Drôme, viennent vous prier
M. le Ministre, de prendre telles décisions que vous jugerez convenables
pour rendre les charges commerciales égales pour tous ».

Il semble que, par ces mots, les commerçants patentés, signataires de la
pétition, aient entendu faire allusion à l'imposition de la patente. Leur
réclamation, en effet, soulevait une question d'application de la loi sur les
patentes. Aussi, mon département s'est-il empressé de consulter à cet égard
M. le ministre des Finances.

Un point devait tout d'abord appeler l'attention de mon collègue et celle
de mon administration : il s'agissait de déterminer exactement si les syndicats signalés, quand ils font pour leurs membres certaines acquisitions
au commerce, se livrent, dans le sens juridique du mot, à une opération
commerciale.

Nous n'avons pas pensé qu'il en fût ainsi en principe. Aux termes de
l'article 632 du code du commerce, la loi répute acte de commerce tout
achat de denrées et marchandises pour les revendre, soit en nature, soit

après les avoir travaillées et mises en œuvre. Pour constituer l'acte de commerce spécifié par la loi, il faut donc non seulement qu'il y ait eu achat et que les choses achetées soient des denrées ou marchandises, il faut encore que l'achat soit fait avec l'intention de revendre. Tous les auteurs de la jurisprudence s'accordent à reconnaître que celui qui achète pour consommer ne fait pas un acte de commerce, l'intention d'une revente avantageuse étant indispensable pour imprimer à l'achat le caractère commercial.

Or, il paraît établi que les diverses associations, qui ont motivé les réclamations parvenues à mon administration, se sont bornées à créer des offices pour l'achat de matières premières ou de machines utiles à l'agriculture, de manière à les obtenir à meilleur marché et de meilleure qualité, au profit de leurs membres ; que ces associations sont administrées gratuitement et n'ont retiré aucun bénéfice de leur entremise, faisant simplement profiter les sociétaires de tous les avantages résultant du mode d'achat, et si parfois elles ont majoré, dans une faible mesure, le prix d'acquisition des produits, rien ne permet d'affirmer que cette majoration a eu d'autre but que de les couvrir de leurs frais de gestion. Elles auraient agi, par conséquent, d'une manière désintéressée.

Ces considérations ont déterminé M. le Ministre des Finances à ne pas assujettir les syndicats agricoles dont il s'agit à l'impôt de la patente.

Mais vous ne vous dissimulerez pas, Monsieur le Député et cher collègue, que les considérations sus énoncées s'appliquent à la théorie, à la question de droit, et que toute autre pourrait être la réponse de l'administration en présence de certaines questions de fait et de diverses applications abusives des facilités accordées aux syndicats professionnels par la loi de 1884.

S'il était établi, par exemple, que telle ou telle association ne s'est pas bornée à faire profiter ses seuls adhérents des avantages réalisés par le syndicat, qu'elle en a étendu le bénéfice à des personnes étrangères à la société, ou que ses membres ont pris l'habitude de vendre tout ou partie des produits acquis à leur profit par leur syndicat à des particuliers étrangers à l'association, que le syndicat, en un mot, ou ses membres se sont livrés à des actes commerciaux bien définis, il est évident que les associations signalées pourraient être mises en demeure de se renfermer dans la limite des attributions qui leur sont assignées par le législateur de 1884.

Ce double et rapide examen des questions soumises par vous à mon appréciation vous permettra de reconnaître, Monsieur le Député et cher collègue, dans quelle mesure il est possible à mon administration de s'associer au vœu que vous avez bien voulu me transmettre au nom des négociants de la Drôme.

Vous pouvez être assuré que, si des faits de la nature de ceux sur lesquels j'appelle votre attention m'étaient signalés, avec des éléments d'information suffisants, je m'empresserais de faire examiner et de donner à chaque affaire la solution spéciale que paraîtraient devoir comporter le respect de la loi du 21 mars 1884, aussi bien que le souci légitime des intérêts des commerçants dont vous vous faites l'organe.

Agréez, Monsieur le Député et cher collègue, etc.

Le Ministre du Commerce,

Pierre LEGRAND

En communiquant cette réponse à ses présidents, M. de Fontgalland ajoutait : « Lorsque nous avons pris connaissance de la lettre du Ministre, nous avons été heureux de voir consacrer à nouveau la légalité de nos opérations syndicales. Nous n'ignorions pas que la Chambre de commerce de Valence avait pris une délibération, au mois de mars dernier, pour demander au Ministre de soumettre les syndicats à la patente. Nous savions, d'autre source sûre, que les syndicats étaient surveillés et dénoncés, comme des associations politiques, par certains personnages qui passent leur temps à calomnier lâchement, sans pouvoir apporter une preuve quelconque à l'appui de leurs divers mensonges.

« Forts de notre bon droit et de la justice de notre cause, nous avions gardé le silence. Nous sommes bien vengés aujourd'hui, et mieux que nous n'aurions pu l'espérer, par la lettre du Ministre du Commerce. Ah ! nos adversaires doivent être satisfaits du résultat de la campagne qu'ils ont organisée contre nous à l'instigation de M. Maurice Faure. Ils sont battus sur tous les points.

« Ils ont provoqué le triomphe des syndicats, en obligeant le Ministre du commerce à écrire la lettre ci-dessus, qui coupe court à toutes les attaques et à toutes les récriminations dont les syndicats ont sans cesse été l'objet. Cette lettre nous permettra, quant à nous, de continuer, d'étendre et de perfectionner nos associations en nous maintenant, comme par le passé, strictement dans les termes de la loi et des instructions données par l'administration.

« Agir, agir sans cesse, donner l'exemple, encourager l'initiative de l'agriculteur, marcher sagement, progressivement, ne pas mêler l'ivraie de la politique au froment de l'agriculture, se cantonner sur le terrain purement agricole et économique : voilà notre programme ».

Nous n'avons rien à ajouter à cette réponse si ferme et si digne du président et nous passons de suite à l'œuvre économique de l'Union.

C'est par une pétition en faveur du relèvement du prix des cocons qu'elle débute dans les premiers jours de 1888. D'un commun accord, le Syndicat des sériciculteurs de France et l'Union de la Drôme envoient à tous les syndicats unis une circulaire dans laquelle nous relevons le passage suivant : « En présence de l'abandon, par le cultivateur, d'une des industries agricoles les plus florissantes autrefois dans l'histoire de la France : l'élevage des vers à soie,

34

en voyant surtout se poursuivre sur une vaste échelle l'abatage du mûrier, qui rend le mal chaque année plus irréparable, nous avons pensé qu'un grand effort pouvait et devait être tenté pour empêcher cette industrie de disparaître entièrement.

« Le seul remède est le relèvement du prix des cocons au-dessus de 4 francs le kilog, étant bien reconnu qu'au-dessous de ce chiffre le cultivateur délaisse l'élevage des vers à soie. Le moyen d'arriver à ce relèvement serait un droit mis à l'entrée des soies et cocons étrangers.

« Nous ne nous sommes pas dissimulé que ce droit de douane avait déjà été demandé par des Sociétés d'agriculture et des Chambres de commerce et que tous ces efforts étaient venus se briser contre la résistance de la fabrique lyonnaise, mais nous avons pensé que là où des tentatives isolées n'avaient pu aboutir, une réclamation générale de tous les intéressés aurait les plus grandes chances de succès. Notre intention est donc de fournir à tous les éducateurs de vers à soie et à tous ceux qui exercent une profession connexe, une occasion de faire connaître leurs revendications par un pétitionnement général. Tous signeront avec empressement, nous n'en doutons pas, et, devant une manifestation aussi imposante, il sera impossible de ne pas tenir compte des vœux des sériciculteurs ».

Une pétition était jointe à cette circulaire, elle fut, en peu de temps, recouverte de milliers de signatures, grâce à la cohésion des syndicats unis, grâce aussi à l'activité déployée par leurs Bureaux.

C'était là, du reste, un simple prélude à la lutte qu'allait ouvrir la réforme douanière entre la sériciculture et la fabrique lyonnaise. On sait quel en fut le résultat; il est juste toutefois de constater que, s'il a été négatif pour le producteur, l'Union a, du moins, fait tout son possible pour qu'il fût autre. La circulaire qui suit en est la meilleure preuve.

Die, le 16 novembre 1890.

Messieurs les présidents des Syndicats de la Drôme.

En parcourant le projet de tarif général des douanes, présenté aux Chambres par le Gouvernement, vous avez dû être frappés de l'exagération des droits sur les cocons et la soie ouvrée, alors que la grège est complétement exempte.

L'honorable M. Bérenger, sénateur, président du Syndicat général des sériciculteurs, dont vous connaissez le dévouement sans bornes à notre cause, et qui mène avec tant d'ardeur la campagne contre ceux qui voudraient opprimer la sériciculture, m'a demandé de vous faire connaître la situation qui nous est faite.

Les prix extraordinaires que le Gouvernement propose, et qui sont le double plus élevés que ceux que nous avons toujours demandés, laisseraient supposer que nos adversaires espèrent un vote négatif des Chambres, outrées par une semblable exagération, et nous resterions, comme jadis, désarmés par la concurrence étrangère. En laissant entrer en franchise la soie grège, c'est comme, dit M. Bérenger, si, pour protéger les vins, on s'avisait de les affranchir de tout droit de douane, pour frapper la vendange seule.

Il s'agit donc de protester et de faire connaître aux Chambres que nous maintenons les chiffres de nos demandes antérieures. Dans ce but, il faut que toutes les Sociétés agricoles de la région, et surtout les syndicats, qui sont les représentants directs des agriculteurs et de la sériciculture, s'empressent de protester.

Vous trouverez plus loin la copie de la protestation de la Société d'agriculture d'Alais, qui résume très bien nos désirs et nos pensées à tous. C'est un modèle que vous devrez modifier, tout en conservant le sens exact afin que nos protestations n'aient pas l'air d'être uniformes. Elles auront ainsi d'autant plus de valeur pour M. Bérenger, qui se propose de grouper toutes les protestations des départements du Midi, pour les présenter au Gouvernement.

Vous devrez donc réunir vos comités dans le plus bref délai, pour délibérer à ce sujet. Il faudra que la copie de la délibération soit faite sur papier timbré, avec le titre de votre syndicat et vous voudrez bien me l'adresser au plus tôt.

Je compte que tous nos syndicats répondront, sans aucune exception, à l'appel de M. Bérenger. Nous prouverons ainsi, une fois de plus, l'utilité de notre Union qui compte 23 syndicats et plus de 6.000 sociétaires. C'est une force considérable qu'il est de notre devoir de mettre en avant dans une circonstance aussi importante.

Alais, le 3 novembre 1890.

« *Extrait du procès-verbal de la séance du 3 novembre 1890.* — Président, M. L. Chabaud.

« M. Laurent de l'Arbousset a la parole sur le nouveau projet de tarif général des douanes. — Il propose à la réunion de voter la protestation suivante, sous forme de lettre adressée à M. le Ministre de l'Agriculture.

« Cette proposition, vivement appuyée par M. le président, est adoptée à l'unanimité par la réunion. En voici le texte :

« Les membres de la Société d'Agriculture d'Alais, réunis dans leur assemblée générale de novembre, après avoir pris connaissance du projet de tarif général des douanes présenté par le Gouvernement, en ce qui touche les cocons, les soies grèges et les soies ouvrées ;

« Protestent énergiquement contre le projet sus-énoncé, proposant d'imposer un droit de 1 franc par kilog. sur le cocon frais, de 3 francs sur le cocon sec, et de 3 francs par kilog. sur les soies ouvrées, tout en laissant entrer les soies grèges en franchise.

« Les sériciculteurs et agriculteurs des Cévennes ne sont pas dupes de ce droit proposé sur les cocons étrangers, qu'ils savent d'avance nul et non àvenu, par l'admission en franchise de la soie grège, produit direct du cocon.

« Le projet présenté par le Gouvernement n'a qu'un but : favoriser les intérêts de la riche et puissante fabrique de soieries, en sacrifiant, plus encore que par le passé (les grèges d'Italie étant actuellement taxées à 1 franc par kilog.), les intérêts des sériciculteurs et des filateurs, déjà si compromis.

« Le prix du cocon étant toujours réglé par le prix de la grège, il est clair que le droit sur les cocons, de quelque qualité qu'ils soient, est absolument illusoire, dès l'instant que les grèges étrangères, produites avec une main-d'œuvre à vil prix, pourront entrer en toute franchise sur nos marchés.

« L'impôt sur les soies ouvrées ne nous intéresse en aucune façon, puisqu'il est destiné à faire travailler le moulinage avec des grèges étrangères, nous ne le repoussons pas cependant.

« Par ces motifs, les soussignés protestent de toute leur énergie contre l'adoption d'un tel projet de loi qui serait la ruine de toute la région séricicole de la France, et demandent une fois de plus que les droits appliqués au nouveau tarif général soient ceux réclamés, depuis longtemps déjà, par le syndicat général de la sériciculture de France, le comité pour la défense de la sériciculture, les Conseils généraux des départements intéressés et une foule de Sociétés agricoles.

Ces droits sont :

Cocons frais	0 fr. 50	par kilog.
Cocons secs	1 50	—
Soies grèges	7 »	—
Soies ouvrées	10 »	—

« Confiants dans votre justice, les soussignés ont l'honneur d'être, Monsieur le Ministre, vos très humbles, très obéissants et très respectueux serviteurs.

« Pour copie conforme : LE PRÉSIDENT

Comme en 1888, c'est grâce à l'Union de la Drôme que la pétition réussit, c'est elle qui recueille le plus d'adhésions, lui apporte le concours le plus efficace.

En juin 1889, représentée par son président, l'Union prend part au travaux de l'Union des Syndicats, à Paris, et adhère au programme agricole adressé, dans la suite, à tous les candidats à la députation et qui, en quelques mots, résumait tous ses desiderata :

1. — *Protection de l'agriculture contre la concurrence étrangère.* — Suppression du régime des traités de commerce. — Dénonciation des traités de commerce à échéance en 1892. — Révision du tarif général des douanes. — Taxe de 15 % en moyenne imposée à tous les produits agricoles étrangers similaires de produits français. — Maintien des droits sur les blés. — Droit de 10 francs par hectolitre sur les vins étrangers. — Droit à établir sur les raisins secs équivalant au droit sur les vins étrangers.

II. — *Réduire les charges fiscales qui pèsent sur les agriculteurs.* — Ramener ces charges fiscales au niveau de celles qui sont imposées aux autres catégories de contribuables.

III. — *Tarifs de transports sur les chemins de fer.* — Réductions concernant le transport des engrais, des machines, de l'outillage et des produits agricoles, poursuivies de concert avec les Compagnies de chemins de fer. — Révision des tarifs dits de pénétration par les représentants de l'agriculture introduits en nombre suffisant dans la Commission supérieure des tarifs de chemins de fer.

IV. — *Mesures diverses.* — Exécution loyale de la loi du 21 mars 1884, concernant les syndicats agricoles. — Facilités concédées aux syndicats pour la création de sociétés coopératives, de caisses d'assurances, de retraites, de secours mutuels, etc. — Maintien de la législation fiscale sur les sucres. — Répression du vagabondage et de la mendicité par l'exécution des lois et règlements existants. — Organisation de l'Assistance publique dans les campagnes. — Rédaction des cahiers des charges relatifs aux adjudications de l'État et des administrations publiques modifiée de manière à ce que la fourniture des produits agricoles soit réservée aux cultivateurs français.

Plus tard, au fur et à mesure que le Parlement discute le nouveau tarif des douanes entré en vigueur au mois de février 1892, l'Union s'associe aux vœux unanimes des agriculteurs français et demande une équitable protection pour l'agriculture et ses produits.

En ce qui touche la représentation agricole et le crédit agricole, elle s'associe aux vœux émis annuellement par l'Union du Sud-Est, avec laquelle elle a toujours marché la main dans la main.

Son histoire économique pouvant s'identifier avec celle de l'Union du Sud-Est, il n'y a pas lieu d'insister davantage sur ce côté général de son intervention. Toutefois, il importe de signaler certains caractères spéciaux de son ingérence sur le terrain économique.

En 1889 et 1892, l'Union prend officieusement part aux travaux des États de Romans, se cantonnant, bien entendu, dans la section agricole, dont le président de l'Union était le président effectif.

En avril 1892, l'Union, sur l'instigation de son président, aide, officieusement toujours, le sympathique professeur d'agriculture de la Drôme, M. Bréhéret, dans son travail considérable sur l'enquête agricole de 1892. Une circulaire du 11 avril, adressée par M. de Fontgalland à tous les présidents, nous indique la nature exacte de cette intervention :

« Vous devez savoir, leur dit-il, que M. Bréhéret, professeur d'agriculture, a envoyé aux principaux agriculteurs du département un questionnaire relatif à une grande enquête agricole que le gouvernement fait dans toute la France. Les questions sont très nombreuses et semblent s'appliquer seulement à tout ce qui peut intéresser les agriculteurs. Je crois qu'il est de notre devoir de répondre sur certaines questions, en nous plaçant au même point de vue, afin que le rapport général sur le département contienne toutes les observations semblables qui seront produites de divers côtés sur la même question.

« Sur la question : Quelles sont les causes de l'augmentation ou de la diminution de la valeur des terres (page 2, question 4), on doit répondre : Que les causes principales qui ont amené la dépréciation de la propriété sont : 1º les impôts de toute nature ; 2º l'éloignement des capitaux de la terre ; 3º le dépeuplement des campagnes qui a renchéri le prix de la main-d'œuvre ; 4º le service militaire obligatoire, tel qu'il est organisé, en attirant les jeunes gens à la ville dont ils prennent les habitudes et où ils veulent rester. »

En août 1893, à l'unanimité des syndicats unis, l'Union décide qu'en l'absence de toute représentation officielle de l'agriculture, c'est à elle qu'incombe la mission de défendre les intérêts des paysans de la Drôme et elle envoie à l'approbation de tous les candidats aux élections législatives le programme agricole suivant :

1º Maintien intégral du tarif des douanes;

2º Réduction des charges fiscales qui pèsent sur l'agriculture, en attribuant à cette dernière les économies qui pourront être réalisées sur le budget ; suppression du principal de l'impôt foncier sur les propriétés rurales non bâties au moyen de la conversion du 4 1/2 % ;

3º Abrogation des dispositions législatives qui entravent la création des Sociétés coopératives, des Caisses agricoles d'assurances, de retraites, de secours mutuels, etc., et qui s'opposent à la libre organisation de l'assistance dans les campagnes ;

4º Maintien des facilités accordées, par la loi du 21 mars 1884, aux syndicats professionnels qui se conforment aux prescriptions de cette loi ;

5º Protection de la petite culture contre le vol, la mendicité et le vagabondage ;

6º Consultation obligatoire des syndicats agricoles, dans toutes les questions intéressant l'agriculture, en attendant le vote d'une loi sur la représentation agricole.

En 1894, l'Union prête son concours le plus actif à l'organisation du premier congrès des Syndicats agricoles et, avec l'Union beaujolaise sa sœur cadette, elle contribue à rehausser, par sa petite exposition spéciale, la grande exposition de sa mère l'Union du Sud-Est.

Au début de 1895, son président fait faire une statistique générale, par syndicat, des différentes cultures, afin de documenter l'Union du Sud-Est pour la préparation de l'assurance contre les accidents agricoles. Cette intéressante question une fois élaborée et tranchée, M. de Fontgalland s'empresse de notifier aux syndicats unis les conditions heureusement obtenues par la Coopérative, et il les engage par des appels réitérés, à en profiter. Dans la suite, un accident mortel survenu à l'employé du Syndicat de Die, tué dans l'exercice de sa profession, revient donner malheureusement une trop grande précision aux conseils pressants du président de l'Union, mais, envers et contre tout, les syndicats unis ne se hâtent pas de profiter du nouveau service pourtant si avantageux mis à leur disposition par l'Union et la Coopérative du Sud-Est.

Au même moment, courant 1896, l'Union de la Drôme s'associe vigoureusement à la campagne du Syndicat général des sériciculteurs de France, pour obtenir que le système des primes soit remplacé par des droits de douane et, à l'appui de ses revendications, elle envoie aux pouvoirs publics, la protestation suivante :

Les soussignés graineurs, propriétaires et cultivateurs, élevant ou pouvant élever des vers à soie :

Considérant que près de 8 millions de kilogs de soie grège entrent annuellement en franchise en France et sont offerts aux industries françaises ; que sur ce chiffre, 3 milllions 600 mille kilogs sont seulement employés ; que le reste pèse de tout son poids sur les marchés, rend la soie toujours offerte jamais demandée et avilit les prix ;

Considérant que les filateurs et les producteurs de cocons français sont livrés ainsi sans défense à la concurrence des pays étrangers, notamment des Indes, de la Chine, du Japon, etc ;

Considérant qu'il n'y a qu'une réduction des arrivages étrangers qui puisse permettre aux soies et aux cocons nationaux de se défendre et de se vendre à un prix rémunérant justement le travail et le capital ; que l'impôt de douane est seul capable d'atteindre ce but ; que, du reste, ayant été appliqué aux tissus, il est juste qu'il le soit aux cocons et aux soies ;

Considérant que s'il a été nécessaire de défendre la fabrique soyeuse nationale, riche et prospère, contre les fabriques étrangères, il n'est pas moins nécessaire de défendre les industries pauvres de la filature et de la production des cocons ; qu'on a reconnu, du reste, qu'elles avaient droit à une compensation et qu'elle leur a été donnée sous forme de primes ;

Considérant que ces primes ont fait leurs preuves et démontré leur impuissance ; qu'au lieu de relever le cours des soies et des cocons, elles les ont avilis en poussant non-seulement à la sur-production à l'étranger de la matière qui est déjà trop abondante, mais aussi à la mauvaise qualité puisque les soies des Cévennes les plus renommées ne valent pas plus que les soies de Lombardie ;

Considérant qu'il y a lieu de supprimer ces primes qui sont une duperie, une ruine pour les filateurs et producteurs de cocons, une perte inutile pour le trésor, et de les remplacer par une compensation sérieuse qui ne soit pas à la charge de tous les contribuables français, mais de ceux seulement qui consomment la soie et surtout des producteurs étrangers qui veulent jouir des avantages du marché français ;

Considérant que la compensation qui réunit le mieux ces conditions d'équité et de justice est un droit de douane ; qu'il est inique que les cocons et les soies de l'étranger en soient exemptés alors que tous les autres produits en sont frappés;

Considérant que l'opposition faite par le haut négoce lyonnais à l'établissement d'un droit de douane ne repose sur aucune raison sérieuse, mais sur une crainte : celle que la fabrique ne puisse faire accepter la hausse à ses clients étrangers ; que cette crainte est vaine car, en supposant qu'elle puisse se réaliser, la fabrique a toujours moyen de se rembourser de tout le montant de l'impôt sur les consommateurs de notre marché national, deux ou trois fois plus important que les marchés étrangers réunis, en majorant de quelques centimes seulement le prix du mètre de tissu ; que, du reste, cette majoration ne sera pas même nécessaire par suite des compensations qui peuvent être accordées à la fabrique ;

Considérant enfin que tous les citoyens doivent être égaux devant l'impôt de douane comme devant celui du sang, et que toutes les industries ont droit à égale défense et ne doivent pas être sacrifiées les unes aux autres ;

Demandent :

1° la suppression du privilège de l'exemption des soies, appelé menteusement libre échange alors que c'est une protection déguisée;

2° l'établissément de droits de douane de :

1	franc	par	kilogramme	de cocons frais	
3	—	—		— secs	de provenance Asiatique Extrême-Orient, le Levant excepté.
15	—	—		soie grège	
20	—	—		soie ouvrée	

et de :

0.35....	par	kilogramme	de cocons frais		
1.05....		—		— secs	de provenance Européenne et de l'Asie Mineure.
5.00....		—		soie grège	
7.50....		—		— ouvrée	

Ces derniers droits ne devant être perçus qu'en attendant que l'entente dont il va être parlé puisse être établie entre la France et les autres nations européennes et l'Asie Mineure.

Et, attendu que la prospérité de la fabrique française de soieries importe grandement aux autres industries de la soie et que celles-ci désirent ne pas y porter la moindre atteinte mais la développer, au contraire, par les plus larges compensations.

Les soussignés demandent en outre:

1° Que le marché national, le plus grand du monde, soit exclusivement réservé à la fabrique française de soieries par des droits de douane suffisamment élevés sur les tissus de soie de provenance étrangère ;

2° Que le montant intégral des droits de douane sur les cocons, soies et soieries soit attribué à la fabrique à titre de primes à l'exportation des tissus, au prorata de la quantité de soie qu'ils contiendront, quelle que soit la provenance de cette soie.

Les soussignés protestent énergiquement contre toute prorogation du système des primes, et particulièrement contre l'attribution des primes à la filature des cocons étrangers.

Enfin, ils prient instamment les pouvoirs publics de prendre l'initiative d'établir à plus bref délai entre la France et les autres puissances: Italie, Espagne, Grèce, Russie et Turquie qui souffrent autant que nous de l'invasion des soies, cocons et soieries de l'Extrême-Orient, une entente à l'effet d'organiser un système commun de défense.

L'année suivante, courant 1897, le président de l'Union fait faire, dans tous les syndicats unis, sur la demande du Président de l'Union du Sud-Est, une statistique très documentée qui, transmise à M. Deschanel, sert à celui-ci pour réfuter victorieusement les théories tendancieuses émises par M. Jaurès dans sa trop fameuse interpellation sur la crise agricole.

La même année, l'Union remporte au concours de Chambrun le 4° grand prix avec les syndicats de Crest et d'Allex et un prix de 1.000 francs avec le syndicat de Die et, en 1898, elle se voit gratifiée, au concours entre les vieux travailleurs de la terre, de deux rentes viagères de 200 francs, de 3 médailles d'argent et d'une médaille de bronze.

Comme couronnement de son œuvre, elle se prépare, au moment où nous écrivons ces lignes, à participer à la grande Exposition de 1900; souhaitons-lui, comme conclusion, d'y voir ses efforts justement récompensés.

II. — L'Union a pour but d'arriver, par le groupement des ordres, à opérer des achats, aussi avantageux que possible, des denrées nécessaires à l'agriculteur.

Nous l'avons déjà dit, l'Union de la Drôme n'a pas de courtier, son président centralisant à lui seul renseignements et commandes, transmettant les uns, exécutant les autres. C'est le plus souvent par adjudication qu'il procède, en présence des autres présidents, réunis à Valence. C'est toujours, à prix et à qualités égales, aux maisons de confiance en relation déjà avec l'Union, que le président, d'accord avec ses collègues, donne la préférence.

Et d'abord, il faut le dire tout de suite, les syndicats de la Drôme sont remarquables de cohésion et de discipline ; chaque saison, tous leurs présidents s'engagent moralement à exécuter les marchés passés en leur nom, et à ne s'adresser à d'autres fournisseurs que pour les produits non compris dans les diverses adjudications. A deux exceptions près, jamais aucun des syndicats unis n'a forfait à son engagement, et quand des défections se sont produites, M. de Fontgalland les a immédiatement signalées à ses présidents. Lisons plutôt ce qu'il leur écrit, lors de la première, en octobre 1888 :

« J'ai appris que l'un de nos syndicats avait acheté du superphosphate ailleurs que chez notre fournisseur. Le prix qui lui a été fait par ce concurrent de la maison adjudicataire était plus avantageux de 0.01 ou 0.02 c., et son secrétaire n'a pas hésité à donner un ordre d'achat. Je regrette profondément cette infraction à nos conventions, qui nous expose à de justes réclamations et à une demande de dommages-intérêts de la part de la maison X...

« Souvent un concurrent évincé cherche à faire rompre un marché, ou à donner des regrets en proposant des prix sur lesquels il perd. J'ai reçu quelquefois des offres de ce genre et vous aussi, sans doute, mais je ne les ai jamais écoutées, car l'engagement signé avec le fournisseur est synallagmatique. S'il n'en était pas ainsi, il serait bien inutile de passer des marchés. Si notre fournisseur de sucre, par exemple, avait imité en sens inverse le syndicat auquel je fais allusion, sous prétexte que le sucre a haussé de 5 francs par 100 kg. depuis le jour où j'ai eu l'heureuse inspiration de lui faire signer son engagement, dans quelle situation nous serions-nous trouvés ?

« Qu'il soit donc bien entendu que les syndicats ne doivent pas s'adresser à d'autres fournisseurs qu'à ceux de l'Union, pour tous les produits désignés spécialement dans les contrats passés par le président ».

Il est incontestable que la cohésion est la base de la force et de la solidarité, et qu'une Union de syndicats ne peut avoir, près de ses fournisseurs, de véritable influence qu'autant que les syndicats qui la composent lui sont invariablement fidèles.

On comprend qu'il nous est impossible de suivre, pas à pas, et circulaire par circulaire, la marche des opérations de l'Union, ce serait nous égarer trop loin, ce serait lasser l'attention bienveillante de ceux qui, en nous lisant, veulent surtout des résultats.

Nous nous contenterons, à titre documentaire, puisque depuis la fondation de la Coopérative du Sud-Est, celle-ci est l'exclusif fournisseur des syndicats unis, de donner ici le cahier des charges utilisé pour les adjudications jusqu'en 1894 :

Cahier des charges de l'adjudication des engrais et matières premières à fournir à l'Union des Syndicats des Agriculteurs de la Drôme du........... 189.. au..................189..

Die, le...............189..

Les marchés pour la fourniture des engrais et des matières fertilisantes passés par le président de l'Union pour le compte des syndicats, dont tous les membres sont solidaires proportionnellement au montant de leurs souscriptions annuelles, devront être faits aux conditions suivantes :

Les soumissions seront remises au président de l'Union, M. DE FONTGALLAND, propriétaire à Die.

Les engrais et les matières premières seront livrés au choix de chaque syndicat, en *port dû* ou bien *franco, pour n'importe quelles quantités, dans toutes les gares de la Drôme*, dans un délai de quinze jours après la réception de la commande.

Le prix des engrais sera calculé sur celui de l'unité des agents de fertilité entrant dans leur composition. A cet effet, les soumissionnaires devront indiquer dans leur soumission le prix auquel ils entendent livrer le kilogramme d'azote, de potasse et le degré d'acide phosphorique.

Les engrais seront fabriqués, pour n'importe quelles quantités, selon la formule indiquée par chaque syndicat. Ils devront être dans un état pulvérulent parfait, et ne contenir que 10 0/0 d'eau au maximum.

Chaque maison peut soumissionner exclusivement pour la spécialité dont elle s'occupe.

Il pourra y avoir plusieurs marchés.

Les matières premières seront facturées sur analyse à l'état normal, d'après leur richesse.

Tous les prix seront établis emballage compris.

Les factures et les traites seront faites au nom du président du syndicat qui aura adressé la commande ; elles seront payables au domicile indiqué, après l'acceptation du président : à vue avec 2 % d'escompte, à 30 jours avec 1 % d'escompte, ou bien à 90 jours sans escompte, au choix de chaque syndicat.

Le président de chaque syndicat aura le droit de faire peser, aux frais du vendeur, les marchandises à leur arrivée en gare, toutes les fois qu'il le jugera nécessaire.

Les échantillons destinés à l'analyse seront prélevés par le président ou son délégué, à l'arrivée des engrais dans la gare ou dans le magasin du syndicat, en présence de deux témoins. Le vendeur pourra se faire représenter à cette opération. Dans ce cas, il devra faire connaître d'avance au président le nom de son fondé de pouvoirs.

Trois échantillons seront prélevés sur chaque wagon d'engrais, semences, etc., etc. L'un d'eux sera envoyé au chimiste chargé de l'analyse, l'autre sera conservé comme témoin par le président, et enfin on adressera le troisième au vendeur, s'il en a exprimé le désir.

Les analyses seront faites au laboratoire de la Société des Agriculteurs de France, à Paris.

Les frais d'analyses seront à la charge du vendeur pour toute livraison de 5,000 kil.

Dans le cas où le dosage ne serait pas conforme au dosage garanti, le vendeur subirait une diminution de prix égale à la valeur commerciale du manquant. Si le manquant était de plus d'un quart, le syndicat acheteur pourra exiger en outre des dommages et intérêts.

Chaque sac devra être porteur d'une étiquette indiquant le nom de l'engrais ou de la matière première et son dosage.

Il est interdit au fournisseur de livrer, dans le département de la Drôme, les engrais et les matières premières à des agriculteurs isolés ou groupés ensemble, aux mêmes prix que ceux qu'il fait à l'Union des syndicats.

La différence des prix devra être au minimum de fr. 0,40 % en sus, à peine pour le fournisseur de subir un rabais de 15 % sur toutes les livraisons qu'il aura faites aux syndicats unis, pendant la durée de son marché.

Les syndicats se réservent le droit de fournir à leurs membres toutes les matières utiles à l'agriculture non comprises dans l'énumération ci-dessus.

Les syndicats qui adhéreront à l'Union jouiront des mêmes prix et conditions pour tous les produits.

Le Président de l'Union : A. DE FONTGALLAND.

SOUMISSION

Le soussigné déclare accepter le présent cahier des charges et soumissionner aux prix qu'il a indiqués ci-dessus.

Pour les semences, il n'y a pas de cahier des charges proprement dit, le président se réserve seulement le droit de faire analyser les envois par la station d'essais de semences de Paris.

Le chiffre annuel des opérations est considérable et dans les totaux les engrais chimiques et phosphatés entrent pour les deux tiers. Les achats annuels de superphosphate par les syndicats de l'Union atteignent environ 4.000.000 de kilogs.

Cette énorme consommation de phosphates par les agriculteurs de la Drôme est vraiment remarquable et mérite d'être mise en relief. Les engrais phosphatés sont, en effet, ceux qui conviennent le mieux à tous les sols et à toutes les cultures ; leur abus même n'est pas à redouter, car ce que les récoltes ne consomment pas n'est pas perdu, il constitue au contraire dans le sol une précieuse réserve pour l'avenir, enfin, ils améliorent à la fois la quantité et la qualité du produit. Ce sont là des vérités que les agriculteurs de la Drôme ont bien vite saisies ; sur ce point, comme sur beaucoup d'autres, ils donnent aux agriculteurs voisins un exemple que ceux-ci feront bien de méditer et de suivre.

En résumé, les syndicats de l'Union de la Drôme sont les véritables régulateurs du marché des engrais dans leur département ; les fabricants attendent avec impatience que l'Union ait donné son adjudication et, dès que les prix sont connus, ils basent les leurs sur ceux des syndicats afin de vendre à peu près aux mêmes conditions, de telle sorte que tous les agriculteurs, qu'ils soient syndiqués ou non, profitent de la baisse de prix obtenue par les syndicats. C'est un résultat magnifique qui fait ressortir, d'une façon éclatante, la puissance de l'association.

Que les agriculteurs ne se laissent donc plus tromper par les marchands qui disent que les syndicats sont inutiles et qu'ils vendraient aussi bon marché s'ils n'existaient pas. Si les syndicats disparaissaient on verrait bien vite les prix remonter et l'agriculteur n'aurait plus les garanties que lui offre le syndicat. Il faut donc être fidèle au syndicat, lui amener de nouveaux adhérents, afin d'augmenter sa force et sa puissance. Il n'est pas d'agriculteur intelligent qui ne reconnaisse aujourd'hui les services considérables rendus par les syndicats de la Drôme, pas un qui n'ait à cœur de soutenir l'association dont il fait partie et dont la devise « Union et Confiance » a jusqu'ici produit de si heureux résultats.

La première consultée sur l'opportunité de la création, à Lyon, d'une coopérative régionale devant remplacer la Coopérative de France, mort-née par suite du décès subit de M. Rostand, son fondateur, l'Union de la Drôme fut aussi la première à promettre son concours aux promoteurs de la nouvelle organisation, la première aussi à leur apporter son adhésion, son appui financier et moral ; aujourd'hui, à quelques exceptions près, tous ses syndicats sont coopérateurs.

Cette adhésion n'a pas été seulement platonique, la Coopérative est aujourd'hui le fournisseur exclusif d'engrais des syndicats unis. Les syndicats n'ont pas eu lieu de se plaindre, car, outre que la Coopérative les a soustraits en 1894 à la coalition des fabricants d'engrais, jamais l'Union de la Drôme, du propre avis de son président, n'avait reçu depuis dix ans des engrais à dosage aussi élevé.

« Si sur certains produits, écrivait à ce moment son président, M. de Fontgalland, la Coopérative donne des prix relativement élevés, il est bon de ne pas oublier que tous les prix comportent un bénéfice à répartir entre les coopérateurs à la fin de l'exercice : de telle sorte que le trop perçu est restitué au syndicat acheteur ou à ses sociétaires. Ce bénéfice viendra donc diminuer le prix de vente. Pour ses débuts, la Coopérative agricole a été heureuse, grâce au travail et au dévouement de nos amis et j'ajouterai, malgré les critiques de quelques syndicats et de nos adversaires. Tous les frais d'organisation et de constitution sont aujourd'hui amortis par les bénéfices des premiers mois. En ce moment, les frais généraux mensuels sont largement couverts et, comme le dit notre ami Duport, si Dieu veut, il y aura, dès le 30 juin 1894, un résultat qui causera aux rares infidèles de la Coopérative de cruelles déceptions ».

Aujourd'hui, comme au début, les syndicats de la Drôme sont les plus fermes soutiens de la Coopérative du Sud-Est, ils n'auront pas, croyons-nous, à regretter leur confiance.

Le président de l'Union est, du reste, l'un des administrateurs les plus écoutés de la Coopérative et en maintes circonstances, quand il s'est agi notamment de renouveler les traités pour la fourniture des engrais chimiques, il a contribué, pour une large part, à l'heureuse issue des négociations entamées avec les grands producteurs de matières fertilisantes. Les Syndicats de la Drôme sont, en effet, pour la Coopérative, les plus forts consommateurs d'engrais phosphatés dont ils achètent annuellement plus de 4.000.000 de kilogs.

La confiance absolue que les syndicats unis témoignent à leur président donne à celui-ci une très grande force et aucun d'eux n'a pu, jusqu'ici, se plaindre qu'il ne l'ait pas utilisée à leur plus grand profit.

Par suite de la création de la Coopérative du Sud-Est qui est le fournisseur à peu près exclusif des syndicats unis, l'Union, depuis 1894, s'est bornée à étudier les questions légales et économiques, à créer ou plutôt à faciliter la création de syndicats nouveaux, à encourager et à développer ceux qui existent. Elle a totalement reporté pour les affaires matérielles, sa confiance sur la Coopérative et le président en informe ainsi ses collègues :

« J'espère que tous les syndicats de la Drôme, sans exception, feront honneur à la signature que je viens d'apposer au traité passé en leur nom et que tous auront à cœur de maintenir l'union et la solidarité qui nous unissent tous, et sans lesquelles notre Union serait une négation au lieu d'être une force ».

III. — L'Union a pour but d'aider à l'écoulement des produits agricoles.

Au point de vue de la vente des produits agricoles, l'Union de la Drôme a obtenu des résultats importants. C'est elle, en effet, qui a envoyé le plus de moutons aux boucheries de l'Union des producteurs et consommateurs de Lyon ; ce sont ses foins, ses pailles, ses luzernes qui ont aidé les régions viticoles à combler les vides de la production fourragère et à atténuer, dans une large mesure, les terribles effets de la sécheresse en 1893.

Les résultats ne sont pas encore ce qu'ils pourraient être, car il y a là une éducation à faire, et de même que les syndiqués doivent s'entendre pour bien acheter, de même aussi ils doivent se grouper pour bien vendre leurs produits.

Avec un peu de bonne volonté, avec le dévouement zélé de leurs Bureaux, les syndicats de la Drôme arriveront facilement à écouler les produits de leurs membres et à réaliser ainsi l'un des points les plus délicats de leur programme professionnel.

IV. — L'Union a pour but de favoriser la création de syndicats agricoles.

Fondée par les 9 syndicats d'Allex, Bourg-de-Péage, Clérieux, Crest, Die, Montvendre, Nyons, Romans, Tauligman, l'Union de la Drôme a successivement ajouté à ses fondateurs les syndicats de Châteaudouble, Claveyson, Livron, Grignan, Montélimar, Les Tourettes, Pierrelatte, Roynac, Buis-les-Baronnies, Savasse, Grand-Serre, Châteauneuf-de-Galaure, Tain, Suze-la-Rousse, Saint-Paul-Trois-Châteaux, Saint-Bonnet-de-Valclérieux, Etoile, La Valloire, Châteauneuf-du-Rhône, Champ-de-Grange, Châteauneuf-de-Mazenc, Vinsobres, Tulette, Mirabel, Saint-Rambert-d'Albon, Chantemerle, Piégon, Rochegude. Cette augmentation considérable du nombre des syndicats, concordant avec l'accroissement d'effectif de ceux-ci, prouve que les efforts n'ont pas été inutiles et c'est là, nous en sommes certain, une douce satisfaction qui permet aux fondateurs de l'Union de supporter les calomnies, les injures dont on les abreuve si généreusement.

Le soleil brille pour tous, le champ est immense, les syndicats de l'Union n'en cultivent qu'une parcelle, il y a du travail pour tous ceux qui les critiquent. Qu'ils fondent des syndicats et qu'ils les dirigent suivant des principes agricoles différents, si ceux suivis jusque-là ne leur conviennent pas.

A l'œuvre on connaîtra l'ouvrier.

V. — L'Union a pour but de donner des conseils et des avis sur les questions professionnelles aux syndicats unis ou à leurs membres.

L'Union de la Drôme n'a pas, comme beaucoup d'autres, de Bulletin propre ; la plupart des syndicats unis ont abonné en bloc tous leurs membres au Bulletin de l'Union du Sud-Est. Comme l'Union beaujolaise, et avant elle, elle a eu autrefois son Almanach qui, pendant deux ans, a paru plein d'utiles renseignements et s'est ensuite, comme celui de l'Union beaujolaise, fondu, depuis 1892, dans l'Almanach de l'Union du Sud-Est, commun aujourd'hui à tous les syndicats.

Ainsi privé de ces deux organes par lesquels une Union arrive si facilement à se tenir en communion constante d'idées avec ses membres, il était naturel que le président profitât, pour y suppléer, du seul lien qui l'unît aux syndicats unis. C'est donc pas ses circulaires que M. de Fontgalland transmet les avis et les conseils de l'Union, c'est par elles qu'il tient constamment syndicats et présidents au courant des questions professionelles.

Il ne nous est pas possible, malheureusement, d'entrer ici dans le détail des conseils donnés, qu'il nous suffise seulement de dire que la collection des circulaires du président de l'Union de la Drôme, est le meilleur guide du directeur de syndicat. Traitant toutes les questions avec autant de clarté que de justesse, le président de l'Union a cherché à être utile ; il y a réussi. Peu d'hommes assurément consentiraient à s'astreindre à une telle sujétion, peu d'hommes surtout auraient eu assez d'énergie pour se maintenir quand même à ce poste périlleux dont le titulaire ne reçoit souvent que calomnies et reproches.

M. de Fontgalland, Dieu merci ! a le tempérament du vrai chevalier, les difficultés et les ennuis le stimulent au lieu de le décourager et si d'aucuns se demandent comment il a pu réussir, qu'il nous soit permis de rappeler une récente réponse de M. de Fontgalland lui-même à l'un de ses amis : « Tenez vous-même la barre très ferme, veillez au grain et votre barque syndicale voguera avec succès vers le port. »

Voilà l'œuvre des syndicats dans la Drôme, voilà ce qu'ils ont fait grâce à l'Union. Il nous semble que si on remonte de dix ans en arrière, il nous est permis de dire que les syndicats ont opéré dans ce pays une véritable révolution. Qui aurait dit, lors des premières tentatives basées sur cette loi du 21 mars 1884 faite, non pour les agriculteurs, mais pour les ouvriers des villes, qu'ils en tireraient un aussi grand profit ?

« Cette loi sur les syndicats professionnels, on se repent aujourd'hui de l'avoir faite, disait, en 1888, à M. de Fontgalland, un sénateur de la région, et si elle était à refaire, soyez bien convaincu que le mot agricole, ajouté par hasard à l'article 5, n'y figurerait plus ».

Et pourquoi donc ? Est-ce que dans la France entière l'agriculture n'a pas senti passer comme un souffle de liberté ? De tous côtés ne constatons-nous pas que, grâce aux syndicats agricoles, l'espoir renaît au cœur des paysans ? Ah ! voilà, c'est que ces syndicats ne font pas de politique, mais simplement leurs affaires, et qu'ils tiennent soigneusement à l'écart ces brandons de discorde que l'on agite beaucoup trop dans certains milieux.

Partout où les syndicats ont été fondés et patronnés officiellement au début dans des vues politiques, ils sont vite tombés. Ceux qui réussissent se livrent uniquement aux occupations professionnelles pour lesquelles ils ont été institués ; ils ne font, comme ceux de la Drôme, que de l'agriculture pratique, ainsi que l'a reconnu, dans sa lettre du 11 mars 1888, le ministre du Commerce.

Avec un porte-drapeau comme M. de Fontgalland, la victoire des syndicats de la Drôme est assurée. L'Union fait la force et le passé des syndicats répond de leur avenir.

UNION

DES SYNDICATS AGRICOLES,

DE LA LOIRE

Siège social : FEURS (Loire)

Fondation : 1898. — Syndicats unis : 16

Président : M. A. ROUX

L'Union des Syndicats agricoles de la Loire est de création récente. Elle a à peine deux années d'existence. Sa fondation a été déterminée par l'éclosion presque simultanée, dans beaucoup de cantons et de communes, de syndicats agricoles locaux, ayant un nombre restreint d'adhérents, des ressources très limitées. Il a paru indispensable de former entre toutes ces associations, une fédération, une sorte de lien, en vue de défendre les intérêts agricoles de tous les exploitants du département.

L'Union commence son troisième exercice et déjà elle comprend seize syndicats, dont voici les noms :

1° Syndicat des Agriculteurs de France du département de la Loire ; 2° Sury-le-Comtal et la région ; 3° Montbrison ; 4° St-Paul-en-Jarez ; 5° St-Just-en-Chevalet ; 6° Noirétable ; 7° Châteauneuf ; 8° St-Rambert ; 9° St-Chamond ; 10° Bouthéon ; 11° Soleymieux ; 12° Perreux ; 13° Villerest ; 14° Lentigny ; 15° La Valle ; 16° Charlieu ; 17° St-Just-la-Pendue.

D'autres syndicats sont en voie de formation et d'affiliation.

L'Union des syndicats agricoles de la Loire s'est préoccupée d'une façon toute spéciale de l'enseignement agricole à l'école primaire. Chaque année ont lieu, dans les différents groupes scolaires désignés, des concours-examens comprenant des épreuves écrites et orales.

Le département de la Loire, en 1898, a eu, à lui seul, autant de candidats au certificat d'études agricoles que les neuf autres départements composant l'Union du Sud-Est.

En 1899, les élèves lauréats, les premiers classés, ont obtenu des livrets de caisse d'épargne variant de 30 à 5 francs, et les professeurs les plus méritants des médailles de la Société des Agriculteurs de France.

L'Union des Syndicats agricoles de la Loire a constamment à son ordre du jour l'étude des grands intérêts agricoles du département. Elle s'est occupée, de la manière la plus approfondie, de l'élevage du cheval, de son amélioration et de ses débouchés. Cette étude a produit ses fruits. Actuellement, le nombre des chevaux achetés par l'État est exactement le double du chiffre constaté il y a quatre ans.

En ce moment, le bureau étudie la création, dans une ou plusieurs localités du département, d'un *Herd book* de la race bovine charolaise. Il attend de cette innovation d'importants résultats.

L'Union poursuit avec persévérance la réduction des prix de transport des engrais sur les voies ferrées, l'établissement de bascules de pesage dans toutes les gares, etc.

Elle vient de protester contre toute atteinte portée à la liberté de l'enseignement agricole. Elle a protesté également contre le vote d'un impôt progressif sur le revenu qui, en définitive, pèserait surtout sur les cultivateurs et achèverait leur ruine.

L'Union de la Loire a pour organe le Bulletin du Syndicat des Agriculteurs de France du département de la Loire. Elle expose, à la grande exposition universelle, les publications diverses de ses syndicats, les notices sur chacun d'eux, et leurs bulletins périodiques.

UNION

DES SYNDICATS AGRICOLES

DE SAONE-ET-LOIRE

Siège social : CHALON-SUR-SAONE (Saône-et-Loire)

Fondation : 13 octobre 1897. — Syndicats unis : 23

Président : M. PROSPER de L'ISLE

L'Union des syndicats agricoles de Saône-et-Loire a été créée en 1897, le 13 octobre, sur l'initiative du Syndicat agricole et viticole de Chalon, conformément à la loi du 21 mars 1884.

Lors de sa création, l'Union était formée par 18 syndicats unis ; à l'heure actuelle elle en compte 23, savoir :

1. Syndicat agricole et viticole de l'arrondissement de Chalon ; 2. Syndicat agricole de Romenay ; 3. Syndicat agricole de Ratenelle ; 4. Syndicat agricole de Prety ; 5. Syndicat agricole de St-Ythaire ; 6. Syndicat agricole de Péronne ; 7. Syndicat agricole de Salornay-sur-Guye ; 8. Syndicat agricole de Mâcon ; 9. Syndicat agricole de Lalheue ; 10. Syndicat agricole du Miroir ; 11. Syndicat agricole de St Martin Belleroche ; 12. Syndicat agricole Autunois, à Autun ; 13. Syndicat agricole de l'Abergement de Cuisery ; 14. Syndicat agricole de Bussières, Milly, Pierreclos ; 15. Syndicat agricole de St-Christophe en Brionnais ; 16. Syndicat agricole de la Clayette ; 17. Syndicat agricole de Lacrost ; 18. Syndicat agricole de Loubans ; 19. Syndicat des agriculteurs du Charolais à Paray-le-Monial ; 20. Syndicat agricole de Saillenard ; 21. Syndicat agricole de St-Sorlin ; 22. Syndicat agricole de Matour ; 23. Syndicat agricole de Huilly.

Ces vingt-trois syndicats représentent près de 15.000 cultivateurs.

L'Union de Saône-et-Loire, depuis sa création, sert aux syndicats unis de centre permanent de relations, leur procure les moyens et renseignements nécessaires pour les faire profiter de marchés avantageux, de réductions de transport, etc.

Elle encourage la création de nouveaux syndicats.

Elle recueille et communique aux syndicats unis toutes les indications venant soit de l'intérieur, soit de l'étranger, qui sont propres à les éclairer sur la situation respective des récoltes, sur les offres et demandes, et à guider ainsi les syndicats et leurs membres dans leurs opérations, marchés, etc.

Elle facilite la défense des intérêts agricoles auprès des pouvoirs publics par la concentration et la transmission des vœux et pétitions.

Elle donne des avis et conseils en toutes matières contentieuses ou techniques sur lesquelles les syndicats unis jugeraient utile de la consulter.

Elle facilite les analyses de terres, engrais et autres matières, à faire exécuter sous le contrôle de l'Union dans le laboratoire du Syndicat de Chalon.

L'Union possède : un comité de contentieux composé de Jurisconsultes éminents; une commission de l'Enseignement agricole dont le programme a été d'unifier dans le département les examens agricoles du premier degré.

Au cours de ses dernières séances, elle a examiné avec attention et discuté un projet de société de secours mutuels fonctionnant comme annexe des syndicats agricoles.

TABLE DES MATIÈRES

DU PREMIER VOLUME

Pages

Préface, par M. Emile Duport, président de l'Union du Sud-Est....... v

TITRE I. — LES SYNDICATS UNIS

AIN

Stastistique... 1
Syndicat des Agriculteurs de Bresse, à Bâgé-le-Châtel 1
  » agricole de la Basse-Michaille, à Craz......................... 6
  » » de Béligneux 7
  » » et viticole de Beynost.................................... 18
  » » de Bourg... 18
  » » de Bourg-Saint-Christophe................................ 28
  » » du Bugey, à Belley 29
  » » de la Cotière, à Bublanne............................... 32
  » » de Cressin-Rochefort.................................... 33
  » » d'Etrez... 34
  » » de Guéreins... 35
  » viticole de Jujurieux....................................... 37
  » agricole de Léaz-Credo 38
  » viticole de Loyes, Mollon et Villieu........................ 39
  » agricole du Mas-Rillier, à Miribel.......................... 39
  » des Agriculteurs de Nantua.................................. 40
  » agricole de Neyron... 42
  » » de Niévroz... 44
  » » de Parcieux et Massieux................................ 44

Pages

Syndicat agricole de Rigneux-le-Désert, à Chazey-sur-Ain 45
 »   » de Rigneux-le-Franc ...,........................... 46
 » de la Société de Saint-Antoine, à Belley...................... 48
 » agricole de Sainte-Croix 47
 »   » de Saint-Martin-du-Mont............................ ... 46
 »   » de Saint-Maurice-de-Beynost..... 48
 »   » de Saint-Paul-de-Varax................................. 49
 »   » de Sathonay................................. 50
 »   » de Thoissey....................................... 51
 »   » des Agriculteurs de l'arrondissement de Trévoux, à Villars-
                  les-Dombes 52
 » viticole et agricole de Villebois.......................... 56
 » agricole de Villieu................................... 58
 »   » et viticole de Virieu-le-Grand 59

ARDÈCHE

Statistique... 63
Syndicat agricole d'Annonay et du Haut-Vivarais.................... 63
 »   » de Beaulieu.. 68
 »   » de Bourg-Saint-Andéol................................ 69
 »   » de Chassiers..... 70
 »   » du Cheylard.. 70
 »   » de Saint-Sébastien (commune de Labeaume 71
 »   » de Laurac.. 72
 »   » de Rochemaure... 74
 »   » de Tournon....... ...., 75

DROME

Statistique... 77
Syndicat agricole d'Allex 77
 »   » de Bourg-de-Péage................................. 93
 » de Buis-les-Baronnies.................................. 95
 » agricole de Champ-de-Granges, à Savasse.................. 96
 »   » de Chantemerle.................................. 96
 » des Agriculteurs de Châteaudouble, Combovin et Peyrus, à Châ-
          teaudouble................................. 97
 » agricole de Châteauneuf-de-Mazenc. 99
 »   » de Châteauneuf-sur-Rhône....................... 100
 »   » de Claveyson.................................. 101
 »   » des Cantons de Crest............................ 102
 » des Agriculteurs de Die 109
 »   »   d'Etoile.................................. 133
 » agricole du Grand-Serre................................. 134

	Pages
Syndicat agricole de Grignan	134
» » de Livron	135
» » de Mirabel-aux-Baronnies	136
» » de Montvendre	136
» des Agriculteurs de Nyons	138
» agricole de Piégon	139
» » de Pierrelatte	140
» » de Rochegude	141
» » de Romans	141
» » de Roynac	143
» » de Saint-Bonnet-de-Valclérieux	144
» » de Saint-Paul-Trois-Châteaux	144
» « de Saint-Rambert-d'Albon	147
» » de Savasse	147
» » de Suze-la-Rousse	148
» » de Tain	149
» » de Taulignan	150
» » des Tourettes	151
» des Agriculteurs de Tulette	152
» agricole de la Valloire	152
» » de Vinsobres	153

ISÈRE

	Pages
Statistique	155
Syndicat agricole des Adrets	155
» » d'Anjou	156
» » et viticole d'Apprieu	156
» » de Beaulieu	157
» » du Beaumont, à Quet	158
» » de Bellecombe, à Chapareillan	161
» » de Bévenais	162
» des Agriculteurs de la plaine de Bièvre, à Marcilloles	1 2
» agricole de Bonnefamille	163
» » de Bougé-Chambalud	164
» » de Bourgoin	165
» » de Brangues-Saint-Victor	169
» » de Brion	170
» » de la Buissière	171
» » et viticole de Cessieu	172
» » de Châbons	173
» » de Chantesse	174
» » de Chichilianne-en-Trièves	175
» » de Chozeau	176
» » de Colombe	177
» » de Corbelin et des communes environnantes	177

		Pages
Syndicat agricole de Cordéac		178
» » et viticole de la Côte-Saint-André		179
» » de Dolomieu		181
» » d'Ecloses et Badinières		182
» » de Frontonas		183
» des Agriculteurs du Grand-Lemps		183
» agricole de Gresse		184
» » des Iles-Roussillon, au Péage-du-Roussillon		185
» » d'Izeaux		187
» » de Jarrie		187
» » de Lans		188
» » de Lavars		189
» » de Miribel-Lanchâtre		189
» » de Miribel-les-Echelles		190
» » de Monestier-de-Clermont		190
» » de Montferrat		191
» » de Nivolas-Vermelle		193
» » de Notre-Dame-de-l'Osier		194
» » de Prélenfrey-du-Guà		196
» » de Rencurel		196
» » de Roche		197
» » de Notre-Dame-des-Champs, à Romagnieu		198
» » de Saint-Cassien		199
» » de Saint-Geoire		199
» des Agriculteurs et des Viticulteurs de Saint-Jean-de-Bournay		200
» agricole de Saint-Marcellin		201
» de Saint-Martin-de-la-Cluze		202
» agricole de Saint-Michel-de-Saint-Geoire		203
» » de Saint-Michel-les-Portes		203
» » de Saint-Nizier-de-Parizet		204
» » de Saint-Paul-d'Izeaux		204
» des Agriculteurs de Saint-Priest		205
» agricole de Saint-Quentin-la-Rivière, à Saint-Quentin-sur-Isère		206
» » de Saint-Symphorien-d'Ozon		207
» » de Saint-Vincent-de-Mercuze		209
» » de Satolas et Bonce		209
» » de Sillans		210
» » de Sinard et Avignonnet, à Sinard		211
» des Agriculteurs de Soleymieux		211
» agricole de Tencin		212
» » de la Terrasse		213
» » de Theys		214
» » de Thodure		214
» des Agriculteurs des cantons de Tullins et Rives, à Tullins		215
» agricole de Valbonnais		216
» » de Varacieux		218
» » de Vinay		219
» » de Voiron		220

LOIRE

Pages.

Statistique 223
Syndicat des agriculteurs de France du département de la Loire, à Feurs 223
  »   agricole de Bouthéon................................... 230
  »   » du canton de Charlieu et des communes voisines, à Charlieu 230
  »   viticole de la Côte-Renaison 231
  »   agricole et viticole de Lentigny....................... 232
  »   » et viticole de Montbrison......................... 233
  »   » de Noirétable.................................. 234
  »   » de Pélussin.................................... 234
  »   » de Perreux.................................... 235
  »   » de Pouilly-les-Nonains..,...................... 236
  »   » et viticole de Saint-Alban..................... 236
  »   » et viticole de Saint-André-d'Apchon........... 238
  »   » de Saint-Chamond.............................. 241
  »   » de Saint-Joseph............................... 241
  »   » de Saint-Just-en-Chevalet..................... 242
  »   des Agriculteurs de Saint-Michel...................... 244
  »   agricole de Saint-Paul-en-Jarez...................... 245
  »   » de Saint-Rambert-sur-Loire.................... 245
  »   » de Saint-Romain-la-Motte...................... 246
  »   » du canton de Soleymieux...................... 247
  »   » de Sury-le-Comtal............................. 248
  »   » et viticole de la vallée du Rheins, à Régny....... 251
  »   » de Villerest.................................. 252

HAUTE-LOIRE

Statistique.. 255
Syndicat agricole de Saint-Étienne-Lardeyrol................ 255
  »   » d'Yssingeaux..................................... 256

RHONE

Statistique.. 263
Syndicat des Agriculteurs indépendants de la Banlieue lyonnaise, à
    Villeurbanne...'.. 263
Syndicat agricole d'Amplepuis.............................. 264
  »   » d'Ampuis... 265
  »   » et viticole du Haut-Beaujolais, à Beaujeu........ 266
  »   » de Belleville-sur-Saône, à Saint-Jean d'Ardières.......... 274
  »   » et viticole du Bois-d'Oingt...................... 314
  »   » de Bron.. 332

Pages

Syndicat agricole de Charly...................................... 332
» du Comice agricole de Lyon, à Lyon............................ 333
» des cultivateurs et maraîchers de la région lyonnaise, à Lyon... 334
» horticole lyonnais, à Lyon.................................... 334
» agricole de Limonest-Neuville, à Fontaines-Saint-Martin........ 336
» des Agriculteurs et Viticulteurs de la région de Saint-Genis-Laval,
   à Sainte-Foy-les-Lyon.. 338
» agricole de Tarare... 350
»   » de Thizy... 351
»   » de Thurins.. 352
»   » de Vaugneray.. 353
»   » des cantons de Villefranche et Anse, à Villefranche...... 354

SAONE-ET-LOIRE

Statistique.. 371
Syndicat des Agriculteurs de l'Abergement de Cuisery........... 371
» des Agriculteurs charollais, à Paray-le-Monial............... 372
» agricole autunois, à Autun.................................. 374
» agricole de Bussière, Milly, Pierreclos, à Bussière.......... 375
» agricole et viticole de l'arrondissement de Chalon-sur-Saône.... 376
»   » de Charolles.. 387
»   » d'Huilly.. 387
»   » de Lacrost.. 389
»   » et viticole de Mâcon.................................... 390
»   » de Marcigny.. 400
»   » de Matour.. 401
»   » des cantons de Montcenis et du Creusot, à Montcenis..... 402
»   » de Pérouse... 405
»   » de Préty... 406
»   » agricole de Ratenelle................................... 408
»   » de Romenay.. 409
»   » de Saillenard.. 411
»   » de Salornay-sur-Guye................................... 412
»   » de Saint-Joseph, au Miroir............................. 412
» viticole sorlinois, à Saint-Sorlin........................... 413
» agricole de Saint-Ythaire................................... 414

SAVOIE

Statistique.. 417
Syndicat des Agriculteurs de la Savoie, à Chambéry............. 417
» agricole de Notre-Dame-des-Vignes, à Aiton................. 425
»   » d'Albiez-le-Jeune....................................... 426
»   » d'Arêches... 426

Pages

Syndicat agricole d'Aussois... 427
» » de Saint-Maxime, à Beaufort-sur-Doron.................... 427
» » de Le Bois 428
» » de Bourg-Saint-Maurice................................ 428
» » de Cevins 429
» » de Saint-Antoine, à Chamousset...................... 430
» » de Saint-François de Sales, à Saint-Jean-d'Arves........ 431
» » de Notre-Dame, à Fontcouverte....................... 431
» » de Frontenex.. 432
» » d'Hauteluce 432
» » de Saint-Bénézet, à Hermillon....................... 433
» » de Saint-Pierre, à Jarrier......................... 433
» » de Saint-Antoine-de-Padoue, à Marthod................ 434
» des Agriculteurs de Mercury-Gemilly...................... 434
» agricole de Montailleur et Saint-Vital, à Montailleur........... 435
» » de Montaimont et Saint-Avre, à Saint-Avre............ 436
» » de Saint-Jean-Baptiste, à Montgellafrey............. 436
» » de Montvernier...................................... 437
» » de Notre-Dame, à Myans............................. 437
» » de Notre-Dame de Bellecombe 438
» » de Notre-Dame de Briançon 438
» » d'Orelle 439
» » de Queige.. 441
» » de Saint-André..................................... 442
» » de Saint-Jean-d'Arves 442
» » de Saint-Jean-de-Belleville 443
» » de Saint-Marcel.................................... 444
» » de Saint-Michel-de-Maurienne....................... 445
» » de Saint-Nicolas-la-Chapelle........................ 445
» » de Saint-Rémy...................................... 446
» » de Saint-Sigismond................................. 447
» » de Saint-Sorlin-d'Arves............................ 447
» » de Salins.. 448
» » de Tessens... 448
» » de Notre-Dame-de-Valmeinier, à Valmeinier.......... 449
» » de Villars-sur-Doron............................... 450
» » de Notre-Dame-des-Champs, à Villarembert............ 451

HAUTE-SAVOIE

Statistique.. 453
Syndicat agricole de la Haute-Savoie..................................... 453

TITRE II. — LES UNIONS LOCALES

Pages

Union des Syndicats agricoles des Alpes dauphinoises, siège social : Quet-en-Beaumont (Isère)............ 461

» beaujolaise des Syndicats agricoles, siège social : Villefranche-sur-Saône (Rhône)............ 465

» des Syndicats agricoles de la Dombe, siège social : Trévoux (Ain) 517

» des Syndicats agricoles de la Drôme, siège social : Valence (Drôme)............ 523

» des Syndicats agricoles de la Loire, siège social : Feurs (Loire).. 547

» des Syndicats agricoles de Saône-et-Loire, siège social : Chalon-sur-Saône (Saône-et-Loire)............ 551

Imp. P. Legendre et Cⁱᵉ, rue Bellecordière, 14, Lyon.

www.ingramcontent.com/pod-product-compliance
Ingram Content Group UK Ltd.
Pitfield, Milton Keynes, MK11 3LW, UK
UKHW022321090726
13658UKWH00001B/11